家具材料标准解读与选编

纺　织　卷

全国家具标准化技术委员会
佛山市顺德家具研究开发院有限公司　　　编
佛山市顺德区创科家具材料检测有限公司

中国标准出版社
北　京

图书在版编目(CIP)数据

家具材料标准解读与选编.纺织卷/全国家具标准化技术委员会,佛山市顺德家具研究开发院有限公司,佛山市顺德区创科家具材料检测有限公司编.—北京:中国标准出版社,2015.4(2015.7 重印)

ISBN 978-7-5066-7860-5

Ⅰ.①家… Ⅱ.①全… ②佛… ③佛… Ⅲ.①家具材料-行业标准-基本知识-中国②纺织工业-行业标准-基本知识-中国 Ⅳ.①TS664.02-65②TS1-65

中国版本图书馆 CIP 数据核字(2015)第 057614 号

中国标准出版社出版发行
北京市朝阳区和平里西街甲 2 号(100029)
北京市西城区三里河北街 16 号(100045)

网址 www.spc.net.cn
总编室:(010)68533533 发行中心:(010)51780238
读者服务部:(010)68523946

中国标准出版社秦皇岛印刷厂印刷
各地新华书店经销

*

开本 880×1230 1/16 印张 26.25 字数 803 千字
2015 年 4 月第一版 2015 年 7 月第二次印刷

*

定价 98.00 元

家具材料标准解读与选编系列丛书

编写委员会

前　言

中国家具产业化 30 年来，平均以每年 20%左右的增幅在快速发展，1978 年家具产业总产值仅 10.8 亿人民币，1988 年家具产业行业产值上升到 41.08 亿，2011 年更是在我国家具行业在经济不景气的大环境下实现了总产值 10 100 亿元，2013 年家具行业总产值达到 12000 亿元，我国家具行业规模和产值一直稳定增长，生产销售及出口均呈快速增长态势。目前中国已成为世界家具制造和出口的第一大国，家具制造业已经成为国民经济中继食品、服装、家电后的第四大产业。

我国家具产业取得辉煌成就，其中家具材料的进步功不可没。家具材料是构成家具的物质基础，是影响家具成本的关键性因素，也是影响家具市场价值（质量、风格、个性、时尚、环保等）的重要因素。家具材料对家具产业的影响，是一把双刃剑，可以是推动作用，也可以是制约作用。近年来家具材料的发展仍以初级、粗放为主，已跟不上家具的时代发展步伐，成为影响家具产品竞争力的制约因素。在家具产业发展过程中凸现大量的质量问题。据不完全统计，这些问题 80%以上来自上游材料，如甲醛超标、重金属超标、掉色脱层、挥发性有害气体，有害物质超标等。家具材料和世界发达国家相比，仍然有很大的差距。

随着全球贸易自由化的深入发展，我国家具产业已经形成并具备一定规模。在全球价值链的大背景下，我国家具行业已经脱离自我封闭，开始向全球分工的动态系统发展。加强家具产业对外的联系、对外知识技术的获取，积极争取早日加入到全球价值链的上游，实现持续升级，已成为我国家具产业未来发展的重要目标。在全球价值链的背景下，我国家具产业的升级问题俨然成为影响我国家具产业发展的重要方面，为了使我国家具产业能够真正起到促进国际竞争力提升的作用，在现有产业水平的基础上，处理家具产业升级问题已经刻不容缓。

为加强国家、行业标准在家具行业中的普及，便于家具从业者对家具行业相关国家、行业标准的掌握，帮助家具企业提高家具产品质量水平，促进家具行业转型升级，由顺德家具研究开发院（家具产业公共服务平台）发起，联合全国家具标准化技术委员会、中国家具协会、各行业协会、检测机构、行业优秀企业共同参与编制了《家具材料标准解读与选编系列丛书》，该系列丛书按家具材料分类进行系统梳理归类整编，对目前家具所应用的主要材料进行标准解读及摘录，包含《皮革卷》《纺织卷》《五金卷》《涂料卷》《板材卷》等。该系列从书主要用于家具行业标准的宣贯与普及。

《纺织卷》根据我国纺织行业的实际情况，全书共分两个部分，第一部分共 4 个章节，第 1 章着重对纺织纤维行业发展进行综述，包括行业概况、行业定义、行业主要产品及应用、产品相关标准及产品特点分析、行业技术发展状况、行业竞争分析、行业存在的问题、纺织行业产业集群情况、纺织行业地方产业集群情况、纺织产业基地市（县）简介、全国纺织产业集群 197 个试点地区名单及授予的相应称号；第 2 章着重对中国标准与国际标准和技术规范的差异进行分析，包括概述、中国的纺织品标准现状、中国的针织品标准现状、针织品标准与国外先进标准的差异、国外技术规范与我国标准的主要差异、生态纺织品、欧洲生态标准、技术法规、标准、合格评定程序；第 3 章着重对目标市场技术规范、标准和合格评定程序与中国的差异进行分析，包括技术规范、标准和合格评定程序、美国市场、欧盟市场、日本市场、其他目标市场；第 4 章着重对出口商品应注意的问题与达到目标市场要求的建议进行分析，包括专利问题、民族习惯与文化问题、绿色消费、市场准入环境要求、其他问题、对立法和强制性标准的制订要引起足够的重视、面对“绿色壁垒的对策”、品牌战略、提高产品的附加值；第二部分着重摘录选编了家具纺织相关国家、行业及国外标准以供使用者查阅、参考。

为便于读者查阅，方便读者使用及帮助读者对家具用纺织标准有较系统的认识，本书通过对家具用纺织标准及相关家具标准进行梳理，较系统地选编和收集了中国软体家具标准及通用技术条件国家/行业标准6套，纺织产品标准及环保要求国家/行业标准14套，纺织品产品检测方法标准国家/行业标准31套。重点研究分析了国内外主要市场的技术法规纺织产品标准、合格评定程序，并将其同我国纺织行业相关标准进行了比较。

《家具材料标准解读与选编》系列丛书针对各级市场监管部门、家具生产商、采购商，家具原辅材料生产商、经销商及普通消费者，在原辅材料生产及销售、家具生产设计、安全卫生、检测、环保、包装运输等各个环节具有重要的参考价值，对提高家具及原辅材料从业者的质量控制意识具有积极意义，特别是在国家号召提升产品质量、家具行业转型升级的当前形势下，指导和帮助家具从业人员对家具材料相关标准信息的了解、提高家具材料行业标准化普及具有积极意义。

本书所涉及技术资料的截止日期为2015年1月15日。由于标准体系的建立与完善是一个动态、持续的过程，需要定期进行评价、修正和完善，加之编者水平有限，书中的有些内容还有待进一步深入研究，瑕疵和错漏之处在所难免，恳请广大读者予以指出并提出宝贵意见，以便我们继续研究和探讨，不断地完善，从而更好地服务社会。

编　者

2015.1.10

目 录

第一部分 纺织行业发展概况

第1章 纺织行业发展综述 ………………………………………… 3

1.1 行业概况 ………………………………………… 3
1.2 行业定义 ………………………………………… 3
1.3 行业主要产品及应用 ………………………………………… 3
1.4 产品相关标准及产品特点分析 ………………………………………… 3
1.5 行业技术发展状况 ………………………………………… 4
1.6 行业竞争分析 ………………………………………… 5
1.7 行业存在的问题 ………………………………………… 6
1.8 纺织行业产业集群情况 ………………………………………… 7
1.9 纺织行业地方产业集群情况 ………………………………………… 16
1.10 纺织产业基地市(县)简介 ………………………………………… 25
1.11 全国纺织产业集群试点地区名单及授予的相应称号 ………………………………………… 32

第2章 中国标准与国际标准和技术规范的差异 ………………………………………… 37

2.1 概述 ………………………………………… 37
2.2 中国的纺织品标准现状 ………………………………………… 37
2.3 中国的针织品标准现状 ………………………………………… 37
2.4 针织品标准与国外先进标准的差异 ………………………………………… 38
2.5 国外技术规范与我国标准的主要差异 ………………………………………… 39
2.6 生态纺织品 ………………………………………… 41
2.7 欧洲生态标准 ………………………………………… 44
2.8 技术法规、标准 ………………………………………… 45
2.9 合格评定程序 ………………………………………… 46

第3章 目标市场技术规范、标准和合格评定程序与中国的差异 ………………………………………… 48

3.1 技术规范、标准和合格评定程序 ………………………………………… 48
3.2 美国市场 ………………………………………… 49
3.3 欧盟市场 ………………………………………… 52
3.4 日本市场 ………………………………………… 58
3.5 其他目标市场 ………………………………………… 62

第4章 出口商品应注意的问题与达到目标市场要求的建议 ………………………………………… 65

4.1 专利问题 ………………………………………… 65

4.2 民族习惯与文化问题 …… 65
4.3 绿色消费 …… 67
4.4 市场准入环境要求 …… 68
4.5 其他问题 …… 68
4.6 对立法和强制性标准的制定要引起足够的重视 …… 70
4.7 面对"绿色壁垒"的对策 …… 70
4.8 品牌战略 …… 71
4.9 提高产品的附加值 …… 71
4.10 我国生态纺织品应对措施 …… 71

第二部分 纺织及纺织相关家具国家/行业标准选编

GB/T 406—2008 棉本色布 …… 75
GB/T 2912.1—2009 纺织品 甲醛的测定 第1部分:游离和水解的甲醛(水萃取法) …… 91
GB/T 3917.2—2009 纺织品 织物撕破性能 第2部分:裤形试样(单缝)撕破强力的测定 …… 99
GB/T 3920—2008 纺织品 色牢度试验 耐摩擦色牢度 …… 109
GB/T 3923.1—2013 纺织品 织物拉伸性能 第1部分:断裂强力和断裂伸长率的测定(条样法) …… 112
GB/T 4802.2—2008 纺织品 织物起毛起球性能的测定 第2部分:改型马丁代尔法 …… 121
GB/T 5713—2013 纺织品 色牢度试验 耐水色牢度 …… 130
GB/T 7573—2009 纺织品 水萃取液pH值的测定 …… 134
GB/T 7742.1—2005 纺织品 织物胀破性能 第1部分:胀破强力和胀破扩张度的测定 液压法 …… 138
GB 8410—2006 汽车内饰材料的燃烧特性 …… 143
GB/T 8745—2001 纺织品 燃烧性能 织物表面燃烧时间的测定 …… 150
GB/T 8746—2009 纺织品 燃烧性能 垂直方向试样易点燃性的测定 …… 155
GB/T 13772.1—2008 纺织品 机织物接缝处纱线抗滑移的测定 第1部分:定滑移量法 …… 166
GB/T 17591—2006 阻燃织物 …… 175
GB/T 17592—2011 纺织品 禁用偶氮染料的测定 …… 182
GB/T 17593.3—2006 纺织品 重金属的测定 第3部分:六价铬 分光光度法 …… 192
GB 18383—2007 絮用纤维制品通用技术要求 …… 195
GB 18401—2010 国家纺织产品基本安全技术规范 …… 203
GB/T 18414.1—2006 纺织品 含氯苯酚的测定 第1部分:气象色谱-质谱法 …… 211
GB 18414.2—2006 纺织品 含氯苯酚的测定 第2部分:气相色谱法 …… 216
GB/T 18830—2009 纺织品 防紫外线性能的评定 …… 220
GB/T 18885—2009 生态纺织品技术要求 …… 225
GB/T 19817—2005 纺织品 装饰用织物 …… 239
GB/T 20384—2006 纺织品 氯化苯和氯化甲苯残留量的测定 …… 246
GB/T 20385—2006 纺织品 有机锡化合物的测定 …… 251
GB/T 20386—2006 纺织品 邻苯基苯酚的测定 …… 257
GB/T 20387—2006 纺织品 多氯联苯的测定 …… 263
GB/T 20388—2006 纺织品 邻苯二甲酸酯的测定 …… 268
GB/T 21196.1—2007 纺织品 马丁代尔法织物耐磨性的测定 第1部分:马丁代尔耐磨试验仪 …… 274

GB/T 22796—2009 被、被套 …… 284
GB/T 22797—2009 床单 …… 293
GB/T 22843—2009 枕、垫类产品 …… 298
GB/T 22844—2009 配套床上用品 …… 305
GB/T 23344—2009 纺织品 4-氨基偶氮苯的测定 …… 308
GB/T 24168—2009 纺织染整助剂产品中邻苯二甲酸酯的测定 …… 317
GB/T 26706—2011 软体家具 棕纤维弹性床垫 …… 324
FZ/T 01053—2007 纺织品 纤维含量的标识 …… 337
FZ/T 01057.2—2007 纺织纤维鉴别试验方法 第2部分:燃烧法 …… 348
FZ/T 24005—2010 座椅用毛织品 …… 351
FZ/T 60030—2009 家用纺织品防霉性能测试方法 …… 361
FZ/T 62009—2003 枕、垫类产品 …… 364
FZ/T 62011.3—2008 布艺类产品 第3部分:家具用纺织品 …… 371
FZ/T 73009—2009 羊绒针织品 …… 376
FZ/T 73018—2012 毛针织品 …… 384
SN/T 2450—2010 纺织品中富马酸二甲酯的测定 气相色谱-质谱法 …… 397

附录 纺织相关国内标准和国际标准目录 …… 403

第一部分　纺织行业发展概况

第 1 章　纺织行业发展综述

1.1　行业概况

中国是纺织品生产和出口的大国，中国纺织行业自身经过多年的发展，竞争优势十分明显，拥有全球最完整的产业链，最高的加工配套水平，众多发达的产业集群地应对市场风险的自我调节能力不断增强，资产规模逐年扩大，其中棉、化纤纺织加工行业规模逐年扩大最为突出，给行业保持稳健的发展步伐提供了坚实的保障。

经济全球化和我国在 2001 年加入 WTO，为我国纺织工业提供的更大国际发展空间，使得中国纺织工业的比较优势得以较充分的发挥，促进了中国与世界各国经济互补关系的发展，加快了中国纺织工业的国际化进程。同时，中国经济社会的持续较快发展，为纺织工业结构调整和产业升级创造了社会经济、政治、文化环境以及相关的发展条件；发展于上世纪中后期的新科技革命深入发展，为世界传统纺织工业竞争力的提升以及生产方式和消费方式改变提供了强大的动力，我国纺织工业在新世纪迎来了创新能力提高最快，新型纤维材料、新型工艺和装备、产品功能和性能差异化进步最大，产业组织结构升级、自主品牌发展最快的时期。进入 21 世纪以来，我国纺织工业持续快速发展，形成了从上游纤维原料加工到服装、家用、工业用布终端产品制造不断完善的产业体系。

1.2　行业定义

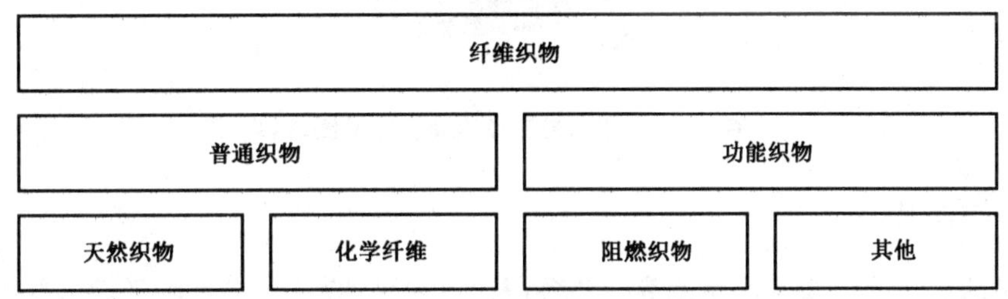

图 1-1　纤维织物分类

1.3　行业主要产品及应用

行业重点产品有纯棉布、混纺材质布、绒布（灯芯绒及麂皮绒）、麻布、纳米布、尼龙、腈纶等。与家具业相关的产品主要用于家具覆盖、抱枕、床垫、沙发和椅子、墙面软色。产品可以单用，也可以皮布结合。户外产品中出现竹、藤等材质与布艺结合的产品。

我国家具包覆材料中应用最多的是天然织物和化学纤维，其中化学纤维占到 60%左右。

1.4　产品相关标准及产品特点分析

1.4.1　软体家具床垫中有害物质限量

新标准对沙发和床垫两类产品的甲醛、TVOC 以及存在于面料中的严重致癌性偶氮染料确定了限量指标。床垫抗阻燃性能的面料增多，部分阻燃剂对人体也是有危害的，所以标准还同时采用了GB/T 18885—2009《生态纺织品技术要求》标准中规定禁用的五种阻燃整理剂。

1.4.2　产品性能测试标准

产品需要进行接缝滑移、撕破强力、色牢度、耐磨性等测试。相关测试要达到家具企业采购标准。

1.4.3　行业产品特点分析

1.4.3.1　产品设计风格特点

受各种生活方式、流行思潮的影响，不同年龄段、不同审美偏好消费者带来的个性化需求在纤维织物行业上得到了充分表现。产品设计风格体现了装饰性、时尚性、个性和情趣的统一。

现在，人们更追求家居整体的装修风格，所以布艺风格和家居装修风格有密切联系。详见图 1-2。

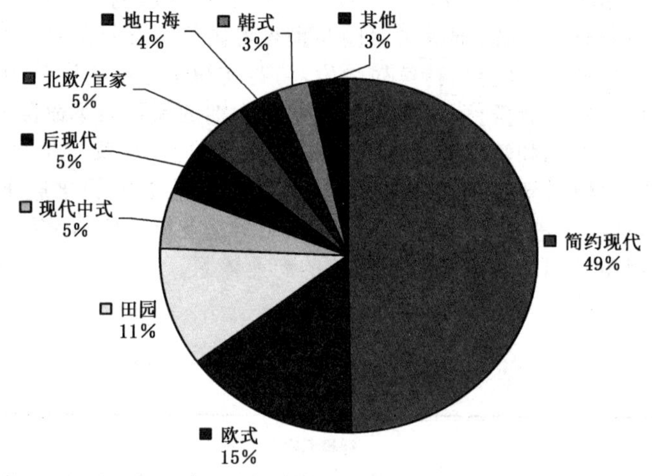

图 1-2　热销沙发布风格特征比例图(%)

1.4.3.2　产品性能特点

随着人们生活水平的提高及产品消费的升级，人们对产品的性能设计越来越关注。家具行业相关人士调查研究，得到如下两个判断。

(1) 安全与实用性能要求

抗静电、阻燃等功能可以被看作人们对纤维织物的安全性能要求；抗污性、可拆性则是人们对纤维织物的实用性能要求。

(2) 保健功能要求

家具作为生活必需品，人们对自身保健的关注引发了对布艺家具的保健需求。远红外、磁疗、薰衣草芳香疗法、负离子等高新技术添加到传统家用纺织品中，起到保健、治疗、调节人体机能的作用。

1.5　行业技术发展状况

1.5.1　行业技术活跃程度

纺织在我国有着悠久的历史，其专利技术数量较多，而家具布艺相关专利技术近几年才趋于活跃，

2010 年其专利数量达 490 个。从专利结构来看，多数家具布艺专利全是外观设计方面的，这是由行业特性决定的。

1.5.2　中国家具布艺专利相关技术构成

我国家具布艺相关专利类型中，装饰布、边界图案、单元图案专利技术占据大约一半的比重，表明行业技术往外观审美方面的方向发展愈来愈明显，与人们的审美追求相吻合。详见图 1-3。

图 1-3　各家具布艺相关专利比重(%)

1.6　行业竞争分析

1.6.1　技术发展方向

高耗能、高污染、高排放(简称“三高”)一直是纺织业的诟病，近些年国家对“三高”企业的整治力度不断加大，纺织企业在技术方面着实需要改进，如近些年推出的无水纺织技术，大大地减少了污水废气的排放，能耗也有所下降。未来纺织业的技术将是以节能减排以及与环境友好共存为基础，来实现可持续发展。

1.6.2　产品发展方向

目前家具布艺产品的创新主要体现在图案方面的改进，未来在性能上可能会有一些提升，如防火、防潮等。在产品结构上，可能会用竹纤维代替棉花，一方面降低成本，另一方面可减少耕地占用。

表 1-1　行业能力、威胁、支持及竞争环境分析

序号	项　目	描　　述
1	行业上游议价能力一般能力偏弱	天然织物上游行业受棉花、麻的价格影响很大，人造化纤上游行业则受原油价格影响大。由于棉花、原油的价格基本由期货价格决定，因此企业议价能力弱
2	行业下游议价能力一般	纤维织物下游家具行业是小而散的格局，企业采购数量不大。然而，纤维织物行业自身也是中小企业数量多，研发创新实力弱，使得企业对下游议价能力一般。行业内拥有较强的技术及研发能力的企业能够生产高品质产品，其议价能力则较强
3	行业替代品威胁小	纤维织物行业替代品主要是皮革。纤维织物特点是花色多，有现代感，价格便宜。皮革优点是豪华、有档次感。纤维织物的多样性、现代性更符合现代青年人的喜爱。随着纤维织物性能进一步改善和丰富，纤维织物竞争力越来越强
4	行业新进入者威胁性大	纤维织物行业是我国传统行业，准入门槛不高。行业集中度低，整个行业尚没有领头羊企业。因此，行业的发展随时会吸引新的家纺或者纺织企业进入，行业新进入者威胁性大

表 1-1（续）

序号	项　目	描　　述
5	第三方机构支持力度一般	行业主要研究机构集中在科研院所。纤维织物研究属于纺织研究的一细分类。随着纺织、纤维等相关行业研究的推进，行业也得到了不小发展。如纳米布艺沙发面料、纳米亚麻面料等产品相继取得突破。但是从世界范围来说，我国行业研究水平和日本等强国还有很大差距。另一方面，行业的设计公司和相关机构大大滞后于行业发展，无法给予行业发展推动力
6	行业竞争激烈	纤维织物行业企业数量多达千家，产品同质化严重，市场竞争激烈。行业总体盈利水平为 9.32%

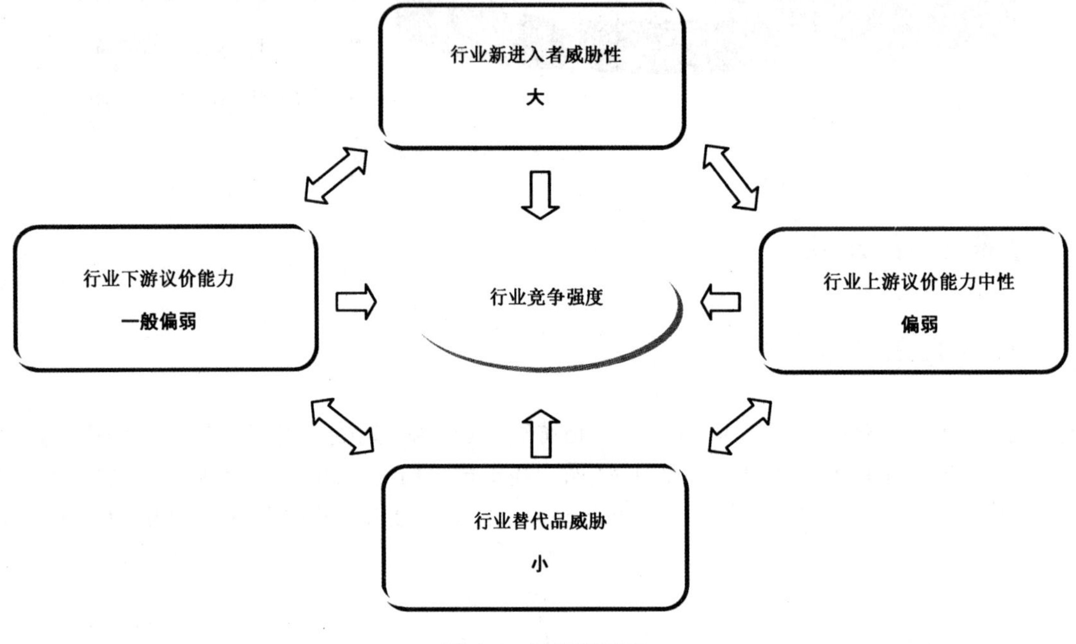

图 1-4　行业关系图

如上图所述，纤维织物行业生态不容乐观。

1.7　行业存在的问题

1.7.1　企业规模小，行业集中度低

在浙江余杭 3 000 家布艺企业中，很多布艺企业的产值仅有几百万元，规模、资金和技术实力都有限制，产值过亿的企业屈指可数，只有奥坦斯布艺、众望等若干家。海宁、广东也有部分过亿企业。

1.7.2　产品线众多，很难形成整体系统

纤维织物产品流行款式更新速度快，产品多样化、个性化现象明显，产品品类及款式众多。企业单一品种很难满足市场需求，造成少批量、多批次的现象，对库存压力和资金流转带来了较大的影响，所以很难形成大规模的销量，而以销定产的定制化生产和销售模式在该行业还没有整合形成系统，导致品种多，单品种销售额低，销售周期较长等现象。

1.7.3　抄袭模仿严重，自主创新不足

我国纤维织物产品的大部分设计理念和元素都是源于法国、德国、西班牙、意大利等欧盟国家以及美国。企业都在比谁会抄，抄的准，抄的好，抄的有水平，这种做法固然没有错，但是这种做法不利于布艺企业的可持续发展，也不利于企业自主创新能力的建设，给企业获取竞争比较优势带来了负面影响。目前，这种状况已有所改观。

1.7.4　行业缺少品牌，企业发展依赖软体家具企业

纤维织物行业是软体家具的上游配套企业。目前行业内大部分企业都忙于接订单，做家具企业的 OEM 产品。企业很少主动思考如何摆脱这份依赖性，如何推广和打造自己的品牌，以增强企业发展的独立性。目前，国内品牌企业正在逐步成长中。

1.8　纺织行业产业集群情况

上世纪八、九十年代，化纤在广东开平、新会，在华东的萧、绍、桐地区分别展现了集聚的规模，之后吴江、江阴、福建等地纷纷崛起了大化纤企业，而且集聚的态势非常明显，化纤产业集群经历了集聚、形成、发展、提高的过程。

自 2002 年起中国纺织工业协会开始进行纺织产业集群的试点工作，至 2013 年底，试点纺织产业集群地区已达 197 个，2012 年主营业务收入超 2 000 亿的县级地区，浙江省杭州市萧山区和绍兴市柯桥区，2012 年合计销售收入超过 5 000 亿，比 2010 年增长了 38.5%。中部湖北省有 5 个试点集群，主营业务收入共增长 68%，西北四省区有 5 个集群，增长 62.7%。产品除在国内市场畅销外，还远销欧美、东南亚、中东、中南美洲、非洲等地区。

1.8.1　化纤行业产业集群情况

1.8.1.1　化纤产业集群在技术创新、品牌建设方面走在行业前列

化纤产业集群汇集了世界最大的长丝企业桐昆集团、最大的短纤企业江苏三房巷集团、最大的聚酯薄膜企业赐富集团、世界第二亚洲第一的 PTA 企业远东石化、国内最大的锦纶生产基地之一新会美达、国内最大的纤维母粒企业新会彩艳。化纤产业集群企业不分企业大小，注重应用先进技术。其中有璜泾镇的小加弹企业应用新的加弹设备，提高效率，降低消耗；大企业新建镇华亚坚持装备逐步升级，保证了企业在涤纶细旦丝方面的领先地位。在化纤产业集群企业中科技创新、品牌建设已经成为产业提升的主要因素。国家级高新技术企业、省级高新技术企业及市级、县级高新技术企业梯队建设已经形成；集群企业获多项国家发明专利、实用新型专利；并在行业标准化工作中发挥越来越重要的作用；产业集群企业注重品牌建设，在多家企业通过 ISO 9000 系列标准认证的基础上，多家企业获得国家级、省级、市级等名牌与免检产品和驰名(著名)商标的称号。以家庭小作坊式加弹发展起来的化纤加弹名镇璜泾镇还注册了“璜泾加弹”集体商标。重品牌、创名牌、保护知识产权、科技创新已经成为产业集群提升的不二选择。获民用涤纶长丝中国名牌的企业——恒逸、荣盛、桐昆、恒力全部都是纺织产业集群试点地区的企业，在 2009 年发布的化纤竞争力十强企业中，纺织产业集群的试点企业由 2004 年的 3 个发展到现在的 7 个。

1.8.1.2　科学发展、和谐发展，产业集群把节能减排环境保护等社会责任作为发展中的重要任务

各化纤产业集群在自身获得良好发展的同时，不忘转变发展方式的重要任务，对节能减排在政策上给与鼓励，组织上予以落实，在技术上积极采用。到 2009 年底，仅 7 个化纤集群就有 20 家企业已经通过清洁生产审核，10 多家通过 ISO 14000 认证，还有的企业成为循环经济试点或通过了能源审计。各集群企业以人为本，保障好职工利益。各产业集群企业在国家遭受自然灾害的情况下，积极伸出援手；资助特困学生、职工；出资道路建设、危房改造、文化设施建设等公益事业，仅近 3 年累计出资金额上亿元。

1.8.1.3　我国化纤产业集群发展特点分析

化纤产业既是纺织产业的原材料产业，也是纺织工业的重要组成部分。化纤产业集群的发展得益于地方政府的有力支持、得益于纺织协会的正确引导。

目前化纤集群主要还是以大企业密集聚集为主，也有小企业形成规模的，如璜泾镇的模式。璜泾镇的化纤行业是从 20 世纪 80 年代初从小加弹逐步发展起来，到 90 年代中期进入快速发展期，到 2010 年底已有 1061 家化纤加弹企业，使化纤加弹业成为该镇的支柱产业。我国的大型化纤产业集聚目前处于集聚和集群之间，在作为纺织协会试点单位后，大部分正在形成真正的产业集群。

产业集群试点地区虽然各具特色，但又都具备共同点：它们都在市场的推动下，在各地方政府的支持下，在试点过程中不断发展壮大和提升。化纤工业基本上都是当地的支柱产业，化纤产业集群的试点地区化纤发展得到地方政府的全力支持，产业集群地区都将化纤的发展作为支柱产业列入地方发展规划，大部分地区都提供了基础设施的建设支持，环境集中治理上的支持；搭建了公共服务平台推进产业配套、构建特色产业技术升级平台、促进产学研发展的平台；还在物流、会展以及资金、产品检测方面提供服务；一些地区协会、商会都已建立，在化纤产业集群地区既有产业链的协调配套又有产业园区的基础设施和服务，更有同行间的相互协调相互促进，使化纤企业在集群地区不仅是集聚，而更成为真正的集群。纺织协会开展试点工作后，通过各种方式提高了政府支持力度，促进了产学研的结合，加快了服务平台的建设，进一步提高了集群企业在发展中以科技贡献率和品牌贡献率为主导的思想意识。化纤产业集群试点地区的水平得到了大幅提升。

1.8.1.4　我国化纤产业集群的发展所面临的形势

“十二五”是我国深化改革开放、加快转变经济发展方式的时期，化纤行业的发展也将进入了一个崭新的阶段。化纤产业集群的发展面临新的课题。

首先化纤产业集群必须依据各个集群的自身特点制定自身的发展转型提升的方向，认清我国所面对的基本形势才能统筹国际国内两个大局。化纤产业集群中的领头企业，产量规模上都是国际性大企业，一个企业的产量甚至超过大多数国家全国产量的总和。因此，我国的化纤发展一方面是扩大内需，另一方面是必须站在全球的高度规划集群的发展。

应该看到，化纤产业集群取得了巨大成绩，化纤产业集群的发展是在我国改革开放高速发展过程中，承接世界纺织产业链转移，由比较地区地理优势、比较人才优势和比较政策优势形成的。在新一轮的发展中，在转变发展方式的攻坚时期，我国经济发展所面临的资源制约、环境制约、人才制约因素也同样影响着化纤产业集群的发展，而且有些问题还更加突出。

首先是资源问题，这个问题在江浙产业集群较为明显。第一表现在化纤原料对国际的高依存度；其次是能源的限制，虽然化纤生产，特别是江浙产业集群主要生产的涤纶本身用能不高，但是高度的产业集中，同样造成了用能集中，使这些化纤企业都成为耗能大户，对于地区无疑是巨大压力；同时还存在发展用地资源和劳动力资源的问题。

再则是创新发展问题，近年来，产业集群试点单位已经在这方面做了大量工作，但是距离转变发展方式的客观要求还有非常大的差距。例如：化纤名镇马鞍镇总结的情况，2009年该镇规模以上化纤企业的研发经费投入占销售收入的比值远高于全国0.21%的平均水平，但与国际5%的先进水平相比存在很大差距。

纺织产业集群的发展带动了化纤集群的发展，化纤大企业的发展也带动了纺织集群。在新一轮企业结构调整、区域结构调整中，纺织行业已经出现了向中西部转移的明显趋向，各集群要充分分析自身的情况抓住机遇找准发展方向，借鉴世界上包括我国其他行业的经验，在化纤行业需要适度转移的大环境下找好自己的定位。

化纤行业作为占世界化纤近60%、占纺织加工总量2/3的产业，纺织产业的调整升级、提升产业竞争力，在增强国际集中优势以及打造世界纺织强国具有十分重要和不可替代的作用。化纤产业集群作为当今工业发展的主要模式，也必将起到重要的引领发展、推动升级的关键作用，必将在接下来的“十三五”期间的纺织工业发展中谱写出新的壮丽篇章。

1.8.2　家纺行业产业集群情况

中国家用纺织品行业是一个随着人们生活水平提高、经济发展不断壮大的新兴产业。十五年间，中国家纺行业从无到有、由小到大，已经成为中国纺织工业的重要组成部分，中国也成为世界上生产、消费和出口家用纺织品最多的国家。

1.8.2.1　中国家纺行业发展概况

（1）行业经济运行状况及特点

十多年来，中国家纺行业得到了快速发展，从2000年到2014年，中国家纺行业年均增速接近20%，进出口总额翻番增长。2009年是新世纪以来我国经济社会发展最为困难的一年，也是我国家纺行业砥砺奋进、经受严峻考验的一年。2009年全社会家纺行业总产值达9 780亿元，同比增长11.13%。据海关统计，2009年家纺产品出口金额达210.33亿美元（税号分类调整后数据），比2008年下降6.46%，比全行业收窄3.19%。据国家统计局统计，2 000多家行业企业平均利润率达4.55%，同比增长8%，高于全行业0.51%，充分显示出中国家纺行业在危机面前表现出较强的抗风险能力。

（2）产业集群优势明显

面对复杂的市场形势，各产业集群区域品牌意识不断提高，充分发挥了产业链配套完整的优势，不断提高市场竞争力。在国际有效需求下降的情况下，产业集群实现了产、销、利的同步增长，利润率明显高于行业平均水平。2009年18个家纺产业集群工业总产值2 314.46亿元，同比增长9.31%；工业销售产值2 273.03亿元，同比增长8.69%，增速高于64家行业企业6.71%；出口交货值559.26亿元，同比增长1.82%，增速高于64家行业企业12.56%；主营业务收入2 264.24亿元，同比增长7.30%，增速高于64家行业企业5.91%；利润总额115.3亿元，同比增长9.11%，增速高于64家行业企业0.81%；应缴增值税78.63亿元，同比增长15.38%，增速高于64家行业企业21.12%；利润率5.09%，高于64家行业企业0.55%。

由于产业集群产业链配套相对完整，资本、技术要素得到了相对合理的配置。集群中通过灵活的合作形式降低了企业劳动力成本，降低了企业的资金压力，提高了产业集群抗风险的能力。在整个纺织行业遇到诸多不确定因素的情况下，集群优势发挥了作用，相较于孤岛企业竞争力优势明显。

（3）行业发展趋势

2010年以来家纺行业整体将呈现稳步回升向好态势，产销、出口均将实现稳定增长，但是影响行业可持续发展的不确定因素依然存在，劳动力成本大幅提升、纺织原材料价格上涨、人民币升值、国际有效需求波动、贸易保护抬头等不确定因素加大了行业可持续发展的困难。随着人民生活水平的不断提高、城市化建设不断加快、城镇居民居住条件不断改善、农村居民收入不断提高、公共服务型消费的不断增加，内需市场对家纺行业拉动作用逐渐增强，在国际贸易环境基本保持稳定的条件下，未来五年我国家纺行业将继续实现稳步增长。

1.8.2.2　我国家纺产业集群存在的问题及不足

我国家纺产业集群大多是近十几年来发展起来的，区域内中小企业的成长周期和我国国民经济发展周期正向重叠，企业发展速度较快。但我们也要清醒地看到，我国家纺产业集群大多数都是小生产方式管理的中小企业，产品同质化，企业在诸多方面先天不足，品牌优势不明显，与世界上建立在高新技术基础上的成熟市场经济环境的现代产业集群存在较大差距。

(1) 产品同质化

家纺产业属于劳动密集型产业，固定资产投资成本少，技术含量不高，进入门槛低。随着小企业的不断加入，竞争日趋激烈，中低档产品单价越来越低，利润空间日渐微薄。

(2) 集群内中小企业先天不足亟待解决

产业集群内的家纺企业大部分是近一二十年发展起来的家族企业或民营企业，企业有活力，但在企业建设等方面还有诸多方面不完善。大部分的企业缺乏产品研发、质量检测、职工培训，企业在金融危机面前，应变能力较差。

(3) 品牌优势不明显

家纺产业集群经过近十几年的快速成长，在国内已经成为有一定知名度的区域品牌，但与成熟市场经济条件下的现代化产业集群相比，差距仍然很大。集群内的龙头企业品牌影响力不足，还未形成国际、国内甚至行业的优势品牌，整合集群内部中小企业的能力有待加强。

1.8.2.3　围绕梯度战略方针，打造现代化创新型家纺产业集群

家纺产业集群作为我国家纺行业极富活力的产业组织形式，近年来蓬勃发展，并已成为一支充满朝气的生力军，对我国家纺行业的持续快速发展，起到了重要的促进作用。面对未来诸多不确定因素，各家纺产业集群应主动围绕梯度战略方针，通过梯度布局、梯度服务、梯度发展，增强产业集群优势，推动家纺产业集群转型升级。

后危机时代，世界经济格局的改变和消费结构的变化，对我国家纺行业的发展提出了更高的要求，因此家纺产业集群应围绕梯度战略方针，利用危机倒逼机制，转变行业传统发展模式，打造现代化的创新型产业集群。

(1) 梯度布局

当前我国家纺行业运营成本不断提高，人民币升值、纺织原材料价格大幅波动以及国际需求限制性因素依然存在，我国家纺产业集群及行业企业同样面临着诸多不确定性问题，如何更大的发挥集群优势，这就要求我们产业集群在转型升级过程中注意集群内部大小企业、产业链上下游企业间合理布局。引导集群内部重点企业与中小企业以及物流、仓储、公共服务平台等合理配置，提升产业集群综合竞争力。

(2) 梯度服务

家纺产业大部分为中小企业，家纺产业集群内部尤以中小型企业居多，因此产业集群在做好集群内部龙头企业服务的同时应针对集群内部中小企业的实际情况，在行业技术、信息平台建设、产品研发、质量检测、职工培训、人才信息、产学研交流等方面做好服务，为产业集群优势企业以及中小企业搭建集成创新的生态，形成梯度服务的战略布局，提高集群集成创新能力，为产业集群的发展提供持久动力。

(3) 梯度发展

集群内的家纺企业在发展过程中面临着不同的发展问题，因此集群应注意引导企业梯度发展，积极引导集群内部优势企业由传统的OEM向ODM、OBM转变，打造具有国际影响力的自主知名品牌，参

与国际竞争，使集群企业的发展由排浪式向垂直方向转变。引导集群内中小企业做专做精，全面提升业务水平，增强中小企业对大企业的配套能力，是集群内各层次企业都有明确的发展目标，在区域品牌的带动下实现产业升级。

1.8.3　毛纺织行业产业集群情况

由中国纺织工业协会和中国毛纺织行业协会共同命名了 17 个毛纺产业集群，涵盖了绒毛加工、纱线、毛针织服装和人造毛皮等产品门类，已成为毛纺行业中非常重要的组成部分，对毛纺行业的持续、快速、协调、健康发展具有重要的战略意义。

1.8.3.1　基本情况

(1) 产业规模快速发展，产业集聚效应日益显现

经过多年调整，随着行业分工的深化和竞争的加剧，毛纺各产业集群根据自身特点，逐步细化并完善了产业链体系。各集群以规模企业为龙头，围绕主要产品延伸出产业链上下游关联企业、相关行业配套企业，逐渐形成资源互补、互为客户的企业联盟关系，有效地降低了采购过程中的交易成本和风险，提升了企业的生产和交货能力。产业聚集度的逐步提高，也为企业产品提供了多样性选择，引导并加速了企业间的差异化发展。在获得规模效益、降低成本、提高创新能力方面显示出集群地的集聚效应。在广东大朗、浙江濮院、织里等毛针织服装集群，形成了以毛针织服装生产为主，涵盖纺纱、织造、后整理、辅料生产等完整的产业链体系，并辐射到印染、针织机械制造等相关行业。

受国际金融危机的影响，近年来毛纺行业遇到了前所未有的困难，在国际市场持续低迷的情况下，依靠国家宏观政策调控和内销市场的支撑，毛纺全行业生产销售逐步企稳，产业集群特色镇同样成绩突出，毛纺行业产业集群在不断调整优化产品结构的同时，适应市场的快速反应能力逐步增强，资金周转有所加快，但盈利能力仍低于毛纺全行业水平。

浙江慈溪已发展成为中国最大的毛绒制品生产和出口基地，区内规模以上企业有 200 多家，2009 年销售额 150 亿人民币以上，并拥有亿元企业 20 多家，从 2003 年开始慈溪毛绒制品产量和出口就位居全国第一，总产量占全国的 70%左右，占全球的 60%左右。在宁夏灵武、河北清河以绒毛加工为主的产业集群，近年来加快产品结构调整步伐，逐步走深加工、精加工发展之路，产品已经从绒毛初加工延伸至终端产品。截止 2010 年 5 月，灵武羊绒园区内 38 家羊绒企业拥有分梳设备 1 562 台，年分梳无毛绒能力 5 000 吨；生产羊绒衫 350 万件。清河县自 2005 年起大力巩固初加工，并着力提高深加工能力，到目前已形成年生产羊毛(绒)衫 3 600 万件、织布 300 万米、纺纱 6 000 吨的生产能力，深加工在产业中的比重达 60%以上。

(2) 公共服务平台建设日益完善，品牌建设实现质的提升

按照纺织产业"十一五"规划发展目标要求，毛纺织产业集群"一个平台、五大支柱"的集群产业升级构想已逐步实现。清河、南宫、横扇、濮院、洪合、海阳、禹城、大朗、灵武等集群成立了产品研发中心；清河、濮院、海阳、大朗、澄海等产业集群成立了产品质量检测中心；南宫、濮院、海阳、大朗、灵武、澄海等集群成立了人员培训中心(基地)；清河、碧溪、濮院、慈溪、海阳、大朗、灵武、澄海等集群成立了信息服务中心；濮院、海阳、大朗等集群建立了现代物流中心。公共服务平台建设在毛纺织集群建设中日渐完善，在促进地区经济全面协调可持续发展方面发挥出主要作用，也为打造区域品牌奠定了坚实的基础。在毛纺织集群内的企业自有品牌中，共有近 30 个省级及以上名牌产品，品牌化发展带动企业由数量竞争向价值竞争转变，促使产品向个性化、差异化、高品质方向发展，为企业开拓市场、拓展经营渠道提供了支撑。

(3) 环保工作落实到位，节能减排取得实效

根据国家有关法律和产业政策，为实现纺织行业节能减排目标和产业集群可持续发展，毛纺各产业

集群近年来通过采用现代信息化管理手段、完善质量和环境管理体系以及设备改造、推广新技术、实行集中供热和污染物的集中处理等措施，努力促进能源综合开发和循环利用，实现经济增长与生态保护的协调发展。慈溪市毛纺行业的多数企业通过设备改造，采用变频节能器减少用电量和利用蒸汽冷凝回收方式提高能源利用率，缩短锅炉运行时间，降低烟尘排放量，减少环境污染。南宫市羊剪绒制品企业已纳入省环保部门监控，并充分利用地热实现节能减排。毛针织服装集群通过开展清洁生产，加强重点耗能企业监管力度，采用污水集中治理、加强环境监管、利用先进生产工艺等手段强化管理，做到节能、降耗、减污、增效。

1.8.3.2　主要问题

由于毛纺产业集群内多以中小型企业为主，个体、家庭企业比重大，因此存在一些共性问题，如专业化层次较低，熟练工人缺乏，技术水平不高，产品创新能力不足等，"低质跑量"比重较大，由此依靠低成本参与市场竞争所产生的问题日益显现。

(1) 成本上涨难以消化和融资难问题依然突出

近年来，劳动力成本、原材料辅料成本、能源消耗与排污成本的持续上涨加之诸多的不可预测因素，进一步摊薄集群内企业利润，许多企业效益下滑，特别是中等规模企业，上下两难，处于很尴尬的地位。另一方面，银企对接存在异议、融资渠道少、信用担保不健全，导致中小企业融资困难，矛盾突出。

(2) 人才培养与品牌培育的连续性难以保持

历年春节过后的用工荒反映出中小企业劳动力流失的现状，同时也折射出产业集群在保持技术人员力量和企业在延续品牌生命力方面面临的困境。特别是毛针织服装产业集群，虽然相继出台了人才培训与引进的优惠政策，努力搭建人力资源公共服务平台，但就企业个体而言，技术创新和品牌建设都需要稳定的人才队伍，如何留住、培养、管好、用好人才，依然是企业面临的重要课题。

1.8.3.3　发展方向

(1) 继续营造集群发展的良好环境

毛纺织产业集群应继续努力营造良好的整体政策环境，包括取消各种不合理收费、简化手续、改革管理制度、提供优良的公共服务等。推动产业集群内部的中介服务体系、科技服务体系的发展，提高教育培训机构水平，为产业集群培养高素质的劳动力队伍创造条件。完善金融担保、风险投资和创业基金，为中小企业提供必要的金融和配套服务，缓解中小企业在自主创新中面临的资金瓶颈矛盾。

(2) 继续鼓励企业实施品牌战略

毛纺织产业集群要保持竞争优势，必然要走品牌发展之路。应继续推动企业由 OEM 方式向 ODM 方式转变；扶持集群内龙头企业加快品牌建设步伐，产品向差别化、高附加值方向转变；引导企业参与全国性、国际性的高层论坛和技术交流，开阔眼界；鼓励有条件企业积累品牌核心价值，努力延续品牌风格。逐渐在集群内形成品牌梯队，从而保持区域品牌的生命力。

(3) 加大对电子商务的扶持

随着互联网科技的高速发展，第三方支付系统和物流系统的规范化服务日趋完善，纺织品服装电子商务销售平台已实质对传统商业模式造成了巨大的冲击，形成了便捷、安全的新兴市场。

毛针织服装产业集群应充分利用这一机遇，联合打造具有规模性、影响力的网络销售平台，为企业推广新品、把握市场、消化库存提供低成本、高效率的销售渠道。

(4) 努力提高集群的开放性

保持毛纺织产业集群的活力和优势，不仅要建立集群内各企业之间的联系，更要加强集群间、行业间、与发达国家的产业创新中心间的联系，毛纺织产业集群应更广泛地参与全球化互动，进而提升参与国际竞争、保持发展活力的优势。

1.8.4　棉纺织行业产业集群情况

棉纺织行业是我国纺织工业中重要的基础行业，也是产业规模最大的纺织行业。据国家统计局数据显示，2009年规模以上棉纺织企业细纱机1.1亿锭，转杯纺220万头，棉布织机121万台。2009年纱线生产2 393万吨，同比增长12.71%，纱线产量最大的省份是山东和江苏，占全国总产量的44.57%；布产量740亿米，同比增长4.2%。全国牛仔布产量达到29亿米，增长3.57%，其中广东省牛仔布产量约占40%。全国色织布产量达到31.5亿米，其中江苏省色织布产量约占25%。2010年以来棉纺织行业纱、布产量不断提高，1～8月规模以上企业纱线生产1 750万吨，棉布生产241亿米，同比分别达16.2%和20.9%。规模以上棉纺织企业工业总产值达7 918.11亿元，同比增长27.39%。

目前，中国纺织工业协会与中国棉纺织行业协会共同授牌的产业集群试点地区有21个县(市)、镇，在行业中占据了非常重要的地位，主要分布于江苏、浙江、广东、山东、湖北等省份。2009年棉纺织行业产业集群试点地区纱线产量296万吨，占全国纱线产量的12.3%，生产布120亿米，占全国布产量的16.2%，其中色织布16.2亿米占全国色织布产量51.42%，牛仔布产量16.5亿米占全国牛仔布产量的56.9%。

1.8.4.1　集群地区基本概况

自2002年开展对特色产业集群的试点工作以来，各地政府加大对纺织政策的引导和投资力度，实施一系列积极调整优化措施，引导集群地企业战胜国际金融危机带来的种种困难，促进产业集群健康有序发展。棉纺织产业集群以生产纱线、坯布、色织布和牛仔布为主，是纺织工业中的基础产业，主要的生产设备是棉纺细纱机和织布机。据不完全统计，2009年21个试点集群地区拥有纱锭1 845.8万锭，产能约占全国的16.78%，同比增长6.9%；织机24.47万台，约占全国20.22%，同比增长6.4%。主营业务销售收入近3 000亿元，同比增长5.33%；规模以上企业约有2 585户，较2008年增加221户，其中超亿元的企业增加74户，利润总额208.67亿元，同比增长22.4%。可见2009年集群纺织通过扩大内需，率先走出金融危机的阴影。2009年棉纺织行业经济运行整体处于企稳回暖的形势，在国际金融危机的冲击下，产业结构迅速调整，产品创新能力得到改善。棉纺织产业集群纱、布产量均呈现稳定增长。订单充足、规模以上企业开工率基本保持85%以上。

1.8.4.2　棉纺产业集群特点及作用

棉纺产业集群形成有着特殊的历史背景，最初企业都是乡镇和村办企业，后依靠政府有力支持和市场的拉动逐步发展壮大。棉纺企业创业门槛低、资金回收快，纺织企业经原始积累、产业结构调整、技术改造逐步形成目前的棉纺产业集群，其中根据类型不同分为纺纱、坯布织造、色织(牛仔)等不同类型。形成的多个纺纱产业集群，它们都具有各自的特色产品：山东邹平县、高青县、广饶县、临清市、张家港塘桥镇主要生产大众棉纱线产品，江苏金港镇以生产氨纶纱产品为主，湖北马口镇主要生产化纤缝纫线。织造产业集群在我国棉纺产业集群中占有相当大的比重，主要分为坯布、色织布和牛仔布。产业集群试点地区生产色织布和牛仔布的产量占全国产量的比重较大，均超过一半以上，在行业的发展中起到了重要的作用。

各产业集群地区抓住特色产业快速崛起，出台鼓励政策，支持企业进行技术升级，拉动地区纺织产业链体系。广东、江苏省有关集群投资兴建工业园区整合优化纺织资源；举办博览会，建设商贸城完善配套产业；组团参加海外展览，提升区域品牌知名度，增强核心竞争力。地方政府出台政策积极引导企业发展，建立纺织工业园，营造完善的产业链，通过工业园集中处理污水，解决环保问题取得较好的成效。

1.8.4.3　目前存在的主要问题和风险分析

(1) 劳动力成本逐步提高，环保、土地、资金等资源制约发展

棉纺织企业普遍出现了用工紧缺的情况，招工难是纺织企业普遍面临的问题。由于棉纺织企业属于劳动密集型企业，90%工人来自农民工，部分工人持观望态度，出现了进城不进厂的现象，造成纺织企业用工紧缺，不能满负荷开足机台，影响到订单的生产及按期交货，给企业带来损失。由于国家近年来对环保要求的提高，很多企业发展受到限制。色织、牛仔产业集群由于其染色、水洗工艺的要求，废水排放量大，为达到环保要求，不得不增加污水处理成本，限制了产业发展。由于土地等资源供应逐渐紧张，很大程度上制约了企业的发展壮大。

由于纺织企业平均利润率不高，银行贷款程序的繁琐及银行缩紧对纺织企业的贷款，使纺企融资困难。受资金短缺的困扰，纺织企业无力购买先进的设备、改进落后的工艺、开发适应时尚潮流的新品种，阻碍了企业竞争力的提高，更有部分中小企业因资金紧缺而被迫关闭。

(2) 原料成本飞速增加，加大企业负担

棉花的供需存在缺口，自 2010 年初棉花价格飞速上涨，至 2010 年 10 月已突破 25 000 元/吨的历史极值，拍储价格最高达到了 28 000 元/吨，面料价格虽有上调，但上涨幅度不同步且缓慢。部分企业因棉花库存较少，只能现买现卖，棉价的高位运行导致企业流动资金缺乏，资金压力增大，无力购买高价棉的企业不得已减少订单，使得纺织企业经营风险增大。

(3) 技术和管理人员缺乏，产品档次不高，附加值较低

企业的发展壮大与先进的技术和管理体系是密不可分的，纺织企业只有不断的提高技术水平、引进先进的管理理念、增加产品附加值才能在国内外的竞争中顺势而上占有一席之地。目前纺织企业普遍缺乏技术型、设计型、创新型人才，面临专业技术、管理人员缺乏的窘境，无论是纺纱、织造还是牛仔服装多为中低档产品，附加值较低，产品基本雷同，缺乏创新，国际市场竞争力不强。

1.8.4.4　集群应对措施和发展思路

各集群试点地区都比较重视当地纺织产业的健康发展，因地制宜，千方百计为企业发展创造有利条件，打造优良环境。

(1) 扶持骨干企业，提升纺织行业竞争实力

为了突显龙头企业的示范带头作用，相关集群地区都积极扶持重点龙头企业，鼓励它们做大做强，从而辐射相关中小企业，提升当地纺织产业的综合竞争能力。对有实力的纺织企业在土地、资金等方面优先考虑提供，帮助他们健康快速发展。通过培育优势规模企业，从而带动整个集群地区的综合实力。

(2) 加大政府扶持力度，帮助企业解决融资、用工、技改等困难

虽然国家将纺织行业定义为“传统的支柱产业、重要的民生产业、具有国际竞争优势的产业”，但由于纺织业是一个劳动密集型、利润低的行业，银行信贷系统对纺织行业采取歧视性政策，尤其是对中小纺企的融资，导致纺织企业贷款困难，流动资金紧张，影响到纺织产能的提升、设备的更新、技术的改造。地方政府出台具体支持纺织企业信贷的相关政策，解决纺织企业融资难的问题。

(3) 制订产业发展政策，承接东部产业转移

中、西部地区在承接我国东部沿海纺织产业的转移上有着非常明显的区位优势。中西部地区积极制订相关政策，加大开发力度打造具有竞争力的优良投资环境，出台优惠的税收政策，吸引沿海纺织企业向内地转移，出台投资引资个人奖励政策等，鼓励各方力量来推进招商引资。

(4) 规划产业园区，为企业提供良好发展空间

由于当地集群中相当一部分企业都是从家庭作坊或破产企业的车间开始发展起步，随着这些企业的不断发展壮大，原有的生产环境在很大程度上已经限制了他们的发展，所以相关政府部门及时规划产业园区，为企业提供更宽广的发展空间。

(5) 鼓励企业淘汰落后产能,推动产业升级

在企业加大技术改造力度,淘汰落后产能过程中,地方政府出台鼓励企业购买先进的纺织设备,引进先进设备的鼓励政策,对购买先进设备的企业在资金和税收等方面给予一定的奖励和政策支持,帮助企业尽快淘汰落后产能,加速产业升级的步伐。

(6) 加大自主品牌建设和保护力度

自主品牌的培养、发展、保护需要长时间的积累,短期内很难有突破,因此众多的中小企业目前仍以贴牌加工为主,部分大企业也不注意自主品牌的保护,一些企业面临着商标遭抢注等一系列问题。政府和商会加强品牌的建设、宣传和保护力度,通过集体参加国内外知名展会,宣传产业集群区域品牌,配合时尚秀等模式推出企业自有品牌,政府给予参展企业相应的资金补贴,不断提高企业的品牌意识,加快品牌建设的进程。

(7) 搭建公共服务平台,引导行业健康发展

产业集群地区的纺织产业都是地方经济的支柱产业,为地方经济的发展起到了重要的作用,地方政府和商会为纺织企业搭建信息交流、人力资源、技术改造和产品开发、原材料及产品销售等服务平台。帮助中小企业解决自身研发能力不足、员工培训等方面的问题。在地方经济发展的过程中,为纺织产业发展提出指导性的意见和建议,以及必要的政策和财政支持。

1.8.5　针织行业产业集群情况

2002年,中国纺织工业协会启动纺织产业集群地区试点工作,至今已有12年。这期间针织工业取得长足进展。"十二五"期间,针织行业全面提速发展,成为纺织行业中增长较快的行业。针织行业产销基本保持一致节奏,产销量逐年上升,利润总额稍有波动,但也保持螺旋式上升趋势。针织行业产业集群快速稳步发展,生产技术不断提高,产品全面覆盖服装、服饰及产业用品等领域。江苏、浙江、福建、山东、广东等发达地区产业集群经济实力有所加强,与此同时,江西、河南、湖北等中部地区独具特色,产业链配套的针织产业集群呈现快速发展趋势。

1.8.5.1　产业与集群概述

作为社会大生产条件下极富活力的产业组织形式,产业集群对国民经济的发展,对中国纺织工业的发展,起到了重要的促进作用,尤其是在扩大就业、增加农民收入、积累资金、出口创汇、繁荣市场、提高城镇化水平、带动相关产业和促进区域经济发展发挥了重要的作用,做出了突出的贡献。这些集群地区大都以县、镇区域经济为主,"一镇一品""一县一业",在市场配置资源的条件下,产业集中度高,规模效益明显,配套相对完整,生产成本较低,产业与市场互动,使集群地区逐步成为中国针织产业的重要的经济支柱。

针织产业集群特色产品主要包括针织服装、面料、袜子、手套等。以针织服装为主要特色产品的产业集群是针织产业集群的主体,数量占全部针织产业集群的一半以上。其主要产品有:内衣、文胸、T恤衫、文化衫、休闲装、运动装等。

2005～2014年间,我国针织产业集群在企业户数、工业产值、就业、主营业收入、出口、利润、税金、主要设备状况等主要指标方面,呈较快增长。产业主要集聚区,整体实力不断壮大,技术装备水平明显提高。由于原料供应、劳动力成本等因素,东部地区增长速度减缓,江西、河南、湖北等地区的针织产业集群开始成长起来。

1.8.5.2　发展战略和措施

(1) 加强信息服务

及时提供其他产业集群在技术创新、市场需求、产品流行趋势及节能降耗等方面的信息,组织集群

内企业的交流活动，全面提高行业的整体素质。

(2) 加强政策引导

在企业和行业宣传国家产业政策，建立科技激励，争取创建更多的科技型企业、高新技术企业，促进针织产业提升，增强企业抗风险、拓市场的能力，不断提高市场份额。

(3) 加强要素保障

解决土地、资金、交通、电力、环境等方面的要素制约。资源配置应围绕产业发展和市场需求，将体制、政策、服务以及资金、土地和劳动力等各种资源和要素在集群区域内进行系统开发和有效配置。

(4) 加强公共服务平台建设

为了更好地为集群企业服务，协调龙头企业建立关键技术研发检测平台、公共检验检测平台、公共信息平台、公共环保平台、公共展示平台等，为集群及周边企业提供更丰富更优质的公共服务平台。

(5) 加速品牌建设

增强品牌创建意识，整合提升针织产业优势，结合针织工业集群现状，开拓更为广阔的市场空间，提升针织集群知名度和美誉度。

(6) 社会责任建设

加强行业自律，把加强企业社会责任建设作为其中的一项重要工作。社会责任的建设工作应更好地融入国际产业和供应链，以适应经济全球化的需要。

(7) 健全行业协会等中介组织

行业协会要以服务与自律为宗旨，充分发挥职能，成为沟通政府与集群内企业、企业与企业之间关系的桥梁和纽带，为行业提供全方位的服务，特别是在信息、培训、技术、市场等方面的服务发挥作用。

1.9 纺织行业地方产业集群情况

1.9.1 广东省纺织产业集群情况

在计划经济时期，广东省是重点备战前沿地区，国家纺织工业发展不安排在广东省。改革开放后，广东省各级政府部门按照改革开放先行一步的部署，大力发展轻纺工业，随着我国市场经济的不断深入，广东省纺织工业已发展成为相当规模门类齐全产业链，产业集群效应显著，商业物流发达的产业体系。行业规模不断增长，已成为全国重要纺织工业制造基地、出口基地、时尚趋势传播基地和物流集散中心。

2009 年，全省规模以上纺织企业 6 524 户，完成工业总产值 3 878 亿元，排全国同行第四位，纺织品服装出口总额 313.23 亿美元，占全国纺织品服装出口总额的 18.6%，居全国同行第二位。

1.9.1.1 产业集群发展的特点

广东省是全国发展纺织产业集群较早的地区，纺织产业集群化发展，不仅对县城区域经济发展和农业工业化、城镇化水平提高起到重要的推进作用，而且成为广东省纺织工业发展的特色和产业竞争力的重要源泉。现全省具有纺织专业化、规模化、产业化特点鲜明的产业集群达 30 多个，其中与中国纺织工业协会共建的有 28 个，有 10 个是广东省产业集群升级示范区，主要分布在珠三角和粤东地区，其经济总量约占广东省纺织工业的 80%左右。多年来，在各级政府积极培育、引导发展下，企业不断聚集，产业不断发展壮大，形成各具特色的优势产业。

(1) 以生产高档服装纺织产品为主体的集群

由于广东是从最早的“三来一补”到 OEM 生产方式，来自香港及欧美订单，使国际服装产品流行信息很快转移到广东珠三角各主要城市，经过多年来用高新技术和适用技术改造传统纺织，用文化与时尚提升纺织，再加上信息化技术融入，依托大城市的载体，促进了包括纺织服装产业基地在内的产业集群，而且成为引导国内潮流的时尚基地，如广东省深圳女装、惠州男装、中山沙溪休闲服等。尤其是深圳女装，已从开放初期的对外依存度达60%，到现在已在全国一、二线市场占60%以上份额，品牌800多个，高档女装价格已高于国外同类产品价格约15%以上。

(2) 是以外向型为特征的对外依存度较高的产业集群

在20世纪80年代，随着国际及港澳台产业转移初步展现，港台企业来广东省靠近港澳的深圳、东莞、中山等地进行投资建厂，同时这些地区的政府积极招商引资，促进毛织、牛仔(色织)、针织、服装等行业发展，大量外商的订单在这些地区加工。随着集群产业链完善，再加上集群内的企业工艺技术精湛，专门加工世界名牌服装产品为主，逐步形成以出口为主的集群，还有引进国外的资金、设备、管理、技术或是侨乡的优势，通过分布在世界各地的各种关系形成的出口加工基地，就是依靠毗临港澳，在人文、地域、交通方面的便利，使这些地区成为出口份额高的产业集群，如潮州婚纱晚礼服产业集群、中山大涌、顺德、开平等牛仔产业群，澄海工艺毛衫、东莞大朗、寮步毛衫、中山小榄针织内衣集群等是世界中、高档品牌服装产品的产业集群，这类产业集群约占广东省纺织产业经济规模的50%左右。而且这些产业集群随着广东省珠三角产业结构调整，集群内核心企业除了不断进行技术改造和创新外，部分企业逐步将劳动力密集型的加工工序或常规型的产品加工，逐步转移到广东省粤东、粤西和山区及到湖南、湖北、江西等地设厂；或将订单转移到四川、湖北及山东等省加工出口。

(3) 以中小型企业为依托，分工明细、功能较健全的产业集群

在广东省粤东等地区，由于没有资源，但当地有纺织和手工业生产的传统历史，这些集群在农村向城市化进程中，以单一纺织产品起步，乡镇的中小企业、家庭作坊模仿跟进，当地政府注意调动各种经济成分的积极性，给予支持引导产业的发展，围绕某一类主打产品形成产业集群；也有是围绕专业化市场形成产业集群，市场接纳集群内生产的大量产品，自然形成生产某种纺织服装产品的特色城镇。随着产业链的形成与完善，市场的辐射功能、流通功能、扩散功能十分健全。这些产业集群以中小企业为主，甚至一家一户的加工作坊，分布在广大乡镇和批发市场的周边，对安排就业和拉动农村经济发展，增加农民收入，带动第三产业发展、增加资金积累等方面所起的作用是其他行业无法替代的，已真正成为农村的致富产业。这种产业集聚具有普遍性和代表性，这些地区有低成本和产业链的优势，纺织服装产品具有物美价廉的主要特色。如广东省惠州的博罗园州镇服装、普宁针织品、汕尾公平西裤、云浮罗定的毛纱、汕头峡山的家居服、揭阳市灰寨的毛巾、汕头陈店内衣等产业集群已成为当地经济的重要支柱产业，促进地方经济的发展。

1.9.1.2 广东纺织产业集群地发展中出现的问题与困难

在我国工业转型期，随着新兴战略产业的兴起与发展，环境资源发生变化、生产要素及成本提高，对传统产业带来影响和制约。同时，广东省产业集群多数依靠加工贸易发展起来的有明显局限性，以往靠拼土地、拼劳力、拼资源的外延式增长方式，已难于再支撑经济持续高速前行。

① 发展面临空间制约，产业布局面临调整。虽然，广东省纺织产业集群发展对当地经济发展在就业、创汇和财政收入方面做出贡献。但是，随着经济结构调整，在经济发达的珠三角等地区发展纺织工业面临着土地空间不足、能源短缺、人口膨胀压力、环境承载力“四个难以为继”的约束，依靠扩张规模、促进增长的模式受到很大制约，面临调整与迁移。

② 产业增加值偏低，整体创新能力有待增强。部分产业集群的中小企业一是依靠加工贸易发展起来，二是给外资企业配套加工；在国际产业分工模式中，处于产业价值链的低端，只赚取少部分加工费，集群内同质性发展，这部分企业缺乏创新的能力，核心技术过分依赖进口与模仿，企业原创技术研发能力和产业核心竞争力有待加强。

③ 只是产业链一个工序，无法通过上下游联系带动产业发展。有部分在成长中尚未形成优势的产业集群，因历史上的原因，集群内的企业普遍集中于中间的生产加工环节，由于营商成本不断提高，熟练

劳力短缺，再加上企业研发设计和营销环节能力相对薄弱，面临产业结构调整和企业外迁压力增大。

1.9.2 山东省纺织产业集群情况

纺织工业是山东省重要的传统支柱产业，也是全国纺织工业重要的生产和出口基地之一。2009 年，全省规模以上纺织工业企业达到 5 390 余户，从业职工 144 万人。山东纺织行业门类齐全，优势行业比较突出。已形成包括化学纤维、棉纺织、色织、印染、毛纺织、针织复制、麻纺织、服装、纺织机械、纺织器材等在内的链式结构工业体系，其生产能力和年产出总量均居全国同行业前列，综合经济实力位于江苏、浙江之后，列全国第三位。目前全省共有国家级产业集群 17 个，规模以上企业户数约占全省纺织行业规模以上企业数的 40%左右。2009 年国家级产业集群的销售收入占全省纺织行业完成销售收入的 45.8%；实现利润占全省纺织行业实现利润的一半左右，出口占全省纺织出口创汇的 45%，产业集群已成为山东省纺织行业实现集约式发展，促进当地经济增长的主动力。

1.9.2.1 产业集群当前经济运行情况

2009 年以来，山东省各纺织产业集群努力克服了国际金融危机持续蔓延、外部环境不确定因素增多、各种生产要素成本上升、经济运行压力较大等不利因素的影响，保持了生产经营稳定，集群内重点企业没有停产、破产现象。进入 2010 年，各产业集群延续了去年四季度以来企稳回升趋势，总体发展良好。1～9 月份，重点企业销售收入增幅均在 15%～20%以上，出口、上缴税金、利润也同步增长，产能发挥良好，产销基本平衡。不少企业正在规划新的投资进行技术改造。由于国内棉花供应缺口较大，导致棉花等原材料价格大幅上涨，增加了企业成本。自去年以来随着各地“用工荒”的出现，劳动力短缺成为纺织企业的一大难题。尽管不少企业采用上调工资，调低招工学历、年龄等限制，改善职工住宿、就餐、娱乐等条件，仍难以解决用工紧张的问题，职工流动性增大。根据地区不同，邹平、高青、诸城招工难现象比较突出，用工缺口大约在 20%左右，其他地方缺口在 10%左右。

1.9.2.2 影响当前山东省纺织产业集群发展的主要因素

2010 年，纺织行业面临的国内外经济环境较 2009 年有明显改善，行业整体呈现稳步回升的态势，但也面临一系列不确定因素，国际金融危机的影响依然存在，山东省纺织产业集群经济运行的难度仍然很大。

(1) 产业结构不合理，利润空间难以大幅提升

山东省纺织工业虽门类齐全，生产规模和经济总量在全国占有重要地位，但结构性矛盾也比较突出。与南方先进省市相比，山东省棉纺织能力大，染整加工能力弱，最终产品比例不高，企业间的关联度较低，分工和专业化程度不高，不仅不利于经济效益和竞争力的提升，而且对产业链的延伸、产业集群的发展具有较大的阻碍作用。

(2) 各项生产要素价格持续上升，增加了生产成本

今年以来，随着全球经济的复苏，国际市场原油、棉花等大宗商品价格在高位波动，带动化纤、纺织原料价格上涨。随着棉纱、棉布市场行情转好，国内棉花需求回升，价格持续上涨。截至 9 月中旬，国内 329 级棉花价格每吨 23 000～24 000 元，与去年同期相比，每吨上涨了 9 000 多元，上涨幅度超过 60%以上，而且仍在继续上涨。加之国内工资、能源、交通、动力等生产要素价格持续上升，纺织企业的成本压力明显增加。由于最终产品市场价格上涨幅度低于原料价格涨幅，下游产品生产企业的利润空间被大大压缩。

(3)“招工难”已成为制约纺织企业发展的一大瓶颈

纺织行业是传统的劳动密集型产业，劳动强度大，工资相对不高，各集群企业普遍存在招工难的问题。今年企业普遍上调工资 20%～30%以上，但仍存在招不进、留不住的现象。由于用工缺口增加，有

的企业开工不足，有订单没人干，影响企业接单和按期交货。

(4) 国际市场环境仍制约着行业出口

当前，全球经济虽呈现出逐步好转的趋势，但主要经济体国家消费需求和就业情况并没有根本好转，要持续保持良好的出口势头难度依然很大。外销产品仍面临订单和低价的双重压力。同时，国际贸易保护加剧，金融危机爆发后，各国政府为保护本国产业，通过提高安全、卫生、环保标准和采取反倾销、反补贴等措施构筑贸易壁垒，我国纺织品服装出口面临的贸易摩擦日趋严重。

(5) 土地、资金等的紧缩效应对行业健康有序发展不利。国家实行日益严格的土地政策，在投资增长较快的情况下，企业发展建设用地供需矛盾将更加突出。金融信贷方面，虽然 2010 年国家将继续实行“适度宽松”的货币政策，但随着国内通货膨胀预期加强，央行已两次宣布上调存款准备金，货币政策微调的趋势已经显现，纺织企业特别是中小企业融资难的问题更加突出。在汇率方面，人民币升值的预期加大，企业不敢接长单、接大单，进一步增加了行业出口的不确定性。

1.9.2.3　针对目前形势采取的主要措施

面对各种不利因素，集群内企业采取积极的应对策略，狠抓机遇，加快发展。

① 进一步加大技改力度，逐步提高设备档次，淘汰落后生产能力。魏桥创业集团计划在 3 年内将现有棉纺织设备全部改造为：全精梳、全长车、全自络、全无梭，提高产品档次和自动化水平，减少用工，降低劳动强度，改善劳动环境。广饶澳亚集团计划在现有 466 台宽幅喷气织机的基础上，新增特宽幅喷气织机 500 台～1 000 台，成为国内装备特宽幅织机最多的企业；鲁泰集团计划新增一条新的衬衫生产线，增加服装等最终产品的比重。

② 优化产品结构，提升产品档次，逐步向“新、优、特、异”的产品品种转变，开发高档产品，提高产业科技含量和附加值。邹平县纺织骨干企业大力实施技术改造，引进先进设备，提升传统产业，产业链条从原来的棉纱、坯布向高档家用纺织品、服装产业延伸，产品档次明显提高，产品结构更加合理，市场竞争力逐步增强。全县无梭布比重达到 70%、无结纱比重达 100%、无卷化比率达到 70%，自动络筒比重达到 90%，精梳纱比重达到 85%。已形成全国最大的无结头纱、精梳纱、无梭织布、高档特宽幅染整基地。诸城德利源开发的纯亚麻纱和麻混纺纱，其麻混纺纱用于部队军服的生产，不仅为士兵解决了在训练过程中排汗、抑菌、防臭等难题，企业也取得了良好的经济效益。

③ 加强自主品牌建设，积极开拓国内外市场。诸城希努尔集团为扩大销售在全国开设专卖店近 1000 家，昊宝集团也在全国各地开设专卖店 500 余家，努力提高其产品国内市场的占有率。

④ 提高员工工资，实行人性化管理。文登艺达家纺集团对员工宿舍实行公寓式管理，专人打扫卫生和清洗被褥，用成本价供应饭菜并给予补贴。魏桥创业集团今年投资几千万元，为职工宿舍安装空调，使职工住宿条件改善。

⑤ 强强联手，发挥各自优势，拉长产业链共同发展。邹平县拟以魏桥创业、宏诚集团和三星集团为龙头，调整纺织产业结构，积极引进国内外先进的工艺和技术装备，从上下游关联度高的纤维、纺纱、织造、染整等各环节着手，提高面料、服装的开发、设计和制造水平，开发各类高档面料和服装，形成纺、织、染、整、成品一条龙产业链生产方式。力争到年底全县纺织业实现产值 800 亿元、利税 70 亿元。

⑥ 发展高科技新兴行业。孚日集团是国际家纺行业的龙头企业，企业在保持家纺产品现有规模的情况下，发展太阳能光伏发电产业，已投资 16 亿元建成年产 60 兆瓦的太阳能光伏发电板生产线，其中第一代产品已投产，第二代产品生产线正在调试试产过程之中。远景规划年产 600 兆瓦，年销售收入 120 亿元。

⑦ 积极开展直接融资，为企业生产发展广募社会资金。夏津县积极鼓励符合条件的企业通过发行公司债券以及可转换债券的方式筹集资金。支持鼓励民间资金以参股入股的方式进入棉纺织企业，最大限度的把民间闲散资金用在老企业的生产经营和新上项目上。临清市组织几家信用程度高、经济实力强的企业在银行设立联保账户，互相担保，简化了贷款程序，保证了企业流动资金周转的需要。

1.9.3　福建省纺织产业集群情况

1.9.3.1　福建纺织概况

福建纺织工业经过20多年产能规模的快速拓展，行业结构和区域分布发生了根本变化。纺织产业集聚、企业集群区域特色已明显突现，呈现出蓬勃发展趋势。至2009年，全行业职工突破120万人，已形成了化纤、棉纺、织造、印染、非织造布、产业用纺织品、家用纺织品、服装服饰、纺机纺器等行业结构体系。全省规模以上纺织企业2 565家，工业总产值2 123.25亿元，同比增长12.2%，连续多年保持全国第5位。主要产品产量：化学纤维184万吨，同比增长15.1%；纱158万吨，同比增长24.4%；布27亿米，同比增长10%；印染布33亿米，同比增长6.2%；服装23.7亿件，同比增长15.2%。

上世纪70年代初长乐纺织业开始起步，经过调整发展，民营企业发展迅猛，一批大型规模的棉纺、化纤、针织企业在国内占有一定地位。纺织业从石狮市服装市场开始，接着在晋江、石狮等周边城镇纷纷建起服装企业，直至在泉州整个地区形成化纤、棉纺织、针织、染整、服装、非织造布、纺机纺器等行业生产能力和纺织产业体系，纺织总量居全省首位，成为全国纺织服装大市。厦门市经济特区的地域优势给纺织业注入生机，上世纪90年代后，出现一批化纤、织造、印染、服装等外资纺织企业。同时，都市女装、时尚正装、童装等服装也得到快速发展。厦门的海沧、杏林、同安等地纺织产业集聚明显。随着产业梯度转移的实施，泉州、厦门、福州等沿海地区，开始把新增纺织产业加工点以及新型纺织项目向闽中西部推进，不断深化区域协作配套，解决企业用地、用工稀缺等问题。已在工业园区建设、纺织面料开发、服装加工生产、竹纤维研发等方面取得进展；三明、龙岩、南平等内陆地区不断优化产业政策，加大承接梯度转移的优势，涌现出一批纺织服装规模企业、纺织产业科技园区以及新兴产业集群地区。如三明地区的尤溪县、永安市等地以革基布织造及产业用纺织品带动了棉纺、织造、染整等相关行业的发展，纺织科技园区、产业集群得到快速发展。

1.9.3.2　产业集群蓬勃发展

一批以市、县、镇区域经济为特色，以大型企业为骨干，以中小企业为主的纺织产业集群的形成并开始显示出较强的竞争力。不仅促进了各地国民经济的持续增长，而且有力地解决了城乡就业问题，带动了地方经济的繁荣；福建被中国纺织工业协会授予纺织服装产业集群试点地区的共有17个市、县、区、镇，占全国纺织产业集群特色城镇数量的10%。其中有晋江市、长乐市的2个“中国纺织产业基地市”；石狮休闲服装名城、石狮丰泽童装名城、尤溪革基布名城；以西裤、运动服装、内衣、休闲装、童装以及织造、经编、花边、辅料等产品命名的11个特色名镇；永安市的中国新兴纺织产业基地。

1.9.3.3　全省纺织产业集群主要特色

(1) 由专业市场带动，上下游产业协调发展的产业集群

从泉州地区的晋江纺织产业集群和石狮服装产业集群来看，泉州服装发展源于石狮服装集散市场，由于服装专业市场和服装加工产业链不断延伸，在石狮、晋江周边城镇以及泉州全地区逐步形成了以服装产品为龙头，化纤、棉纺织、针织、印染、服装辅料、非织造布、纺机等相互配套的比较完整的产业链。经过多年的发展，泉州纺织服装整体竞争力明显提高，已成为全国最大的纺织服装加工和贸易基地之一；全市已集聚纺织企业超万家，其中规模以上企业1 072家。从业人数约25万。2009年工业总产值达到1 174亿元，其中规模以上999亿元。泉州的晋江市已被中国纺织工业协会授予“中国纺织产业基地市”，石狮市为“中国休闲服装名城”，石狮、晋江周边的蚶江、灵秀、宝盖、凤里、深沪、英林、新塘、丰泽、龙湖城镇也被命名为纺织、服装不同特色的纺织服装“特色名镇”；产业集群品牌带动效应凸显，“九牧王”西裤、“七匹狼”夹克、“柒牌”男装、浔兴SBS拉链等一大批品牌在省内外享有较高声誉，全市已有凤

竹纺织等4家企业建立国家级企业技术中心，有海天轻纺等10多家企业建立省级企业技术中心；全市纺织服装企业在国内外共设立近万个大中小型销售网点拓展国内外市场。石狮已成为一个宠大的服装产业集群和全国服装集散中心，石狮鸳鸯池布料市场已成为全国五大纺织面料市场之一，石狮服装城已成为亚洲最大的服装专业市场。

(2) 以发展化纤、纱线、经编面料等纺织原料产业而形成的产业集群

从长乐市纺织产业集群来看，长乐市纺织业以加快纺织原料开发生产，满足国内纺织业发展的化纤、纱线、经编面料等的需求，而成为国内纺织业和产业集聚发展最快的地区之一。长乐市2005年被授予"中国纺织产业基地市"，长乐的金峰镇和松下镇分别为"中国经编名镇"和"中国花边名镇"。全市已形成了集化纤、纺纱、针织，及由此衍生出的染整、服装、纺机等纺织产业集群；至2009年底，全市共有各类纺织企业813家，从业人员近10万人，实现工业产值435亿元，其中规模以上企业216家，工业产值405亿元。目前，纺织业规模为化纤短纤、长丝年产70万吨；棉纺420万锭，化纤纱、混纺纱80万吨；经纬编面料、经编花边产品占据全国市场份额的1/5。

(3) 以产业用纺织品产业链相关联的企业形成的产业集群

从尤溪县、永安市纺织产业集群来看，革基布等产业用纺织品是福建内陆地区南平、三明地区的特色产品，具有较长的发展历史。尤溪县、永安市等市县经过加大行业技术改造提升，形成了以革基布织造为龙头的纺纱、织造、染整、制革、后加工的产业用纺织品产业集群。如，尤溪县纺织业，至2009年已有职工1.83万人，纺纱、织布企业246家，实现工业总产值55.01亿元。其中，规模以上企业71家，工业总产值29.2亿元，同比增长30.3%，已占全县规模以上企业工业总产值的46.69%，纺织业已成为尤溪县第一支柱产业。全县拥有棉纺38万锭，织布机5 500台。革基布等产品在国内市场占有优势，2009年已被授予"中国革基布名城"。又如，永安市纺织业以发展革基布等产业用产品，形成了产业规模和企业集聚。目前，全市纺织职工突破万余人，已拥有维纶短纤2万吨；棉纺纱锭33万锭、气流纺5 200头；织布机4 000多台；无纺布生产线12条；染整生产线9条；制革生产线12条。至2009年，共有企业106家，实现工业总产值63.16亿元，利税总额2.58亿元。其中，规模以上企业49家，实现工业总产值57.7亿元，比增23.5%，占全市规模以上企业的27%。产业用的维纶水溶性维纶、高强高模维纶纤维、维纶非织造布、维纶高支纱线等产品已成为地区特色产品，占据国内外高端纺织市场，已经成为中国新兴纺织产业集群之一。

(4) 以脱贫解困，实施发达地区纺织梯度转移而形成的产业集群

从长汀县纺织服装产业集群来看，长汀县是闽西的革命根据地，十多年来，在承接沿海纺织服装产业转移呈现出生机勃勃景象。已出现投资由小项目向企业集团大项目转变；由租赁厂房向企业自建厂房转变；由来料加工向自营内外销转变；由劳动密集型向技术劳动密集型转变；由闽南客商为主投资向闽、浙、粤、港澳台和海外客商共同发展转变，产业集群效应在快速形成。至目前，纺织产业集群已有纺织216家，从业人员4万余人，其中上亿元产值的企业11家，规模以上企业63家，已拥有35万纱锭、2 500台布机、2万台服装电平车、1.7万台针织横机的生产规模。今年以来，总投资达到20亿元的一批纺织投资项目正在实施。

(5) 纺织业传统地区产业提升形成的纺织服装产业集群

从南平市等地区的纺织服装产业集群来看，南平市是福建省发展较早的纺织基地之一，在长期调整发展中形成纺织产业集群格局。全市纺织服装企业260多家，其中规模以上企业106家，主要分布在南平延平区以及邵武、建阳、浦城、武夷山等县市，从业人员达2.3万多人。2009年规模以上企业共实现工业总产值35.11亿元，同比增长18.3%。全地区已形成PU革基布、洗洁巾、针织童装等三大产业。南纺股份公司已发展成为国内产业用布领域具有特色产品和竞争实力的大型企业；洗洁巾家用纺织品生产能力约占国内较大份额；初步形成集织造、染整、制衣为一体的针织童装产业链。

1.9.3.4　产业集群存在的不足与问题

福建纺织产业集群和企业集聚发展不平衡，有一部分尚处初级阶段，与全国沿海省份以及纺织发达地区还存在明显的差距。

（1）产集群规模总量还比较小

中国纺织工业协会在国内授予的164个中国纺织产业基地市和特色城镇中，福建省仅占17个。福建省特色城镇集群规模一般在100亿元左右，200亿元以上的很少，50亿元左右的居多。集群地区的企业数量以及大型、超大型企业的比例较少。

（2）产业集群分布不平衡

福建省产业集群大都集中在泉州、福州、厦门等沿海城市，产业集群发育明显落后于沿海城市。全省还不能充分发挥区域纺织产业比较优势以及欠发达地区劳力、土地等资源的有利条件，带动地域经济发展和社会进步。

（3）产业集群结构性矛盾突出

纺织产业集群存在服装集群多，家纺装饰、产业用纺织品等的集群少；出口跑量、贴牌加工的多，自主开发、自主品牌的少；低水平同质化跟风的多，创新型产业少，高新技术产品的比例较低；企业单体规模小，龙头带动效应不足。集群的产业创新、深度转变力度不够。

（4）集群专业化结构、综合功能不够完善

产业集群或企业群体专业化深度不够，配套服务功能还不完善。集群的发展目标、特色产品、资源优化配置、创新能力等的规划不明晰。集群地区专业市场发展滞后，综合经营能力较低。

（5）企业信息化水平、人才支撑力度较低

信息化建设方面大部分企业仍停留在企业网站和局域网建设层面，真正应用CAM/CAD、企业资源计划（ERP）、供应链管理（SCM）以及电子商务系统等较少，企业人才匮乏。

1.9.4　浙江省纺织产业集群情况

浙江省纺织产业集群起源于农村工业化，家庭工业、专业市场是其起步和发展的重要基础。经过改革开放30余年的发展和积累，浙江省纺织产业集群形成了民营经济、县域经济、中小企业、劳动密集型消费品工业和外向型经济“五个为主”的基本特征，体现了产权清晰、机制灵活等特点。

1.9.4.1　浙江省纺织产业集群的基本情况

2009年浙江省共有年销售收入10亿元以上的产业集群312个，实现销售收入2.81万亿元，出口交货值6 122亿元，从业人员831万人。产业集群在全省经济发展、参与国际竞争、扩大就业等方面发挥了十分重要的作用。浙江省纺织产业集群包括丝绸、针纺、家纺、花边、羊绒、纺丝、经编、贡缎、无缝织造、绗缝家纺、产业用布等；纺织服装、鞋、帽制造业，包括纺织服装、针织服装、羊毛衫服装、童装、袜业、领带、线带、制鞋等29个行业。共吸纳163.8万人就业，年销售收入为5 723亿。在年销售收入超过200亿元的8个纺织产业集群经济中，生产单位超过2 000个的有萧山纺织、绍兴纺织、鹿城服装、长兴纺织、诸暨袜业；从业人员在10万人以上的有萧山纺织、绍兴纺织、鄞州纺织服装3个。出口交货值超过200亿元的有萧山纺织、绍兴纺织、诸暨袜业等6个。

1.9.4.2　产业集群发展的主要特色和趋势

① 近年来，由于外部条件、自身发展阶段发生了深刻变化，浙江省纺织产业集群的生成模式、空间形态、组织形态、转移轨迹、发展路径等呈现出诸多新现象、新趋势。

A 生成模式发生根本变化

纺织产业集群作为一种产业组织形态，具有时代性，与经济社会发展环境的变化休戚相关。改革开放初期，人多地少的省情和浓厚的经商传统，催生了家庭工业和专业市场。当时所处的短缺环境为纺织产业集群提供了巨大的发展机遇，使其得以在短时间内迅速发展成长，如嵊州领带、宁波服装、余杭家纺、大唐袜业等。进入新世纪以来，由于全球化和信息化的加快发展，产业发展的市场格局发生了重大变化，经济社会发展阶段进入到建设全面小康的新时期，浙江省纺织产业集群的生成模式也随之发生了根本性改变，政府的规划引导和招商引资成为产业集群形成发展的主要方式，如绍兴县滨海印染工业园区、海宁经编产业园区、天台过滤布产业集群等。

B 产业组织形态多样化

浙江省纺织产业集群起步阶段的基本模式是专业生产＋专业市场，但通过多年来的演变，块状经济的产业组织形态已形成两种主导方式。

一是互动提升型。一批纺织产业集群逐渐形成专业化分工生产体系和国际性商贸市场为主的生产性服务体系和城市空间发展体系的发展模式，推动工业化、市场化、城市化相互促进、相互提升，并越来越成为浙江纺织产业集群的主导组织形态，如海宁皮革城、绍兴柯桥轻纺市场、桐乡羊毛衫市场等一批国际性商贸市场，在与工业化、城市化的互动中形成和发展，在省内外和国际市场都发挥了重要作用。

二是由全球化和信息化导致的资源要素在更大范围的配置整合，促进了集群组织形态的变化，一批以营销和研发为主的服务型企业得以产生和发展，虚拟网络型的纺织产业集群正在加速形成，如温州的森马服饰、美特斯·邦威、嘉兴的雅莹服装等，以网络作为主要营销渠道，将产业链中的部分环节分离到外市甚至外省，而仅在本地保留设计、品牌和营销等价值链高端环节。

C 转型升级路径特色化

纺织服装类是浙江省覆盖面最广的以劳动密集型、出口导向型为主的产业集群，经过几十年的发展，已经初步完成了产品和工艺流程的升级，当前的主要任务是在品牌培育发展、营销体系建设等功能提升上下功夫。

② 当前，浙江省纺织需要更多地融入全球化网络体系当中，必须更加注重提高创新资源、社会资本、科技人才等软要素的支撑能力。从未来发展方向和产业国际竞争力的角度审视，浙江省纺织产业集群存在着严峻的挑战，突出表现在以下三个方面。

A 存在低端化锁定倾向。一个区域产业结构合理与否，主要是看该区域的产业结构与社会消费需求结构变动的趋势是否相适应。长期以来，为适应“吃穿用”的需求，浙江省形成了以纺织服装等劳动密集型产业为主的集群，与未来以基础设施现代化、节能减排、人们追求生活品质提高为主的消费需求结构的发展趋势相距甚远，产业结构存在明显的“低、散、弱”的低端化锁定倾向。一是组织结构散。纺织等传统产业中缺少龙头企业带动，大量中小企业同质同类恶性竞争，导致一些产品国际市场占有率极高，但在销售和定价方面没有相应的话语权。如诸暨大唐袜业2009年共有企业11 080家，而销售超亿元的企业仅27家，占企业总数0.2%。二是自主创新能力弱。浙江省纺织大企业集团的相对缺乏决定了企业自主创新能力弱，现有的公共服务平台大多只能提供共性技术、质量检测、信息交流等初级技术的服务。

B 支撑要素的研究和创造不够。在纺织产业集群发展过程中，既需要水、电、路、气等硬要素的保障，更需要政策、人才、科技、产业文化等软要素的强力支撑。从硬要素看，浙江省各项配套条件较为完善，但工业空间紧缺，要素成本过高的问题日益突出，制约着纺织产业升级的空间需求。从软要素看，浙江省人才和科技要素的历史积淀不足，高层次创新人才缺乏，如百万人口研发人员数量分别只有广东的78%、江苏的58%、辽宁的56%，人才总量中高级技术职称人员仅占3.9%，低于全国平均水平，难以适应现代纺织产业集群发展的需要。同时，浙江省纺织产业集群对技术自主创新具有“挤出效应”。即集群内有大量企业靠技术模仿和产品加工而生存，企业间人员流动频繁，知识产权保护很难，技术创新的高成本低收益使块状经济内企业失去自主创新的动力。

1.9.5　江苏省纺织产业集群情况

1.9.5.1　江苏纺织服装产业集群发展基本情况

过去的2009年，江苏纺织服装业在逆势中谋发展，完成销售收入8329亿元，纺织产业的产值、利润、出口额都实现了两位数的增长。2010年1～8月份，江苏省纺织服装业继续加快经济发展方式转变，实现工业总产值6 730.50亿元，完成销售收入6 579.51亿元，与上年同比分别增长了16.32%和22.85%，纺织服装业出口总额221.81亿美元，比上年增长25.36%，继续保持了快速发展的态势。

产业集群是江苏省纺织服装业重要的发展特色，目前，江苏省纺织服装产业集群试点单位66个，其中，由中国纺织工业协会认定的集群33个，由江苏省纺织工业协会认定的纺织产业基地县(市)13个、特色城7个，特色镇42个。数量占全国纺织服装产业集群的20%，位居全国第二位。规模以上纺织服装企业从业人员约130万人，销售产值5 600亿元，约占江苏纺织服装业工业产值的70%，上缴税金超过200亿元。产业集群是江苏省纺织服装业在发展中形成的一个重要阶段，为江苏经济社会发展做出了重要贡献。

1.9.5.2　产业集群提高了江苏纺织服装产业整体竞争力

纺织服装产业集群中骨干企业的形成以及龙头企业带动，为一批产业集群内中小企业的发展提供了有利发展时机。如常熟古里的波司登、太仓市的雅鹿、太仓沙溪的利泰、吴江盛泽的恒力、张家港塘桥的华芳、东渡，江阴的阳光、海澜等，这一批企业在行业内影响力大，在市场上竞争力强，在国际国内市场有一定的定价能力，为带动和提升集群内中小企业和集群核心竞争力起到了重要的促进作用，产业集群是产业发展的基础，为提高江苏纺织服装产业的整体竞争力做出了应有的贡献。

1.9.5.3　产业集群有效推动了江苏纺织服装业品牌发展

近年来，不少纺织服装产业集群提出了名企、名牌、名镇一体化的工作思路。集群以企业集聚为基础，加速形成集群内企业品牌建设步伐，形成了地方品牌、省名牌、中国名牌以至中国世界名牌梯度发展的格局，取得了明显效果。至2009年底，江苏省纺织服装产业拥有的中国世界名牌2个、中国名牌50个，江苏名牌300多个，产业集群中产生的品牌就占其中80%以上。同时各产业集群积极推动了区域品牌建设。常州湖塘镇、张家港塘桥镇、吴江盛泽镇、常熟古里、梅李等一批老产业基地和特色名镇的品牌，突出区域品牌形象，打造区域品牌。常熟古里镇、梅李镇、江阴顾山镇组织集群内的企业整体出击，以参与江苏国际服装节等活动为抓手，进一步提升名镇的形象。今年新推出的南京高淳县、宿迁泗阳县、徐州睢宁县、苏州临湖镇等一批特色名镇也通过江苏国际服装节的平台，组织重点企业集体亮相，进行新兴区域品牌的塑造。

1.9.5.4　产业集群有力推动服务经济的发展

发挥集群高度集聚的优势，大力发展服务业，以搭建平台向提升集群服务水平努力。太仓璜泾镇、吴江盛泽镇、江阴顾山镇等一些产业基地、特色名镇建立工业园区、打造服务平台，设立研发中心、检测中心、培训中心、信息中心、贸易及物流中心等产业创新服务平台，为提升集群科技创新、品牌发展水平夯实基础。吴江市建立公共技术服务平台服务中小企业，解决了一家企业解决不了的事，吴江盛虹纺织品检测中心90%的业务量来自中小企业，服务对象已达2 500家。

1.9.5.5　产业集群进一步拓展了外向经济

江苏省常州金坛市、南京溧水县、吴江桃源镇、南京程桥镇等一些产业集群从加工制造起家，近年来推进生产加工型企业逐步从贴牌加工向自主设计，自主采购和自主出口转变。金坛市通过发挥产业名城、基地优势，有力地推动了外向出口经济的发展，年外贸出口达到1.4亿美元，外贸出口占全市工业出口经济总量的二分之一。初步形成以服装出口制造、正装、时装、休闲装等系列产品为特色，配套延伸能力为一体的产业链集群地。代表企业晨风集团等一些企业出口服装制造，通过加大科技研发力度，提高定价权、议价权，增加了效益。还有不少企业进行有设计、有特色的制造，产业集群的发展使江苏省纺织服装业外向型经济呈现出全新活力。

1.9.5.6　纺织服装产业集群发展中存在的主要问题

总体而言，江苏省纺织服装产业集群和产业升级的试点工作虽然取得了进步，但需要指出的是，当前纺织服装产业集群仍处于初级阶段和粗放发展阶段，在品牌建设、技术进步、管理创新等方面还存在较大不足。部分产业集群产业技术和研发设计力量发展后劲不足，市场应变能力不强，有些集群名牌意识不强，品牌优势还不够突出。

1.9.5.7　江苏纺织服装产业集群今后发展方向

江苏省纺织服装业提出：通过几年努力，使江苏纺织服装产业集群中小企业聚集度达到60%以上的发展目标。通过各方面的工作，做到四个"一批"，即在进一步积极发展产业集群试点单位的基础上形成一批产能规模、效益水平居全国领先的、具备完善产业链的产业集群区域；建立一批省级技术研发中心；创建一批国家级、省级名牌产品以至中国世界名牌；引进、培养一批高级专业技术人才，以进一步促进产业集群发展方式的转变和产业结构升级。

1.10　纺织产业基地市(县)简介

1.10.1　辽宁省海城市　中国纺织产业基地市

海城市位于辽宁南部城市群腹地，南连辽宁沿海经济带，北接沈阳经济区，是有着两千多年悠久历史的文明古城，总面积2 732平方公里，人口114万。县域经济实力强大，连续多年跻身全国百强县(市)行列，2009年跃升至第19位。纺织产业是海城市支柱产业之一。2009年，海城市纺织企业户达7 100余户，从业人员近20万人。其中规模企业111户，总资产82亿元。纺织规模企业45户，服装规模企业31户，印染规模企业35户。全市拥有服装设备14 000台套，纺织设备9 800台套(纺锭16.8万锭)，印染设备1 980台套。年纺纱能力8万吨，年织布能力5亿米，年印染能力6亿米。年服装加工能力7.5亿件(套)。

1.10.2　江苏省常熟市　中国纺织产业基地市 中国休闲服装名城

常熟北依长江，南接苏州，西靠无锡，东南与上海相望，地处长三角腹地，面积1 264平方公里，境内地势平坦，河网交叉，是我国的鱼米之乡。作为国务院公布的历史文化名城之一，常熟具有5 000年的悠久历史，也是吴文化的发源地之一。

改革开放以来，常熟的社会经济得到突飞猛进的发展，是全国百强县和江苏省首批全面小康县之一，荣膺国家卫生城市、环保模范城市、中国优秀旅游城市、国家园林城市、全国绿化模范城市等30多项桂冠。

1.10.3　江苏省江阴市　中国纺织产业基地市

江阴，简称"澄"，古称暨阳，是长江下游新兴的滨江工业港口城市和交通枢纽城市，是历史上著名的军事重镇和重要商港，素有“江海门户”“锁航要塞”之称。江阴市域面积988平方公里，人口120万。近年来，江阴先后荣获首批国家生态市、国家园林城市、国家环境保护模范城市、全国优秀旅游城市等90多项全国性荣誉称号，获得联合国环境署认定的“国际花园城市”，先后被表彰为国家可持续发展先进示范区、中国最佳经济活力魅力城市、建国60周年中国全面小康杰出贡献城市等。2008年，江阴被中央确定为全国改革开放30年18个典型地区之一、被誉为“科学发展的先行者”。

江阴是中国纺织工业协会于2002年首批授予的十大纺织产业基地之一。纺织工业一直是江阴市的传统支柱产业，也是江阴市的母亲工业，经过多年的发展，已经形成了化纤、纺织、印染、服装等完整的产业链，具有产业体系完整，经济总量庞大，行业特色鲜明，规模优势突出，知名品牌众多的特点。

1.10.4　江苏省张家港市　中国纺织产业基地市

张家港市是中国沿海和沿江两大经济带交汇处的一座新兴港口工业城市。区位优越，经济发达。全市总面积999平方公里，人口150万（户籍人口90万）。2009年全市实现地区生产总值1 425亿元，全市现有上市企业12家，有8家企业进入全国500强名单。纺织行业是张家港市的传统支柱产业，至2009年末全市形成了棉纺织、毛纺织、针织、服装、化纤、印染、纺织机械等多品种、宽领域的生产格局，生产装备、生产能力及企业与产品市场竞争力不断增强。

1.10.5　江苏省海门市　中国纺织产业基地市

素有“江海门户”之美称的江苏海门市，依托历史悠久的刺绣文化，博得了“纺织之乡”的盛誉。在海门市多个乡镇境内均分布有家纺企业，其中位于市境西北部的江苏海门工业园区以家纺产业为区域经济主导和支撑产业，特别是位于园区西侧的江苏叠石桥市场名扬海内外。目前，园区叠石桥家纺产业已覆盖周边8个县（区）、40多个乡镇，拥有从业人员70多万人，拥有各类家纺企业2 500多家，其中规模以上家纺企业近300多家。家纺产业年生产总值近500亿元，年销售超亿元企业20多家。

1.10.6　江苏省南通市通州区　中国家纺名城　中国纺织产业基地市

南通市通州区位于江苏省东部，东临黄海，南依长江，近邻上海，与苏南隔江相望。全境面积1 526平方公里，其中陆地面积1 351平方公里，人口124万。通州是纺织之乡，早在19世纪末，清末状元张謇在此垦牧植棉，兴办大生纱厂，开创了中国近代民族纺织工业之先河，成为民族工业的发祥地之一。改革开放以来，通州纺织业持续快速发展，成为全国知名的家用纺织品研发、制造、销售基地和纺织服装出口基地。目前全区从事纺织产品生产并与之关联的企业3 000多家，拥有规模企业560家，其中亿元企业99家。区内还形成了独特的公司加农户，产品进万家的庞大生产经营群体，和与之相配套的纺纱、织布、印染、成品制造、整理、包装、研发等较为完整的生产分工协作体系，成为通州区第一特色支柱产业。

1.10.7　江苏省睢宁县　中国新兴纺织产业基地县

睢宁县棉纺织产业集群是江苏省中小企业局认定的百家重点培育的产业集群之一。现形成以天虹集团为龙头，亨通纺织、新四通纺织、亨威纺织、宏峰纺织、鑫鑫纺织等纺织服装企业为骨干，众多中小企业为支撑的发展格局。目前，纺织业已经成为睢宁县工业领域的五大主导产业之首，规模以上工业总产值比重达到全县规模以上工业总产值25%。

1.10.8　浙江省海宁市＊　中国纺织产业基地市　中国经编名城

海宁地处杭嘉湖平原，陆地面积 700.5 平方公里，人口 65 万，素来以“潮文化、灯文化、名人文化”享誉海内外。纺织产业是海宁的支柱产业，也是海宁重要的区域特色产业。多年来，海宁市委、市政府坚持产业集群化发展思路，大力扶持和发展纺织特色产业，加快产业转型升级步伐，不断提升海宁纺织业的核心竞争力，走出了一条经编、家纺、袜业等特色产业持续、快速、健康发展之路。截止 2009 年底，全市拥有纺织工业企业 13 200 余家，从业人员 11 万多人，全年全市纺织产业实现工业总产值 411.5 亿元，其中规模上企业 853 家，实现总产值 256.5 亿元，占规模以上工业产值的 34.6%，实现利税 18.6 亿元，占规模以上企业利税总额的 32.3%。

1.10.9　浙江省绍兴县　中国纺织产业基地县

绍兴县地处长三角南翼，西临杭州，东接宁波，区位优势明显，交通条件便捷，地域面积 1 177 平方公里，户籍人口 71.8 万，外来登记人口 69.42 万。绍兴县是历史文化名县，素有水乡、桥乡、酒乡、书法之乡、戏曲之乡和名士之乡的美誉。绍兴县是全国经济强县，连续多年在全国县域经济基本竞争力排名中进入“十强”。绍兴县也是全国纺织大县，拥有规模以上纺织企业 768 家，2009 年生产各类化纤 174 万吨，化纤布 56 亿米，印染布 140 亿米，产业规模在全国占据重要地位，形成了从前道 PTA 到织造到服装的完整生产链，还拥有全球最大的轻纺产品集散中心—中国轻纺城，经营面积 326 万平方米，2009 年中国轻纺城市场实现成交额 707.94 亿元，增长 11.6%。

1.10.10　浙江省杭州市萧山区　中国纺织产业基地市

萧山是浙江的重要交通枢纽，改革开放以来，萧山的经济建设取得了令人瞩目的成就，先后荣膺全国农村综合实力百强县、全国明星县、国家卫生城市等称号。萧山地区化纤纺织产业基本是从 1999 年开始展壮大起来，目前萧山已成为浙江省化纤纺织产业特别是化纤产业的主要集聚地，也是我国乃至世界最大的化纤和织造生产基地，基本形成了从原料到化纤、织造、印染、服装较为完整的产业链结构，已获得“中国纺织产业基地”称号，同时，化纤产业比较集中的镇街获得“中国化纤名镇”、“中国羽绒家纺名镇”、“中国化纤织造名镇”等称号。

1.10.11　浙江省桐乡市　中国纺织产业基地市

桐乡，位于浙江省北部杭嘉湖平原腹地，居长三角城市群中心，地域面积 727 平方公里，户籍人口约 66.8 万人。桐乡历史悠久、文化灿烂，素有“鱼米之乡、丝绸之府、百花地面、文化之邦”之美誉。桐乡是一座充满活力、正在崛起的长三角经济强市，连年跻身“全国百强县（市）行列”，入选“中国十大市场强市”和“中国特色魅力城市 200 强”。纺织业是桐乡市的一个重要支柱产业。2009 年全市纺织工业实现现价工业总产值 750.5 亿元，占全市工业总产值的 58.96%，比 2005 年增长 41.101%，实现利税 38.36 亿元，解决就业 187 360 人，对桐乡市经济社会的发展发挥了极其重要的作用。

1.10.12　浙江省兰溪市　中国纺织产业基地市

兰溪市位于浙江省中西部，钱塘江中游，金衢盆地北缘。面积 1 313 平方公里，人口 66 万，素有“三江之汇，七省通衢”之美誉，水陆空交通便捷，是浙江重要的工业城市和旅游城市。现已形成医药、纺织、冶金、建材、机械、电力、化工等七大支柱行业。2009年实现工业生产总值410亿元、税收12.34亿元、外贸出口总额4.2亿美元。曾被国家科技部、中国纺织工业协会和中国水泥协会分别授予"国家火炬计划兰溪天然药物产业基地""中国织造名城"和"中国水泥产业基地"。2007年3月，兰溪市被中国纺织工业协会命名为"中国织造名城"以来，市委、市政府以提升行业整体装备水平和企业创新能力、增强纺织产业核心竞争力为主要目标，从政策引导、增量提质、装备改造、技术创新、集聚发展等方面有力推动了纺织产业向集约化、差异化、高端化、低碳化和品牌化方向发展，有效地推进了全市纺织产业向现代产业集群转型升级。现在兰溪的纺织经济总量占居全市工业经济已达三分之一，全行业主要指标连续三年增幅在20%以上。

1.10.13　安徽省望江县　中国新兴纺织产业基地县

望江县地处安徽省西南部、皖鄂赣三省交界处、长江中下游棉区中心地带，与武汉、南京、杭州、南昌、合肥等中心城市构成3小时经济圈。望江县是古雷池所在地，成语"不敢越雷池一步"的典出之地。到2009年底，全县纺织服装生产企业已发展到357家，其中规模企业30家，分别是2005年的2.2倍和3.3倍；从业人员为10 225人，是2005年的2.8倍；拥有环锭纺24.8万锭、气流纺5 000头、织机1 200台、服装生产加工机械12 183台套；年加工皮棉能力5万吨，年生产棉纱能力5.5万吨，棉布3 000万米，毛巾250万条，服装生产加工能力达5 500万件。拥有全省最大的高档服装生产企业——申洲针织(安徽)有限公司(年服装加工能力已达2 500万件)。

1.10.14　安徽省宿松县　中国新兴纺织产业基地县

宿松县位于安徽省西南部，长江中下游北岸，大别山南麓。至省中心城市合肥、武汉、南昌、南京的空港均为全程高速，车程在2小时以内，距九江、安庆市在1小时左右。宿松棉花品质优良，30万棉农种植经验丰富，年棉花播种面积为21 300公顷，年产皮棉3万余吨；特别是沿江沿湖地区棉花稳产高产，是国家优质棉基地和出口棉基地县，是全国棉花生产百强县之一。宿松县工业起步较迟但发展很快，自2004年以来，县委、县政府坚持工业强县战略，强力实施"工业化"进程。现已有县工业园区和县临江产业园区两个省级经济开发区。全县共有各类中小企业1 571家，规模以上企业98家，工业税收占到全县工业税收的半壁河山。

1.10.15　福建省晋江市　中国纺织产业基地市

全市纺织服装产业集群化、规模化特点日趋明显，产业发展潜力得以极大迸发。2009年，全市纺织服装企业总数1 544家(不含个体工商户，下同)，比2005年增加221家。从业人员17.77万人，比2005年增加3.05万人。实现行业总产值477亿元，比2005年净增205亿元。拥有规模以上企业441家，比2005年净增33家，实现规模以上产值429亿元，比2005年净增189亿元，占全部工业产值近90%。拥有年产值超亿元企业89家、超10亿元企业3家，分别比2005年净增47家、2家。产值超亿元企业实现总产值258.89亿元，比2005年净增142亿元，占全部规模以上工业产值的60%。

1.10.16　福建省长乐市　中国纺织产业基地市

长乐地处福建省东南沿海中部，闽江口南侧，是空海江"三港"兼备的城市，经济实力连续多年位居"全国百强"。明代伟大航海家郑和7次下西洋，皆选择长乐作为其庞大水师的驻泊之地与起航点。长乐也成为福建省著名的侨乡和台胞祖籍地，有40多万的旅外华人、华侨和港澳台同胞。经过30年的发展提升，长乐纺织业已形成了集化纤、纺纱、针织、染整、服装及由此衍生出的纺机配套、工艺研发、设施维护于一体的较为完善的产业集群，2005年长乐被中国纺织工业协会授予"中国纺织产业基地市"。目前，长乐纺织业年产化纤短纤、长丝、混纺纱近150万吨；纺纱业已拥有400万锭规模，化纤纱及化纤混纺纱产量居全国前列；2009年，全市共有各类纺织企业813家，实现工业产值435亿元。

1.10.17　福建省永安市　中国新兴纺织产业基地市

福建省永安市，别名"燕城"，明景泰三年（公元1452年）就已设县。1984年撤县设市，常住人口36.5万人，其中市区常住人口21.6万人。永安自然资源丰富，素有"金山银水"之称，2009年，全市实现生产总值138.1亿元，财政总收入12.6亿元，综合经济实力连续15年位居福建省"十强县（市）"行列。

1.10.18　江西省奉新县　中国新兴纺织产业基地县

奉新县位于江西省南昌市近郊，是科技巨著《天工开物》作者宋应星的故乡，是佛教"禅林清规"的发祥地，公元前154年设县名海昏，公元185年改新吴，公元943年改奉新。现县域面积1 642平方公里。奉新县纺织产业基地从2003年开始起步，从此拉开了奉新新兴纺织服装产业的发展序幕。2005年以后，地处沿海发达地区"八小时经济圈"范畴的奉新县纺织行业迎来了梯度转移的良好发展机遇，主动发挥比较优势，积极承接产业转移，大力推动纺织产业发展，纺织产品不断丰富，装备不断优良，规模不断扩张，技术不断提高，影响不断扩大，成为奉新县县域经济重要支撑。奉新县纺织服装行业工业总产值从2005年的4.61亿元，增加到2009年的28.8亿元，年均增长率达50%，大大高于同期全国纺织工业的水平，占全县工业总产值的比重也由2005年的12%提高至2009年的27%，成为支撑奉新县经济的最重要的支柱产业之一。

1.10.19　山东省昌邑市　中国纺织产业基地市

昌邑市地处山东半岛西北部，渤海莱州湾南岸，属环渤海经济圈，为国务院确定的沿海对外开放城市之一。市域总面积1 632.7平方公里，总人口58万，是著名的"中国丝绸之乡""华侨之乡"，先后荣获"中国超纤产业基地""中国北方绿化苗木基地""全国计划生育优质服务先进市""全国爱国拥军模范单位""山东省铸造业基地""国家级苗木交易市场"等荣誉称号。昌邑资源比较丰富，现已探明原油储量1 340万吨，天然气6.8亿立方米。昌邑交通顺畅。胶济铁路、大莱龙铁路、济青高速、潍莱高速、荣乌高速以及309国道、206国道等横贯市域。昌邑产业优势较为明显。目前，形成了以新产品、新技术、新项目为支撑的机械制造、纺织服装、石油化工、盐及盐化工、食品加工、优质苗木、水产养殖等优势产业集群。2009年，全市实现地区生产总值201.8亿元，完成财政总收入18.11亿元，其中地方财政收入9.58亿元，规模以上工业企业实现主营业务收入563.69亿元。昌邑地理环境优越，棉花、桑蚕资源丰富，为昌邑发展纺织产业奠定了坚实的基础。到目前为止，昌邑市共有纺织企业1 867户，从业人员6.3万人，主营业务收入过亿元的企业达到46家，实现总产值349亿元，纺织产业已成为昌邑市的支柱产业。

1.10.20　山东省淄博市周村区 中国纺织产业基地市

周村，素有"天下第一村"之称。总面积263平方公里，人口32万。周村自古商业发达。唐代纺织、明代冶铁、清代铜器都盛极一时。有"金周村"之美誉，尤以"旱码头"名扬四海。2009年，全区有纺织丝绸企业（包含个体户）818家，其中规模以上纺织丝绸企业101家，比2005年增加规模以上企业14家，共实现销售收入 111.67 亿元、利润总额 6.9 亿元、税金 5.3 亿元，出口交货值 44.98 亿元，企业克服了 2007 年金融危机影响，分别比 2005 年同比增加 9.96%、103.65%、71.9%和 43.69%。

1.10.21　山东省滨州市　中国纺织产业基地市

滨州地处黄河三角洲腹地，是我国古代著名军事家武圣孙子的故里，历史悠久，资源丰富，纺织工业发达，享有“中国棉纺织之都”之称。近年来，滨州市注重产业集群的培育，狠抓产业链的延伸，初步形成了棉、毛、麻、丝、化纤“五纺”俱全，纺织、染整与家纺服装加工配套较为完整的产业链条。

全市纺织能力达到 1 200 万纱锭，规模以上纺织家纺企业 2009 年产棉纱 137.81 万吨，各类坯布 25.15 亿米，各类印染面料 6 亿米，巾被 1.5 亿条，服装 6 173.77 万件，地毯 500 万平方米。纱锭拥有量占山东省的 30%，占全国的 1/10。现有纺织家纺服装企业 800 家，其中规模以上纺织家纺企业近 392 家，各类加工户 8 800 户，从业人员 30 余万人。魏桥创业、华纺股份、亚光纺织、愉悦家纺、宏诚集团、环宇纺织、东方地毯等一大批家纺产业的龙头企业，带动了大批中小型家纺企业的发展，形成了棉纺家纺产业群；印染家纺面料产业群；床品、窗帘、老粗布等产品产业群；巾被产业群；毯类产业群等，滨州家纺已成为集聚性较强的家纺产业集群。

1.10.22　河南省郑州市中原区　中国新兴纺织产业基地市

中原区位于郑州市区西部，辖区总面积 97.1 平方公里。21 世纪初，凭借民营企业的崛起和老企业改制，中原区的纺织服装业开始走上了集群化发展的快车道，并且努力创造条件，承接东部沿海城市的产业转移。

1.10.23　广东省东莞市　中国纺织产业基地市

东莞市位于珠江口东岸，与广州、深圳相连，毗邻港澳，处于广州市至香港特别行政区经济走廊中西间，全市总面积 2 465 平方公里。目前东莞经济规模国内排名第九，全球排名 195 位，是跻身世界前 200 强的中国唯一的地级市。经过近 30 年的发展，东莞市纺织服装产业规模不断扩大，产业链条日臻完善，形成了门类齐全、产业规模大、产业配套水平高的工业支柱产业。2003 年，东莞市被中国纺织工业协会授予“中国纺织产业基地市”称号。同时，东莞市还拥有中国女装名镇(虎门)和中国羊毛衫名镇(大朗)，已成为全省乃至全国的纺织服装加工生产出口基地之一。2009 年，东莞市纺织产业拥有规模以上企业为 652 家，比 2005 年增长 26.8%；规模以上工业总产值为 441.9 亿元，比 2005 年增长 56.3%，占全市规模以上工业总产值的 7.24%；主营业务收入为 379.04 亿元，利润总额为 7.37 亿元，从业人员近 30 万人。拥有近 5 000 家纺织服装生产企业。

1.10.24　广东省开平市　中国纺织产业基地市

开平市位于广东省珠江三角洲的西南部，是全国著名的华侨之乡、建筑之乡、文化艺术之乡和碉楼之乡，1 659 平方公里，68 万人，旅居海外的华侨和港澳台同胞 75 万人。是中国县域经济基本竞争力百强县(市)。纺织服装业是开平经济的主要支柱，全市现有纺织服装企业 420 多家，从业人员 4.2 万多人。化纤生产能力达 56 万吨，棉纺绽 6 万绽，无梭织机 1 680 台，印染生产能力 1 亿米。2009 年全市纺织工业总产值 115 亿元、销售收入 108 亿元，占全市工业总产值 40%，其中化学纤维年产量 36 万吨、纱年产量 5.7 万吨、牛仔布年产量达 2.2 亿米、牛仔服装年产近 1.2 亿件、印染布 5 900 万米、无纺布年产量 6 400 吨，产品出口到欧美等 60 多个国家和地区。

1.10.25　广东省中山市　中国纺织产业基地市

中山市位于珠江三角洲中南部,1 800 平方公里,人口 135 万。中山是伟大革命先行者孙中山先生的故乡,著名的侨乡,旅居海外侨胞、港澳台同胞 80 多万人。中山市坚定不移地实施工业立市和工业强市战略,走新型工业化道路,纺织服装企业是中山经济的重要支柱之一,全市纺织服装企业共 5 256 家,规模以上企业 831 家。2009 年市行业产值 4 538 861 万元,累计增长 20.99%,销售收入 2 939 062 万元,增长 20.35%。沙溪休闲、大涌牛仔服、小榄针织服装以及民众布匹等产业群体聚集发展,涌现了马克·张、菲猎、康妮雅、奴多姿、鳄鱼恤、三番、柏仙多格、埃古、剑龙、圣玛田、雷柏高、汉弗莱、霞湖世家"东方儿女"等一批知名品牌。

1.10.26　广东省普宁市　中国纺织产业基地市

2005 年,普宁市被中国纺织工业协会命名为"中国纺织产业基地市"。至 2009 年,普宁市共有纺织服装企业 2 200 家,从业人员 8.5 万多人,企业资产总值 73 亿元,分别占全市工业的 54.2%、60%和 52%。其中,投资总额超亿元的企业 6 家,5 000 万元以上的企业 29 家;在规模上企业中,纺织服装企业 224 家,超亿元企业 15 家,规模上纺织服装企业比 2005 年增加 126 家,年均增长 23%。全市已形成短纤、纺纱、织造、印染、后整理、辅料、服装设计生产、销售等产业链。2009 年,全市已形成年产化纤 4 万吨,针织布 100 万吨,梭织布 550 万米,印染布 5 亿米,拉链达 2 亿条,聚丙织带 1 000 吨,服装达 16 亿件(其中衬衫 3.5 亿件、T 恤 1.5 亿件、家居服 3.8 亿件、内衣 4.8 亿件)的生产能力。普宁科技工业园、池尾工业园、流沙中河工业园、占陇工业园实现了高度集聚。在园区的辐射下,从市区沿 324 国道形成了长 15 公里的纺织服装工业走廊,聚集了上千家纺织服装企业。其中流沙市区以时装生产企业为主,池尾街道以衬衣生产企业为主,占陇以纺纱、织布、印染生产企业为主,军埠以西装、内衣、衬衣生产企业为主,形成一大批资本密集、人才密集、信息密集的纺织服装龙头企业。

1.10.27　广东省佛山市高明区　中国纺织产业基地市

佛山市高明区地处广东省中部,珠江三角洲西北部,紧靠西江,东与南海、三水隔江相望,南临鹤山,西接新兴,北与高要接壤。全区面积 960 平方公里,户籍人口约 30 万人,港澳同胞和海外华侨 10 万多人,是广东省的侨乡之一。自 2002 年以来,连续六年入选中国百强县(市)。经过 20 多年的发展,纺织服装产业成为支撑高明区经济发展的传统支柱产业,且为高明区七大支柱产业之一,2007 年 3 月获得"中国纺织产业基地"荣誉称号。据不完全统计,截至 2009 底,高明区共有纺织产业企业 1 100 多家(含经营纺织服装的个体工商户),其中规模以上企业 238 家。2009 年纺织产业实现工业产值 143.3 亿元,增长 21.4%,约占全区规模以上工业产值 11.2%。纺织产业作为支撑高明区经济发展骨干力量的产业地位进一步凸显,已成为助推高明区经济跨越发展的领头羊。

1.10.28　陕西省西安市灞桥区　中国纺织产业基地市

西安市灞桥区在上世纪新中国成立后就建成的我国第一批纺织产业基地。在当前东部西安现代纺织产业园是为了承接西安地区纺织服装企业搬迁入园,搭建陕西省纺织产业发展新平台,承接发达地区纺织产业转移而设立的专业化、环保型工业园。园区的良好发展,可以为传统纺织企业搬迁入园、提升改造提供阵地和资金;对纺织城老工业基地改造搭建广阔平台;对于落实国家"关中—天水经济区发展战略"和西部大开发战略也有重要意义。

1.10.29　江苏省海安县　中国纺织产业基地县

海安县在江苏南通地区，纺织业有传统。但不是联合会集群试点地区。由于这些年来纺织业发展很快，已经具备相当规模。因此，县里想加入试点行列，申请获“中国纺织产业基地县”称号，并得到江苏省纺织协会积极支持和推荐。

海安县面积 1 180 平方公里，96 万人口。2012 年全县生产总值 503 亿元。工业销售收入 1 170 亿元，其中纺织产业 410 亿元，占 1/3 强。利税总额也占全县 1/3 左右。海安现有 1 200 多家纺织、丝绸、化纤、服装企业。纺织、染、整、服装及纺机等行业形成较完整的产业链。目前，色织布年产量 2.9 亿米，列全国前三位，江苏省第一位；锦纶长丝 15 万吨，全国第五位，江苏第一位；蚕茧产量 1.7 万吨，连续 10 年全国第一，棉纺锭 80 多万枚。

海安县规上纺织企业有 140 多家，联发集团、鑫缘蚕丝绸集团、文凤集团、华纺集团、双弘纺织等企业都是全国棉纺织、丝绸、化纤行业中的佼佼者。

海安县委、县政府一直致力于发展纺织行业，为加强力量，还指定国土局等职能部门，联系支持纺织行业。他们的指导思想是进一步做强、做大重点企业，做精做专成长型企业，快捷发酵小微企业，努力壮大纺织板块，助推产业集群，把纺织大县做成纺织强县。

1.11　全国纺织产业集群试点地区名单及授予的相应称号

表 1-2 为全国纺织产业集群试点地区名单及相应称号。

表 1-2　全国纺织产业集群 197 个试点地区名单及授予的相应称号

序号	地区	相应称号	序号	地区	相应称号
纺织产业基地市(县)					
1	辽宁省海城市	中国纺织产业基地市	16	安徽省望江县	中国新兴纺织产业基地县
2	江苏省常熟市	中国纺织产业基地市	17	安徽省宿松县	中国新兴纺织产业基地县
3	江苏省江阴市	中国纺织产业基地市	18	福建省晋江市	中国纺织产业基地市
4	江苏省张家港市	中国纺织产业基地市	19	福建省长乐市	中国纺织产业基地市
5	江苏省海门市	中国纺织产业基地市	20	福建省永安市	中国新兴纺织产业基地市
6	江苏省南通市通州区	中国纺织产业基地市	21	江西省奉新县	中国新兴纺织产业基地县
7	江苏省睢宁县	中国新兴纺织产业基地县	22	山东省昌邑市	中国纺织产业基地市
8	江苏省海安县	中国纺织产业基地县	23	山东省淄博市周村区	中国纺织产业基地市
9	浙江省海宁市	中国纺织产业基地市	24	山东省淄博市淄川区	中国纺织产业基地市
10	浙江省绍兴市柯桥区	中国纺织产业基地市	25	山东省滨州市	中国纺织产业基地市
11	浙江省杭州市萧山区	中国纺织产业基地市	26	河南省郑州市中原区	中国新兴纺织产业基地市
12	浙江省桐乡市	中国纺织产业基地市	27	广东省东莞市	中国纺织产业基地市
13	浙江省兰溪市	中国纺织产业基地市	28	广东省开平市	中国纺织产业基地市
14	广东省中山市	中国纺织产业基地市	29	广东省佛山市高明区	中国纺织产业基地市
15	广东省普宁市	中国纺织产业基地市	30	陕西省西安市灞桥区	中国纺织产业基地市

表 1-2（续）

序号	地区	相应称号
纺织产业特色名城		
1	河北省清河县	中国羊绒纺织名城
2	河北省南宫市	中国羊剪绒·毛毡名城
3	河北省容城县	中国男装名城
4	河北省磁县	中国童装加工名城
5	河北省宁晋县	中国休闲服装名城
6	河北省高阳县	中国毛巾·毛毯名城
7	河北省安平县	中国丝网织造名城
8	山西省晋中市(榆次)	中国纺织机械名城
9	辽宁省康平县	中国针织塑编名城
10	辽宁省兴城市	中国泳装名城
11	辽宁省瓦房店市	中国家纺流苏名城
12	辽宁省普兰店市	中国西装名城
13	江苏省常熟市	中国休闲服装名城
14	吉林省辽源市	中国袜业名城
15	黑龙江省兰西县	中国亚麻纺编织名城
16	江苏省南通市通州区	中国家纺名城
17	江苏省金坛市	中国出口服装制造名城
18	江苏省高邮市	中国羽绒服装制造名城
19	浙江省海宁市	中国经编名城 中国皮革皮草服装名城
20	浙江省杭州市余杭区	中国布艺名城
21	浙江省乐清市	中国休闲服装名城
22	浙江省平湖市	中国出口服装制造名城
23	浙江省瑞安市	中国男装名城 中国针织名城
24	浙江省嵊州市	中国领带名城
25	浙江省天台县	中国过滤布名城
26	浙江省象山县	中国针织名城
27	浙江省浦江县	中国绗缝家纺名城
28	浙江省慈溪市	中国毛绒名城
29	浙江省义乌市	中国针织(无缝内衣)名城 中国针织(袜业)名城 中国针织(手套)名城 中国线带名城
30	浙江省长兴县	中国长丝织造名城 中国衬布名城
31	浙江省安吉县	中国竹纤维产业名城
32	安徽省岳西县	中国手工家纺名城
33	福建省石狮市	中国休闲服装名城 中国休闲面料商贸名城
34	福建省长乐市	中国经编名城
35	福建省泉州市丰泽区	中国童装名城
36	福建省尤溪县	中国革基布名城
37	江西省奉新县	中国棉纺织名城
38	江西省共青城市	中国羽绒服装名城
39	江西省南昌市青山湖区	中国针织服装名城
40	江西省分宜县	中国苎麻纺织名城
41	山东省即墨市	中国针织名城
42	山东省海阳市	中国毛衫名城
43	山东省临清市	中国棉纺织名城 中国蜡染名城
44	山东省邹平县	中国棉纺织名城
45	山东省郯城县	中国男装加工名城
46	山东省高密市	中国家纺名城
47	山东省夏津县	中国棉纺织名城
48	山东省嘉祥县	中国手套名城
49	山东省文登市	中国工艺家纺名城
50	山东省禹城市	中国半精纺毛纱名城
51	山东省枣庄市市中区	中国针织文化衫名城
52	山东省广饶县	中国棉纺织名城
53	山东省郓城县	中国棉纺织名城
54	山东省陵县	中国土工用纺织材料名城
55	河南省安阳市	中国针织服装名城
56	河南省新野县	中国棉纺织名城
57	山东省诸城市	中国男装名城
58	山东省高青县	中国棉纺织名城
59	湖北省黄石经济技术开发区	中国男装名城

表 1-2（续）

序号	地区	相应称号
60	湖南省益阳市	中国麻业名城
61	湖南省株洲市芦淞区	中国服装商贸名城 中国女裤名城
62	湖南省华容县	中国棉纺织名城
63	广东省广州市越秀区	中国服装商贸名城
64	广东省潮州市	中国婚纱晚礼服名城
65	广东省汕头市澄海区	中国工艺毛衫名城
66	广东省汕头市潮南区	中国内衣家居服装名城
67	广东省惠州市惠城区	中国男装名城
68	湖北省仙桃市	中国非织造布产业名城
69	湖北省襄阳市樊城区	中国织造名城
70	广东省江门市新会区	中国化纤产业名城
71	广西壮族自治区玉林市福绵区	中国休闲服装名城
72	四川省彭州市	中国家纺名城 中国休闲服装名城
73	陕西省榆林市	中国羊毛防寒服名城
74	青海省西宁市	中国藏毯之都
75	宁夏回族自治区灵武市	中国精品羊绒产业名城
76	新疆维吾尔自治区和田地区	中国手工羊毛地毯名城
77	新疆维吾尔自治区石河子市	中国棉纺织名城
纺织产业特色名镇		
1	辽宁省海城市西柳镇	中国裤业名镇 中国棉服名镇
2	辽宁省灯塔市佟二堡镇	中国皮革皮草服装名镇
3	江苏省常熟市海虞镇	中国休闲服装名镇
4	江苏省常熟市支塘镇	中国非织造布及设备名镇
5	江苏省常熟市古里镇	中国羽绒服装名镇 中国针织名镇
6	江苏省常熟市虞山镇	中国防寒服·家纺名镇
7	江苏省常熟市梅李镇	中国经编名镇
8	江苏省宜兴市西渚镇	中国亚麻纺织名镇
9	江苏省常熟市碧溪街道	中国毛衫名镇 中国化纤名镇
10	江苏省常熟市沙家浜镇	中国休闲服装名镇
11	江苏省常熟市辛庄镇	中国针织服装名镇
12	江苏省江阴市顾山镇	中国针织服装名镇
13	江苏省张家港市金港镇	中国氨纶纱名镇
14	江苏省张家港市塘桥镇	中国棉纺织·毛衫名镇
15	江苏省海门市三星镇	中国家纺名镇
16	江苏省太仓市璜泾镇	中国化纤加弹名镇
17	江苏省南通市通州区川姜镇	中国家纺名镇
18	江苏省南通市通州区先锋镇	中国色织名镇
19	江苏省常州市湖塘镇	中国织造名镇
20	江苏省苏州市吴江区盛泽镇	中国丝绸名镇 中国纺织名镇
21	江苏省苏州市吴江区横扇镇	中国毛衫名镇
22	江苏省苏州市吴江区震泽镇	中国亚麻名镇 中国蚕丝被家纺名镇
23	江苏省苏州市吴江区桃源镇	中国出口服装制造名镇
24	江苏省泰兴市黄桥镇	中国牛仔布名镇
25	江苏省江阴市周庄镇	中国化纤名镇 中国棉纺织名镇
26	江苏省宜兴市新建镇	中国化纤纺织名镇
27	江苏省江阴市祝塘镇	中国针织服装名镇
28	浙江省海宁市马桥镇	中国经编名镇
29	浙江省绍兴市柯桥区杨汛桥镇	中国窗帘窗纱名镇
30	浙江省绍兴市柯桥区马鞍镇	中国化纤名镇

表 1-2（续）

序号	地区	相应称号	序号	地区	相应称号
31	浙江省绍兴市柯桥区漓渚镇	中国针织名镇	52	浙江省湖州市织里镇	中国童装名镇 中国品牌羊绒服装名镇
32	浙江省绍兴市柯桥区夏履镇	中国非织造布名镇	53	浙江省桐庐县横村镇	中国针织名镇
			54	浙江省建德市乾潭镇	中国家纺寝具名镇
33	浙江省绍兴市柯桥区钱清镇	中国轻纺原料市场名镇	55	浙江省嘉善县天凝镇	中国静电植绒名镇
			56	安徽省繁昌县孙村镇	中国出口服装制造名镇
34	浙江省绍兴市柯桥区兰亭镇	中国针织名镇	57	浙江省杭州市萧山区南阳街道	中国童装名镇
35	浙江省绍兴市柯桥区齐贤镇	中国纺织机械名镇	58	浙江省杭州市萧山区河庄街道	中国针织内衣名镇
36	浙江省杭州市萧山区衙前镇	中国化纤名镇	59	浙江省义乌市大陈镇	中国衬衫名镇
			60	浙江省诸暨市大唐镇	中国袜子名镇
37	浙江省杭州市萧山区瓜沥镇	中国化纤织造名镇	61	浙江省桐乡市濮院镇	中国羊毛衫名镇
			62	福建省晋江市英林镇	中国休闲服装名镇
38	浙江省杭州市萧山区新塘街道	中国羽绒家纺名镇	63	福建省晋江市龙湖镇	中国织造名镇
			64	福建省长乐市金峰镇	中国经编名镇
39	浙江省杭州市萧山区靖江街道	中国服装面料名镇	65	福建省长乐市松下镇	中国花边名镇
			66	山东省平邑县仲村镇	中国非织造布制品名镇
40	浙江省杭州市萧山区义桥镇	中国床垫布名镇（之乡）	67	湖北省仙桃市彭场镇	中国劳保手套名镇
			68	湖北省汉川市马口镇	中国制线名镇
41	江苏省阜宁县阜城镇	中国环保滤料名镇	69	湖北省沙市区岑河镇	中国针织名镇
42	江苏省丹阳市导墅镇	中国家纺名镇	70	湖南省醴陵市船湾镇	中国职业服装名镇
43	江苏省丹阳市皇塘镇	中国家纺名镇	71	广东省增城市新塘镇	中国牛仔服装名镇
44	江苏省仪征市真州镇	中国非织造布与化纤名镇	72	广东省东莞市大朗镇	中国羊毛衫名镇
45	浙江省海宁市许村镇	中国布艺名镇	73	福建省石狮市蚶江镇	中国裤业名镇
46	浙江省桐乡市洲泉镇	中国化纤名镇 中国蚕丝被名镇	74	福建省石狮市灵秀镇	中国运动休闲服装名镇
			75	福建省石狮市宝盖镇	中国服装辅料服饰名镇
47	浙江省桐乡市大麻镇	中国家纺布艺名镇	76	福建省石狮市凤里街道	中国童装名镇
48	浙江省桐乡市河山镇	中国绢纺织名镇			
49	浙江省嘉兴市秀洲区油车港镇	中国静电植绒名镇	77	福建省石狮市鸿山镇	中国休闲面料名镇
			78	福建省晋江市深沪镇	中国内衣名镇
50	浙江省嘉兴市秀洲区王江泾镇	中国织造名镇	79	广东省佛山市南海区西樵镇	中国面料名镇
51	浙江省嘉兴市秀洲区洪合镇	中国毛衫名镇	80	广东省佛山市南海区大沥镇	中国内衣名镇

表 1-2（续）

序号	地区	相应称号
81	广东省佛山市禅城区张槎街道	中国针织名镇
82	广东省佛山市顺德区均安镇	中国牛仔服装名镇
83	广东省汕头市潮阳区谷饶镇	中国针织内衣名镇
84	广东省东莞市虎门镇	中国女装名镇 中国童装名镇
85	广东省东莞市茶山镇	中国品牌服装制造名镇
86	广东省开平市三埠街道	中国牛仔服装名镇
87	广东省中山市沙溪镇	中国休闲服装名镇
88	广东省中山市小榄镇	中国内衣名镇
89	广东省普宁市流沙东街道	中国内衣名镇
90	广东省汕头市潮南区峡山街道	中国家居服装名镇
91	广东省汕头市潮南区陈店镇	中国内衣名镇
92	广东省汕头市潮南区两英镇	中国针织名镇
93	广东省博罗县园洲镇	中国休闲服装名镇
94	四川省成都市龙桥镇	中国童装名镇

第 2 章　中国标准与国际标准和技术规范的差异

2.1　概述

我国纺织工业自建国以来经过大规模建设，早在 20 世纪 70 年代末就建成了独立完整的工业体系。特别是改革开放以来，发展速度令世界瞩目。在解决全国人民的温饱需求的基础上，我国已发展成为全球针织品生产、消费、出口大国。

在我国加入 WTO 世贸组织以后，纺织配额的重大变化及市场开放为我国纺织业带来诸多的机遇和挑战。企业进出口经营权的放开，引起了国内纺织行业的投资热潮，产能的急剧膨胀和中小型进出口企业的大量增加，竞争局面更加激烈。虽然我国具有劳动力素质高成本低、纺织资源丰富、加工能力完备等优势，但我国众多的企业包括大中企业，因无品牌或品牌显示度低而在国际市场上缺乏竞争力。市场经济的规律告诉我们，产品竞争中最大的赢家是那些具有强大资本实力、品牌实力和市场控制力的企业。面对如此巨大的市场压力，我国针织行业只有通过不断提高产品的质量才能扩大市场占有率，制定高水平的针织产品质量标准是实现这一目标的根本途径之一。

2.2　中国的纺织品标准现状

中国标准化组织于 1978 年正式成为国际标准化组织(ISO)成员。全国纺织品标准化技术委员会自 1995 年成立以来，积极推动纺织行业标准化工作，使我国纺织标准化工作取得了令人瞩目的成就，为纺织工业的发展做出了贡献。主要体现在：

① 确立了较为完整的纺织标准管理体系和标准体系。截至 2003 年底，我国纺织工业已有1 359 项标准，涉及基础标准、试验方法标准、物质标准和产品标准四类。其中，针织产品标准 25 项，涵盖针织术语、针织服装、袜子、家用针织品、面料等项内容，基本上满足了针织产品的生产和贸易需要。

② 纺织品标准的采标率高，采标标准绝大部分为基础标准与方法标准。据统计，纺织品的采标率达 80%。除采用 ISO 国际标准外，还不同程度的采用了国外先进国家的标准，如美国标准、英国标准、德国标准和日本标准等。特别是基础的、通用的术语标准和方法标准基本上采用了国际标准和国外先进标准，使制定的国家标准达到相当于国际标准的水平。

③ 各项标准发挥了巨大作用。与国际接轨的基础标准和方法标准，对统一纺织术语、纺织材料和产品的检测手段起到了重要的作用。特别是依据这些检测方法试验出具的数据不仅在全国范围内具有可比性，而且也得到了国外客户的认可，对纺织品贸易起到了不可估量的作用。

④ 加强了企业标准化意识，对提高产品质量起到了推动作用。从 1989 年《标准化法》实施以来，企业的标准化工作逐步加强，参与标准化工作的热情越来越高。

2.3　中国的针织品标准现状

近年来，随着市场经济的发展，由于消费者需求的变化与针织工业整体发展不平衡等因素，现有的标准体制和标准内容逐渐显现出弊端。我国的针织产品标准大部分是生产贸易型的，标准的制订以指导生产为主要出发点，而国外标准则是根据产品最终用途制定的，考核项目更接近于实际服用性能，这种标准的差距对我国的针织业影响不可低估。具体体现在：

① 我国目前的针织产品标准基本上是生产贸易型标准，技术要求与生产工艺紧密相联，指标内容过细。由于企业的生产水平不一，有些企业认为标准指标过低，而有的企业却认为标准指标过高，形成了对标准的不同要求和评价。

② 针织产品标准采标率相对较低。一是国情不同。消费者对质量的要求不同，在标准考核项目上也就不同，国外先进标准中包含的项目，国内消费者没有相应要求，如耐烟熏色牢度、洗后外观质量评价等；在国内标准中因消费者的呼声高而设立的项目，在国外先进标准中却没有设立，如缝制要求等。二是兼顾了国内现有设备和工艺条件及整体工业水平。如因顾及使用国产染化料、助剂等问题而导致产品质量中的个别指标相对较低。

③ 标准制修订周期过长，不能满足产品更新变化的需要。

④ 国外在研制新产品的同时，便着手相应标准的制订工作，在标准通过认可后，产品才进入市场。我国往往是先有产品后有标准。

⑤ 在制定企业标准理念上存在误区。目前，真正高于国家标准、行业标准水平的企业标准并不多见。事实上，部分企业为躲避社会监督，制订出以牺牲产品质量为代价的低水平企业标准，失去了制订企标的意义，这不仅不利于企业的发展，而且很难保持其产品在市场上的竞争力。

⑥ 标准的内容及表现形式与国际上一般规则不相符，如在我国标准分为强制性标准和推荐性标准，而发达国家则为法规和标准；法规是强制性的，标准为自愿性的。

2.4　针织品标准与国外先进标准的差异

2.4.1　形成的标准体系不同

ISO标准或国外先进纺织标准的主要内容是基础和方法标准，重在统一术语、统一试验方法、统一评定手段，使各方提供的数据具有可比性。形成了以基础标准为主体，与最终产品用途配套的相关产品标准体系，且在产品标准中仅规定产品的性能指标和引用的试验方法标准。由于国情不同，国外除部分涉及人体健康、安全及消费使用说明外没有国家标准。产品标准则以协会、品牌商及生产企业制定的标准形式出现。在贸易过程中，主要由企业根据产品的用途或购货方给予的价格等条件与购货方在合同或协议中规定产品的规格、性能指标、检验规则、包装等内容。品牌不同、价格不同，则质量要求不同。

我国的纺织产品标准中有不少是以原料或工艺划分的产品标准，如梭织服装、棉纺织印染、毛针织品、麻纺织品、丝织品、针织品、线带、化纤、复制等。近年来，针织产品标准的制修订工作已经注重了按产品用途设立考核项目及指标，工艺色彩浓重的项目及指标从标准中逐步删除。

2.4.2　标准发挥的职能不同

国外主要根据产品用途制定产品标准，标准考核指标设定为相应用途的基本要求，所以可称为贸易型标准。而企业标准或生产工艺要求才是作为组织生产的技术依据。贸易型标准的技术内容规定的比较简明、笼统、灵活。

由于历史的原因，我国针织产品标准尚处于生产贸易型标准阶段，标准既要为企业提供生产技术依据，又要为维护消费者利益提供保障，所以标准考核指标设定较高、考核内容过细，并在标准中设立“优等品、一等品及合格品”不同等级，而国外标准只规定合格品与不合格品。

2.4.3　标准水平的差距

由于标准的职能不同，标准技术内容也不同，如在考核项目设置、性能指标水平上均有一定的差距。

① 标准中指标的差距。在现行标准中，优等品指标参照国外先进标准制订，其水平相当于国际先进水平；一等品为我国平均先进水平，在我国针织产品中 95% 以上的产品均标识为一等品。虽然并不能反映我国整体上的产品质量水平，但也说明了在不同品种产品上还存在着一定的差距。

② 在同一考核项目中，虽然指标水平相同，但因试验方法的不同而存在差异。如：水洗尺寸变化率，在美国 ASTM 标准中洗涤次数一般为 3 或 5 次，而我国标准仅要求洗涤 1 次，而且两种试验方法的洗涤设备不同、晾干方式也不同，其结果差异较大。

2.4.4　国外标准中形成的技术壁垒

随着贸易普惠制的实施，为了保护本国利益，各国都在借助于 TBT 有关条款规定通过法规和技术规范，制造新的技术性贸易保护壁垒。欧洲议会和欧盟委员会 2002 年 7 月 19 日共同颁布的指令 2002/61/EC—《对欧盟委员会关于限制某些危险物质和制剂（偶氮染料）的销售和使用的指令 76/769/EEC 的第 19 次修改令》，连同欧盟委员会 2002 年 5 月 15 日颁布的关于修改并发布授权纺织产品使用欧共体生态标签（Eco-Label）的决定（2002/371/EC），欧盟在为纺织品和日用消费品的市场准入构筑完整的“绿色屏障”。这种方式随着全球贸易的发展，非关税壁垒将会愈演愈烈。

中国作为全球最大的纺织品生产和出口国，受到的影响显然不可低估。由于诸多原因，在进口纺织品中不乏有劣质产品和不合格产品。我国目前没有一个像 Oeke-Tex 100 全面概括生态标签内容的标准，根据我国经济发展现状，多个标准组合能够基本满足欧盟生态纺织品 Eco-label 标准和 Oeke-Tex 100 的检测指标的要求，如：GB 5296.4—2012《消费品使用说明　第 4 部分：纺织品和服装》；GB 18401—2010《国家纺织产品基本安全技术规范》；GB 19601—2013《染料产品中 23 种有害芳香胺的限量及测定》；GB/T 18885—2009《生态纺织品技术要求》；HJ/T 307—2006《环境标志产品技术要求　生态纺织品》；GB/T 8685—2008《纺织品　维护标签规范　符号法》；GB/T 29862—2013《纺织品　纤维含量的标识》。

2.5　国外技术规范与我国标准的主要差异

2.5.1　产品分类

我国 GB 18401—2010《国家纺织产品基本安全技术规范》标准，根据产品的最终用途，并考虑到产品的实际使用情况，将纺织品分为 3 类，即 A 类：婴幼儿用品；B 类：直接接触皮肤的产品；C 类：非直接接触皮肤的产品，装饰材料未被列入，可根据其最终用途归入 B 类或 C 类。国外同类标准如国际生态纺织品研究与检验协会 Oeko-Tex Standard 100《生态纺织品标准 100 通用及特别技术条件》，将产品按用途分为 4 类（装饰材料也列为一类）。这和我国 GB/T 18885—2009《生态纺织品技术要求》标准分类基本是一致的。

国外和我国纺织品生态纺织品标准中，将婴儿用品单独作为一类，是出于对婴儿需要特别保护的考虑。婴儿皮肤非常娇嫩、敏感，因此，两种标准对婴儿产品中甲醛的含量都进行了最严格的规定（20 mg/kg）。这个限量规定几乎等于无法测出的限量。这就保证了所有在纺织品生产后整理过程中可能产生的甲醛已经全部清除。

生态纺织品标准中其他婴儿用品参数要求也出于这样的考虑，如 pH 的规定是呈弱酸环境，保证对皮肤友好；对产品的唾液牢度的测试，保证了纺织品上的染料或涂料在婴儿咬、嚼的状态下也不会从织物中渗出。另外，由于纺织品同人体接触的面积不同，因而可造成的危害程度不同；与皮肤的接触面积越大，则可能造成的危害程度就会越大，因而更应该严格要求。所以，能满足高要求的产品，亦适用于要求较低的其他用途。换句话说，获级别Ⅰ认证的产品，亦可用于级别Ⅱ、Ⅲ和Ⅳ之用途。生态纺织品标准中的其余三种分类也正是基于这样的考虑。

2.5.2　技术要求

欧盟最早对纺织品和服装中有害物质实施控制。实施限量的有害物质项目除甲醛含量外，主要有pH、禁用偶氮染料、五氯苯酚、镍(Ni)标准释放量。欧盟生态纺织品标签标准主要有纺织品生态标签(Eco-Label)规范和 Oeko-Tex Standard 100。对应标准我国有 GB 18401—2010《国家纺织产品基本安全技术规范》和 GB/T 18885—2009《生态纺织品技术要求》，前一个是强制性标准，后一个是推荐性标准，主要是参照采用国际生态纺织品研究与检验协会的 Oeko-Tex Standard 100 制定的，规定了纺织产品的分类、基本安全技术要求、试验方法和检验规则等。

我国标准 GB/T 2912.1—2009《纺织品　甲醛的测定　第 1 部分：游离水解的甲醛(水萃取法)》、GB/T 2912.2—2009《纺织品　甲醛的测定　第 2 部分：释放甲醛(蒸气吸收法)》均修改采用国际标准 ISO 14184-1：1998《纺织品　甲醛的测定　第 1 部分：游离水解的甲醛(水萃取法)》、ISO 14184-2：1998《纺织品　甲醛的测定　第 2 部分：释放甲醛(蒸气吸收法)》，而且也基本等同于美国纺织化学师与印染师协会标准 AATCC 112—1993 和日本标准协会标准 JISL 1041—1994《树脂加工纺织品试验方法》标准。而国际标准 ISO 14184-1：1998《纺织品　甲醛的测定　第 1 部分：游离水解的甲醛(水萃取法)》、ISO 14184-2：1998《纺织品　甲醛的测定　第 2 部分：释放甲醛(蒸气吸收法)》在 2011 年重新进行了修改，更新为 ISO 14184-1：2011《织物　甲醛的测定　第 1 部分：自由和水解态甲醛(水抽提法)》、ISO 14184-2：2011《织物　甲醛测定　第 2 部分：释放的甲醛(蒸气吸收法)》。美国纺织化学师与印染师协会标准 AATCC 112—1993 分别在 2003、2008 和 2010 进行了三次修订，当前最新有效标准为 AATCC 112—2008《Formaldehyde Release from Fabric, Determination of: Sealed Jar Method》〈AATCC 112—2008REV.1：2010 修订〉，日本标准协会标准 JISL 1041—1994《树脂加工纺织品试验方法》标准，当前已分别在 2000 和 2011 年进行了更新，目前最新有效标准为 JISL 1041—2011《树脂整理织物试验方法》标准。

在生态纺织品标准方面，我国 GB/T 18885—2009《生态纺织品技术要求》标准和《纺织品生态学研究与检测协会》标准(Oeko-Tex Standard 100)对纺织品甲醛含量的限定稍有不同，前者对于婴幼儿类纺织品的甲醛限定为“不可检出”，后者为按照日本法规 112 测试方法低于 20 mg/kg 的吸光度值。一般认为现行的测试方法及仪器，对于甲醛含量 20 mg/kg 以下的检测，实际上是超出了仪器的灵敏度。所以，这两种生态纺织品标准对纺织品甲醛含量的限定实际内容是基本一致的。

我国标准 GB 18401—2010《国家纺织产品基本安全技术规范》属强制性国家标准，其技术要求虽然参照了 Oeko-Tex Standard 100，但在制订时结合我国国情，充分考虑了我国纺织行业技术发展水平、产品质量因素，以达到既能达到保护健康和安全的目的又能降低成本。Oeko-Tex Standard 100 是标签标准，只有自愿申请该标签的产品才必须符合其标准要求。我国 GB 18401—2010《国家纺织产品基本安全技术规范》标准，许多项目未被列入考核指标中，如金属、杀虫剂、有机氯载体及 PVC 增塑剂等。列入的强制性考核项目有甲醛含量、pH、异味、染色牢度及禁用偶氮染料 5 项考核指标。其中，染色牢度个别指标较 Oeko-Tex Standard 100 偏低。另外，Oeko-Tex Standard 100 对耐唾液色牢度仅以是否“牢固”来评价，没有一个界定等级，不便于操作，我国标准对婴儿用品类产品给出了具体的牢度等级(4 级)，其他几类不作考核。

2.6　生态纺织品

2.6.1　生态纺织品的基本概念

生产、消费、处理三方面都满足生态性的纺织品可称为生态纺织品。其对人类健康和环境无害或少害，有利于资源保护和再生；从生产、使用到处理的整个过程带给环境的负荷都很小的纺织品；从对人类健康和人类生存环境的影响出发，生态纺织品应达到：消费者穿着时对健康无害或少害，生产过程对劳动者无害或少害，生产及处置时无害或少害，生产时对地球资源无耗或少耗。

关于纺织品生态性的概念，目前主要有全生态和部分生态两种观点。全生态概念以欧盟“Eco—label”生态标准为代表，涵盖纺织产品的整个生命周期对环境可能产生的影响，如纺织产品从纤维种植到纺纱、织造、前处理、染整、成衣制作乃至废弃处理的整个过程中可能对环境、生态和人类健康产生的危害。部分生态概念以国际纺织品生态研究和检测协会推行的 Oeko-Tex Standard 100 标准为代表，其所述的生态性是指最终产品对人身健康无害，不涉及生态环境保护和纺织产品生命全周期。

2.6.2　国内外生态纺织品标准情况

2.6.2.1　国际生态纺织品标准情况

目前世界上有十几种生态纺织品标准，但最有影响、使用最广泛、最具权威性的生态纺织品标准是：Oeko-Tex Standard 100。该标准于 1991 年由奥地利纺织研究院设计，1992 年由国际纺织品生态学研究与检测协会颁布，历经 1995 年、1997 年、1999 年和 2002 年版本，2003 年以后几乎每年都要做修订。从颁布起，就成为国际上判定纺织品生态性能的基准，具有广泛性和权威性。它首次引用了生态纺织品的概念，它以限制纺织品最终产品的有害化学物质为目的，强调的是产品本身的生态安全性，并采用绿色和黄色两种颜色生态标签，以使产品区别于非生态纺织品。同时，根据纺织品对人体健康的影响程度将纺织品分为四大类，即婴儿类、与皮肤直接接触类、与皮肤无直接接触类、装饰品类。

以 2010 版为例，标准涉及的有害物质限量或项目考核主要是：pH、甲醛、禁用偶氮染料、致敏染料、致癌染料、重金属、杀虫剂、邻苯二甲酸酯、有机锡化合物、染料、阻燃剂、色牢度、挥发性、气味测试等。如纺织品经测试，符合标准中所规定的条件，生产厂家可获得授权在产品上悬挂 Oeko-Tex Standard 100 注册标签。悬挂有 Oeko-Tex Standard 100 标签的产品，即表明通过了分布在全世界 15 个国家的知名纺织鉴定机构（都隶属于国际环保纺织协会）的测试和认证。证书的有效期为一年，期满后可以申请续期。

2.6.2.2　国内有关标准的情况

Oeko-Tex Standard 100 的颁布和实施，在国际贸易中掀起了一股绿色浪潮，这对纺织品出口占世界第一位的我国提出了严峻的挑战。为了与国际最新发展的相关技术和标准接轨、打破国外的“绿色堡垒”，我国正逐步构筑完善的生态纺织品检测标准体系，现已取得了突破性的进展。生态纺织品标准体系已从过去的单一标准发展到与国际生态纺织品检测要求相适应的国家标准、行业标准和质量认证标准体系。我国生态纺织品标准主要以 Oeko-Tex Standard 100 标准为参照。

我国在生态纺织品安全性能检测技术方面制定了一些相应的法令法规，内容涵盖了纺织品国际贸易对生态安全性能的各项检测要求，主要有 4 个综合性法规。其中 GB/T 18885—2009《生态纺织品技术要求》、HJ/T 307—2006《环境标志产品技术要求生态纺织品》是参照 Oeko-Tex Standard 100 标准制定的生态纺织品检测技术要求，GB/T 22282—2008《纺织纤维中有毒有害物质的限量》是参照欧盟

"Eco—label"生态标准制定的纺织纤维有毒有害物质限量的标准。至此，生态纺织品检测方法标准的总体框架已经形成，我国的生态纺织品检测方法和标准得到不断完善。

2.6.3　生态纺织品主要检测项目对应的我国国家标准和行业标准

参照最新的 2011 版 Oeko-Tex Standard 100 标准内容，我国生态纺织品标准体系涉及的检测项目为：甲醛含量、pH、可萃取重金属、有害染料（包括可分解芳香胺染料、致癌染料、致敏染料及其他染料）、杀虫剂和农药残留量、苯酚化合物、氯化苯和氯化甲苯、多氯联苯、邻苯二甲酸酯、有机锡化合物、表面活性剂、阻燃整理剂、挥发性有机物等。我国正在实施或即将实施的生态纺织品检测标准包含了对上述所有项目的检测方法，相关部门在研究制定生态纺织品检测标准的过程中，积极采用了国际标准和国外先进标准。

(1) 甲醛。生态纺织品检测标准包括 GB/T 2912.1—2009《纺织品　甲醛的测定　第 1 部分：游离和水解的甲醛（水萃取法）》、GB/T 2912.2—2009《纺织品　甲醛的测定　第 2 部分：释放的甲醛（蒸汽吸收法）》、GB/T 2912.3—2009《纺织品　甲醛的测定　第 3 部分：高效液相色谱法》、GB/T 23973—2009《染料产品中甲醛的测定》、SN/T 2195—2008《纺织品中释放甲醛的测定　无破损法》。

(2) pH。生态纺织品检测标准包括 GB/T 7573—2009《纺织品　水萃取液 pH 值的测定》、SN/T 1523—2005《纺织品　表面 pH 值的测定》。

(3) 可萃取重金属。生态纺织品检测标准包括 GB/T 17593.1—2006《纺织品　重金属的测定　第 1 部分：原子吸收分光光度法》、GB/T 17593.2—2007《纺织品　重金属的测定　第 2 部分：电感耦合等离子体原子发射光谱法》、GB/T 17593.3—2006《纺织品　重金属的测定　第 3 部分：六价铬 分光光度法》、GB/T 17593.4—2006《纺织品　重金属的测定　第 4 部分：砷、汞 原子荧光分光光度法〈GB/T 17593.4—2006COR.1:2007 勘误〉》、GB 20814—2014《染料产品中重金属元素的限量及测定》。

(4) 有害染料。生态纺织品检测标准包括 GB/T 17592—2011《纺织品　禁用偶氮染料的测定》、GB/T 20382—2006《纺织品　致癌染料的测定》、GB/T 20383—2006《纺织品　致敏性分散染料的测定》、GB/T 23344—2009《纺织品　4-氨基偶氮苯的测定》、GB/T 23345—2009《纺织品　分散黄 23 和分散橙 149 染料的测定》、GB/T 24101—2009《染料产品中 4-氨基偶氮苯的限量及测定》、SN/T 1045.1～3—2010《进出口染色纺织品和皮革制品中禁用偶氮染料的检验方法》第 1～3 部分。

(5) 杀虫剂和农药残留量。生态纺织品检测标准包括 GB/T 18412.1～4 以及 6～7—2006《纺织品　农药残留量的测定》第 1～4 以及第 6～7 部分、GB/T 18412.5—2008《纺织品　农药残留量的测定　第 5 部分：有机氮农药》、SN/T 1766.1～3—2006《含脂羊毛中农药残留量的测定》第 1～3 部分、SN/T 1837—2006《进出口纺织品硫丹、丙溴磷残留量的测定气相色谱—串联质谱法》、SN/T 2461—2010《纺织品中苯氧羧酸类农药残留量的测定液相色谱—串联质谱法》。

(6) 苯酚化合物。生态纺织品检测标准包括 GB/T 18414.1～2—2006《纺织品含氯苯酚的测定》第 1～2 部分、GB/T 20386—2006《纺织品　邻苯基苯酚的测定》、GB/T 23974—2009《染料产品中邻苯基苯酚的测定》、GB/T 24166—2009《染料产品中含氯苯酚的测定》。

(7) 氯化苯和氯化甲苯。生态纺织品检测标准包括 GB/T 20384—2006《纺织品　氯化苯和氯化甲苯残留量的测定》、GB/T 24164—2009《染料产品中多氯苯的测定》、GB/T 24167—2009《染料产品中氯化甲苯的测定》。

(8) 多氯联苯。生态纺织品检测标准包括 GB/T 20387—2006《纺织品　多氯联苯的测定》、GB/T 24165—2009《染料产品中多氯联苯的测定》、SN/T 2463—2010《纺织品中多氯联苯的测定方法气相色谱法》。

(9) 邻苯二甲酸酯。生态纺织品检测标准包括 GB/T 20388—2006《纺织品　邻苯二甲酸酯的测定》、GB/T 24168—2009《纺织染整助剂产品中邻苯二甲酸酯的测定》。

（10）有机锡化合物。生态纺织品检测标准有 GB/T 20385—2006《纺织品　有机锡化合物的测定》。

（11）表面活性剂。生态纺织品检测标准包括 GB/T 23322—2009《纺织品　表面活性剂的测定　烷基酚聚氧乙烯醚》、GB/T 23323—2009《纺织品　表面活性剂的测定　乙二胺四乙酸盐和二乙烯三胺五乙酸盐》、GB/T 23324—2009《纺织品　表面活性剂的测定　二硬脂基二甲基氯化铵》、GB/T 23325—2009《纺织品　表面活性剂的测定　线性烷基苯磺酸盐》、GB/T 23972—2009《纺织染整助剂中烷基苯酚及烷基苯酚聚氧乙烯醚的测定　高效液相色谱/质谱法》、SN/T 1850.1 ～2—2006《纺织品中烷基苯酚类及烷基苯酚聚氧乙烯醚类的测定》第 1～2 部分、SN/T 1850.3—2010《纺织品中烷基苯酚类及烷基苯酚聚氧乙烯醚类的测定　第 3 部分：正相高效液相色谱法和液相色谱—串联质谱法）、SN/T 2583—2010《进出口纺织品及皮革制品中烷基酚类化合物残留量的测定气相色谱—质谱法》。

（12）阻燃整理剂。生态纺织品检测标准包括 GB/T 24279—2009《纺织品　禁/限用阻燃剂的测定》、SN/T 1851—2006《纺织品中阻燃整理剂的检测方法　气相色谱—质谱法》。

（13）挥发性有机物。生态纺织品检测标准有 GB/T 24281—2009《纺织品　有机挥发物的测定　气相色谱—质谱法》。

（14）富马酸二甲酯(DMF)。生态纺织品的检测标准有 GB/T 28190—2011《纺织品　富马酸二甲酯的测定》、检验检疫行业标准 SN/T 2450—2010《纺织品中富马酸二甲酯的测定　气相色谱—质谱法》。

2.6.4　我国生态纺织品标准体系需进一步完善的内容

Oeko-Tex Standard 100 标准每年更新一次，纺织品生态安全检测项目也在逐步增加，欧盟及其他各国关于有害物质的法令法规不断出台，随着国际生态纺织品检测认证技术的日趋完善，部分新项目已引起各国高度关注，其中最近重点检测的主要有如下几项。

（1）全氟辛烷磺酸(PFOS)和全氟辛酸(PFOA)。PFOS 是防水拒油整理剂的基本原料，广泛用于纺织品、地毯、印染等领域，是目前最难降解的有机污染物，具有很高的生物蓄积性和多种毒性。欧盟于 2006 年 12 月 17 日发布 2006/122/EC 号法令，限制 PFOS 在纺织品和涂层材料中使用，在 2009 版的 Oeko-TexStandard 100 标准中，首次将 PFOS 列入考核项目，限量与欧盟法令一致。PFOA 也是防水拒油整理剂的原料，它被怀疑带有与 PFOS 相同的危险性，欧盟委员会也对 PFOA 以及 PFOA 盐提出了限制要求，在 2009 版的 Oeko-Tex Standard 100 标准中，PFOA 也首次被列入考核项目。

（2）多环芳香烃(PAHs)。PAHs 是某些有机物不完全燃烧形成的一类化学物质，常存在于染料、塑料、橡胶等产品中。目前有上百种不同的多环芳香烃，部分具有化学致癌性，其中苯并芘系是多环芳烃的典型代表。美国环境保护署 EPA 目前主要限制的 PAHs 物质有 16 种。在 2010 版 Oeko-Tex Standard 100 标准中多环芳烃类是新增的限用物质，适用于所有的合成纤维、纱线及塑料材料，对于 16 种确定的多环芳烃的总量限量值为 10.0 mg/kg，苯并芘的含量限量值为 1.0 mg/kg。2013 版 Oeko-Tex Standard 100 标准中新增 8 项多环芳烃(PAHs)含量检测，合计 24 项。规定产品类别一(婴幼儿产品)中将现有苯并(a)芘及 PHAs 总和由原先的 1.0 mg/kg、10 mg/kg 分别降低至 0.5 mg/kg、5 mg/kg。国际上并无直接针对纺织及其相关产品 PAHs 含量测定的方法标准，测试方法主要参照其他行业方法标准。

（3）有机溶剂残留量和表面活性剂残留有机溶剂 1-甲基-2-吡咯烷酮(NMP)和 *N*，*N*-二甲基乙酰胺(DMAc)作为重要的化工原料以及性能优良的溶剂，广泛应用于聚氨酯、腈纶、芳纶、染料、涂料等产品生产中。在生产过程中大量使用的 NMP 及 DMAC 易造成在产品中的大量残留，对人体健康造成伤害。欧洲化学品管理局分别将 NMP 和 DMAc 列入第五批和第六批 SVHC(高关注度物质)，该两种物质对人体健康具有潜在的严重影响，具有致癌和/或生殖毒性。壬基酚和辛基酚这两类物质常被作为表面活性剂用于纺织品生产加工，如洗涤剂、工业清洗剂、分散剂、润湿剂以及其他工业化学品。尽管目前尚未有公认的研究结果可直接说明，穿着含有此类化学品的服装有损人体健康，但此类属于不可降解的化学品对环境存在巨大危害已成为广泛共识。欧盟和美国陆续出台法令限制这些表面活性剂的使用。

2012 版 Oeko-Tex Standard 100 标准新增了有机溶剂残留量和表面活性剂残留两个检测项目，并提出了限量要求。其中有机溶剂残留包括：NMP(1-甲基-2-吡咯烷酮)和 DMAc(*N*，*N*-二甲基乙酰胺)。

2013 年 1 月 8 日消息，Oeko-Tex 在其年会上发布了最新 Oeko-Tex Standard 100 纺织品有害物质检验的测试标准和限量值要求，新标准于 2013 年 1 月 1 日起生效；2013 年 4 月 1 日开始正式实施。与 2012 年版本相比，考虑到 REACH 法规高关注物质清单(SVHC)的更新情况，将二甲基甲酰胺(DMFa)列入受监管溶剂清单，限量值为 0.1%。目前国际上并无针对纺织品及其相关产品有机溶剂残留的检测方法标准。

上述几类生态安全测试项目是近来欧美各国高度关注的检测项目，但目前我国生态纺织品标准体系中，有的还没有出台相应的国家标准(如多环芳香烃、DMAc 等)，有的标准还不够完善(如表面活性剂残留)。因此，参照国际先进标准和测试方法，尽快制定我国相应的国家标准已是形势所迫，这对完善我国生态纺织品标准体系具有重要的现实意义。

2.6.5 我国生态纺织品标准需要完善的方面

近年来，我国积极开展了生态纺织品研究工作并制定了相关标准，基本上能够满足当前纺织品国际贸易对生态安全性能的各项要求，但还存在不完善的方面。

① 我国生态纺织标准与国际标准不接轨。生态纺织品中有毒有害物质的限量及检测方法研究的速度明显滞后于国外出台标准的进程。如我国的生态纺织品认证标准《生态纺织品技术要求》与 Oeko-Tex Standard 100 标准比较，我国的生态纺织品技术要求还停留在其旧的版本上。

② 我国生态纺织品检测标准尚未形成国际化运作模式，多数标准没有外文版，造成国外买家即使愿意采用我国标准也无法顺利推行，同时部分检测设备和检测手段也落后于国际先进标准。

③ 我国生态纺织标准实施监控难。目前国际标准都是重基础标准轻产品标准，而具体质量要求往往由企业、买家自行掌握；国外先进纺织品标准根据产品的最终用途制定，考核项目更接近实际；国内多数合资企业、独资企业以及有出口任务的企业，采用协议标准，按供需双方的协议合同考核和验收产品。

因此，为了更好促进我国生态纺织品行业发展，应当密切关注国际上相关纺织品法规动态，紧跟国际生态纺织品检测技术的潮流，注重借鉴国外的研究成果，及时制定新标准，修订、改进现有标准，不断充实完善我国生态纺织品标准体系，全面提升我国纺织产品的生态质量水平和国际竞争力，为我国纺织品贸易提供必要的技术支撑。

2.7 欧洲生态标准

2.7.1 Eco-Label

Eco-Label，即欧盟的生态标签，是由欧盟执法委员会根据 880/92 法令建立的。申请该标签纯属自愿行为，企业希望借此提高公众的环保意识，从而培育自己的市场。也有的是为了提高企业产品的知名度。最早的纺织品标准 Eco-Label 是根据 1992 年 2 月 17 日欧盟委员会 1999/178/EC 法令而建立的，2000 年 7 月 17 日欧盟决定修改 1999/178/EC。2002 年 5 月 15 日在原有标准的基础上，公布了新的纺织品生态标准。原有标准的有效期至 2003 年 5 月 31 日止，新标准自 2002 年 6 月 1 日生效，新老标准有一个 12 月的过渡期，到 2007 年 5 月 31 止。它分为三个主要类目，即纺织纤维标准、纺织加工和化学品标准、使用标准的适用性。新标准对禁用和限制使用的纺织化学品，即纺织染料和纺织助剂做出了明确的新规定，其禁止使用与限制使用涉及的范围比过去标准宽，要求也比 Oeko-Tex Standard 标准 100 更严。

2.7.2 Oeko-Tex Standard 100

1992年4月7日，奥地利纺织研究院与德国海恩斯坦研究院正式公布了第一版Oeko-Tex Standard 100（生态纺织品标准）。1993年2月11日他们在瑞士苏黎世纺织检验公司（TESTEX）正式签署建立“国际生态纺织品研究和检验协会”（International Association for Research and Testing in the Field of Textile Ecology），该组织是一个国际性民间组织，已有13个不同国家的研究机构和实验室签署协议，成为该协会正式成员。它发布的生态纺织品标准是商业标准，不像Eco-Label具有法律效力。Oeko-Tex Standard 100自1992年公布第一版以后，又于1995年和1997年发布修订版，1999年12月21日的2000版和2002年2月9日的2002版已将Oeko-Tex Standard 100定型，于2003年和2004年作了部分修订。Oeko-Tex Standard 100主要是限制纺织最终产品中的有害物质，由于考虑得较多而细，因此有较高的知名度，截止1998年9月申请认证还只有1 400份，2000年6月底达18 836份，2002年上半年有27 000份。目前据称累计有35 000份左右取得认证，这些获得认证的企业90%以上集中在欧洲，主要是德国、奥地利和荷兰，其中德国的企业约占了37%，中国企业申请认证的所占比例很低。

2.7.3 Eco-Label与Oeko-Tex Standard 100的比较

欧盟生态纺织品Eco-Label标准与Oeko-Tex Standard 100的差异是多方面的，由于考核体系不同，直接将两者对比是有困难的。

首先是标准发布主体和法律效力不同。Oeko-Tex Standard 100是由国际纺织品生态研究和检验协会发布，该协会为国际民间组织，属于商业标准。生态纺织品Eco-Label标准由欧盟发布，各成员国应将此作为本国政令，属于政府行为。

其次是考虑的生态要素不同。这一点从它们在标签上所注可以清楚地反映，Oeko-Tex Standard 100为“可信任纺织品”——按照Oeko-Tex Standard 100检测有害物质，考虑了限制产品的有害物质，除将挥发性物质的挥发量作为有害物质加以控制外，没有考虑环境负荷方面的因素，但是对纺织品成品上含有的有害物质考虑得较多且细。Eco-Label标注为“降低了水污染，限制危害性物质，覆盖了产品全部生产链。”规范明确指出：“规范的实施旨在减少整个纺织生产链（包括纤维生产、纺纱、织造、印染前处理、印染后整理、成衣制作）中关键加工工序对水环境的污染”，除考虑限制产品及其生产中危害性物质外，重点考虑的是降低环境负荷，尤其是限制水污染。

2.7.4 对甲醛含量的限定

按照Eco-Label标准，最终织物中游离甲醛和部分可水解的甲醛含量，直接与皮肤接触的产品应不超过30 mg/kg，其他产品应不超过300 mg/kg。评估与检定：申请者需提交没有施用含甲醛类产品的声明，或者提交一份使用方法EN ISO 14184-1测试的试验报告。

按照Oeko-Tex Standard 100标准，就甲醛含量来说，婴儿用品（Ⅰ类产品）小于20 mg/kg、直接接触皮肤产品（Ⅱ类产品）小于75 mg/kg、不直接接触皮肤产品（Ⅲ类产品）小于300 mg/kg、装饰材料（Ⅳ类产品）小于300 mg/kg。

2.8 技术法规、标准

2.8.1 技术法规、标准的基本内容

按照TBT协定中技术法规的定义，技术法规指强制执行的规定产品特性或相应加工和生产方法，

包括可适用的行政管理规定在内的文件。技术法规也可包括或专门规定用于产品加工或生产方法的术语、符号、包装、标志或标签要求方面的内容，它有时也可叫指令、法规、法律等不同称谓。它是一种强制性的规定文件。技术法规按照其来源可分为两种：

① 正式技术法规，即涉及产品的强制执行的文件，通常由国家、地方或部门政府权力机关发布。例如：全国人大批准发布的法律、国务院批准发布的中央法规，以及省级地方政府批准发布的规章等。

② 事实性法规，由部分机构发布的指示、指南，它在事实上是不得不执行的文件。如 ISO、IEC 等非政府组织制定的指南等。

按照 TBT 协定中标准的定义，标准为了通用或反复使用的目的，由公认机构批准的描述产品的或其加工和生产方法的规则、指南或特性的文件。标准也可以包括或专门规定用于产品、加工或生产方法的术语、符号、包装、标志或标签要求方面的内容。

2.8.2　技术法规和标准的区别

技术法规和标准在执行中是不同的。标准的符合是自愿的，而技术法规是强制性的，两者在国际贸易中的使用也是不同的，如果进口产品不能满足该国技术法规的要求，将不允许进入市场销售，而没有符合标准的进口产品也可进入市场。但如果消费者宁愿购买达到本地标准的产品，那么其市场的销售会受到影响。

2.9　合格评定程序

2.9.1　合格评定程序的基本内容

按照 TBT 协定中合格评定程序的定义，合格评定程序是指直接或间接用来确定是否满足技术法规或标准相应规定的技术程序(技术性贸易壁垒协议，简称 TBT 协议)。

规定的技术程序是指技术性贸易壁垒协议(简称 TBT 协议)。合格评定程序包括抽样、检测和检验程序；符合性的评价、验证和合格保证程序；注册、认可和批准程序以及它们的综合程序。一般由出口商承担该程序中发生的费用。

目前开展合格评定的国际组织有：国际标准化组织(ISO)、国际电工委员会(IEC)、国际认可论坛(IAF)、国际实验室认可大会(ICAC)、国际审核员培训注册协会(IAFCA)等。

2.9.2　合格评定程序的形式

按照 TBT 协议，合格评定程序可分成检验程序、认证、认可和注册批准程序四个层次。

① 第一个层次是检验程序(包括取样、检测、检验、符合性验证等)。它直接检查产品特性或与其有关的工艺和生产方法与技术法规、标准要求的符合性，属于直接确定是否满足技术法规或标准有关要求的“直接的合格评定程序”。

② 第二个层次是认证，主要分为产品认证和体系认证。产品认证包括安全认证和合格认证等，体系认证包括质量管理体系认证、环境管理体系认证、职业安全和健康体系认证和信息安全体系认证等。

③ 第三个层次是认可。WTO 鼓励成员国通过相互认可协议来减少多重测试和认证，以便利国际贸易。

④ 第四个层次是注册批准。注册批准程序更多的是政府贸易管制的手段，体现了国家的权力、政策和意志。

在合格评定程序的应用过程中，ISO 将合格评定程序总结为 8 种表现形式，即：型式试验、型式试验＋工厂抽样检验、型式试验＋市场抽样检验、型式试验＋工厂抽样检验＋市场抽样检验、型式试验＋工厂抽样检验＋市场抽样检验＋企业质量体系检查＋发证后跟踪监督、企业质量体系检查、批量检验、100％检验；欧盟在新方法指令中使用的合格评定程序包括 8 种基本模式，即：模式 A 内部生产控制、模式 B EC—型式试验、模式 C 符合型式声明、模式 D 生产质量保证、模式 E 产品质量保证、模式 F 产品验证、模式 G 单件验证、模式 H 全面质量保证。

第3章 目标市场技术规范、标准和合格评定程序与中国的差异

3.1 技术规范、标准和合格评定程序

技术法规是指规定产品特性或与其有关的工艺和生产方法，包括适用的管理规定并强制执行的文件；当它们用于产品工艺进程或生产方法时，技术法规也可包括仅仅涉及术语、符号、包装、标志或标签要求。

标准是指由公认的机构核准，共同和反复使用的非强制性实施的文件，它为产品或有关的工艺过程的生产方法提供准则、指南或特性。当它们用于某种产品、工艺过程或生产方法时，标准也可以包括或仅仅涉及术语、符号、包装、标志或标签要求。

合格评定程序是指任何用于直接或间接确定满足技术法规或标准有关要求的程序，合格评定程序尤其包括抽样程序、测试和检验评估、验证和合格保证、注册、认可和核准以及它们的组合。

技术法规和标准的区别在于强制性和自愿性，两者具有不同的法律效力。这种区分的主要目的在于进一步减轻技术法规对国际贸易的阻碍，相比标准而言，技术法规的强制性法律约束力更有可能给国际贸易带来极大的阻碍。

在 TBT 协议中，对于标准的制订、采用和实施，要求应由成员方保证其中央政府标准化机构接受并遵守"关于标准的制订、采用和实施的良好行为规范、标准的制定、通过和执行的原则也必须满足合理性、统一性"，其中包括按产品的性能要求来阐述标准的要求以不给国际贸易带来阻碍，在技术法规和标准的关系上，TBT 协议指出，在需要制订技术法规并且有关的国际标准已经存在或制订工作即将完成时，各成员应使用这些国际标准或有关部分作为制订技术法规的基础。为尽可能统一技术法规，在相应的国际化机构就各成员方已采用或准备采用的技术法规所涉及的产品制订国际标准时，各成员方应在力所能及的范围内充分参与。

"合格评定程序"是在 TBT 协议首次引入的新概念。合格评定程序的目的在于积极地推动各成员认证制度的相互认可。事实上，某些国家为达到限制进口的目的，都在合格评定程序上大做文章，比如收取高昂费用、制订繁琐程序。协议中有关合格评定程序的规定全面地涉及了合格评定程序的条件、次序、处理时间、资料要求、费用收取、变更通知、相互统一等内容，为了相互承认由各自合格评定程序所确定的结果，协议规定必须通过事先磋商明确出口成员方的有关合格评定机构是否具有充分持久的技术管辖权。各成员方无论是制订、采纳和实施合格评定程序，还是确认合格评定机构是否具有充分持久的技术管辖权，都应以国际标准化机构颁布的有关指南或建议为基础，如果已有国际合格评定程序或区域合格评定程序，成员方应与之一致。

在合格评定程序中值得关注的是认证问题。认证分为管理体系认证和产品质量认证，前者是对企业管理水平的认可，注重的是产品生产全过程的控制，包括加工环境条件及相关配套体系的管理（如污水处理等），如 ISO 9000、ISO 14000 等；后者则偏重产品标准及产品的质量，通过检测报告及证书的方式证明本产品的实物质量，如 JIS 认证、CSA 认证、CE 认证、Oko-Tex100 绿色纺织品认证、方圆产品合

格标志认证、中国环境标志认证等。认证的目的也是为了促进国家间的相互认可，简化手续、减少浪费，同时帮助消费者识别优质产品。

在贸易实务中，产品质量认证分为“自我认证”和“第三方认证”。前者曾在欧洲各国比较流行，是贸易双方已对出口方企业的检测条件有了充分认可的基础上进行的，为保证质量需要在贸易过程中对拟出口的产品进行封样。“第三方认证”是经济全球化发展的必然结果，是当今国际贸易的主流形式，第三方作为“独立的检测机构（实验室）”能够客观地反映产品的质量内容，能够公平、公正地对待贸易双方。

对某一产品认证后，为明示产品质量，常使用“标志”。标志是产品达到该标志质量要求的直观表达。通常用于表达描述安全性或功能特性，如 CE 标志、Oeko-Tex100 标志、NF 标志、GS 标志等。

加入世贸组织意味着我国纺织行业必须遵循国际贸易的游戏规则，按照世贸组织的相关条款参与国际竞争。近几年来，发达国家政府凭借其先进的制造技术，纷纷将环境问题注入到各项贸易政策的制定和实施中，特别是欧洲一些国家率先采取单方面行动，通过并颁布了日趋严格复杂的标准、法律法规或管理文件。

形成的种种技术壁垒和绿色贸易要求，将成为制约我国纺织品参与全球竞争的最大障碍。欧美市场是我国重要的针织品服装出口市场，因此，及时了解、研究欧美发达国家的市场准入规则，有利于扩大我国针织品的出口份额。

3.2　美国市场

3.2.1　美国机构针对纺织品的法规

3.2.1.1　标签规定

美国纺织品涉及标签的规定与法案有：毛纺织品标签法案、纺织纤维规格及标签法案、包装标签法案和成衣水洗标签法案等。

3.2.1.1.1　纤维含量标签和产品标签

(1) 联邦贸易委员会(FTC)对纤维含量标签的要求

① 须注明一种或多种纤维的构成或组成；

② 须注明其中不同纤维的重量百分比；

③ 须注明制造商姓名或 FTC 的识别号码。

(2) 联邦贸易委员会对产品标签的要求

① 羊毛产品标签：羊毛类型、重量百分比；

② 纤维纺织品规格及标签：产品中纤维的名称、所占比例、原产地；

③ 包装标签：纺织品尺寸、成分、原产地；

④ 服装水洗标签：洗涤、晾干、干洗、漂洗、熨烫方法。

3.2.1.1.2　标签的顺序及位置

联邦贸易委员会对水洗标签的顺序及钉缝位置规定了较详细的要求。

(1) 水洗标签的顺序

① 机洗/手洗/干洗；

② 洗涤温度：高温/中温/冷水；

③ 机洗程序：轻柔/洗可穿/普通；

④ 漂洗：不能漂洗/非氯漂洗/可氯漂洗；

⑤ 晾干方法：滚筒烘干/晾干/铺平晾干/沥干；

⑥ 熨烫：不可熨烫/低温熨烫/中温熨烫/高温熨烫；

⑦ 警示语：分开洗涤/不能拧干/阴凉处挂干等。

(2) 水洗标签的规定

① 标签应缝在其出售时能被消费者容易发现和看到的地方；

② 如果在出售时不易被发现或看到，这些水洗信息应添加在包装外面或在固定产品的悬挂标签上；

③ 在产品使用期间，永久性标签要与产品牢固结合，且清晰可见；

④ 标明产品在一般情况下的基本水洗方法，其顺序为：洗涤、漂洗、晾干、熨烫、干洗。

3.2.1.2　关于阻燃性的安全规定

3.2.1.2.1　阻燃性相关法规

美国的阻燃性相关法规有：加利福尼亚州州法、波士顿消防法、纽约市消防法、联邦航空局飞机消防规定及美国联邦危险物品法等。

3.2.1.2.2　消费者产品安全委员会(CPSC)对部分纺织品阻燃的要求

(1) CPSC 对平布和起毛布的阻燃性要求

CPSC 对平布和起毛布的阻燃性要求分为：1 级、2 级、3 级。

1 级为正常阻燃性：平布　3.5 s 或超过 3.5 s 火焰蔓延时间；起毛布　超过 7 s 火焰蔓延时间。

2 级为中等阻燃性：主要对起毛布而言，火焰蔓延时间在 4～7 s。

3 级为燃烧速度快而猛烈：平布　火焰蔓延低于 3.5 s；起毛布　火焰蔓延低于 4 s。

3 级原料美国禁止进口。

上述标准也适用于帽子、手套、袜子及里布。其中里布作为服装衬里时，不用检验；作其他使用时，必须和其他纤维一样进行检测，然后定级。

(2) 儿童服装质量

美国儿童服装质量控制是非常严格的，2010 年底美国消费品安全委员会发出通告，按照《儿童睡衣易燃性标准：0 码至 6×码》及《儿童睡衣易燃性标准：7 码至 14 码》，对主要设计供或拟供 12 岁或以下儿童穿着的睡衣进行检测的第三方合格评核机构，列出其认证资格的最终接纳标准和程序。根据《消费品安全改进法》，若干类产品的生产商或自有品牌者必须把认证规定通告发布 90 天后才制造的产品，送交取得认证资格的第三方合格评核机构进行测试，并必须根据有关测试结果，发出符合有关适用规例的合格证书。这些规定将适用于 2011 年 2 月 17 日以后生产的儿童睡衣。

3.2.1.3　关于纺织品的有害化学物质

(1) 部分服装有害化学物质的检测项目

美国对服装如男女衬衣、袜子、运动装、文化衫等有害化学物质的检测项目有：禁用偶氮染料、甲醛(乙醛)、重金属含量、五氯苯酚(PCP)、2,3,5,6-四氯苯酚(TeCP)、镍释放等。

(2) 禁用偶氮染料的限量值

美国对目前已知的 20 多种致癌芳香胺偶氮染料的限量值为 30×10^{-6}(具体参见生态标准)。

(3) 重金属残留量的限量值

美国对可萃取的重金属残留量的限量值如表 3-1 所示。

表 3-1 重金属残留量的限量值

重金属	限量值/10^{-6}	重金属	限量值/10^{-6}
砷	0.2～1.0	铜	35.0～50.0
铅	0.2～1.0	铬	10～2.0
镉	0.1	钴	1.0～4.0
汞	0.02	镍	1.0～4.0

3.2.2 美国部分纺织品质量标准

美国纺织品布匹外观疵点评分标准通常为“四分”制和“十分”制两种。而针织面料多采用“四分制”，用肉眼在特定的光源下评价布面的质量，按疵点尺寸大小危害程度定分，以百码评分不超过指定分为合格制定依据。美标“四分制”评分依据见表 3-2。

表 3-2 美国标准“四分制”评分依据

评分数	1	2	3	4
疵点尺寸大小/英寸	3 及以下	3 以上～6 及以下	6 以上～9 及以下	9 以上

① 对于严重疵点，每码疵点评 4 分，如：无论直径大小，所有破洞评 4 分；

② 对于连续出现的疵点，如：色差、窄幅或折痕、棉点，每码评 4 分；

③ 每码疵点评分不得超过 4 分。

原则上每卷布经检查后，便可将所得的分数加起来。然后按客户可接受水平来评定合格与否。如按式(3-1)计算出每卷布的百平方码的分数：

每 100 平方码的分数＝(疵点总分数 × 36 × 100)/(总重量 / 码重 × 可裁剪的布匹宽度) ……………………………(3-1)

与国标标准不同的是，美标规定“所有看的见的疵点都要计分，不分直向横，向按长度计分”。而国标规定按疵点严重程度计分，如同样长度的疵点，明显的计分多于不明显的。

3.2.3 美国纺织品质量控制的主管机构与测试标准

美国纺织品的品质主管机构及标准主要有：AATCC 标准、ASTM 标准、CPSC 和 FTC 强制性标准。另外美国对纺织品服装制定了许多技术法规：纺织纤维产品鉴定法令、毛产品标签法令、毛皮产品标签法令、公平包装和标签法、织物可燃性法规、儿童睡衣燃烧性法规、羽绒产品加工法规等。美国的纺织品和服装市场是一个相对比较成熟的市场，进入美国市场面临的一个非常重要的问题就是产品质量认证。也就是说，某一产品在美国可否销售的关键是在于该产品能否通过美国权威检测部门的检测后获得许可证。

3.2.3.1 常见的美国纺织服装产品认证标准有两种

(1) FTC 规则。FTC 是美国联邦贸易委员会的缩语。FTC 要求在美国销售的纺织品要标有成分和保护标签，并且对那些含有未经 FTC 认可成分的纺织品限制进入美国市场。FTC 还将对纺织品的成分进行分析，以判断提供的成分报告与实际结果是否一致。

(2) INTER检测。INTER检测执行纺织品和成衣的物理检测,如纤维、化学成分、弹性、保养、可燃性、着色、褪色、其他化学伤害和进口配额等的检测工作。

3.2.3.2　美国纺织品质量控制的主要规则

美国关于纺织服装产品标签方面的法规主要有:《纺织纤维产品识别法》、《羊毛产品标签法》和《纺织品服装和面料的维护标签》等。

(1)《纺织纤维产品识别法》

制定于1958年,它由美国联邦贸易委员(Federal Trade Commission,FTC)负责实施,其后针对实施上遇到的各种问题,又颁布了实施细则。《纺织纤维产品识别法》及有关条例(16CFR303)适用于服装制品、手帕、围巾、床上用品、窗帘、帏帐、装饰用织物、桌布、地毯、毛巾、揩布、烫衣板罩与衬垫、伞、絮垫、旗子、所有纤维纱线及织物、家具套、毛毯与肩巾、睡袋。标注内容做如下规定:

① 纤维成分:纤维成分的标注必须采用非商标纤维名称,并应按重量的百分比由大至小顺序排列纤维成分;占纤维总重量不足5%的纤维不应以名称识别,而应列为其他纤维,纤维含量允差不超过3%,但具特定功能的纤维除外;纤维成分可于标签背面标明,但有关资料必须容易找到。

② 原产地信息:所有服装必须以布标签标示原产地,并有固定位置。如T恤衫、衬衫、外衣、毛衫、连身裙和类似服装,原产地标签必须置于服装内面领口中央位置并在两条肩膊缝边中间;至于长裤、松身长裤、短裤和半身裙等服装,原产地标签则须置于显眼位置,例如腰带内面。此外,原产地名称前面必须加上Made in或Product of等类似字眼,让最终购买者清楚看到,以免被误导。

③ 制造商或经销商信息:除了纤维成分和原产地,服装必须附有提供护理指示的永久标签以及进口商、分销商、零售商或外国生产商的名称。根据规定,进口商、分销商及零售商可采用联邦贸易委员会发出的RN或WPL号码,但只有设于美国的企业才可取得及使用RN号码,外国生产商可采用其名称或美国进口商、分销商或直接参与产品分销的零售商的RN或WPL号码。企业可以其商标名称识别,但商标名称须已在美国专利局注册,企业亦须于使用商标前向联邦贸易委员会提供商标注册证副本。

(2)《羊毛产品标签法》

1940年美国国会通过该法案,FTC负责实施,目的在于保护消费者免受毛织品虚假标签的欺骗。该法案针对实施上遇到的各种问题,又颁布了实施细则。

① 纤维成分:纤维成分的标注同16CFR303。若羊毛制品中含有马海毛、山羊绒或特种纤维时,可用特种纤维的名称来标注,并标明纤维含量。

② 非纤维物质含量:产品中含有非纤维的填充物或添加物质,其占羊毛制品总质量的最大百分比应分别标注出来。

③ 原产地信息:原产地标注同16CFR303。

④ 制造商信息及注册标识号:制造商信息同16CFR303。

(3)《纺织品服装和面料的维护标签》

《纺织品服装和面料的维护标签》(16CFR423)适用于纺织服装及面料的制造商和进口商,包括管理或控制相关产品制造或进口的组织和个人。16CFR423要求制造商和进口商在销售中,必须在纺织服装产品上附加维护标签。标注内容作如下规定。

维护标签应被看到或容易被发现,并以不与产品分离的方式附于或固定于产品上,并且在产品的使用寿命期内保持清晰。

3.3　欧盟市场

欧盟市场对中国纺织品和服装出口具有重要意义。随着经济和科学技术的发展,人们认识到纺织品和服装是由一系列复杂的制造工艺加工而成,有些材料如酸、碱、甲醛、重金属离子等会对人体产生明显或潜在的危害;另一方面,世界贸易中非关税壁垒措施将会被各国频繁使用。欧盟是对纺织品和服装设立壁垒较多的地区,尤其是在标准、法规和评定程序方面采取了许多限制措施。

3.3.1　欧盟的法律体系

欧盟的法律是一个独立的法律体系,优先于欧盟成员国的国内法。欧盟主要的法律立法为各成员国协商一致的条约和协议。其中,条约是欧盟的根本大法,可视为欧盟的宪法。在条约层次以下的法规主要有 4 种表现形式:

① 条例:这是具有法律效力的立法。在成员国内不需要再制定适用条例的国内法,要求成员国不折不扣地执行。

② 指令:这是对成员国具有约束力的立法。但指令只强调目的,至于如何执行,即实施指令的方式和手段,由各成员国制定。

③ 决定:这是一种执行决议,是执行欧盟法令的一项行政措施。其约束力的方式同法规一样,对所有条文具有实施义务,特别是对成员国发出的决定,其实现的方式和手段同指令不同,成员国没有自由裁量的余地。

④ 建议和意见:对某个问题理事会委员会未能达成一致意见,形成指令,就对成员国提出推荐或意见,作为欧盟立法趋势和政策导向,供成员国参考。建议不具有约束力,它不是法律。

经过十几年的发展,欧共体已逐渐形成了上层为欧共体指令,下层为包含具体技术内容、厂商可自愿选择的技术标准组成的两层结构的技术法规(欧共体指令)和技术标准体系。该体系的建立有效地消除了欧盟同内部市场的贸易障碍。但欧盟同时规定,属于指令范围内的产品必须满足指令的要求才能在欧共体市场销售,达不到要求的产品不许流通。这一规定对我国真丝绸缎出口到欧盟,增加了贸易障碍。

欧盟在纺织品标签、阻燃性、纺织品生态环保等方面都制定了较为严格的法规、法律,应该说在国际上是实施最早也是最为全面的。

对服饰中一些饰件和装饰带中镍及其化合物的要求,由欧盟 94/27/EC、EN1811、EN12472 限定。直接或长期与皮肤接触的金属制品,镍释放量低于 0.5 $\mu g/(cm^2 \cdot$ 周);表面有涂层的直接或长期与皮肤接触的金属制品,其镍释放量不超过 0.5 $\mu g/(cm^2 \cdot$ 周)(模拟两年的穿戴时间)。

3.3.2　欧盟各成员国一些与纺织品和服装有关的法律文件

3.3.2.1　德国

《德国食品和日用消费品法(LMBG)》、《德国日用消费品条例(BGV)》。

1996 年 10 月 7 日,德国立法禁止销售含有偶氮染料的纺织和服装产品,并且德国已经禁止使用这些染料,法规适用于所有与人体接触的日常用品,德国也是第一个禁止使用有害偶氮染料的欧洲国家。

我国纺织品标记法与欧盟法规一致,要求所有产品标记其纤维成分。

3.3.2.2　英国

英国贸易描述法。

英国对纺织品和服装有易燃标记要求,包括儿童睡衣和所有婴儿服装(尺码在 0 号～3 号,或者胸围为 21 英寸,或者更小)。

3.3.2.3　法国

纺织品和服装的标记必须用法语，书写要求清楚，不含超越产品性能内涵的说明，标记、介绍或广告传单、说明手册使用法语是强制性要求，而且保单和其他产品信息当有相等的法语术语时也禁止用其他语言，用外国词语或缩写必须由法国或国际法授权。

3.3.2.4　奥地利

如果检测出其偶氮染料和偶氮涂料可释放芳香胺超过 30 mg/kg 时，奥地利的偶氮染料条例法令禁止在奥地利生产、进口、销售这些产品。

标记要求最终消费品的纺织品和服装必须以德语标明其纤维成分，这些产品必须采用 ISO 标记，带有洗涤、烫烫或干洗说明；标记必须牢固。

3.3.2.5　希腊

纺织和服装的标记与标志要符合欧盟要求，并且必须用希腊语；希腊语标记用于清关与销售；纺织品应标记说明生产商名称和注册商标，所用原料性质；羊毛产品必须显示股数、号数、重量、长度、原产国和含量。

3.3.2.6　荷兰

纺织品和服装甲醛条例于 2001 年 7 月 1 日生效，禁止一些纺织品和服装含有甲醛；条例禁止与人体皮肤接触的含有甲醛的纺织品和服装销售。关于甲醛含量问题，如果按相应洗涤说明洗涤之前，甲醛含量超过 120×10^{-6} 浓度，或未提供第一次穿之前洗涤说明，或一次洗涤后甲醛含量仍大于 120×10^{-6} 浓度，应将此项说明标识在产品上或准备给最终消费者的包装上。

偶氮染料法令（商品法）强制禁止含偶氮染料的服装、鞋和床上用品在荷兰销售，如果其产品能产生引起致癌症或可能引起癌症的芳香胺，也强制禁止在荷兰销售。

3.3.2.7　丹麦

纺织品和服装必须标记纤维成分，消费品必须用丹麦语或另一种语言（如挪威语或瑞典语）；禁止使用会误导消费者识别原产地国的图案、介绍或设计标记等。有时商品到丹麦后可由进口商加标记。重量和规格须用公制。标记和商标须正确描述包装内物品的内涵。

3.3.2.8　爱尔兰

爱尔兰商品标记法规定进口、出口或过境货物的标记不能让人产生爱尔兰制造或原产地的误解。

3.3.2.9　意大利

意大利对原产国标记无统一要求，但一些商品必须标记显示其成分和生产商的名称和地址，并且符合各项意大利法律和法规的要求。不符合这些标记要求的商品可能被拒绝进入或被没收。意大利要求所有纺织品用意大利语标记注册商标或生产商、制造商、进口商或零售商名称和纤维名称（按重量百分比顺序大小排列）。

3.3.2.10　西班牙

皇家法令 928/1987（Royal Decree 928/1987）规定，海关和销售法规要求所有纺织品和服装用西班牙语标记；服装标记必须显示原产国和洗涤说明。关于纺织品的成分、标签和包装的标记要求，见皇家法令 928/1987 和政府公报(1987 年 7 月 17 日)。法令要求纺织品和服装产品必须清楚地标识生产商,提供进口商的注册税号,清楚说明纺织品原料含量,外语单词或句子必须伴有西班牙语(用同样字体或大小)。生产商可使用注册商标或印花税票证号代替生产商名称和地址。

一般对进口商品的包装或标记无公制要求,除非公制是唯一使用时,代理商和消费者不使用另一计量体系。服装标记必须缝制或持久固定在服装上。

3.3.2.11　葡萄牙

进口产品必须标识原产国,英语术语"Made in"不被接受;直接销售给消费者的进口商品必须用葡萄牙语说明;禁止原产国的错误标记。一般直接销售给消费者的货物必须用葡萄牙语标记;一些使用说明和成份信息,必须显示产品的有效期和进口商地址;纺织品和服装必须显示洗涤说明。

3.3.2.12　瑞典

关于原产国标记在瑞典无统一要求,但禁止产品误导原产国,除非能清晰、准确、持久地标记外国产。要求所有进口商品要显示产地名称、特征、公司在瑞典的商标或任何说明,需采用瑞典语描述产品功能。

如果到达前未标记,商品必须在到达后 30 天内正确标记;未正确标记的产品可重新出口(货主在海关监督下,货到后 30 天内);如未正确标记也未重新出口,货物将被没收。

3.3.2.13　比利时——卢森堡

比利时对纺织品无特殊安全方面的立法,关键是使用产品的责任问题,这意味着易燃合成纤维制成的睡衣裤可在比利时市场销售,但如果服装着火,制造商负有责任。因此制造商要关心产品安全问题。

3.3.2.14　芬兰

食品和消费品必须在芬兰海关实验室检测,以保证产品的安全性。企业也有自己的产品质量检测机构。海关实验室提供关于纺织品和玩具的检测服务。

关于产品安全法规,芬兰标记要求是基于产品的安全法规,按欧盟一般产品安全法规颁布。所有进口至芬兰的产品须显示生产商名称、进口商名称和原产国。单件销售的纺织品,原产地标志必须粘贴或印刷清晰,并单独出现在一个内部标记上。原产地标志必须用瑞典语、芬兰语、英语或国际商务中通用的语言。

另外,建议所有在芬兰销售的进口包装上标上"Tuoti"(进口)字样。包装上数字和商标应与相应的发票相同,除非包装内容可单独区别。零售商品应包含下列信息:商品名称、详细说明包装内商品,如商品名称或为哪家公司生产、公制重量或体积,也适当包括商品含量、保养说明、操作说明和使用相关的可能危险警告或产品控制等信息,强制性的信息必须用芬兰语和瑞典语标识。

环保标志虽然是自愿的,但共同体法规 820/92(关于共同体 ECO 标志)授权 Eco-Lable 支持对一些产品包括纺织品和服装建立 ECO 标准,以减少对环境的污染,并要求成员国政府指定有能力的组织实施 ECO 标志;纺织品和服装的纤维成分、纤维名称、一些术语(如 100%、全、纯等)的要求,也通过法规来规定。

3.3.3　欧盟针织品和服装主要产品标准与我国的比较

在目前的贸易实务中,客户所提出标准除下表所列之外,还特别强调纯棉产品中不允许含有丙纶等异质纤维。

3.3.3.1　针织品内在质量一般标准

表 3-3　欧盟市场主要质量标准

必要的基本测试	要求	
	英国	欧盟
纤维标签		
纤维分析 ——单纤含量 ——多纤含量	无误差 ±3%	无误差 ±3%
标签		
尺寸稳定性 a) 水洗直、横向 b) 干洗直、横向 染色牢度 水洗变色 变色 干洗变色 氯漂变色 服装外观 水洗或干洗后变化	 ±5.0% ±3.0% 4 3～4 4 4 无明显变形及变色	 ±5.0% ±3.0% 4 3～4 4 4 无明显变形及变色
强制性(必须遵循的)测试		
可燃性		
可燃性试验 睡衣 服装	 同睡衣(安全)规则 同睡衣(安全)规则 (1985 年)	 荷兰 所有睡衣的续燃时间为 10 s； 儿童睡衣为 17 s 瑞典 续燃时间多于 5 s
危险化学品		
化学成分分析 偶氮染料 甲醛含量 重金属含量 PCP(五氯酚)含量 镍排放量 CFCS、Halons、四氯化碳、甲基氯仿		 奥地利、荷兰与德国禁止几种危险胺化合物 芬兰 1. 两岁以下婴儿用纺织品：30 mg/kg； 2. 内衣：100 mg/kg； 3. 外衣：300 mg/kg； 镉含量： 瑞典　75×10^{-6}(最大值) 德国　5×10^{-6}(最大值) 欧洲　每周 $0.5\mu g/cm^2$ 瑞典　禁止四氯化碳 丹麦　禁止 ODCS

表 3-3（续）

必要的基本测试	要求	
	英国	欧盟
附加性能测试		
染色牢度测试		
摩擦/摩擦脱色		
干	4	4
湿	3	3
光照		
直接照射10小时(10AFU)/蓝标3	衬里/内衣:3级	衬里/内衣:3级
直接照射20小时(20AFU)/蓝标4	外衣:4级 泳衣:5级	外衣:4级 泳衣:5级
直接照射40小时(40AFU)/蓝标5	4	4
耐汗渍		
变色	3～4	3～4
沾色	4	4
耐水洗		
变色	3～4	3～4
沾色	4	4
耐氯		
变色	4	4
耐海水		
变色	3～4	3～4
沾色	4	4
强力测试		
胀破强度(kg/cm^2)		
织物	2.8	2.8
线缝	2.5	2.5
性能测试		
抗起球性		
起球箱试验	3～4	3～4
拒水性		
喷淋试验	4	4

3.3.3.2 欧盟生态标准及标志

欧盟国家是生态纺织品的摇篮，生态纺织品标准更是欧盟构筑技术壁垒的有效工具。纺织品生态问题已从最早以禁用染料为代表的指标体系发展到基于整个生产、消费过程的环境管理。欧盟以指令的形式发布相应的标准。随着加工技术的进步，与之相关的生态标准修订与补充十分频繁，标准也越来越严格，纺织品生态标准是发展最快的标准。各成员国依据各自国家的技术水平，制定出不低于欧盟生态标准的各自标准。主要内容一般包括以下几个方面。

① 禁止规定。可以分解为致癌芳香胺或致癌的偶氮染料、其他致癌染料、会引起绑腿过敏的醋酸纤维染料、染色中使用的有机氯载体、防火处理及抗微生物处理助剂。

② 限量规定。重金属、杀虫剂、pH、甲醛、防腐剂。

③ 色牢度等级。

④ 主要评价指标。可降解性、重金属指标、有机氯含量、生物毒性等。

我国制定的 GB/T 18885—2009《生态纺织品技术要求》、GB 18401—2010《国家纺织产品基本安全技术规范》所规定的技术要求与 Oeko-Tex Standard 100 基本一致。

欧盟为了改变生态标志的混乱局面，创立了适用于所有成员国的 Oeko-Tex 100 标志，由于该标准条件相当苛刻，所以，目前取得该标志的企业并不多，但是从发展的角度考虑，它迟早会成为环境标志的主流。

欧共体的 Oeko-Tex 100 倡导的是全生态概念，与目前大家所熟知的部分生态概念(如 Oeko-Tex Standard 100)有很大的差异。Eco-Label 的评价标准涵盖了某一产品的整个生命周期对环境可能产生的影响，如纺织产品从纤维种植或纺制、纺纱织造、前处理、染整、成衣制作乃至废弃处理的整个过程中可能对环境、生态和人类健康的危害。因此，从可持续发展的战略角度考虑，Eco-Label 是一种极具发展潜力的、更符合环保要求的生态标准，并将逐渐成为市场的主导。由于欧共体的 Eco-Label 标准以法律形式推出，在全欧盟范围内的法律地位是不容置疑的，而且其影响力也会进一步扩大。

欧洲议会 1980/2000 号法令强调欧共体 Eco-Label 标志可被授予具有在改善环境方面能作出突出贡献的产品。该法令同时规定，必须按不同的产品类别建立相应的 Eco-Label 标准。

3.4　日本市场

3.4.1　日本纺织品质检机构

日本纺织品的质量检测工作由各级检测机构质监部门按有关法令、法规、标准、标记监督控制执行。日本纺织品通过设置不同的质检机构，构成纵横交错的纺织品质量监督网络和比较完整的质量保证系统。日本纺织品检验实行工贸一体，主要由日本经济产业省检查所和近 20 个纺织行业检查协会组织承担。

(1) 经济产业省检查所

经济产业省(原通商产业省)检查所是政府办的综合性质检机构，它主要承担真丝、粘胶长丝、醋酯纤维、铜氨纤维和刺绣品等五种纺织品的出口检验。同时还承担消费者投诉、市场商品质量监督检验及纺织品标准起草、制(修)订工作，并对财团法人的检查协会在业务技术上进行指导。

(2) 财团法人的检查协会

日本目前有近 20 个纺织品财团法人的检查协会，分别是化纤、染色、针织、毛织品、缝纫、麻织品、铺垫织物、毛巾和缝纫线等。财团法人的检查协会经济独立，是不追求利润的民间组织，由经济产业省认证并监督指导。这些检测机构承担纺织品的生产厂和进出口商的委托检验，同时也参加纺织品标准的起草、制(修)订，以及试验方法和部分试验仪器的开发研究工作。财团法人检查协会主要按专业划分，但非常注重在竞争中树立信誉，技术取胜。

(3) 工业企业质检部门

工业企业(公司、生产厂)质检部门的主要任务是新产品的开发和评价，设立较完备的试验室，对纺织原料、面料、服装和装饰用品进行检验评价。日本有些公司还专门建立了考核化纤产品服用性能的试验室，可模拟人穿服装对风、雨、雪的条件下纺织品服用性能的检验。

日本纺织行业各生产厂都有自己的质检部门和检验人员，检查员由厂长推荐及检查协会认可。质量控制指标一般都高于 JIS 标准要求。

(4) 销售部门质检机构

销售部门质检机构的宗旨和任务是保证消费者利益；监督经销商品的质量；提高和树立自身的信誉和形象。起到消费者对纺织品质量要求的信息反馈作用，促进纺织品质量不断提高。销售部门的质量标准要求也高于 JIS 标准。

3.4.2　日本纺织品的检验模式

(1) 流通领域质量抽查

日本非常重视流通领域的产品质量，如日本经济产业省经常定期对企业、流通领域进行质量抽查，然后公布检查结果。

日本纺织品的高质量除了得益于严格和系统的质量保证体系外，其相关的法令、法规、标准、标记要求也很完善，对产品质量也起到重要的监督和保证作用。

(2) 内在质量检验

日本纺织品的内在质量检验项目通常有：染色牢度(如耐日光、耐洗、耐摩擦、耐汗渍等)；织物强力、尺寸变化率；抗起球性；防水性及纺织品游离甲醛含量等。日本比较重视纺织品的安全性能考核。如"日本生活协同组织联合会"(简称生协联)制定的家用纺织品质量标准及日本有关的质量检测中心对方巾、茶巾检测，不允许检出荧光增白剂；毛巾、浴巾、方巾、茶巾、毛巾被、床单、被套、枕套等对游离甲醛要求控制在 300 mg/kg 以下，台布类控制在 500 mg/kg 内；凡是经常接触皮肤的制品，以及婴幼儿制品不得进行狄氏防虫剂整理加工。

对服用性能的考核，日本标准有一定灵活性，即视产品加工工艺不同分别制定。日本对织物强力指标的考核则根据产品的使用要求而定。例如，对旅馆用每天换洗的床单等产品，只规定了经得起若干次机械洗涤。

(3) 外观质量检验

日本纺织品的外观质量检验标准比较侧重于产品的实用性能，要求从整体效应考核。如生协联制定的家用纺织品质量标准，对外观质量标准的规定为"无异常情况"而没有各种疵点的规定条文。所谓"异常情况"，就是当观察检验产品时，对不明显的色点和花位差异等疵点不作考核，只对明显影响外观的色渍、黄斑、油污、严重色差和折皱等方面进行考核与评分。

(4) 残断针检验

服装中残断针等造成消费者伤害的事件，使得日本政府以立法形式颁布消费者权益保护法规，对被检出残断针的生产者、销售者实行重罚，造成消费者伤害的也需赔偿。服装等制品中存在的残断针包括缝针、大头针等，是生产过程中管理不善造成的，日本服装进口商为避免残断针造成经济损失，不仅要求生产厂在产品出厂前进行检针，而且还专门设立检品工厂进行检针。

3.4.3　有关法规及质量要求

3.4.3.1　《消费品安全法》

日本的《消费品安全法》强调危险产品对消费者的生命要保证绝对安全，如不准销售没有安全标志的登山用绳。为了保证绝对安全，日本现有几十种商品打上 SG 标志(SG：Safety Goods)。打有 SG 标志的产品由于质量问题而造成人身伤亡，有关方面要付赔偿费。

打有 Q 标志的商品如果发生质量问题，可以直接向 Q 标志管理委员会反映。

打有 JIS 标志的产品，其加工质量则受到政府保证。在日本，标准和标志是衡量产品质量的一把尺子，其法令、法规和标准不是一成不变的，它随着新产品的开发及科技的发展，在不断补充、完善和修改，以保证其 JIS 标准的先进性、科学性和权威性。

3.4.3.2　《家庭用品品质表示法》

日本对商品上的"质量表示"非常重视。所谓"质量表示"，即指包装商标上的标识与商品的实际质量必须相符，否则即判定为不合格产品。

日本的《家庭用品品质表示法》规定，在日本市场流通领域的纺织品，必须标出纤维类别、缩水率、耐燃程度、尺寸大小和洗涤方法，对成衣要用图示标出水洗温度、手洗程度、干燥和洗涤方法等，同时还要标明产地及经销商名称。

3.4.3.3 有害物质的限量

日本法规规定纺织品中有害物质的限量如表 3-4 所示。

表 3-4 日本法规规定纺织品中有毒物质的限量

有害物质	产　　品	要　　求
APO、TBDPP、BDBPP	睡衣、窗帘、地毯、床上用品	气相色谱仪检测不出
三丁基锡及其他有机锡化合物	尿布、围嘴、内衣、手套、袜子	原子吸收分光光度计在 286 nm 处检测不出
狄氏（防虫蛀）剂、DTTP（防虫蛀）剂	睡衣、窗帘、地毯、尿布、围嘴、内衣、手套、袜子、床上用品	气相色谱仪检测，含量不超过 30 mg/kg
甲醛	婴幼儿用品、内衣、手套、袜子等	婴幼儿 A—Ao:0.05 以下（相同于 15 mg/kg～20 mg/kg）；其他产品：不超过 75 mg/kg
有机汞化合物	尿布、围嘴、内衣、手套、袜子	原子吸收分光光度计，含量不超过 1 mg/kg

3.4.3.4 消防法令

日本的消防法令针对公共场所必须使用防火物质制定有关规定，其中与纺织品有关的内容如表 3-5 所示。

表 3-5 日本消防法令针对公共场所必须使用防火物质的规定

产　　品	要　　求
窗帘（薄料/厚料）、幕布	续燃时间 3 s～5 s 以下；阴燃时间 5 s～20 s 以下；损毁面积 30 cm^2/40 cm^2 以下
地毯	续燃时间 20 s 以下；损毁长度 10 cm 以下
床上用品	非熔融面料的损毁长度最大不超过 70 mm；熔融面料的接焰次数平均 3 次以上；填充絮料的损毁长度最大为 120 mm，平均为 100 mm
服装	损毁长度最大为 254 mm，平均为 178 mm
家具覆盖物	损毁长度最大为 70 mm，平均为 50 mm

3.4.3.5 《有害物质管制法》

日本的《有害物质管制法》规定，家庭用品（含纺织品及针织品）不得含有对人体有害的物质成分，若超过设定的标准，则不得进口。根据日本法令规定，织标及缝线不能对皮肤造成物理性刺激，衣物内不得夹入缝针、大头针等异物；用可燃性纤维制作的成品必须符合阻燃标准，不得因静电、火花等造成烧伤事故。否则根据日本《产品责任法》规定，一旦因服装成品缺陷造成的伤害事故，只要证明制品缺陷与事故有因果关系，不论制造商是否有过失，受害者均可申请赔偿。

3.4.3.6 非正当赠品或非正当标示货品的法规

日本的《非正当赠品或非正当标示货品流通防止法》及关税法第六条规定，货品在日本市场流通销售时，必须标示实际产地的名称，禁止进口标示非实际产地名称或标示不易辨认产地的货品。

3.4.3.7　包装质量的要求

日本对包装质量的要求不亚于服装本身。在日本，包装是商品质量的重要组成部分，包装上的质量问题像商品的缺陷一样令人无法接受。日本颁布并强调推行《回收条例》、《废弃物清除条件修正案》等，日本市场上的所有商品（包括从国外进口的纺织品），其包装容器（如纸箱等）上必须清楚标明该包装容器是否可以回收再利用。

3.4.4　日本对进口纺织品的品质要求

日本的消费者以"极端挑剔"闻名，日本的消费者对于服装品质已经到了近乎苛求的程度，因而日本贸易商对于服饰品的品质要求亦非常苛刻。现在的日本纺织品市场中，大约有七成以上的产品是由中国生产的，进口的商品价格大都聚集在中低价位，而这些货品在进入日本时，贸易商会有一套严格的产品质量标准作为审核的依据，一般可分为日本工业标准（JISL）、产品责任法（P/L）与产品品质标准判定等三种规范，我国相关企业对此应有所了解。现将标准概述如下。

3.4.4.1　JISL法规（日本工业标准）

此法规规定了纺织品品质检测的各种标准及方法，有详细的安全性和功能性标准。例如：JISL0217条例中就对关于洗涤图标、警告用语、规格尺码、组成表示和原产地等规定的内容要求都有明确说明。

3.4.4.2　P/L法（Product Liability），即产品责任法

① 因产品的制造不良而对消费者造成生命或财产损失时，该制造商应对此负责。

② 当产品自身损坏时，对他人或物品未造成损害，则不予追究。

③ 因产品的制造或生产不良而引发的事故对消费者产生损害时，在得到证实后，制造业者应予以赔偿。

④ 在产品质量不良方面：设计上的问题，如材料、规格、加工等问题；制造过程中的问题，如因残留物造成伤害或甲醛的残留对皮肤造成的损伤等；标示不清问题，如因尚未注明注意事项及警告用语提醒消费者而造成消费者对此产品不了解所造成的伤害。

3.4.4.3　产品质量标准判定

日本销售商，一般可分为大型百货公司（大丸、三越、ISETAN等），量贩店（ITOYOKADO、UNY、CROSSPLUS等）、连锁专卖店（Fast Retailing等）、邮购商（CECILE、NISSEN等）和直接提供销售商货源的商社（AIC、伊藤忠等）。一般销售商会根据法规和日本消费者对于商品的质量情况所投诉的各种问题，反映至上游制造业，敦促企业反复进行产品更新或将优良率提升至一定的水准。在质量标准方面，一般会针对各类纺织品或服饰品，分别从物理性质、染色坚牢度、产品规格、安全性、产品外观、缝制等几个方面对其进行检测。内容主要有：

① 染色牢度：耐光色牢度、耐水洗、耐摩擦、干洗、升华、耐氯等。

② 物理性质：尺寸变化、缩水率、拉伸强力、破裂强度、杨氏系数、抗起毛球、绒毛保持、防水、亲水性、防皱等。

③ 特殊功能性质：吸湿快干、抗菌防臭、抗紫外线、远红外保暖性、形态安定等。

④ 规格指针：成分、密度、支数等。

⑤ 安全性指针：甲醛含量、药剂残留量、pH、燃烧性等。

⑥ 缝制及外观、吊牌、洗涤标识内容等。

在这些商社或公司从中国进口纺织服饰品时，都会订立一整套的质量检测标准，而且要求生产商在指定的质量检测机构（如检品公司）取得合格认证或授权后才允许在日本境内上市销售。

日本市场的纺织品质量标准与欧美相似，但多数指标甚至稍高于欧美。日本几乎不允许商品有缺陷，不接受质量低劣或有缺陷的商品。因此，出口日本的商品由于质量不符合要求而退货及索赔的情况时有发生。

3.5　其他目标市场

3.5.1　韩国

自 2003 年以来，韩国已成为我国针织品出口的第五大目标市场，从生产工艺到产品质量要求与日本基本一致。其差异类同于我国与日本的差异。

表 3-6 列出了韩国针织品主要技术指标要求。

表 3-6　韩国针织品主要技术指标要求

项　　目	要　　求
外观质量	无染斑、无针洞、无污渍
缝制要求	不允许有断线、飞缝； 一线缝：13 针/英寸； 二线缝：10 针/英寸
主吊牌内容	公分号、型号、制品尺寸、纤维含量、制造者名或省略代码
胀破强度	长内衣：≥350 kPa；其他≥400 kPa
非纤维含量	2%以下
pH	6～8
甲醛	不高于 75×10^{-6}
水洗尺寸变化率	汗布：≤±7%；罗纹及其他：≤±10%
色牢度	
洗涤变色 摩擦变色 汗渍变色	4 级以上 3 级以上 3 级以上
色差	基本一致

3.5.2　澳大利亚与加拿大

澳大利亚针织产品技术标准与欧盟标准基本一致，如表 3-7 所示。其与我国的差异请参阅本章欧盟市场部分。

加拿大市场受北美自由贸易区的影响，其执行的标准与美国市场一致，部分指标如表 3-7 所示。其与我国的差异请参阅本章美国市场部分。

表 3-7　澳大利亚、加拿大市场的质量标准

强制性(必须遵循的)测试		
必要的基本测试	要求	
	澳大利亚	加拿大
纤维标签		
纤维分析		
单纤含量	—	无误差
多纤含量	—	±3%
标签		
尺寸稳定性		
a) 水洗直、横向	±5.0%	洗 3 或 5 次后±5.0%
b) 干洗直、横向	±2.5%	±3.0%
染色牢度		
水洗变色	4	4
变色	3～4	3
干洗变色	4	4
氯漂变色	4	4
服装外观		
水洗或干洗后变化	无明显变形及变色	无明显变形及变色
平整度等级	3.5	3.5
强制性(必须遵循的)测试		
可燃性		
可燃性试验		同美国儿童睡衣规则
儿童睡衣	基于 AS/NZS1249 要求	平纹织物续燃时间多于 3.5 s;
服装		起绒织物多于 7 s
危险化学品		
化学成分分析	同欧盟相关标准	同美国相关标准
附加性能测试		
染色牢度测试		
摩擦/摩擦脱色 干		
湿	4	4
光照	3	3
直接照射 10 h(10AFU)/3 级光标准	衬里/内衣 3 级	衬里/内衣 3 级
直接照射 20 h(20AFU)/4 级光标准	外衣 4 级	外衣 4 级
直接照射 40 h(40AFU)/5 级光标准	泳衣 5 级	泳衣 5 级
耐汗渍		
变色	4	4
沾色	3～4	3
耐水		
变色	4	4
沾色	3～4	3

表 3-7（续）

强制性(必须遵循的)测试		
必要的基本测试	要求	
	澳大利亚	加拿大
耐氯		
变色	4	4
沾色	—	3
耐海水		
变色	4	4
沾色	3～4	3
强力测试		
胀破强度(kg/cm^2)		
织物	2.8	2.8
线缝	2.5	2.5
性能测试		
抗起球性		
随机转鼓试验	3～4	3～4
起球箱试验	3～4	—
拒水性		
喷淋试验	4	90

3.5.3　其他市场

俄罗斯。前苏联的技术标准体系不仅健全、完善，而且具有相当的先进性，它代表了一种不同于西方国家的标准体系。但是，随着前苏联的解体，原有的标准体系被打乱。为适应市场经济的变化，俄罗斯正在加紧修订标准，在质量与标准要求方面正在逐步与国际接轨。目前已开始推行 ISO 9000 认证，生态纺织品标准也已颁布并被确定为俄罗斯国家标准。

阿联酋、新加坡等国家。它们的贸易形式突出表现为转口贸易，其执行的标准体系将受各方面因素的制约。对此，在交易合同中必须明确产品的质量要求。

第4章　出口商品应注意的问题与达到目标市场要求的建议

4.1　专利问题

4.1.1　申请国外专利问题

选择申请专利的种类。各国对专利的种类的规定不尽相同，世界上绝大多数国家均有发明、外观设计专利两种，而德国、巴西、西班牙、日本、意大利、波兰、葡萄牙、韩国、菲律宾、加入非洲知识产权组织的一些国家等则有发明、实用新型和外观设计三种。一般说来，实行实用新型法律保护制度的国家，其有关法律规定保护的实用新型，其创造性要求较低、保护期限较短（与我国基本相同）、交费较少。

要充分利用专利合作条约申请国外专利。专利合作条约对专利申请的受理和审查标准作了国际性统一规定，在成员国的范围内，申请人只要使用一种规定的语言在一个国家提交一件国际申请，在申请中指定要取得专利保护的国家，就产生了分别向各国提交了国家专利申请的效力，条约规定的申请程序简化了申请人就同样内容的发明向多国申请专利的手续，也减少了各国专利局的重复劳动。

4.1.2　对专利权的合理限制

各国由于社会、经济、技术等方面发展不同，有些专利权人不愿意在专利授权国实施其专利，这时专利授权国就要进行干预。

不能将使用免费专利技术（过期专利或未在国内申请的专利）的此类产品出口到已取得专利权并仍在专利保护期内的国家和地区。

4.2　民族习惯与文化问题

4.2.1　美国

美国人的衣着，可以说是自由严谨两分明。人们日常穿着是自由自在、无拘无束，全凭自己的爱好。夹克衫、运动衫、牛仔服随处可见，甚至穿着泳装也可以走上街头。牛仔服最能反映美国人的特征。

另一方面，在一些正式场合，美国人的衣着又非常严谨，如上班或从事商务活动时，男士都穿较深颜色的西装，打领带，给人一种沉稳可靠的印象。女士穿套裙，颜色多为深蓝色、灰色或大红色。

在美国，素雅洁净的颜色受人喜欢，如象牙色、浅绿色、浅蓝色、黄色、粉红色、浅黄褐色。但很难指出那些属于特别高级的色彩。很多心理学家的调查表明：纯色系色彩比较受欢迎；明亮、鲜艳的颜色比灰暗的颜色受欢迎。在服装颜色方面，在美国南部，女人喜欢蓝色系；新英格兰人由于皮肤红润，所以喜欢购买适合自己皮肤颜色的衣服。在得克萨斯州，圣诞节过后买淡茶色物品的人就会增加起来。

忌“13”；讨厌蝙蝠，认为它凶神恶煞。

4.2.2 日本

进入日本的商品颜色忌黑白相间色、绿色、深灰色和紫色。鲜花忌送菊花、荷花，也忌送仙客来、山茶花以及白色、淡黄色花。动物图案忌獾和狐等。

4.2.3 欧盟

欧盟是由欧洲共同体(European Communities)发展而来的，是一个集政治实体和经济实体于一身，在世界上具有重要影响的区域一体化组织。

① 德国：由于德国是一个消费水平高，购买力强，具有吸引力的市场，所以外商只有提供有竞争力的商品，并配之以长期的销售战略，才能在德国市场站稳脚跟。德国青年也喜爱国际流行式样及时装，但他们更偏重保守，而且生产资料、消费品的包装要求不能对环境有害。同其他西方国家一样，德国人对"13"也很忌讳；红色在德国表示凶兆。

② 英国：英国人讲究穿戴，穿着要因时而异。忌用人像做服饰图案或商品的包装；忌大象、孔雀、猫头鹰等图案商标。

③ 法国：法国人对衣着十分讲究，购物时只追求"物美"而不是"价廉"，以避免给人留下"爱买便宜货"的印象。忌讳"13"；忌黑桃图案(不吉利)、仙鹤(淫妇的代名词)、大象(蠢汉)。

④ 意大利：意大利人注意个人之间的关系，交易上虽然是公司对公司，但都是以个人对个人的关系为基础的。因此，同对方处理好个人关系是生意成功的决定因素之一。他们对自然界的动物有着浓厚的兴趣，喜爱动物图案、鸟的图案。尤其是对狗和猫异常偏爱。意大利人喜欢绿色和灰色，忌紫色，也忌仕女像、十字花图案；红玫瑰表示对女性的一片温情；忌"13"和星期五；菊花代表哀伤。

⑤ 西班牙：西班牙人在经营方面态度非常积极。谈判时，出面磋商的人也具备绝对的决定权，所以商务谈判我方也必须派遣相当的人员前往洽谈，否则，他们将不予理睬。西班牙人历来就喜欢黑色。喜欢狮子、鹰、花卉、石榴，而不喜欢山水、亭台、楼阁。西班牙人把石榴看作是富贵、吉祥的象征。忌"13"和星期五。

4.2.4 南美

① 阿根廷：阿根廷人经常以服装判断人，服装就是他们据以做"人物评价"的基准。服装颜色不可以是灰色，阿根廷人认为灰色不开朗，令人有阴郁感，因此不受欢迎。不可以衬衫、领带之类贴身之物作为礼品。

② 巴西：巴西人以棕色为凶丧之色，紫色表示悲伤，黄色表示绝望。紫色配黄色认为是患病的预兆。还认为深咖啡色会招来不幸。

③ 秘鲁：紫色平时禁用；人们喜欢红、黄、绿色，也喜欢向日葵图案。

④ 智利：忌讳 13 和星期五；他们不喜欢黑色和紫色，不喜欢菊花。

4.2.5 东盟贸易自由区

① 马来西亚：马来西亚人喜欢穿天然纤维做成的衣服。在服饰上，男子习惯着传统的民族服装，其上衣无领，头戴无边帽。马来人忌穿黄色服装，认为黄色象征死亡；忌 0、4、13 等数字。

② 泰国：泰国人喜爱红、黄色，禁忌褐色。习惯用颜色表示不同日期，星期日为红色，星期一为黄色，星期二为粉红色，星期三为绿色，星期四为橙色，星期五为淡蓝色，星期六为紫红色。居民常按不同

日期,穿着不同色彩的服装。过去白色用于丧事,现在改为黑色。泰国的国旗由红、白、蓝三色构成。红色代表民族和象征各族人民的力量与献身精神。白色代表宗教,象征宗教的纯洁。泰国是君主立宪国家,蓝色代表王室。蓝色居中象征王室在各族人民和纯洁的宗教之中。

③ 新加坡:新加坡人视紫色、黑色为不吉利,黑、白、黄为禁忌色,一般红、绿、蓝色很受欢迎;禁止使用宗教词语和象征性标志;反对使用如来佛的形态和侧面像;喜欢红双喜、大象、蝙蝠图案;数字禁忌4、7、8、13、37和69。

4.2.6 中东地区

① 阿联酋:禁穿有星星图案的衣服;忌以猪、十字架,六角形作图案;喜爱羚羊;喜爱棕色、深蓝色;禁忌粉红、黄、紫色。

② 沙特阿拉伯:沙特阿拉伯人崇尚白色(纯洁)、绿色(生命),而忌用黄色(死亡);忌用猪和熊猫、十字架、六角星等作图案;

③ 土耳其:在土耳其应慎用绿三角,绿三角是免费用品的标志。土耳其人喜爱绿色、白色和绯红色;禁忌紫色和黄色,因为黄色标志着死亡;在布置房间、客厅时,绝对禁忌用花色,因为民间一向认为花色是凶兆,是禁色;禁忌吃猪肉,忌把猪、猫、熊猫作图案。

④ 伊拉克:伊拉克人忌讳蓝色;禁忌以猪、熊猫、六角星做图案;3、13为禁忌数字。

4.2.7 非洲

① 埃及:忌讳黑色与蓝色;禁穿有星星图案的衣服,即便是有星星图案的包装纸也不受欢迎;埃及人喜欢金字塔型莲花图案;禁忌猪、狗、猫、熊;忌讳13,认为它是消极的;3、5、7、9是人们喜爱的数字。

② 利比亚:忌讳黑色,喜爱绿色;猫、猪、女性人体均属禁忌的图案。

4.2.8 其他国家和地区

① 俄罗斯:俄罗斯人对颜色很讲究,认为红色表示吉祥和美丽,黑色表示肃穆和不祥,白色表示纯洁和温柔,绿色表示和平和希望,粉红色表示青春,蓝色表示忠诚和信任,黄色表示幸福、和谐,紫色表示威严和高贵。俄罗斯人忌讳"13",喜欢"7";

② 加拿大:加拿大人在禁忌上与欧洲人有很多相同之处。

③ 澳大利亚:忌讳数字"13";讨厌兔子图案,喜欢袋鼠、琴鸟、金合欢花图案;忌送菊花、杜鹃花和黄颜色的花。

4.3 绿色消费

为顺应绿色消费的趋势,我国的纺织企业必须注意以下问题。

4.3.1 绿色技术标准

发达国家在保护环境的名义下,凭借其经济、技术的垄断优势,通过立法手段制订出严格的强制性技术标准,限制国外商品进口。由于这些标准都是根据发达国家生产和技术水平制订的,所以对于发展中国家来说,由于受技术水平的影响,存在一定的难度。这种貌似公正、实则不平等的技术标准,势必导致发展中国家产品被排斥在发达国家市场之外。1995年4月,由发达国家控制的国际标准化组织开始实施《国际环境监查标准制度》，要求产品达到 ISO 9000 系列质量标准体系。欧盟启动 ISO 14000 的环境管理系统，要求进入欧盟国家的产品从生产前到制造、销售、使用以及最后的处理阶段都要达到规定的技术标准。此外，欧盟 1998 年制订了一个 ASOUN9000 标准，规定更加全面。目前已有不少国家意识到，仅靠对产品本身污染的末端控制已不适应实际需要，于是纷纷制订了有关产品加工过程和加工方法必须符合特定环境要求的 PPM(Processing & Product Method)标推。在乌拉圭回合签订的《技术贸易壁垒协议》中，对 PPM 的境外实施做出了突破性的规定，即如果这种 PPM 标准影响产品功能，进口国有权限制不符合本国 PPM 标准的产品进口。

4.3.2　绿色包装制度

绿色包装制度就是要求进口商品包装节约能源、用后易回收或再利用、易于自然分解、不污染环境、保护环境资源和消费者健康要求的法律、规章。根据这一原则，发达国家相继采取措施，制订了含有环保措施的关于包装的法律、法规和技术标准，主要有以下几种：

① 制订绿色包装的法律、法规。许多发达国家通过实施法律、法规要求进口的产品包装及其废弃物的处理应遵守该国的法律、法规；

② 规定使用某些包装材料，为了保护本国的资源、农作物、建筑物、水源和森林，防止因包装物中的病虫害、细菌、微生物等造成危害，许多国家对包装物做出限制、严格检验和处理规定。限制使用不能再生或不能分解的塑料；

③ 征收各项原材料费、产品包装费和废物处理费。为推动“绿色包装”的进一步发展，德国 1992 年 6 月公布《德国包装废弃物处理的法令》；奥地利 1993 年 10 月开始实行新包装法规；英国制订了包装材料重新使用的计划，要求 2000 年前使包装废弃物的 50％～70％重新使用；日本也分别于 1991、1992 年颁布并强制推行《回收条例》、《废弃物清除条件修正案》；美国规定了废弃物处理的减量、重复利用、再生、焚化、填埋 5 项优先顺序指标。这些“绿色包装”法规，虽然有利于环境保护，但却为发达国家制造“绿色壁垒”提供了可能。

4.4　市场准入环境要求

虽然配额取消为我国纺织业带来了新的发展机遇，但来自欧美等发达国家的种种更加严格的市场准入要求正在成为我国纺织品进入国际市场的新障碍。可以肯定目前限制我国纺织品出口的措施决不会随着配额的取消而消失，发达国家绝不会主动向我国出让市场空间，国际纺织品贸易环境不会立即发生根本性变化，出于地区性的利益和贸易保护主义，进口国通过“反倾销政策”“技术贸易壁垒”“保障措施”“原产地规则”“区域经济一体化过程中形成的实质性歧视和壁垒”等手段，还可能会对我国纺织品贸易提出各种更加苛刻市场准入的条件，从而对我国针织品出口带来严峻的挑战。

4.5　其他问题

4.5.1　特保措施

根据 WTO《纺织品服装协议》约定，2005 年 1 月 1 日，延续了 30 多年的全球纺织品配额制度将全面废除。中国纺织工业的国际竞争力在除掉“配额”拦路虎后突显出来，国际专家普遍认为中国对美国和欧盟的出口将获得巨大增长，尤其是针织品和服装的出口激增。但是要密切注意的是美国可能起用“特保措施”。“特保措施”源于中国在加入 WTO 时签定的一些特别限制条款。按其规定，WTO 成员有权以“造成市场混乱”为由，对原产于中国的纺织品和服装进口采取临时限制措施；其中，纺织品的进口增幅不得高于最近 12 个月水平的 7.5%（羊毛产品增幅的 6%）。采用“特保措施”有时间限制，一般为期一年。美国的临时性措施形式可能是提高进口关税或将关税与全球配额结合起来使用，来限制中国纺织品的出口优势。而且 WTO 其他成员，也会仿效美国采取限制我国纺织品出口的措施。所以，企业需要密切关注本企业和原产于中国的同类产品在进口国的平均数量和价格走势，避免出现过度竞争、摊薄利润的局面。同时更加注意加强企业自身的竞争力，提高品质，争取在国际市场上做大、做强。

4.5.2　信用证结汇中的问题

信用证是国际贸易中使用最广泛的支付方式，同时也被认为是相当保险的结汇方式。但是近十几年的发展中，我国的许多出口企业对信用证的认识不深，由于使用信用证不慎而产生的损失时有发生，导致信用证失去其本质的意义。面对这种情况，我们要更好的认识信用证，做好信用证风险的防范。信用证常见风险主要有：

① 开证行的资信差，或是资信不高。开证机构为非银行机构。

② 进口商伪造信用证修改书。

③ 进口商修改信用证意思不明确，造成出口方误解。

④ “软条款”/“陷阱条款”。

⑤ 假客检证书。

⑥ 伪造保兑信用证。

⑦ 转让信用证下的风险。

⑧ 信用证密押或签字不符，使其无法生效。

4.5.3　授权生产

目前我国纺织产品出口多为贴牌加工，通用的做法是国际品牌商与生产企业签定授权证书，将企业列为自己的合格供应商。同时要求企业必须按照该品牌商的要求组织生产和出货。企业如果违反品牌商的约定，随意生产或分包，将可能导致授权生产资格被取消，客户不仅取消定单，甚至会要求企业赔偿损失。

4.5.4　企业社会责任

自 20 世纪 80 年代开始，欧美等发达国家开始兴起企业社会责任运动，它包括了对环保、劳工和人权的要求等，并以此引导消费者的关注焦点从单纯的关心产品质量转向产品质量、环境、职业健康和劳动保障等社会责任等诸多方面。通过“购买权力”要求企业承担社会责任，改善企业的劳工待遇和对环境的保护等问题。同时，一些绿色和平、环保、社会责任和人权等非政府组织以及舆论也不断呼吁，要求社会责任与贸易挂钩。迫于上述压力和自身的发展需求，很多欧美公司纷纷制定可以对社会做出必要承诺的责任守则（包括社会责任）或通过认证（包括：环境、职业健康、社会责任）的方式来应对不同利益团体的需要。

近些年来，随着劳动密集型企业迅速向发展中国家转移，跨国公司（零售商）在全球采购和定点采购时，往往通过“验厂”的方式对供货方的生产能力、规模条件及安全生产是否满足要求进行判定。一些行业、地区乃至全球性的行业组织和非政府组织也制定了各自的守则。据国际劳工组织 ILO 统计，这样的守则已经超过 400 个。

在众多的企业社会责任守则中，与纺织、服装企业有关并具有一定影响力的是“WRAP”，其认证属自愿性的。WRAP是“全球负责任服装组织”的英文缩写，它是由美国服装和鞋袜协会（AAFA）倡导组成的一个世界性的中性组织，目前有十多个国家的近千家服装企业参加，我国已有30多个企业参加到WRAP行列。WRAP的目的是独立督察及验证企业生产设施是否符合对社会负责任的全球性的标准原则，并确保缝制产品是在合法、人道的情况下生产。凡是自愿接受WRAP认证计划评鉴的企业均要符合WRAP原则标准，并可获得WRAP的证书。

WRAP原则包括：符合法令及工作时间规定、禁止强制劳动、禁止雇佣童工、禁止滋扰或虐待劳工、符合薪酬与福利规定、符合工作时间规定、禁止歧视、符合健康与安全标准、保障结社的自由、符合环境管理要求、符合海关规定、防止转运毒品等方面。

4.6　对立法和强制性标准的制定要引起足够的重视

根据ISO/IEC指南2中对强制性标准（Mandatory Standard）的定义，强制性标准的强制性是由法规或技术法规赋予的，如欧盟关于公制和英制的使用问题，是由欧盟19511法令明确规定的。对此，我国也必须加强技术性法规的立法工作，不能完全以强制性标准替代法规。

4.7　面对“绿色壁垒”的对策

面对由于绿色消费潮流而引发的发达国家的绿色壁垒，我国的纺织企业最根本、最有效也最有益于可持续发展的措施就是以积极的态度去迎接挑战，变阻力为动力，抓住时机采取一系列的策略，开拓国际绿色市场，在竞争中求生存。

4.7.1　加强环境保护意识

“我们共同生活在一个地球上，每一个人都要保护她”。在这一问题上，世界各国已达成共识。纺织生产的环保化是我国纺织工业必须认真考虑的问题。生产的环保化包括原料、染化料、加工工艺的选用及产品的质量、档次和废弃后的处理、再利用等多方面的内容。在加工方面，染整工序将起关键作用。我国一些针织企业还在使用不符合规定的染料和助剂；一些针织企业的污水处理还存在着不少问题；绿色纺织品、环保纺织品的意识还需加强。

4.7.2　改进商品包装

纺织产品的包装也是出口面临的一个主要问题。我国纺织企业要想避免其他国家以包装不符合要求来限制我国纺织产品的出口必须首先在包装材料方面要符合环保要求。这就要求企业要积极开发以植物为包装材料的技术，避免使用含有毒性的材料，尽可能使用循环再生材料以及选用同一种包装材料。在包装设计方面要突出环保气息。在包装设计之前，设计者必须调查国际市场对环保包装的具体要求，例如进口国有关环保包装的法规，消费者环保消费观念的强度、绿色组织活动、环保包装发展趋势等，以便在包装设计时充分考虑这些因素。

4.7.3　生态环保加工

生态环保加工将是应对绿色壁垒、扩大我国针织产品国际市场份额的最有效的途径之一，同时也是我国纺织生产走向国际亟待解决的最大难题之一。

生态环保加工主要源于生态品的概念，它有四个层面的含义：

① 纺织品的原料生产或种植是生态环保的。

② 纺织品生产过程处理是生态环保的。

③ 纺织成品有害物质含量极低，对消费者无害无刺激。

④ 纺织品废弃物处理要符合环保。

从国际上看，做好生态环保工作目前也只是侧重于生产过程生态标准和产品生态标准的把握和运作。

应该看到，国际上最通用的最直接的就是设立生态纺织品的生态标准，又称"绿色标签"或"生态标签"，我国要及时研究、制订形成自己的生态标准体系。

4.8　品牌战略

经济全球化和产品同质化的时代潮流刺激品牌之战越演越烈。我国纺织服装出口中自有品牌的占有率不到 10%，针织更少；赚取的只是制造加工环节的微薄利润。从长远目标看，我们要走高端纺织、品牌纺织、科技纺织、时尚纺织之路。因此，要集中力量实施新一轮品牌战略，要充分利用品牌资源，实现优势互补，支持重点企业在新产品设计、技术创新、关键人才等方面转换体制和机制，全方位进入市场，打造新的品牌形象，最终赢得客户，赢得市场。对于有资金实力的大企业，一方面可在国外适宜的地点设厂，打造全球供应链；另一方面，可探索介入国外营销网络，开发自有品牌。

品牌运作的主体是企业，要集中力量将保留下来的品牌运作好；要引入专门化的品牌资产管理理念和做法，建立以顾客为基础的品牌资产管理体系；要进一步研究业内的品牌资源，在不断整合、发展的基础上实现共享。

4.9　提高产品的附加值

产品质量是产品竞争力的基本保障，企业必须做好质量控制与管理工作。不仅需要优化加工工艺、降低成本、提升质量，更需要企业注重具有自主知识产权的新工艺、新技术、新产品的研究与开发。依据市场对纺织服装的需求，应注重开发功能型、智能型纺织产品。同时，在新产品开发过程中，不但要紧跟市场，而且要注重开发、引导消费市场。

4.10　我国生态纺织品应对措施

我国目前大多数企业在生产加工过程中，对于生态、环保的意识才刚刚建立，基于财力、成本、技术能力、环保大氛围等多方因素影响，如果没有外在的压力和要求，自觉自愿性还远远不够。因此为了纺织产业的健康发展，提高产品质量，提高在国际市场的竞争能力，同时为保护环境、造福人类，就要积极跟上国际市场发展的大趋势，研究应对技术发展的新概念，才能真正发展和振兴我国的纺织产业。我们应努力做好以下几方面工作：

① 建立与国际接轨的生态标准系统。

政府管理部门应与质量技术监督部门协作，就欧盟等国实施的生态纺织标签制度，提出科学的应对政策建议。如：建立健全我国的纺织品生态标准系统，确定执行的相应机构和授权认证程序、取证的优势等，以在生态标签认证的制度大环境氛围方面尽快与国际接轨。

② 加强标准化建设的力度。

积极参与国际标准制定，加大力度支持重要技术标准的研究如：有害物质含量标准、产品阻燃标准，产品对消费者安全性保护标准，促使标准与科研、开发、设计、制造相结合，加快国外先进标准向国内标准转化。

③ 鼓励企业进行认证。

鼓励企业进行ISO质量体系认证、生产认证、环保生态认证等，引导企业将环保和安全理念贯穿于产品的设计、原材料、生产、加工整理的整个生产链条中，严格质控，从而提升我国纺织企业产品的国际市场竞争力。

④ 关注国际市场的变化和发展趋势。

从长远利益出发，加大宣传力度，加强交流与合作，及时了解国际组织在纺织品服装领域"绿色壁垒"的新动向，并且在有条件的基础上积极申请国际承认的纺织品服装生态标签，如Oeke-tex 100标签和欧盟生态标签(Eco-label)。

⑤ 建立和完善纺织行业的技术性贸易壁垒预警机制。

我国应建立和完善纺织品技术性贸易壁垒预警机制，设立收集、咨询和管理技术性贸易壁垒信息的专门机构，加强对发达国家和主要贸易伙伴国家技术标准、技术法规、标准政策和内容的研究，避免陷入技术性贸易壁垒的陷阱。

在经济全球化的今天，面对来势汹涌的绿色浪潮，我国纺织品行业要有足够的敏锐性和前瞻性，要充分地认识到简单的数量增长不是中国纺织品出口追求的目标，提高产品技术含量、发展生态纺织才是我们的发展方向。建立健全我国的纺织品生态标准系统，完善纺织行业的技术性贸易壁垒预警机制，是我们纺织业在国际市场发展的重要前提，对促进我国纺织业的真正发展具有重大意义。

第二部分　纺织及纺织相关家具国家/行业标准选编

棉 本 色 布

1 范围

本标准规定了棉本色布的产品分类、要求、布面疵点的评分、试验方法、检验规则和标志、包装。

本标准适用于有梭织机、无梭织机生产的棉本色布。

本标准不适用于提花、割绒类织物及特种用布。

2 规范性引用文件

下列文件中的条款通过本标准的引用而成为本标准的条款。凡是注日期的引用文件,其随后所有的修改单(不包括勘误的内容)或修订版均不适用于本标准,然而,鼓励根据本标准达成协议的各方研究是否可使用这些文件的最新版本。凡是不注日期的引用文件,其最新版本适用于本标准。

GB/T 3923.1 纺织品 织物拉伸性能 第1部分:断裂强力和断裂伸长的测定 条样法

GB/T 4666 机织物长度的测定

GB/T 4667 机织物幅宽的测定

GB/T 4668 机织物密度的测定

GB/T 8170 数值修约规则

FZ/T 10004 棉及化纤纯纺、混纺本色布检验规则

FZ/T 10006 棉及化纤纯纺、混纺本色布棉结杂质疵点格率检验

FZ/T 10009 棉及化纤纯纺、混纺本色布标志与包装

FZ/T 10013.2 温度与回潮率对棉及化纤纯纺、混纺制品断裂强力的修正方法 本色布断裂强力的修正方法

3 分类

棉本色布的产品品种、规格分类,根据用户需要,由生产部门按附录A制定。

4 要求

4.1 项目

棉本色布要求分为内在质量和外观质量两个方面,内在质量包括织物组织、幅宽、密度、断裂强力、棉结杂质疵点格率、棉结疵点格率六项,外观质量为布面疵点一项。

4.2 分等规定

4.2.1 棉本色布的品等分为优等品、一等品、二等品,低于二等品为等外品。

4.2.2 棉本色布的评等以匹为单位,织物组织、幅宽、布面疵点按匹评等,密度、断裂强力、棉结杂质疵点格率、棉结疵点格率按批评等,以其中最低一项品等作为该匹布的品等。

4.2.3 分等规定见表1、表2和表3。

表 1　分等规定

项　　目	标　　准	允　许　偏　差		
		优等品	一等品	二等品
织物组织	设计规定要求	符合设计要求	符合设计要求	不符合设计要求
幅宽/cm	产品规格	+1.2% −1.0%	+1.5% −1.0%	+2.0% −1.5%
密度/(根/10 cm)	产品规格	经密−1.2% 纬密−1.0%	经密−1.5% 纬密−1.0%	经密超过−1.5% 纬密超过−1.0%
断裂强力/N	按断裂强力 公式计算	经向　−6% 纬向　−6%	经向　−8% 纬向　−8%	经向超过　−8% 纬向超过　−8%
注：当幅宽偏差超过 1.0%时，经密允许偏差范围为−2.0%。				

表 2　棉结杂质疵点格率、棉结疵点格率规定

织物分类		织物总紧度/%	棉结杂质疵点格率/% 不大于		棉结疵点格率/% 不大于	
			优等品	一等品	优等品	一等品
精梳织物		70 以下	14	16	3	8
		70～85 以下	15	18	4	10
		85～95 以下	16	20	4	11
		95 及以上	18	22	6	12
半精梳织物		—	24	30	6	15
非精梳织物	细织物	65 以下	22	30	6	15
		65～75 以下	25	35	6	18
		75 及以上	28	38	7	20
	中粗织物	70 以下	28	38	7	20
		70～80 以下	30	42	8	21
		80 及以上	32	45	9	23
	粗织物	70 以下	32	45	9	23
		70～80 以下	36	50	10	25
		80 及以上	40	52	10	27
	全线或半线织物	90 以下	28	36	6	19
		90 及以上	30	40	7	20
注 1：棉结杂质疵点格率、棉结疵点格率超过表 2 规定降到二等为止。 注 2：棉本色布按经、纬纱平均线密度分类：特细织物：10 tex 以下（60^s 以上）；细织物：10 tex～20 tex（60^s～29^s）；中粗织物：21 tex～29 tex（28^s～20^s）；粗织物：32 tex 及以上（18^s 及以下）。						

表 3 布面疵点评分限度

平均分每平方米

优 等	一 等	二 等
0.2	0.3	0.6

4.2.4 长度、幅宽、经纬向密度应保证成包后符合表 1 规定。

4.2.5 布面疵点评等规定

4.2.5.1 每匹布允许总评分按式(1)计算：

$$A=a\cdot L\cdot W \qquad \cdots\cdots(1)$$

式中：

A——每匹允许总评分，单位为分每匹；

a——每平方米允许评分数，单位为分每平方米(分/m^2)；

L——匹长，单位为米(m)；

W——幅宽，单位为米(m)。

计算至一位小数，按 GB/T 8170 修约成整数。

4.2.5.2 一匹布中所有疵点评分加合累计超过允许总评分为降等品。

4.2.5.3 1 m 内严重疵点评 4 分为降等品。

4.2.5.4 每百米内不允许有超过 3 个不可修织的评 4 分的疵点。

5 布面疵点的评分

5.1 布面疵点的检验

5.1.1 检验时布面上的照明光度为 400 lx±100 lx。

5.1.2 布面疵点评分以布的正面为准，平纹织物和山形斜纹织物，以交班印一面为正面，斜纹织物中纱织物以左斜(↖)为正面，线织物以右斜(↗)为正面，破损性疵点以严重一面为正面。

5.2 布面疵点评分规定

见表 4。

表 4 布面疵点评分规定

疵点分类		评分数			
		1	2	3	4
经向明显疵点		8 cm 及以下	8 cm 以上～16 cm	16 cm 以上～50 cm	50 cm 以上～100 cm
纬向明显疵点		8 cm 及以下	8 cm 以上～16 cm	16 cm 以上～50 cm	50 cm 以上
横档		—	—	半幅及以下	半幅以上
严重疵点	根数评分	—	—	3 根	4 根及以上
	长度评分	—	—	1 cm 以下	1 cm 及以上

注 1：布面疵点具体内容见附录 B、疵点名称说明见附录 C。

注 2：严重疵点在根数和长度评分矛盾时，从严评分。

注 3：不影响后道质量的横档疵点评分，由供需双方协定。

5.3 1 m 中累计评分

1 m 中累计评分最多评 4 分。

5.4 布面疵点的量计

5.4.1 疵点长度以经向或纬向最大长度量计。

5.4.2 经向明显疵点及严重疵点，长度超过 1 m 的，其超过部分按表 4 再行评分。

5.4.3 在一条内断续发生的疵点，在经(纬)向8 cm内有两个及以上的，则按连续长度评分。

5.4.4 共断或并列(包括正反面)是包括1根或2根好纱，隔3根以上的不作共断或并列(斜纹、缎纹织物以间隔一个完全组织及以内作共断或并列处理)。

5.5 疵点评分的说明

5.5.1 疵点的评分起点和规定

5.5.1.1 有两种疵点混合在一起，以严重一项评分。

5.5.1.2 边组织及距边1 cm内的疵点(包括边组织)不评分，但毛边、拖纱、猫耳朵、凹边、烂边、豁边、深油锈疵及评4分的破洞、跳花要评分，如疵点延伸在距边1 cm以外时应加合评分。无梭织造布布边，绞边的毛须伸出长度规定为0.3 cm～0.8 cm。边组织有特殊要求的则按要求评分。

5.5.1.3 布面拖纱长1 cm以上每根评2分，布边拖纱长2 cm以上的每根评1分(一进一出作一根计)。

5.5.1.4 0.3 cm以下的杂物每个评1分，0.3 cm及以上杂物和金属杂物(包括瓷器)评4分(测量杂物粗度)。

5.5.2 加工坯中疵点的评分

5.5.2.1 水渍、污渍、不影响组织的浆斑不评分。

5.5.2.2 漂白坯中的筘路、筘穿错、密路、拆痕、云织减半评分。

5.5.2.3 印花坯中的星跳、密路、条干不匀、双经减半评分，筘路、筘穿错、长条影、浅油疵、单根双纬、云织、轻微针路、煤灰纱、花经、花纬不评分。

5.5.2.4 杂色坯不洗油的浅色油疵和油花纱不评分。

5.5.2.5 深色坯油疵、油花纱、煤灰纱、不褪色色疵不洗不评分。

5.5.2.6 加工坯距布头5 cm内的疵点不评分(但六大疵点应开剪)。

5.5.3 对疵点处理的规定

5.5.3.1 0.5 cm以上的豁边，1 cm及以上的破洞、烂边、稀弄，不对接轧梭，2 cm以上的跳花等六大疵点，应在织布厂剪去。

5.5.3.2 金属杂物织入，应在织布厂挑除。

5.5.3.3 凡在织布厂能修好的疵点应修好后出厂。

5.5.4 假开剪和拼件的规定

5.5.4.1 假开剪的疵点应是评为4分或3分不可修织的疵点，假开剪后各段布都应是一等品。

5.5.4.2 凡用户允许假开剪或拼件的，可实行假开剪和拼件。假开剪和拼件按二联匹不允许超过两处、三联匹及以上不允许超过三处。

5.5.4.3 假开剪和拼件率合计不允许超过20%，其中拼件率不得超过10%。另有规定按双方协议执行。

5.5.4.4 假开剪布应作明显标记。假开剪布应另行成包，包内附假开剪段长记录单，外包注明“假开剪”字样。

6 试验方法

6.1 试验条件

6.1.1 各项试验应在各方法标准规定的标准条件下进行。

6.1.2 快速试验：由于生产需要，要求迅速检验产品的质量，可采用快速试验的方法。快速试验可以在接近车间温湿度条件下进行，但试验地点的温湿度应保持稳定，按附录D、附录E执行。

6.2 长度测定

按GB/T 4666执行。

6.3 幅宽测定

按 GB/T 4667 执行。

6.4 密度测定

按 GB/T 4668 执行。

6.5 断裂强力测定

按 GB/T 3923.1 执行。

6.6 棉结杂质疵点格率检验

按 FZ/T 10006 执行。

7 检验规则

按 FZ/T 10004 执行。

8 标志、包装

按 FZ/T 10009 执行。

9 其他

用户对产品有特殊要求者，可由供需双方另订协议。

附　录　A
（资料性附录）
棉本色布技术条件制定规定

A.1　棉本色布的组织规格，根据产品的不同用途或用户要求进行设计。

A.2　棉本色布产品品种的分类，以织物的组织为依据，如组织相同的织物，则以织物总紧度、经纬向紧度及其比例进行分类。棉本色布一般分为平布、府绸、斜纹、哔叽、华达呢、卡其、直贡、横贡、麻纱、绒布坯等类别。

A.2.1　棉本色布产品品种分类见表 A.1。

表 A.1　棉本色布产品品种分类

<table>
<tr><th rowspan="2">分类名称</th><th rowspan="2">布 面 风 格</th><th rowspan="2">织物组织</th><th colspan="5">结 构 特 征</th></tr>
<tr><th colspan="2">总紧度/
%</th><th>经向紧度/
%</th><th>纬向紧度/
%</th><th>经纬向
紧度比例
≈</th></tr>
<tr><td>平布</td><td>经纬向密度比较接近，布面平整</td><td>$\frac{1}{1}$</td><td colspan="2">60～80</td><td>35～60</td><td>35～60</td><td>1∶1</td></tr>
<tr><td>府绸</td><td>高经密、低纬密，布面经纱浮点呈颗粒状</td><td>$\frac{1}{1}$</td><td colspan="2">75～90</td><td>61～80</td><td>35～50</td><td>5∶3</td></tr>
<tr><td>斜纹</td><td>布面呈斜纹，纹路较细</td><td>$\frac{2}{1}$</td><td colspan="2">75～90</td><td>60～80</td><td>40～55</td><td>3∶2</td></tr>
<tr><td rowspan="2">哔叽</td><td rowspan="2">经、纬纱紧度比较接近，总紧度小于华达呢，斜纹纹路接近 45°，质地柔软</td><td rowspan="2">$\frac{2}{2}$</td><td>纱</td><td>85 以下</td><td rowspan="2">55～70</td><td rowspan="2">45～55</td><td rowspan="2">6∶5</td></tr>
<tr><td>线</td><td>90 以下</td></tr>
<tr><td rowspan="2">华达呢</td><td rowspan="2">高经密、低纬密，总紧度大于哔叽，小于卡其，质地厚实而不发硬，斜纹纹路接近 63°</td><td rowspan="2">$\frac{2}{2}$</td><td>纱</td><td>85～90</td><td rowspan="2">75～95</td><td rowspan="2">45～55</td><td rowspan="2">2∶1</td></tr>
<tr><td>线</td><td>90～97</td></tr>
<tr><td rowspan="4">卡其</td><td rowspan="4">高经密、低纬密，总紧度大于华达呢，布身硬挺厚实，单面卡其斜纹纹路粗壮而明显</td><td rowspan="2">$\frac{3}{1}$</td><td>纱</td><td>85 以上</td><td rowspan="4">80～110</td><td rowspan="4">45～60</td><td rowspan="4">2∶1</td></tr>
<tr><td>线</td><td>90 以上</td></tr>
<tr><td rowspan="2">$\frac{2}{2}$</td><td>纱</td><td>90 以上</td></tr>
<tr><td>线</td><td>97 以上（10×2 tex 及以下为 95 以上）</td></tr>
<tr><td>直贡</td><td>高经密织物，布身厚实或柔软（羽绸），布面平滑匀整</td><td>$\frac{5}{3}$、$\frac{5}{2}$
经面缎纹
（飞数竖数）</td><td colspan="2">80 以上</td><td>65～100</td><td>45～55</td><td>3∶2</td></tr>
<tr><td>横贡</td><td>高纬密织物，布身柔软，光滑似绸</td><td>$\frac{5}{3}$、$\frac{5}{2}$
纬面缎纹
（飞数横数）</td><td colspan="2">80 以上</td><td>45～55</td><td>65～80</td><td>2∶3</td></tr>
<tr><td>麻纱</td><td>布面呈挺直条纹路，布身爽挺似麻</td><td>$\frac{2}{1}$纬重平</td><td colspan="2">60 以上</td><td>40～55</td><td>45～55</td><td>1∶1</td></tr>
<tr><td>绒布坯</td><td>经纬纱特数差异大，纬纱捻度少，质地松软</td><td>平纹、斜纹组织</td><td colspan="2">60～85</td><td>30～50</td><td>40～70</td><td>2∶3</td></tr>
</table>

A.2.2 织物紧度按式(A.1)～式(A.3)计算：

$$E_Z = E_T + E_W - \frac{E_T \times E_W}{100} \quad \cdots\cdots(A.1)$$

$$E_T = 0.037\sqrt{T_T} \times P_T \quad \cdots\cdots(A.2)$$

$$E_W = 0.037\sqrt{T_W} \times P_W \quad \cdots\cdots(A.3)$$

式中：

E_Z——织物的总紧度，%；

E_T——织物的经向紧度，%；

E_W——织物的纬向紧度，%；

P_T——织物的经纱密度，单位为根每10厘米(根/10 cm)；

P_W——织物的纬纱密度，单位为根每10厘米(根/10 cm)；

T_T——经纱线密度，单位为特克斯(tex)；

T_W——纬纱线密度，单位为特克斯(tex)；

0.037——织物纱线直径系数。

织物经、纬向紧度和总紧度计算取一位小数。在取K值时，经、纬向紧度按GB/T 8170修约为整数。

A.2.3 棉纱、线线密度换算

A.2.3.1 棉纱、线线密度是以1 000 m纱线在公定回潮率(8.5%)时的重量(g)表示。

A.2.3.2 线密度按式(A.4)计算：

$$线密度 = \frac{590.5}{英制支数} \times \frac{100+8.5}{100+9.89} = \frac{583.1}{英制支数} \quad \cdots\cdots(A.4)$$

A.3 棉本色布的技术条件

A.3.1 匹长

A.3.1.1 织物的匹长，以米为单位，取一位小数。

A.3.1.2 公称匹长为工厂设计的标准匹长。

A.3.1.3 规定匹长为叠布后的成包匹长。

A.3.1.4 规定匹长按式(A.5)计算：

$$规定匹长 = 公称匹长 + 加放布长 \quad \cdots\cdots(A.5)$$

加放布长包括加放在折幅和布端的，为保证棉布成包后不短于公称匹长。

A.3.2 幅宽

A.3.2.1 织物幅宽以0.5 cm或整数为单位。其公英制换算的小数取舍：0.26以下舍去；0.26～0.75取0.5；0.75以上取1。

A.3.2.2 公称幅宽为工艺设计的标准幅宽。

A.3.3 经、纬纱线密度

A.3.3.1 织物经、纬纱线密度用公制表示。如需要公英制同时标出时，公制线密度在前，英制线密度在后并加括号，例如：29/29($20^s \times 20^s$)。

A.3.3.2 新品种设计中，织物经、纬纱线密度应根据GB/T 398技术要求中规定的公称线密度系列选择。

A.3.4 经、纬纱密度

A.3.4.1 织物的经、纬纱密度以10 cm内经、纬纱根数表示。在英制折算公制时，不足0.5根的舍去，超过0.5根不足1根的作0.5根计。

A.3.4.2 设计新品种时，经、纬纱密度以0.5根或整数为单位，经、纬纱密度的选择要能够体现不同品种的特色。

A.3.5　总经根数

A.3.5.1　织物总经根数按式(A.6)计算：

$$总经根数=经纱密度\times\frac{标准幅宽}{10}+边纱根数\left(1-\frac{地组织每筘穿入经纱根数}{边组织每筘穿入经纱根数}\right) \qquad\cdots\cdots(A.6)$$

A.3.5.2　计算总经根数时，小数不计取整数。如穿筘穿不尽时，应增加根数至穿尽为止。尾数是单数，每筘穿两根时，则加一根；尾数是一根(或两根)，而每筘穿四根时，则加三根(或两根)。

A.3.5.3　织物的边纱根数见表A.2。

表A.2　织物边纱根数的规定

织物名称	127 cm以下				127 cm及以上	
	12 tex及以下	13 tex～15 tex	16 tex～19.5 tex	20 tex及以上	12 tex及以下	12 tex以上
平纹织物	64	48	32	24	64	48
府绸、哔叽、斜纹	—	—	—	—	—	—
华达呢、卡其	64	48	48	48	64	48
直　贡	80	80	80	64	80	64
横　贡	72	72	64	64	—	—
注1：拉绒坯布每档再加8根，麻纱织物在平纹织物的基础上，每档再增加16根。 注2：上述规定的边纱根数，仅作计算总经根数时参考。						

A.3.6　筘号

A.3.6.1　筘号以10 cm内的筘片数表示，取一位小数，按GB/T 8170修约为整数。筘号在56号～240号范围内。

A.3.6.2　筘号按式(A.7)计算：

$$筘号=\frac{经纱密度}{每筘穿入经纱根数}\times(1-纬纱织缩率) \qquad\cdots\cdots(A.7)$$

A.3.6.3　英制筘号与公制筘号的换算按式(A.8)、式(A.9)计算：

$$公制筘号=\frac{英制筘号}{2\times2.54}\times10 \qquad\cdots\cdots(A.8)$$

$$英制筘号=\frac{公制筘号\times2.54}{10}\times2 \qquad\cdots\cdots(A.9)$$

公英制筘号换算后的小数取舍：0.30及以下舍去；0.31～0.69取0.5；0.70及以上取1。

A.3.7　筘幅计算

筘幅按式(A.10)计算：

$$筘幅=\frac{总经根数-边纱根数\times\left(1-\dfrac{地组织每筘穿入经纱根数}{边组织每筘穿入经纱根数}\right)}{地组织每筘穿入经纱根数\times筘号}\times10 \qquad\cdots\cdots(A.10)$$

在两边应增加适当数量的余筘。筘幅以厘米表示，计算至0.01。

A.3.8　经纬纱织缩率计算

A.3.8.1　经纱织缩率按式(A.11)、式(A.12)计算：

$$经纱织缩率=\frac{浆纱墨印长度-成包前整理后棉布长度}{浆纱墨印长度}\times100 \qquad\cdots\cdots(A.11)$$

$$成包前整理后棉布墨印长度=测量的每折幅长度\times折幅数+头尾实测长度 \qquad\cdots\cdots(A.12)$$

A.3.8.2　纬纱织缩率按式(A.13)计算：

$$纬纱织缩率=\frac{筘幅-标准幅宽}{筘幅}\times100 \qquad\cdots\cdots(A.13)$$

A.3.8.3 经纬纱织缩率以百分率表示，计算至 0.01。

A.3.9 织物断裂强力计算

A.3.9.1 织物的断裂强力以 5 cm×20 cm 布条的断裂强力(N)表示。

A.3.9.2 织物断裂强力按式(A.14)计算：

$$Q=\frac{P_0\times N\times K\times T_t}{2\times 100} \qquad \cdots\cdots(\text{A.14})$$

式中：

Q——织物断裂强力，单位为牛顿(N)；

P_0——单根纱线一等品断裂强度，单位为厘牛每特克斯(cN/tex)；

N——织物中纱线标准密度，单位为根每 10 厘米(根/10 cm)；

K——织物中纱线强力的利用系数；

T_t——纱线线密度，单位为特克斯(tex)。

计算的小数不计，取整数。

A.3.9.3 织物中纱线强力利用系数 K 值见表 A.3。

表 A.3 纱线强力利用系数

织物组织		经向		纬向		
		紧度/%	K	紧度/%	K	
平布	粗特	37～55	1.06～1.15	35～50	1.06～1.21	
	中特	37～55	1.01～1.10	35～50	1.03～1.18	
	细特	37～55	0.98～1.07	35～50	1.03～1.18	
纱府绸	中特	62～70	1.05～1.13	33～45	1.06～1.18	
	细特	62～75	1.13～1.26	33～45	1.06～1.18	
线府绸		62～70	1.00～1.08	33～45	1.03～1.15	
哔叽、斜纹	粗特	55～75	1.06～1.26	40～60	1.00～1.20	
	中特及以上	55～75	1.01～1.21	40～60	1.00～1.20	
	线	55～75	0.96～1.12	40～60	1.00～1.20	
华达呢、卡其	粗特	80～90	1.27～1.37	40～60	1.00～1.20	
	中特及以上	80～90	1.20～1.30	40～60	0.96～1.16	
	线	90～110	1.13～1.23	40～60	粗特	1.00～1.20
					中特及以上	0.96～1.16
直贡	纱	65～80	1.08～1.23	45～55	0.93～1.03	
	线	65～80	0.98～1.13	45～55	0.93～1.03	
横贡		44～52	1.02～1.10	70～77	1.18～1.25	

注 1：紧度在表定紧度范围内时，K 值按比例增减；小于表定紧度范围时，则按比例减小。如大于表定紧度范围时，则按最大的 K 值计算。

注 2：表内未规定的股线，按相应单纱线密度取 K 值(例如 14×2 按 28 tex 取 K 值)。

注 3：麻纱按照平布，绒布坯根据其织物组织取 K 值。

注 4：纱线按粗细程度分为特细、细特、中特、粗特四档：特细：10 tex 以下(60^{s} 以上)；细特：10 tex～20 tex(60^{s}～29^{s})；中特：21 tex～29 tex(28^{s}～20^{s}) 粗特：32 tex 及以上(18^{s} 及以下)。

附 录 B
（规范性附录）
各类布面疵点的具体内容

B.1 经向明显疵点

竹节、粗经、错线密度、综穿错、筘路、筘穿错、多股经、双经、并线松紧、松经、紧经、吊经、经缩波纹、断经、断疵、沉纱、星跳、跳纱、棉球、结头、边撑疵、拖纱、修正不良、错纤维、油渍、油经、锈经、锈渍、不褪色色经、不褪色色渍、水渍、污渍、浆斑、布开花、油花纱、猫耳朵、凹边、烂边、花经、长条影、极光、针路、磨痕、绞边不良。

B.2 纬向明显疵点

错纬(包括粗、细、紧、松)、条干不匀、脱纬、双纬、纬缩、毛边、云织、杂物织入、花纬、油纬、锈纬、不褪色色纬、煤灰纱、百脚、开车经缩(印)。

B.3 横档

拆痕、稀纬、密路。

B.4 严重疵点

破洞、豁边、跳花、稀弄、经缩浪纹(三楞起算)、并列 3 根吊经、松经(包括隔开 1 根～2 根好纱的)、不对接轧梭、1cm 及以上烂边、金属杂物织入、影响组织的浆斑、霉斑、损伤布底的修正不良、经向 8cm 内整幅中满 10 个结头或边撑疵。

B.5 经向疵点及纬向疵点中，有些疵点是这两类共同性的，如竹节、跳纱等，在分类中只列入经向疵点一类，如在纬向出现时，应按纬向疵点评分。

B.6 如在布面上出现上述未包括的疵点，按相似疵点评分。

附 录 C
（规范性附录）
疵点名称的说明

C.1 竹节：纱线上短片段的粗节。

C.2 粗经：直经偏粗长 5 cm 及以上的经纱织入布内。

C.3 错线密度：线密度用错工艺标准。

C.4 综穿错：没有按工艺要求穿综，而造成布面组织错乱。

C.5 筘路：织物经向呈现条状稀密不匀。

C.6 筘穿错：没有按工艺要求穿筘，造成布面上经纱排列不匀。

C.7 多股经：两根以上单纱合股者。

C.8 双经：单纱（线）织物中有两根经纱并列织入。

C.9 并线松紧：单纱加捻为股线时张力不匀。

C.10 松经：部分经纱张力松弛织入布内。

C.11 紧经：部分经纱捻度过大。

C.12 吊经：部分经纱在织物中张力过大。

C.13 经缩波纹：部分经纱受意外张力后松弛，使织物表面呈波纹状起伏不平。

C.14 断经：织物内经纱断缺。

C.15 断疵：经纱断头纱尾织入布内。

C.16 沉纱：由于提综不良，造成经纱浮在布面。

C.17 星跳：1 根经纱或纬纱跳过 2 根～4 根形成星点状的。

C.18 跳纱：1 根～2 根经纱或纬纱跳过 5 根及以上的。

C.19 棉球：纱线上的纤维呈球状。

C.20 结头：影响后工序质量的结头。

C.21 边撑疵：边撑或刺毛辊使织物中纱线起毛或轧断。

C.22 拖纱：拖在布面或布边上的未剪去纱头。

C.23 修正不良：布面被刮起毛，起皱不平，经、纬纱交叉不匀或只修不整。

C.24 错纤维：异纤维纱线织入。

C.25 油渍：织物沾油后留下的痕迹。

C.26 油经：经纱沾油后留下的痕迹。

C.27 锈经：被锈渍沾污的经纱痕迹。

C.28 锈渍：织物沾锈后留下的痕迹。

C.29 不褪色色经：被沾污而洗不清的有色经纱。

C.30 不褪色色渍：被沾污洗不清的污渍。

C.31 水渍：织物沾水后留下的痕迹。

C.32 污渍：织物沾污后留下的痕迹。

C.33 浆斑：浆块附着布面影响织物组织。

C.34 布开花：异纤维或色纤维混入纱线中织入布内。

C.35 油花纱：在纺纱过程中沾污油渍的纤维附入纱线。

C.36 猫耳朵：凸出布边 0.5 cm 及以上。

C.37 凹边：凹进布面 0.5 cm 及以上。

C.38 烂边：边组织内单断纬纱，一处断 3 根及以上的。

C.39　花经：由于配棉成分变化，使布面色泽不同。

C.40　长条影：由于不同批次纱的混入或其他因素，造成布面经向间隔的条痕。

C.41　极光：由于机械造成布面摩擦而留下的痕迹。

C.42　针路：由于点啄式断纬自停装置不良，造成经向密集的针痕。

C.43　磨痕：布面经向形成一直条的痕迹。

C.44　绞边不良：因绞边装置不良或绞边纱张力不匀，造成2根及以上绞边纱不交织或交织不良。

C.45　错纬：直径偏粗、偏细长5cm及以上的纬纱、紧捻、松捻纱织入布内。

C.46　条干不匀：指叠起来看前后都能与正常纱线明显划分得开的较差的纬纱条干。

C.47　脱纬：一梭口内有3根及以上的纬纱织入布内(包括连续双纬和长5cm及以上的纬缩)。

C.48　双纬：单纬织物一梭口内有两根纬纱织入布内。

C.49　纬缩：纬纱扭结织入布内或起圈现于布面(包括经纱起圈及松纬缩三楞起算)。

C.50　毛边：由于边剪作用不良或其他原因，使纬纱不正常被带入织物内(包括距边5cm以下的双纬和脱纬)。

C.51　云织：纬纱密度稀密相间呈规律性的段稀段密。

C.52　杂物：飞花、回丝、油花、皮质、木质、金属(包括瓷器)等杂物织入。

C.53　花纬：由于配棉成分或陈旧的纬纱，使布面色泽不同，且有1个～2个分界线。

C.54　油纬：纬纱沾油或被污染。

C.55　锈纬：被锈渍沾污的纬纱痕迹。

C.56　不褪色色纬：被沾污而洗不净的有色纬纱。

C.57　煤灰纱：被空气中煤灰污染的纱(单层检验为准，对深色油卡)。

C.58　百脚：斜纹或缎纹织物一个完全组织内缺1根～2根纬纱(包括多头百脚)。

C.59　开车经缩(印)：开车时部分经纱受意外张力后松弛，使织物表面呈现块状或条状的起伏不平开车痕迹。

C.60　拆痕：拆布后布面上留下的起毛痕迹和布面揩浆抹水。

C.61　稀纬：经向1 cm内少2根纬纱(横贡织物稀纬少2根作1根计)。

C.62　密路：经向0.5 cm内纬密多25%以上(纬纱紧度40%以下多20%及以上的)。

C.63　破洞：3根及以上经纬纱共断或单断经、纬纱(包括隔开1根～2根好纱的)，经纬纱起圈高出布面0.3 cm，反面形似破洞。

C.64　豁边：边组织内3根及以上经、纬纱共断或单断经纱(包括隔开1根～2根好纱)。双边纱2根作1根计，3根及以上的有1根算1根。

C.65　跳花：3根及以上的经、纬纱相互脱离组织，包括隔开一个完全组织。

C.66　稀弄：纬密少于工艺标准较大，呈“弄”现象。

C.67　不对接轧梭：轧梭后的经纱未经对接。

C.68　霉斑：受潮后布面出现霉点(斑)。

附 录 D
（资料性附录）
用于快速测定织物断裂强力的修正

D.1 在常规试验及工厂内部质量控制检验时，可用在普通大气条件下进行快速试验，然后按标准温度和回潮率的办法进行换算修正，但检验地点的温湿度应保持稳定。

D.2 断裂强力修正见式(D.1)：

修正后的断裂强力(N) = 实测断裂强力(N)×强力修正系数 …………(D.1)

D.3 棉本色布断裂强力的修正系数按 FZ/T 10013.2 执行。

附　录　E
（资料性附录）
检　验　规　定

E.1　常规试验及内部品质控制检验

在常规试验及工厂内部品质控制检验时，可在普通大气条件下进行快速试验。

E.2　分批规定

E.2.1　以同一品种整理车间的一班或一昼夜三班的生产入库数量为一批，以一昼夜三班为一批的，如逢单班时，则并入邻近一批计算；两班生产的，则以两班为一批。

E.2.2　如一昼夜三班入库数量不满 300 匹时，可累计满 300 匹为一批，但一周累计仍不满 300 匹时，则应以每周为一批（品种翻改时不受此限）。

E.2.3　分批定时经确定，不得在取样后加以变更。

E.3　分批检验、按批评等的项目

棉布物理指标、棉结杂质和棉结分批检验、按批评等。

E.4　评等依据

物理指标、棉结杂质和棉结检验以一次检验结果为评等依据。

E.5　筘号或纬密牙轮用错的处理

经、纬密度因个别机台的筘号或纬密牙轮用错，造成经、纬密度不符合规格的，该个别机台所生产的布匹，如确能划分清楚的，可将这部分布匹剔除出来作降等处理，但该批布仍应重新取样检验定等。如划不清楚并超过允许公差范围的，应全批降等。

E.6　检验周期

物理指标、棉结杂质每批检验一次，质量稳定时，也可延长检验周期，但每周至少检验一次。如遇原料及工艺变动较大或物理指标及棉结杂质降等时，应立即进行逐批检验，直至连续三批合格后，方可恢复原定检验周期。

E.7　取样数量

检验布样在每批棉本色布经整理后、成包前的布匹中随机取样，取样数量不少于总匹数的 0.5%，最少不得少于 3 匹。

E.8　检验方法

E.8.1　棉布长度检验

采取折叠好的布匹，每 1 折为 1 m，先量折幅，然后数折数，并用钢板尺测量其余不足 1 m 的实际长度，精确至 0.01 m（以检验者指定的一边为准），不足 0.01 m 的不计。

棉布长度按式（E.1）计算：

$$L=l_1\times a+l_2 \qquad \cdots\cdots\cdots\cdots(\text{E.1})$$

式中：

L——每段棉布的匹长或段长，单位为米(m)；

l_1——实际折幅长度，单位为米(m)；

a——折数；

l_2——不足 1 m 的实际长度，单位为米(m)。

折幅长度的测量应将布平摊在平台上进行，用钢板尺在距布的头尾各 5 m 范围内，均匀地测量 5 个折幅(联匹布加倍)的上下两页(距边 5 cm～10 cm)，以测得的 10 个数字的算术平均值，作为该匹布的实际折幅长度，测量精确至 0.1 cm，平均数字计算精确至 0.01 cm，按 GB/T 8170 修约为 0.1 cm。

E.8.2 棉布幅宽检验

棉布幅宽检验应按匹检验，采用折叠好的布匹，将布平摊在平台上，用钢板尺均匀测量 5 处，但距布的头尾不小于 2 m，并以测得数字的算术平均值作为该匹布的幅宽平均数，计算精确至 0.01 cm，按 GB/T 8170 修约为 0.1 cm。

E.8.3 棉布密度检验

棉布密度检验应按批检验，检验密度一般用移动式织物密度镜在布匹(距布的头尾不少于 5 m)的中间部位进行。当织物密度在 100 根以下时应检验 10 cm 内的经纱或纬纱根数。织物密度在 100 根及以上时可检验 5 cm 内的经纱或纬纱根数，将结果乘 2 即得所测织物密度。检验经密应在每匹的全幅上同一纬向不同位置检验 5 处(其中 2 处应在距离布边 3 cm 处)，检验纬密应在每匹不同的 5 个位置。幅宽在 110 cm 及以下的棉布可每匹查经密 3 处、纬密 4 处，然后分别求出算术平均值。点数经纱或纬纱根数时，须精确至 0.5 根，经纬密的点数起讫点均以 2 根纱线间空隙的中间为标准，终点位于最后 1 根纱线上，不足 0.25 根的不计，0.25 根～0.75 根作 0.5 根计，0.75 根以上作 1 根计。密度计算精确至 0.01 根，然后按 GB/T 8170 修约为 0.1 根。在测定经密时，应同时在该处测定布幅，记录数字精确至 0.1 cm。

E.9 长度、幅宽、经纬向密度的成包要求

长度、幅宽、经纬向密度应保证成包后符合标准规定。

参 考 文 献

[1] GB/T 398 棉本色纱线

纺织品 甲醛的测定 第1部分：游离和水解的甲醛(水萃取法)

警告：使用GB/T 2912本部分的人员应有正规实验室工作的实践经验。本部分并未指出所有可能的安全问题。使用者有责任采取适当的安全和健康措施，并保证国家有关法规规定的条件。

1 范围

GB/T 2912的本部分规定了通过水萃取及部分水解作用的游离甲醛含量的测定方法。

本部分适用于任何形式的纺织品。

本部分适用于游离甲醛含量为20 mg/kg到3 500 mg/kg之间的纺织品。检出限为20 mg/kg。低于检出限的结果报告为“未检出”。

2 规范性引用文件

下列文件中的条款通过GB/T 2912的本部分的引用而成为本部分的条款。凡是注日期的引用文件，其随后所有的修改单(不包括勘误的内容)或修订版均不适用于本部分。然而，鼓励根据本部分达成协议的各方研究是否可使用这些文件的最新版本。凡是不注日期的引用文件，其最新版本适用于本部分。

GB/T 6529 纺织品 调湿和试验用标准大气(GB/T 6529—2008,ISO 139:2005,MOD)

GB/T 6682 分析实验室用水规格和试验方法(GB/T 6682—2008,ISO 3696:1987,MOD)

GB/T 11415 实验室烧结(多孔)过滤器 孔径、分级和牌号(GB/T 11415—1989，ISO 4793:1980,NEQ)

3 原理

试样在40 ℃的水浴中萃取一定时间，萃取液用乙酰丙酮显色后，在412 nm波长下，用分光光度计测定显色液中甲醛的吸光度，对照标准甲醛工作曲线，计算出样品中游离甲醛的含量。

4 试剂

所有试剂均为分析纯。

4.1 蒸馏水或三级水

符合GB/T 6682的规定。

4.2 乙酰丙酮试剂(纳氏试剂)

在1 000 mL容量瓶中加入150 g乙酸铵，用800 mL水溶解，然后加3 mL冰乙酸和2 mL乙酰丙酮，用水稀释至刻度，用棕色瓶储存。

注：储存开始12 h颜色逐渐变深，为此，用前必须储存12 h，有效期为6周。经长时期储存后其灵敏度会稍起变化，故每星期应作一校正曲线与标准曲线校对为妥。

4.3 甲醛溶液

浓度约37%(质量浓度)。

4.4 双甲酮的乙醇溶液

1 g双甲酮(二甲基-二羟基-间苯二酚或5,5-二甲基环己烷-1,3-二酮)用乙醇溶解并稀释至100 mL。现用现配。

5 设备和器具

5.1 50 mL,250 mL,500 mL,1 000 mL 容量瓶。

5.2 250 mL 碘量瓶或具塞三角烧瓶。

5.3 1 mL,5 mL,10 mL,25 mL 和 30 mL 单标移液管及 5 mL 刻度移液管。

注：可以使用与手动移液管同样精度的自动移液器。

5.4 10 mL,50 mL 量筒。

5.5 分光光度计(波长 412 nm)。

5.6 具塞试管及试管架。

5.7 恒温水浴锅,(40±2)℃。

5.8 2 号玻璃漏斗式滤器(符合 GB/T 11415 的规定)。

5.9 天平,精度为 0.1 mg。

6 甲醛标准溶液和标准曲线的制备

6.1 约 1 500 μg/mL 甲醛原液的制备

用水(4.1)稀释 3.8 mL 甲醛溶液(4.3)至 1 L,用标准方法测定甲醛原液浓度(见附录 A 或附录 B)。记录该标准原液的精确浓度。该原液用以制备标准稀释液,有效期为四周。

6.2 稀释

相当于 1 g 样品中加入 100 mL 水,样品中甲醛的含量等于标准曲线上对应的甲醛浓度的 100 倍。

6.2.1 标准溶液(S2)的制备

吸取 10 mL 甲醛溶液(6.1)放入容量瓶(5.1)中用水稀释至 200 mL,此溶液含甲醛 75 mg/L。

6.2.2 校正溶液的制备

根据标准溶液(S2)制备校正溶液。在 500 mL 容量瓶中用水稀释下列所示溶液中至少 5 种浓度：

1 mL S2 至 500 mL,含 0.15 μg 甲醛/mL=15 mg 甲醛/kg 织物

2 mL S2 至 500 mL,含 0.30 μg 甲醛/mL=30 mg 甲醛/kg 织物

5 mL S2 至 500 mL,含 0.75 μg 甲醛/mL=75 mg 甲醛/kg 织物

10 mL S2 至 500 mL,含 1.50 μg 甲醛/mL=150 mg 甲醛/kg 织物

15 mL S2 至 500 mL,含 2.25 μg 甲醛/mL=225 mg 甲醛/kg 织物

20 mL S2 至 500 mL,含 3.00 μg 甲醛/mL=300 mg 甲醛/kg 织物

30 mL S2 至 500 mL,含 4.50 μg 甲醛/mL=450 mg 甲醛/kg 织物

40 mL S2 至 500 mL,含 6.00 μg 甲醛/mL=600 mg 甲醛/kg 织物

计算工作曲线 $y=a+bx$,此曲线用于所有测量数值,如果试样中甲醛含量高于 500 mg/kg,稀释样品溶液。

注：若要使校正溶液中的甲醛浓度和织物试验溶液中的浓度相同,必须进行双重稀释。如果每千克织物中含有 20 mg 甲醛,用 100 mL 水萃取 1.00 g 样品溶液中含有 20 μg 甲醛,以此类推,则 1 mL 试验溶液中的甲醛含量为 0.2 μg。

7 试样制备

样品不进行调湿,预调湿可能影响样品中的甲醛含量。测试前样品密封保存。

注：可以把样品放入一聚乙烯袋里储藏,外包铝箔,其理由是这样储藏可预防甲醛通过袋子的气孔散发。此外,如果直接接触,催化剂及其他留在整理过的未清洗织物上的化合物和铝发生反应。

从样品上取两块试样剪碎,称取 1 g,精确至 10 mg。如果甲醛含量过低,增加试样量至 2.5 g,以获得满意的精度。

将每个试样放入 250 mL 的碘量瓶或具塞三角烧瓶(5.2)中,加 100 mL 水,盖紧盖子,放入(40±2)℃水浴中的振荡(60±5)min,用过滤器(5.8)过滤至另一碘量瓶或三角烧瓶中,供分析用。

若出现异议,采用调湿后的试样质量计算校正系数,校正试样的质量。

从样品上剪取试样后立即称量,按照 GB/T 6529 进行调湿后再称量,用二次称量值计算校正系数,然后用校正系数计算出试样校正质量。

8 步骤

8.1 用单标移液管(5.3)吸取 5 mL 过滤后的样品溶液放入一试管(5.6),及各吸取 5 mL 标准甲醛溶液(6.2.2)分别放入试管(5.6)中,分别加 5 mL 乙酰丙酮溶液(4.2),摇动。

8.2 首先把试管放在(40±2)℃水浴中显色(30±5)min,然后取出,常温下避光冷却(30±5)min,用 5 mL蒸馏水加等体积的乙酰丙酮作空白对照,用 10 mm 的吸收池在分光光度计 412 nm 波长处测定吸光度。

8.3 若预期从织物上萃取的甲醛含量超过 500 mg/kg,或试验采用 5∶5 比例,计算结果超过 500 mg/kg时,稀释萃取液使之吸光度在工作曲线的范围内(在计算结果时,要考虑稀释因素)。

8.4 如果样品的溶液颜色偏深,则取 5 mL 样品溶液放入另一试管,加 5 mL 水,按上述操作。用水作空白对照。

8.5 做两个平行试验。

注:将已显现出的黄色暴露于阳光下一定的时间会造成褪色,因此在测定过程中应避免在强烈阳光下操作。

8.6 如果怀疑吸光值不是来自甲醛而是由样品溶液的颜色产生的,用双甲酮进行一次确认试验(8.7)。

注:双甲酮与甲醛产生反应,使因甲醛反应产生的颜色消失。

8.7 双甲酮确认试验:取 5 mL 样品溶液放入一试管(必要时稀释),加入 1 mL 双甲酮乙醇溶液(4.4)并摇动,把溶液放入(40±2)℃水浴中显色(10±1)min,加入 5 mL 乙酰丙酮试剂(4.2)摇动,继续按 8.2 操作。对照溶液用水(4.1)而不是样品萃取液。来自样品中的甲醛在 412 nm 的吸光度将消失。

9 结果计算和表示

用式(1)来校正样品吸光度:

$$A = A_s - A_b - (A_d) \quad \cdots\cdots(1)$$

式中:

A——校正吸光度;

A_s——试验样品中测得的吸光度;

A_b——空白试剂中测得的吸光度;

A_d——空白样品中测得的吸光度(仅用于变色或沾污的情况下)。

用校正后的吸光度数值,通过工作曲线查出甲醛含量,用 μg/mL 表示。

用式(2)计算从每一样品中萃取的甲醛量:

$$F = \frac{c \times 100}{m} \quad \cdots\cdots(2)$$

式中:

F——从织物样品中萃取的甲醛含量,mg/kg;

c——读自工作曲线上的萃取液中的甲醛浓度,μg/mL;

m——试样的质量,g。

取两次检测结果的平均值作为试验结果,计算结果修约至整数位。

如果结果小于 20 mg/kg,试验结果报告“未检出”。

10 试验报告

试验报告应包括下列内容：

a) 使用的标准；

b) 来样日期、试验前的储存方法及试验日期；

c) 试验样品描述和包装方法；

d) 试样质量，质量校正系数(如果需要)；

e) 工作曲线的范围；

f) 从样品中萃取的甲醛含量，mg/kg；

g) 任何偏离本部分的说明。

附 录 A
（规范性附录）
甲醛原液的标定——亚硫酸钠法

A.1 总则

为了在比色分析中做一精确的工作曲线，含量约 1 500 μg/mL 的甲醛原液应进行精确的标定。

A.2 原理

甲醛原液与过量的亚硫酸钠反应，用标准酸液在百里酚酞指示下进行反滴定。

A.3 设备

A.3.1 10 mL 单标移液管。
A.3.2 50 mL 单标移液管。
A.3.3 50 mL 滴定管。
A.3.4 150 mL 三角烧瓶。

A.4 试剂

A.4.1 亚硫酸钠[$c(Na_2S_2O_3)=0.1$ mol/L]：称取 126 g 无水亚硫酸钠放入 1 L 的容量瓶，用水稀释至标记，摇匀。
A.4.2 百里酚酞指示剂：1 g 百里酚酞溶解于 100 mL 乙醇溶液中。
A.4.3 硫酸：$c(H_2SO_4)=0.01$ mol/L。

注：可以从化学品供应公司购得或用标准氢氧化钠溶液标定。

A.5 操作程序

移取 50 mL 亚硫酸钠(A.4.1)入三角烧杯(A.3.4)中，加百里酚酞指示剂(A.4.2)2 滴，如需要，加几滴硫酸(A.4.3)直至蓝色消失。

移 10 mL 甲醛原液至瓶中(蓝色将再出现)，用硫酸(A.4.3)滴定至蓝色消失，记录用酸体积。

注 1：硫酸溶液的体积约 25 mL。

注 2：可使用校正 pH 值来代替百里酚酞指示剂，在此情况下，最终点为 pH=9.5。

上述操作程序重复进行一次。

A.6 计算

用式(A.1)计算原液中甲醛浓度：

$$c=\frac{V_1\times 0.6\times 1\,000}{V_2} \qquad \cdots\cdots(A.1)$$

式中：

c——甲醛原液中的甲醛浓度，μg/mL；
V_1——硫酸溶液用量，mL；
V_2——甲醛溶液用量，mL；
0.6——与 1 mL 0.01 mol/L 硫酸相当的甲醛的质量，mg。

计算两次结果的平均值，并用根据式(A.1)得出的浓度绘制用于比色分析的工作曲线。

附　录　B
（规范性附录）
甲醛原液的标定——碘量法

B.1　总则

为了在比色分析中做一精确的工作曲线，含量约 1 500 μg/mL 的甲醛原液应进行精确的标定。

B.2　原理

甲醛原液与过量的碘溶液反应，用标准硫代硫酸钠溶液在淀粉指示剂下进行反滴定。

B.3　设备

B.3.1　5 mL，10 mL，20 mL，50 mL 单标移液管。

B.3.2　50 mL 滴定管。

B.3.3　250 mL 碘量瓶和有塞三角瓶。

B.3.4　500 mL，1 L 容量瓶。

B.4　试剂

B.4.1　碘液［$c(I_2)=0.1$ mol/L］：13 g 碘（I_2）及 30 g 碘化钾（KI）放入 1 L 棕色容量瓶中，用水稀释至标记，摇匀，储存在暗处。

B.4.2　氢氧化钠：$c(NaOH)=1$ mol/L。

B.4.3　硫酸：$c(H_2SO_4)=0.5$ mol/L。

B.4.4　淀粉指示剂：0.5 g 可溶性淀粉溶于 100 mL 水中，煮沸 2 min，使用前配制。

B.4.5　硫代硫酸钠溶液［$c(Na_2S_2O_3)=0.1$ mol/L］：称取 25 g $Na_2S_2O_3 \cdot 5H_2O$（或 16 g 无水 $Na_2S_2O_3$）溶于 1 L 新煮沸并冷却的、加有 0.1 g 无水碳酸钠的水中，搅拌、溶解，放入棕色瓶中保存。

注：硫代硫酸钠溶液的标定方法如下：

将重铬酸钾放在 120 ℃～125 ℃烘箱内烘 1 h，冷却后称 0.15 g，精确至 0.000 1 g，置于 250 mL 碘量瓶中，加水 25 mL，加 2 g KI 及 20 mL H_2SO_4 溶液（20%），充分摇动混合，塞住瓶塞，在暗处静置 10 min，使碘充分析出。加水 100 mL 稀释摇匀，用配好的 $Na_2S_2O_3$ 溶液［$c(Na_2S_2O_3)=0.1$ mol/L］滴定至溶液呈淡黄色时，加 0.5%淀粉溶液 3 mL；继续用 $Na_2S_2O_3$ 溶液滴定至蓝色变为绿色为止。

用下式计算硫代硫酸钠的浓度：

$$c_1=\frac{m\times 1\ 000}{V\times 49.03}$$

式中：

c_1——硫代硫酸钠的浓度，mol/L；

m——校准剂（重铬酸钾）的质量，g；

V——所耗被校准液（硫代硫酸钠）的体积，mL；

49.03——校准剂（重铬酸钾）的摩尔质量［$M(1/6K_2Cr_2O_7)$］，g/mol。

B.5　操作程序

B.5.1　移取甲醛溶液（6.1）10 mL 加入到 250 mL 碘量瓶中，准确加入碘液（B.4.1）25 mL，加 NaOH 溶液（B.4.2）10 mL，盖上瓶盖于暗处放置 15 min，同时用蒸馏水作空白。

B.5.2　加入 H_2SO_4 溶液（B.4.3）15 mL，用 $Na_2S_2O_3$ 溶液（B.4.5）滴定成黄色，加入数滴淀粉指示剂，

继续滴定到蓝色褪去。上述操作程序重复一次。

B.5.3 计算:用式(B.1)计算原液中甲醛浓度:

$$c=\frac{(V_B-V_S)\times c_1\times 0.015}{V}\times 10^6 \qquad \text{(B.1)}$$

式中:

c——甲醛原液中的甲醛浓度,μg/mL;

V_B——空白 $Na_2S_2O_3$ 溶液用量,mL;

V_S——$Na_2S_2O_3$ 溶液用量,mL;

c_1——$Na_2S_2O_3$ 标准溶液浓度,mol/L;

0.015——与 1 mL $Na_2S_2O_3$(c=1.000 0 mol/L)标准溶液相当的甲醛的质量,g;

V——甲醛溶液用量,mL。

计算两次结果的平均值,并用根据式(B.1)得出的浓度绘制用于比色分析的工作曲线。

附　录　C
（资料性附录）
方法精确性参考资料

本部分试验方法基于一个芬兰的方法，以下的试验精确度取决于样品的甲醛含量并适用于均匀试样：

甲醛含量，mg/kg	精确度，%
1 000	0.5
100	2.5
20	15
10	80

由此可见，甲醛含量低于 20 mg/kg 时显示不出来。

注：本部分方法中的校正曲线与用上面提到的结果制成的曲线不同。

纺织品　织物撕破性能 第2部分:裤形试样(单缝)撕破强力的测定

1　范围

GB/T 3917的本部分规定了用单缝隙裤形试样法测定织物撕破强力的方法。在撕破强力的方向上测量织物从初始的单缝隙切口撕裂到规定长度所需要的力。

本部分主要适用于机织物,也可适用于其他技术方法制造的织物,如非织造布等。

本部分不适用于针织物、机织弹性织物以及有可能产生撕裂转移的稀疏织物和具有较高各向异性的织物。

本部分规定使用等速伸长(CRE)试验仪。

2　规范性引用文件

下列文件中的条款通过GB/T 3917的本部分的引用而成为本部分的条款。凡是注日期的引用文件,其随后所有的修改单(不包括勘误的内容)或修订版均不适用于本部分,然而鼓励根据本部分达成协议的各方使用这些文件的最新版本。凡是不注日期的引用文件,其最新版本适用于本部分。

GB/T 6529　纺织品　调湿和试验用标准大气(GB/T 6529—2008,ISO 139:2005,MOD)

GB/T 16825.1　静力单轴试验机的检验　第1部分:拉力和(或)压力试验机测力系统的检验与校准(GB/T 16825.1—2008,ISO 7500-1:2004,IDT)

GB/T 19022　测量管理体系　测量过程和测量设备的要求(GB/T 19022—2003,ISO 10012:2003,IDT)

3　术语和定义

下列术语与定义适用于GB/T 3917的本部分。

3.1

等速伸长试验仪　constant-rate-of-extension (CRE) testing machine

在整个试验过程中,一只夹具是固定的,另一只夹具作等速运动的一种拉伸试验仪。

3.2

隔距长度　gauge length

试验装置上两个有效夹持线之间的距离。

注:可通过同时夹持施加预加张力的试样标本和复写纸测出夹头的有效夹持线。

3.3

撕破强力　tear force

在规定条件下,使试样上初始切口扩展所需的力。

注:经纱被撕断的称为"经向撕破强力",纬纱被撕断的称为"纬向撕破强力"。

3.4

峰值　peak

在强力-伸长曲线上,斜率由正变负点处对应的强力值。

注:用于计算的峰值两端的上升力值和下降力值至少为前一个峰下降值或后一个峰上升值的10%。

3.5

撕破长度　length of tear

从开始施力至终止,切口扩展的距离。

3.6

裤形试样 trouser shaped test specimen

按规定长度从矩形试样短边中心剪开，形成可供夹持的两个裤腿状的织物撕裂试验试样。（见图1和图2）

4 原理

夹持裤形试样的两条腿，使试样切口线在上下夹具之间成直线。开动仪器将拉力施加于切口方向，记录直至撕裂到规定长度内的撕破强力，并根据自动绘图装置绘出的曲线上的峰值或通过电子装置计算出撕破强力。

5 取样

按产品标准的规定或按有关方面的协议取样。

在没有上述要求的情况下，附录A给出一个适宜的取样示例。

附录B是从样品上裁取试样的一个示例。注意应避开折皱处、布边及织物上无代表性的区域。

6 仪器

6.1 试验仪的计量

应根据GB/T 19022进行。

6.2 等速伸长(CRE)试验仪

等速伸长试验仪应满足下列技术要求：

a) 拉伸速度可控制在(100±10)mm/min范围内；

b) 隔距长度可设定为(100±1)mm；

c) 能够记录撕破过程中的撕破强力；

d) 在使用条件下，仪器应为GB/T 16825.1精度要求，在仪器使用范围内的任何一点显示或记录最大撕破强力的误差不得超过±1%，显示或记录的夹具间距误差不得超过±1 mm；

e) 若强力和伸长记录是通过数据采集芯片和软件获得的，则数据采集的频率至少应为8次/s。

若使用二级拉伸试验仪，需在报告中注明。

6.3 夹持装置

仪器两只夹具的中心点应在拉伸直线内，夹具端线应与拉伸直线成直角，夹持面应在同一平面内。

夹具应保证既能夹持住试样而不使其滑移，又不会割破或损坏试样。

夹具有效宽度更适宜采用75 mm，但不应小于测试试样的宽度。

6.4 裁样装置

所用装置最好是裁样器或样板，能裁取如图1所示的试样。

7 调湿和试验用大气

预调湿、调湿和试验用大气按GB/T 6529执行。

8 试样的制备

8.1 总则

每块样品裁取两组试样，一组为经向，另一组为纬向。

注：机织物外的样品采用相应的名称来表示方向，例如纵向和横向。

每组试样应至少有5块试样或按协议更多一些。按第5章及附录B的规定，每两块试样不能含有同一根长度方向或宽度方向的纱线。不能在距布边 150 mm 内取样。

8.2 试样尺寸

8.2.1 50 mm 宽试样

试样(见图 1)为矩形长条,长(200±2)mm,宽(50±1)mm,每个试样应从宽度方向的正中切开一长为(100±1)mm 的平行于长度方向的裂口。在条样中间距未切割端(25±1)mm 处标出撕裂终点。

单位为毫米

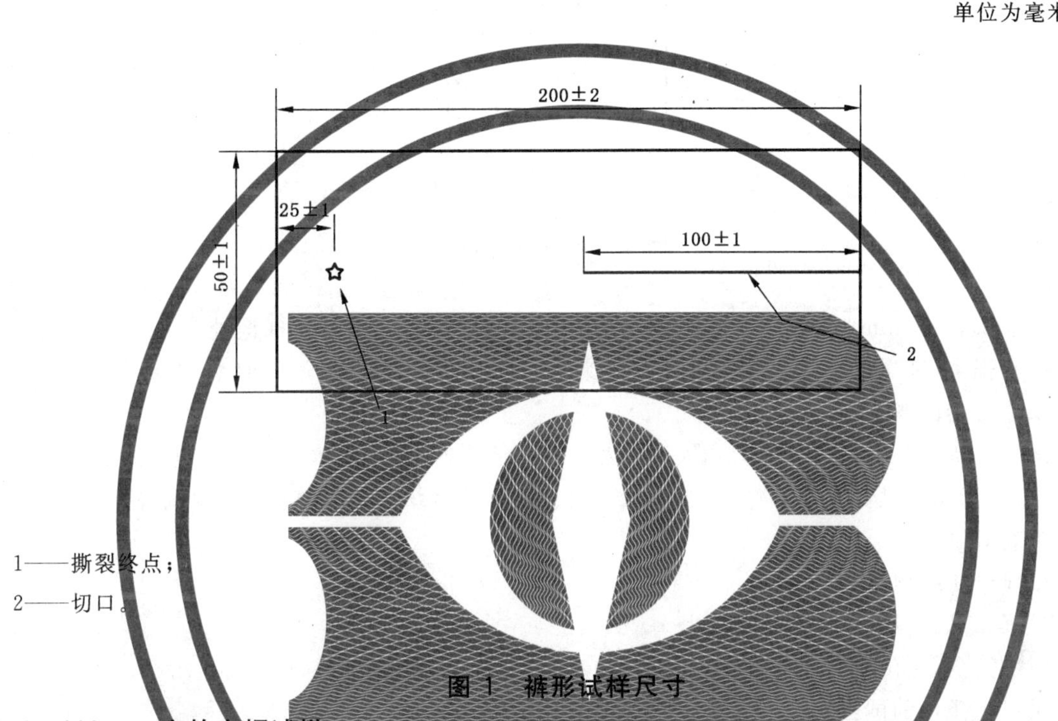

1——撕裂终点;

2——切口。

图 1 裤形试样尺寸

8.2.2 200 mm 宽的宽幅试样

按有关方商议协定可以采用 200 mm 宽的宽幅试样进行测试。当窄幅试样不适合(见 9.4)或测定特殊抗撕裂织物的撕破强力时推荐使用宽幅试样,附录 D 中描述了使用宽幅试样测定撕破强力的方法。

8.3 试样裁取

对机织物,每个试样平行于织物的经向或纬向作为长边裁取。试样长边平行于经向的试样为"纬向"撕裂试样,试样长边平行于纬向的试样为"经向"撕裂试样(见 3.3 和附录 B)。

9 步骤

9.1 隔距长度设置

将拉伸试验仪的隔距长度设定为 100 mm。

9.2 拉伸速率设置

将拉伸试验仪的拉伸速率设定为 100 mm/min。

9.3 安装试样

将试样的每条裤腿各夹入一只夹具中,切割线与夹具的中心线对齐,试样的未切割端处于自由状态,整个试样的夹持状态如图 2 所示。注意保证每条裤腿固定于夹具中使撕裂开始时是平行于切口且在撕力所施的方向上。试验不用预加张力。

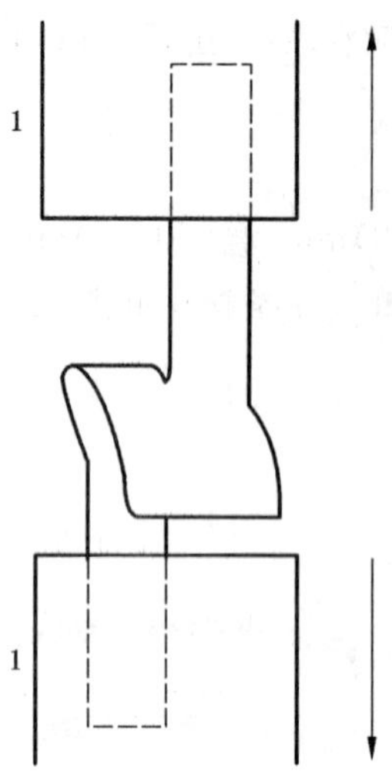

1——夹具。

图 2 试样的夹持

9.4 操作

开动仪器，以 100 mm/min 的拉伸速率，将试样持续撕破至试样的终点标记处。

记录撕破强力(N)，如果想要得到试样的撕裂轨迹，可用记录仪或电子记录装置(6.2)记录每个试样在每一织物方向的撕破长度和撕破曲线。

如果是出自高密织物的峰值，应该由人工取数。记录纸的走纸速率与拉伸速率的比值应设定为 2∶1。

观察撕破是否是沿所施加力的方向进行以及是否有纱线从织物中滑移而不是被撕裂。满足以下条件的试验为有效试验：

a) 纱线未从织物中滑移；

b) 试样未从夹具中滑移；

c) 撕裂完全且撕裂是沿着施力方向进行的。

不满足以上条件的试验结果应剔除。

如果 5 个试样中有 3 个或更多个试样的试验结果被剔除，则可认为此方法不适用于该样品。

如果协议增加试样，则最好加倍试样数量，同时亦应协议试验结果的报告方式。

当窄幅试样不适用或测定特殊抗撕裂织物的抗撕破强力时，附录 D 中描述了使用宽幅试样测定撕破强力的方法。

注：如果窄幅试样和宽幅试样都不能满足测试需求时，可以考虑应用其他的方法，如双缝隙舌形试样法或翼形试样法。

10 结果的计算和表示

指定两种计算方法：人工计算和电子方式计算。两种方法也许不会得到相同的计算结果，不同方法得到的试验结果不具有可比性。

10.1 从记录纸记录的强力-伸长曲线上人工计算撕破强力

附录 C 给出了计算实例。

10.1.1 分割峰值曲线，从第一峰开始至最后峰结束等分成四个区域(参见附录 C)。第一区域舍去不用，其余三个区域每个区域选择并标出两个最高峰和两个最低峰。用于计算的峰值两端的上升力值和下降力值至少为前一个峰下降值或后一个峰上升值的 10%。

10.1.2 根据 10.1.1 标记的峰值计算每个试样 12 个峰值的算术平均值，单位为牛顿(N)。

注：人工计算只能取有限数目的峰值进行计算以节约时间，建议使用电子方式对所有峰值进行计算。

10.1.3 根据每个试样峰值的算术平均值(见10.1.2)计算同方向试样撕破强力的总的算术平均值,以牛顿(N)表示,保留两位有效数字。

10.1.4 如果需要,计算变异系数,精确至0.1%;并用试样平均值计算95%置信区间(N),保留两位有效数字,平均值的计算依照10.1.2。

10.1.5 如果需要,记算每块试样6个最大峰值的平均值,单位为牛顿(N)。

10.1.6 如果需要,记录每块试样的最大和最小峰值(极差)。

10.2 用电子装置计算

附录C给出了计算实例。

10.2.1 将第一个峰和最后一个峰之间等分成四个区域(参见附录C),舍去第一个区域,记录余下三个区域内的所有峰值。用于计算的峰值两端的上升力值和下降力值至少为前一个峰下降值或后一个峰上升值的10%。

10.2.2 用按10.2.1记录的所有峰值计算试样撕破强力的算术平均值,单位为牛顿(N)。

10.2.3 以每个试样的平均值(见10.2.2)计算出所有同方向的试样撕破强力的总的算术平均值,以牛顿(N)表示,保留两位有效数字。

10.2.4 如果需要,计算变异系数,精确至0.1%;并用试样平均值计算95%置信区间(N),保留两位有效数字,平均值的计算依照10.2.2。

11 试验报告

试验报告应包括以下内容。

11.1 一般资料

a) GB/T 3917的本部分的编号及试验日期;

b) 样品规格,如果需要可说明取样程序;

c) 试样数量,剔除试验结果数及剔除原因;

d) 异常撕裂情况;

e) 人工(见10.1)或电子装置(见10.2)计算的平均值;

f) 任何偏离本部分的细节,特别是使用宽幅试样时。

11.2 试验结果

a) 经向和纬向撕破强力的总的平均值,单位为牛顿(N)。如果只有三个或四个试样是正常撕破的,应另外分别注明每个试样的试验结果;

b) 如需要,给出变异系数(%);

c) 如需要,给出95%置信区间,单位为牛顿(N);

d) 手工计算(见10.1)时,可根据需要,给出每块试样最大峰值的平均值(见10.1.5),单位为牛顿(N);

e) 手工计算(见10.1)时,可根据需要,给出每块试样的最小和最大峰值(见10.1.6),单位为牛顿(N)。

附 录 A
（资料性附录）
推荐的取样程序

A.1 批量样品(从一次装运的或一批货物中取的匹数)

如表 A.1 所示从一次装运的或一批货物中随机取适量的匹样。应保证样品中没有损伤印痕或运输过程中的破坏性损伤。

表 A.1 批量样品

一次装运的或一批货物的匹数	批量样品的最少匹数
≤3	1
4～10	2
11～30	3
31～75	4
≥76	5

A.2 实验室样品数量

从批量样品的每匹中，在离匹端至少 3 m 以上处随机剪取长度至少为 1 m 的全幅织物作为实验室样品，应保证样品无折皱或可见的疵点。

附 录 B
（资料性附录）
从实验室样品上剪取试样实例

单位为毫米

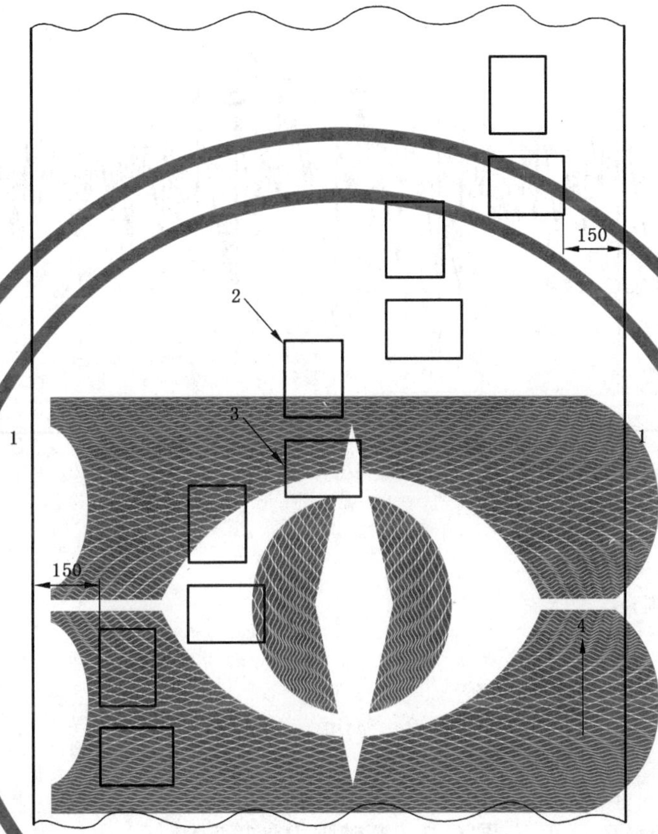

1——布边；
2——“纬向”撕裂试样；
3——“经向”撕裂试样；
4——经向。

图 B.1 从实验室样品上剪取试样实例

附　录　C
（资料性附录）
撕破强力计算实例

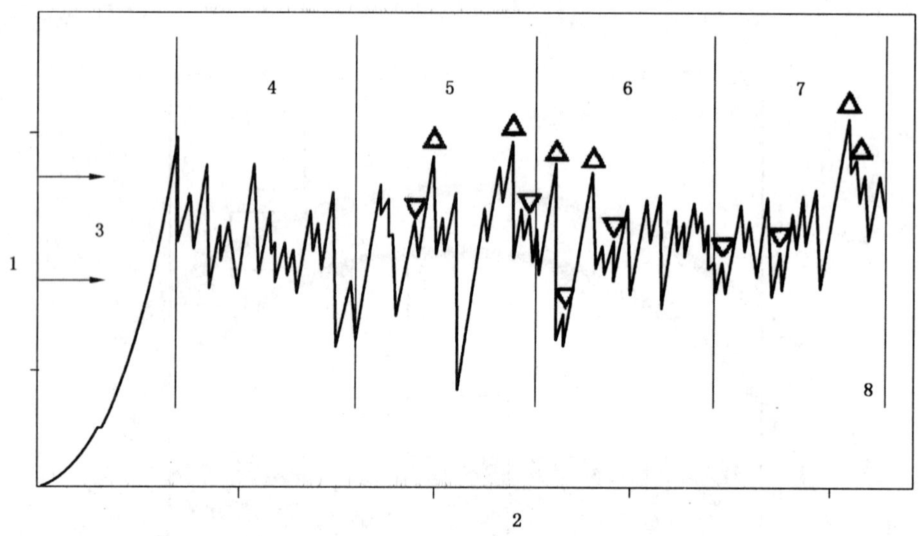

1——撕破强力；
2——撕裂方向(记录长度)；
3——中间峰值大概范围；
4——舍去区域；
5——第 1 区域；
6——第 2 区域；
7——第 3 区域；
8——撕裂终点。

图 C.1　撕破强力计算实例

峰值的近似计算(见 3.4)

为了简化人工计算，建议根据试样撕裂曲线的中间高度的峰值来近似计算峰值的强力变化值。用中间高度峰值的 1/10，也就是大约±10%来确定一个峰值是否适合计算，这个峰值的上升和下降阶段的强力值需要达到中间高度峰值的 1/10，也就是大约±10%。

例如：

中间高度峰值	85 N～90 N(近似值)
此值的 10%	8.5 N～9 N
可用于计算的峰值其上升和下降所需的强力值	>8 N

附 录 D
(规范性附录)
宽幅裤形试样

D.1 总则

a) 根据9.4的要求,撕破时纱线是从织物中滑移而不是被撕破,撕破不完全或撕裂不是沿着施力的方向进行的,则试样应剔除。如果五个试样中有三个或更多个试样的试验结果被剔除,则可认为此方法不适用于该样品。在这种情况下推荐使用宽幅裤形试样(见图D.1)进行测试。

b) 对于某些特殊的抗撕裂织物撕破强力的测定,如松散织物、抗裂缝织物和用于技术应用方面的人造纤维抗撕裂织物(涂层或气袋),以上提到的标准是不适用的。在这种情况下推荐使用宽幅裤形试样(见图D.1)进行测试。根据有关方的协议也可以选择其他宽度范围。

单位为毫米

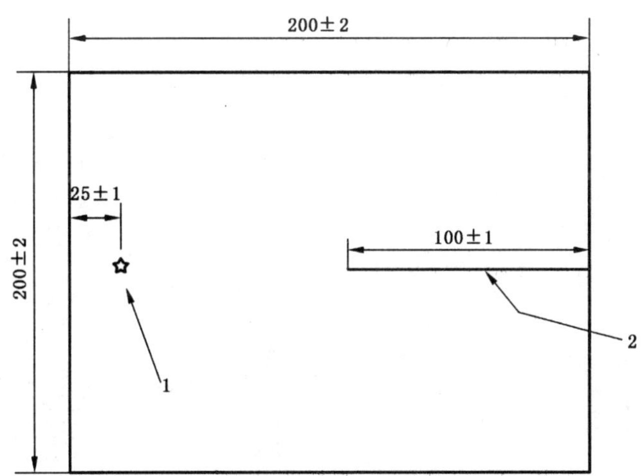

1——撕裂终点;
2——切口。

图 D.1 宽幅裤形试样

D.2 程序

用于夹持的每条裤腿从外面向内折叠平行并指向切口,使每条裤腿的夹持宽度是切口宽度的一半(见图D.2)。

所有其他的试验条件均与本部分的规定一致,但夹钳宽度至少为试样宽度的一半。

对特殊抗撕裂织物的所有峰值的计算应与10.2一致。特殊设计的抗撕裂织物也许会形成一条"异常"的撕裂轨迹,这通常是这些织物的特性,建议按相关协定进行记录,记录中包含试样的撕裂轨迹。

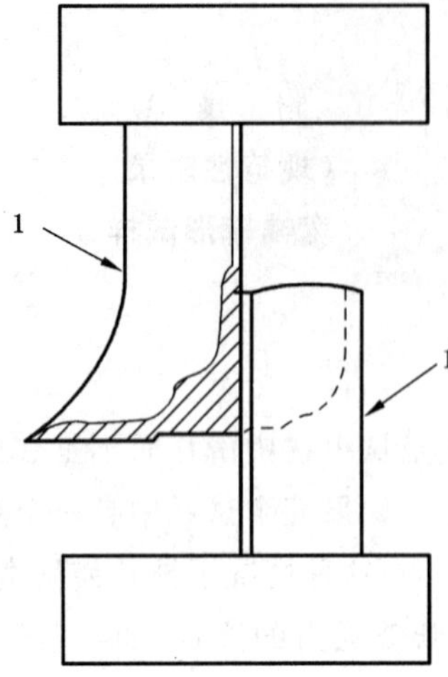

1——折叠边。

图 D.2 试样夹持图

纺织品　色牢度试验　耐摩擦色牢度

1　范围

本标准规定了各类纺织品耐摩擦沾色牢度的试验方法。

本标准适用于由各类纤维制成的,经染色或印花的纱线、织物和纺织制品,包括纺织地毯和其他绒类织物。

每一样品可做两个试验,一个使用干摩擦布,一个使用湿摩擦布。

2　规范性引用文件

下列文件中的条款通过本标准的引用而成为本标准的条款。凡是注日期的引用文件,其随后所有的修改单(不包括勘误的内容)或修订版均不适用于本部分,然而,鼓励根据本标准达成协议的各方研究是否可使用这些文件的最新版本。凡是不注日期的引用文件,其最新版本适用于本标准。

GB/T 251　纺织品　色牢度试验　评定沾色用灰色样卡(GB/T 251—2008,ISO 105-A03:1993,IDT)

GB/T 6151　纺织品　色牢度试验通则(GB/T 6151—1997,eqv ISO 105-A01:1994)

GB/T 6529　纺织品　调湿和试验用标准大气(GB/T 6529—2008,ISO 139:2005,MOD)

GB/T 7568.2　纺织品　色牢度试验　标准贴衬织物　第2部分:棉和粘胶纤维(GB/T 7568.2—2008,ISO/DIS 105-F02:2008,MOD)

ISO 105-X16　纺织品　色牢度试验　X16部分:耐摩擦色牢度　小面积

3　原理

将纺织试样分别与一块干摩擦布和一块湿摩擦布摩擦,评定摩擦布沾色程度。耐摩擦色牢度试验仪通过两个可选尺寸的摩擦头提供了两种组合试验条件:一种用于绒类织物;一种用于单色织物或大面积印花织物。

4　设备和材料

4.1　耐摩擦色牢度试验仪,具有两种可选尺寸的摩擦头作往复直线摩擦运动。

4.1.1　用于绒类织物(包括纺织地毯):长方形摩擦表面的摩擦头尺寸为19 mm×25.4 mm。摩擦头施以向下的压力为(9±0.2)N,直线往复动程为(104±3)mm。

注:使用直径为(16±0.1)mm的摩擦头对绒类织物试验,在评定对摩擦布的沾色程度时可能会遇到困难,这是由于摩擦布在摩擦圆形区域周边部位会产生沾色严重的现象,即产生晕轮。对绒类织物试验时,使用4.1.1所述的摩擦头会消除晕轮现象。对绒毛较长的织物,即使使用长方形摩擦头评定沾色时也可能会遇到困难。

4.1.2　用于其他纺织品:摩擦头由一个直径为(16±0.1)mm的圆柱体构成,施以向下的压力为(9±0.2)N,直线往复动程为(104±3)mm。

4.2　棉摩擦布,符合GB/T 7568.2的规定,剪成(50 mm±2 mm)×(50 mm±2 mm)的正方形用于4.1.2的摩擦头,剪成(25 mm±2 mm)×(100 mm±2 mm)的长方形用于4.1.1的摩擦头。

4.3　耐水细砂纸,或不锈钢丝直径为1 mm、网孔宽约为20 mm的金属网。

注:宜注意到使用的金属网或砂纸的特性,在其上放置纺织试样试验时,可能会在试样上留下印迹,这会造成错误评级。对纺织织物可优先选用砂纸进行试验,选用600目氧化铝耐水细砂纸已被证明对测试是合适的。

4.4　评定沾色用灰卡,符合GB/T 251。

注:需定期对试验操作和设备进行校验,并做好记录。一般使用内部已知试样,做三次干摩擦试验。

5 试样

5.1 若被测纺织品是织物或地毯，需准备两组尺寸不小于 50 mm×140 mm 的试样，分别用于干摩擦试验和湿摩擦试验。每组各两块试样，其中一块试样的长度方向平行于经纱(或纵向)，另一块试样的长度方向平行于纬纱(或横向)。若要求更高精度的测试结果，则可额外增加试样数量。

另一种剪取试样的可选方法，是使试样的长度方向与织物的经向和纬向成一定角度。若地毯试样的绒毛层易于辨别，剪取试样时绒毛的顺向与试样长度方向一致。

5.2 若被测纺织品是纱线，将其编织成织物，试样尺寸不小于 50 mm×140 mm。或沿纸板的长度方向将纱线平行缠绕于与试样尺寸相同的纸板上，并使纱线在纸板上均匀地铺成一层。

5.3 在试验前，将试样和摩擦布放置在 GB/T 6529 规定的标准大气下调湿至少 4 h。对于棉或羊毛等织物可能需要更长的调湿时间。

5.4 为得到最佳的试验结果，宜在 GB/T 6529 规定的标准大气下进行试验。

6 程序

6.1 通则

用夹紧装置将试样固定在试验仪平台上，使试样的长度方向与摩擦头的运行方向一致。在试验仪平台和试样之间，放置一块金属网或砂纸，以助于减小试样在摩擦过程中的移动。对第 5 章制备的试样按照 6.2 和 6.3 规定的程序进行试验。

当测试有多种颜色的纺织品时，宜注意取样的位置，若使用 4.1.2 所述的仪器，则使所有颜色均被摩擦到。如果颜色的面积足够大，可制备多个试样，对单个颜色分别评定；如果颜色面积小且聚集在一起，可参照本条款规定，也可选用 ISO 105-X16 中旋转式装置的试验仪进行试验。

6.2 干摩擦

将调湿后的摩擦布(见 4.2 和 5.3)平放在摩擦头上，使摩擦布的经向与摩擦头的运行方向一致。运行速度为每秒 1 个往复摩擦循环，共摩擦 10 个循环。在干燥试样上摩擦的动程为(104±3)mm，施加的向下压力为(9±0.2)N(见 4.1.1 和 4.1.2)。取下摩擦布，按 5.3 对其调湿，并去除摩擦布上可能影响评级的任何多余纤维。

6.3 湿摩擦

称量调湿后的摩擦布，将其完全浸入蒸馏水中，重新称量摩擦布以确保摩擦布的含水率达到 95%～100%。然后按 6.2 进行操作。

注 1：当摩擦布的含水率可能严重影响评级时，可以采用其他含水率。例如常采用的含水率为(65±5)%。

注 2：用可调节的轧液装置或其他适宜装置调节摩擦布的含水率。

6.4 干燥

将湿摩擦布晾干。

7 评定

7.1 评定时，在每个被评摩擦布的背面放置三层摩擦布(4.2)。

7.2 在适宜的光源下，用评定沾色用灰色样卡(4.4)评定摩擦布的沾色级数(见 GB/T 6151)。

8 试验报告

试验报告应包括下列内容：

a) 本标准的编号，即 GB/T 3920—2008；

b) 试验所用摩擦头；

c） 试验是干摩擦还是湿摩擦，若为湿摩擦，则注明含水率；

d） 使用的金属网，或耐水细砂纸及其规格；

e） 对试样和摩擦布的调湿时间；

f） 试样的长度方向，即经向、纬向或斜向；

g） 每一个试样的沾色级数。

纺织品　织物拉伸性能
第1部分:断裂强力和断裂伸长率的测定
(条样法)

1　范围

GB/T 3923 的本部分规定了采用条样法测定织物断裂强力和断裂伸长率的试验方法。

本部分主要适用于机织物,也适用于其他技术生产的织物,通常不用于弹性织物、土工布、玻璃纤维织物以及碳纤维和聚烯烃扁丝织物。

本部分包括在试验用标准大气中平衡和湿润两种状态的试验。

本部分规定使用等速伸长(CRE)试验仪。

2　规范性引用文件

下列文件对于本文件的应用是必不可少的。凡是注日期的引用文件,仅注日期的版本适用于本文件。凡是不注日期的引用文件,其最新版本(包括所有的修改单)适用于本文件。

GB/T 6529　纺织品　调湿和试验用标准大气(GB/T 6529—2008,ISO 139:2005,MOD)

GB/T 6682　分析实验室用水规格和试验方法(GB/T 6682—2008,ISO 3696:1987,MOD)

GB/T 16825.1　静力单轴试验机的检验　第1部分:拉力和(或)压力试验机测力系统的检验与校准(GB/T 16825.1—2008,ISO 7500-1:2004,IDT)

GB/T 19022　测量管理体系　测量过程和测量设备的要求(GB/T 19022—2003,ISO 10012:2003,IDT)

3　术语和定义

下列术语和定义适用于本文件。

3.1

等速伸长(CRE)试验仪　constant-rate-of-extension(CRE) testing machine

在整个试验过程中,夹持试样的夹持器一个固定、另一个以恒定速度运动,使试样的伸长与时间成正比的一种拉伸试验仪器。

3.2

条样试验　strip test

试样整个宽度被夹持器夹持的一种织物拉伸试验。

3.3

隔距长度　gauge length

试验装置上夹持试样的两个有效夹持点之间的距离。

注:夹钳的有效夹持点(线)可用下述方法检查:将附有复写纸的白纸夹紧,使纸上产生夹持纹。

3.4

初始长度　initial length

在规定的预张力下,试验装置上夹持试样的两个有效夹持点之间的距离(见3.3)。

3.5

预张力　pretension

在试验开始时施加于试样的力。

注：预张力用于确定试样的初始长度(见 3.4 和 3.7)。

3.6

伸长　extension

因拉力的作用引起试样长度的增量，以长度单位表示。

3.7

伸长率　elongation

试样的伸长与其初始长度之比，以百分率表示。

3.8

断裂伸长率　elongation at maximum force

在最大力的作用下产生的试样伸长率(见图 1)。

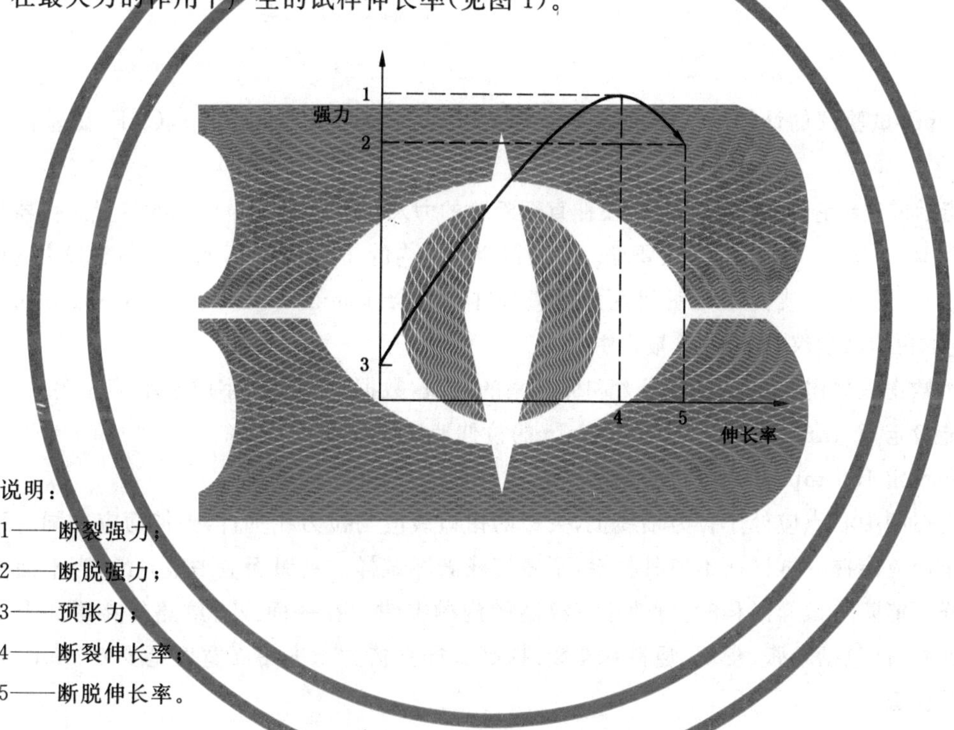

说明：

1——断裂强力；

2——断脱强力；

3——预张力；

4——断裂伸长率；

5——断脱伸长率。

图 1　强力-伸长率曲线示例图

3.9

断脱伸长率　elongation at rupture

对应于断脱强力的伸长率(见图 1)。

3.10

断脱强力　force at rupture

在规定条件下进行的拉伸试验过程中，试样断开前瞬间记录的最终的力(见图 1)。

3.11

断裂强力　maximum force

在规定条件下进行的拉伸试验过程中，试样被拉断记录的最大力(见图 1)。

4 原理

对规定尺寸的织物试样，以恒定伸长速度拉伸直至断脱。记录断裂强力及断裂伸长率，如果需要，记录断脱强力及断脱伸长率。

5 取样

按织物的产品标准规定或有关方协议取样。

在没有上述要求的情况下，可采用附录A给出的取样方法。

试样应具有代表性，应避开褶痕、褶皱和布边等。附录B给出了从实验室样品上剪取试样的一个示例。

6 器具

6.1 等速伸长(CRE)试验仪的计量确认体系应符合GB/T 19022规定。等速伸长(CRE)试验仪应具有以下的一般特性：

a) 应具有指示或记录施加于试样上使其拉伸直至断脱的力及相应的试样伸长率的装置。仪器精度应符合GB/T 16825.1规定的1级要求。在仪器全量程内的任意点，指示或记录断裂强力的误差应不超过±1%，指示或记录夹钳间距的误差应不超过±1 mm。如果采用GB/T 16825.1中2级精度的拉伸试验仪，应在试验报告中说明。

b) 如果使用数据采集电路和软件获得力和伸长率的数值，数据采集的频率应不小于8次/s。

c) 仪器应能设定20 mm/min和100 mm/min的拉伸速度，精度为±10%。

d) 仪器应能设定100 mm和200 mm的隔距长度，精度为±1 mm。

e) 仪器两夹钳的中心点应处于拉力轴线上，夹钳的钳口线应与拉力线垂直，夹持面应在同一平面上。夹钳面应能握持试样而不使其打滑，不剪切或破坏试样。夹钳面应平整光滑，当平面夹钳夹持试样不能防止试样滑移时，可使用有纹路的沟槽夹钳。在平面或有纹路的夹钳面上可附其他辅助材料(包括纸张、皮革、塑料和橡胶)提高试样夹持力。夹钳面宽度至少60 mm，且应不小于试样宽度。

注：如果使用平面夹钳不能防止试样滑移或钳口断裂，可采用绞盘夹具，并使用伸长计跟踪试样上的两个标记点来测量伸长。

6.2 裁剪试样和拆除纱线的器具。

6.3 用于在水中浸湿试样的器具。

6.4 符合GB/T 6682要求的三级水，用于浸湿试样。

6.5 非离子湿润剂。

7 调湿和试验大气

预调湿、调湿和试验用大气应按GB/T 6529的规定执行。

注：推荐试样在松弛状态下至少调湿24 h。

对于湿润状态下试验不要求预调湿和调湿。

8 试样准备

8.1 通则

从每一个实验室样品上剪取两组试样，一组为经向(或纵向)试样，另一组为纬向(或横向)试样。

每组试样至少应包括5块试样，如果有更高精度的要求，应增加试样数量。按第5章规定取样，试样应距布边至少150 mm。经向(或纵向)试样组不应在同一长度上取样，纬向(或横向)试样组不应在同一长度上取样。

8.2 尺寸

每块试样的有效宽度应为50 mm±0.5 mm(不包括毛边)，其长度应能满足隔距长度200 mm，如果试样的断裂伸长率超过75%，隔距长度可为100 mm。按有关方协议，试样也可采用其他宽度，应在试验报告中说明。

8.3 试样准备

对于机织物，试样的长度方向应平行于织物的经向或纬向，其宽度应根据留有毛边的宽度而定。从条样的两侧拆去数量大致相等的纱线，直至试样的宽度符合8.2规定的尺寸。毛边的宽度应保证在试验过程中长度方向的纱线不从毛边中脱出。

注：对一般机织物，毛边约为5 mm或15根纱线的宽度较为合适。对较紧密的机织物，较窄的毛边即可。对较稀松的机织物，毛边约为10 mm。

对于每厘米仅包含少量纱线的织物，拆边纱后应尽可能接近试样规定的宽度(见8.2)。计数整个试样宽度内的纱线根数，如果大于或等于20根，则该组试样拆边纱后的试样纱线根数应相同；如果小于20根，则试样的宽度应至少包含20根纱线。如果试样宽度不是50 mm±0.5 mm，试样宽度和纱线根数应在试验报告中说明。

对于不能拆边纱的织物，应沿织物纵向或横向平行剪切为宽度为50 mm的试样。一些只有撕裂才能确定纱线方向的机织物，其试样不应采用剪切法达到要求的宽度。

8.4 湿润试验的试样

8.4.1 如果还需要测定织物湿态断裂强力，则剪取试样的长度应至少为测定干态断裂强力试样的2倍(参见附录B)。给每条试样的两端编号、扯去边纱后，沿横向剪为两块，一块用于测定干态断裂强力，另一块用于测定湿态断裂强力，确保每对试样包含相同根数长度方向的纱线。根据经验或估计浸水后收缩较大的织物，测定湿态断裂强力的试样的长度应比测定干态断裂强力的试样长一些。

8.4.2 湿润试验的试样应放在温度20 ℃±2 ℃的符合GB/T 6682规定的三级水中浸渍1 h以上，也可用每升含不超过1 g非离子湿润剂的水溶液代替三级水。

注：对于热带地区，温度可按GB/T 6529规定。

9 程序

9.1 设定隔距长度

对于断裂伸长率小于或等于75%的织物，隔距长度为200 mm±1 mm；对于断裂伸长率大于75%的织物，隔距长度为100 mm±1 mm(见8.2和9.2)。

9.2 设定拉伸速度

根据表1中的织物断裂伸长率，设定拉伸试验仪的拉伸速度或伸长速率。

表1 拉伸速度或伸长速率

隔距长度 mm	织物断裂伸长率 %	伸长速率 %/min	拉伸速度 mm/min
200	<8	10	20
200	≥8且≤75	50	100
100	>75	100	100

9.3 夹持试样

9.3.1 通则

试样可采用在预张力下夹持,或者采用松式夹持,即无张力夹持。当采用预张力夹持试样时,产生的伸长率应不大于2%。如果不能保证,则采用松式夹持。

注:同一样品的两方向的试样采用相同的隔距长度、拉伸速度和夹持状态,以断裂伸长率大的一方为准。

9.3.2 松式夹持

采用松式夹持方式夹持试样的情况下,在安装试样以及闭合夹钳的整个过程中其预张力应保持低于9.3.3中给出的预张力,且产生的伸长率不超过2%。

计算断裂伸长率所需的初始长度应为隔距长度与试样达到预张力的伸长之和。试样的伸长从强力-伸长曲线图上对应于9.3.3中给出的预张力处测得。

如果使用电子装置记录伸长,应确保计算断裂伸长率时使用准确的初始长度。

9.3.3 采用预张力夹持

根据试样的单位面积质量采用如下预张力:

a) ≤200 g/m^2:2 N;

b) >200 g/m^2 且≤500 g/m^2:5 N;

c) >500 g/m^2:10 N。

注:断裂强力较低时,可按断裂强力的(1±0.25)%确定预张力。

9.4 测定

9.4.1 测定和记录

在夹钳中心位置夹持试样,以保证拉力中心线通过夹钳的中点。

启动试验仪,使可移动的夹持器移动,拉伸试样至断脱。记录断裂强力,单位为牛顿(N);记录断裂伸长或断裂伸长率,单位毫米(mm)或百分率(%)。如果需要,记录断脱强力、断脱伸长和断脱伸长率。

记录断裂伸长或断裂伸长率到最接近的数值:

——断裂伸长率<8%时:0.4 mm或0.2%;

——断裂伸长率≥8%且≤75%:1 mm或0.5%;

——断裂伸长率>75%时:2 mm或1%。

每个方向至少试验5块试样。

9.4.2 滑移

如果试样沿钳口线的滑移不对称或滑移量大于2 mm,舍弃试验结果。

9.4.3 钳口断裂

如果试样在距钳口线 5 mm 以内断裂，则记为钳口断裂。当 5 块试样试验完毕，若钳口断裂的值大于最小的“正常”值，可以保留该值。如果小于最小的“正常”值，应舍弃该值，另加试验以得到 5 个“正常”断裂值。

如果所有的试验结果都是钳口断裂，或得不到 5 个“正常”断裂值，应报告单值，且无需计算变异系数和置信区间。钳口断裂结果应在试验报告中说明。

9.5 湿润试验

将试样从液体(见 8.4.2)中取出，放在吸水纸上吸去多余的水分后，立即按 9.1～9.4 进行试验。预张力为 9.3.3 规定的 1/2。

10 结果的计算与表示

10.1 分别计算经纬向(或纵横向)的断裂强力平均值，如果需要，计算断脱强力平均值，单位为牛顿(N)。计算结果按如下修约：

a) <100 N：修约至 1 N；

b) ≥100 N 且<1 000 N：修约至 10 N；

c) ≥1 000 N：修约至 100 N。

注：根据需要，计算结果可修约至 0.1 N 或 1 N。

10.2 按式(1)和式(3)计算每个试样的断裂伸长率，以百分率表示。如果需要，按式(2)和式(4)计算断脱伸长率。

预张力夹持试样：

$$E=\frac{\Delta L}{L_0}\times 100\% \qquad (1)$$

$$E_r=\frac{\Delta L_t}{L_0}\times 100\% \qquad (2)$$

松式夹持试样：

$$E=\frac{\Delta L'-L'_0}{L_0+L'_0}\times 100\% \qquad (3)$$

$$E_r=\frac{\Delta L'_t-L'_0}{L_0+L'_0}\times 100\% \qquad (4)$$

式中：

E ——断裂伸长率，%；

ΔL ——预张力夹持试样时的断裂伸长(见图 2)，单位为毫米(mm)；

L_0 ——隔距长度，单位为毫米(mm)；

E_r ——断脱伸长率，%；

ΔL_t——预张力夹持试样时的断脱伸长(见图 3)，单位为毫米(mm)；

$\Delta L'$——松式夹持试样时的断裂伸长(见图 2)，单位为毫米(mm)；

L_0' ——松式夹持试样达到规定预张力时的伸长，单位为毫米(mm)；

$\Delta L'_t$——松式夹持试样时的断脱伸长(见图 3)，单位为毫米(mm)。

分别计算经纬向(或纵横向)的断裂伸长率平均值，如果需要，计算断脱伸长率平均值。计算结果按如下修约：

a) 断裂伸长率<8%：修约至 0.2%；

b) 断裂伸长率≥8%且≤75%:修约至0.5%;

c) 断裂伸长率>75%:修约至1%。

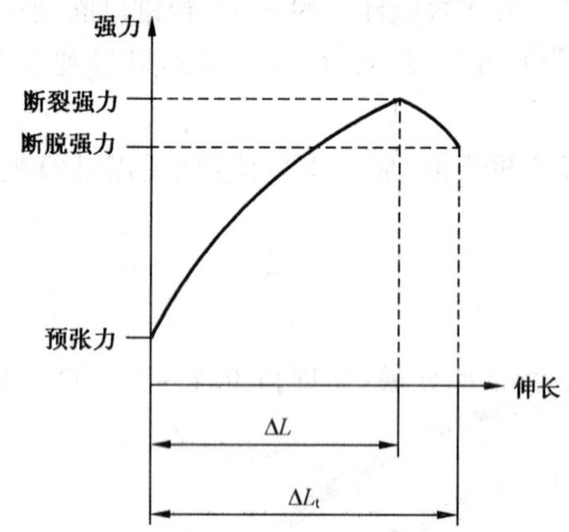

图2 预张力夹持试样的拉伸曲线

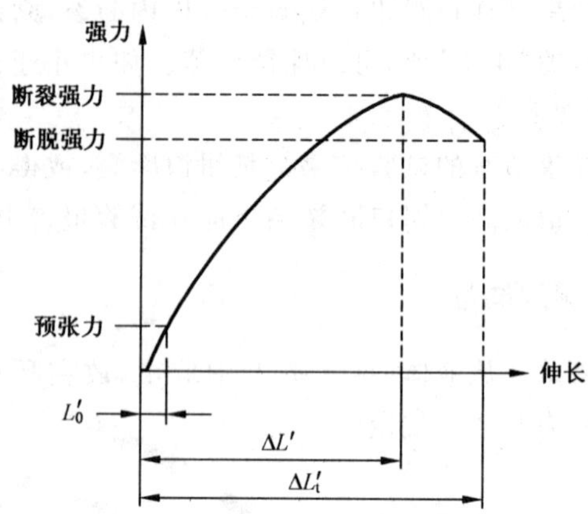

图3 松式夹持试样的拉伸曲线

10.3 如果需要,计算断裂强力和断裂伸长率的变异系数,修约至0.1%。

10.4 如果需要,按式(5)确定断裂强力和断裂伸长率的95%置信区间,修约方法同平均值。

$$X - S \times \frac{t}{\sqrt{n}} < \mu < X + S \times \frac{t}{\sqrt{n}} \qquad \cdots\cdots(5)$$

式中:

μ——置信区间;

X——平均值;

S——标准差;

t——由t-分布表查得,当$n=5$,置信度为95%时,$t=2.776$;

n——试验次数。

11 试验报告

试验报告应包括以下内容:

a) 本部分的编号和试验日期;

b) 如果需要,样品描述和取样程序;

c) 隔距长度;

d) 使用的伸长速率,或拉伸速率;

e) 预张力,或松式夹持;

f) 试样状态(调湿或湿润);

g) 试样数量,舍弃的试样数量及原因;

h) 如果试样宽度不是50 mm±0.5 mm,需说明;

i) 任何偏离本部分的细节;

j) 断裂强力平均值,如果需要,断脱强力平均值;

k) 断裂伸长率平均值,如果需要,断脱伸长率平均值;

l) 如果需要,断裂强力和断裂伸长率的变异系数;

m) 如果需要,断裂强力和断裂伸长率的95%置信区间。

附 录 A
（资料性附录）
建议取样程序

A.1 批样（从一批中取的匹数）

从一批中宜按表A.1规定随机抽取相应数量的匹数，运输中有受潮或受损的匹布不能作为样品。

表A.1 批样

一批的匹数	批样的最少匹数
≤3	1
4～10	2
11～30	3
31～75	4
≥76	5

A.2 实验室样品数量

从批样的每一匹中随机剪取至少1 m长的全幅宽作为实验室样品（离匹端至少3 m）。保证样品没有褶皱和明显的疵点。

附 录 B
（资料性附录）
从实验室样品上剪取试样示例

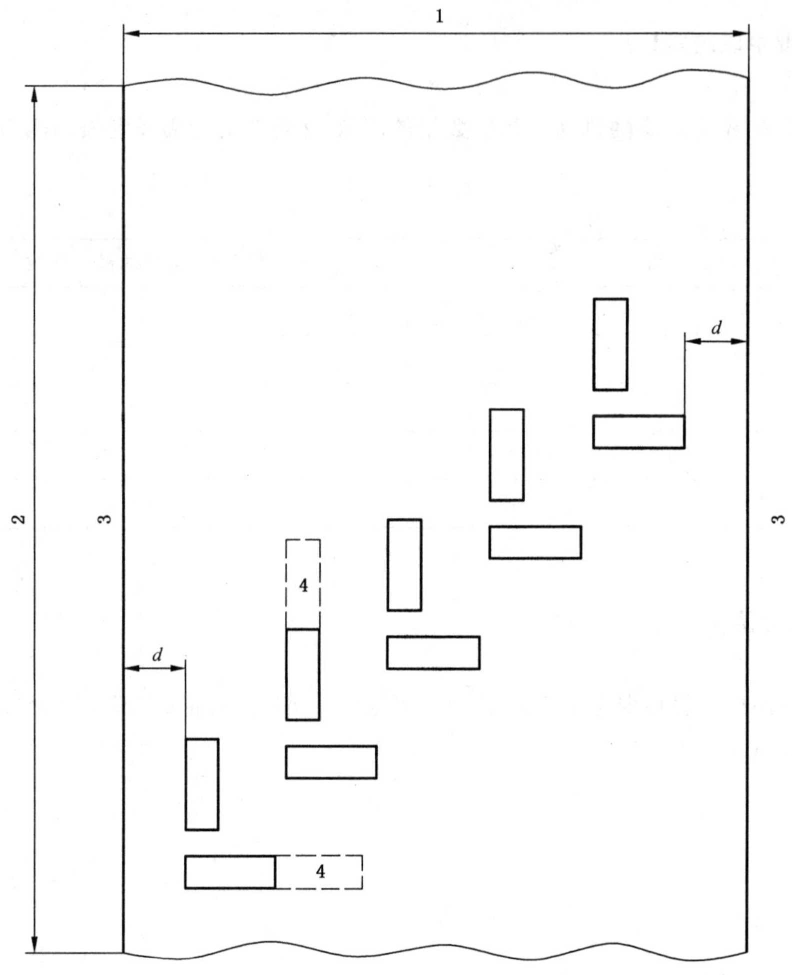

说明：

1——织物宽度；

2——织物长度；

3——边缘；

4——如果有要求，用于润湿试验的附加长度；

d=150 mm。

图 B.1 从实验室样品上剪取试样示例

纺织品 织物起毛起球性能的测定 第2部分:改型马丁代尔法

1 范围

GB/T 4802的本部分规定了采用改型马丁代尔法对织物起毛起球性能及表面变化的测定方法。

2 规范性引用文件

下列文件中的条款通过GB/T 4802的本部分的引用而成为本部分的条款。凡是注日期的引用文件,其随后所有的修改单(不包括勘误的内容)或修订版均不适用于本部分,然而,鼓励根据本部分达成协议的各方研究是否可使用这些文件的最新版本。凡是不注日期的引用文件,其最新版本适用于本部分。

GB/T 6529 纺织品 调湿和试验用标准大气(GB/T 6529—2008,ISO 139:2005,MOD)

GB/T 21196.1 纺织品 马丁代尔法织物耐磨性的测定 第1部分:马丁代尔耐磨试验仪(ISO 12947-1:1998,MOD)

3 术语和定义

下列术语和定义适用于GB/T 4802的本部分。

3.1

起毛 fuzzing

织物表面纤维凸出或纤维端伸出形成毛绒所产生的明显表面变化。

注:此变化可能发生在水洗、干洗、穿着或使用过程中。

3.2

毛球 pills

纤维缠结形成凸出于织物表面、致密的且光线不能透过并产生投影的球。

注:毛球的形成可能发生在水洗、干洗、穿着或使用过程中。

3.3

起球 pilling

织物表面产生毛球的过程。

3.4

起球次数 pilling rub

马丁代尔耐磨试验仪两个外侧驱动轮转动的圈数。

3.5

起球周期 pilling cycle

其轨迹形成一个完整李莎茹图形的平面运动,包括16次摩擦,即马丁代尔耐磨试验仪两个外侧驱动轮转动16圈,内侧驱动轮转动15圈。

4 原理

在规定压力下,圆形试样以李莎茹(Lissajous)图形的轨迹与相同织物或羊毛织物磨料织物进行摩擦。试样能够绕与试样平面垂直的中心轴自由转动。经规定的摩擦阶段后,采用视觉描述方式评定试样的起毛和或起球等级。

5 仪器

5.1 马丁代尔耐磨试验仪

见 GB/T 21196.1,按 5.2 进行改进。

试验仪由承载起球台的基盘和传动装置组成。传动装置由两个外轮和一个内轮组成,可使试样夹具导板按李莎茹图形进行运动。

试样夹具导板在传动装置的驱动下做平面运动,导板的每一点描绘相同的李莎茹图形。

李莎茹运动是由变化运动形成的图形。从一个圆到逐渐窄化的椭圆,直到成为一条直线,再由此直线反向渐进为加宽的椭圆直到圆,以对角线重复该运动。

试样夹具导板装配有轴承座和低摩擦轴承,带动试样夹具销轴运动。每个试样夹具销轴的最下端插入其对应的试样夹具接套,试样夹具由主体、试样夹具环和可选择的加载块组成。

仪器配有可预置的计数装置,以记录每个外轮的转数。一个旋转为一次摩擦,16 次摩擦形成一个完整的李莎茹图形。

5.2 驱动和基台配置

5.2.1 驱动

试样夹具导板带动试样夹具销轴运动,试样夹具的运动由下列装置产生:

a) 两个外侧同步传动装置的传动轴,距其中心轴的距离为(12±0.25)mm;

b) 中心传动装置的传动轴,距其中心轴的距离为(12±0.25)mm。

试样夹具导板沿纵向和横向的最大动程均为(24±0.5)mm。

5.2.2 计数器,记录起球次数,精确至 1 次。

5.2.3 起球台,每一组包括以下组件:

a) 起球台(见图 1);

b) 夹持环(见图 2);

c) 固定夹持环的夹持装置。

单位为毫米

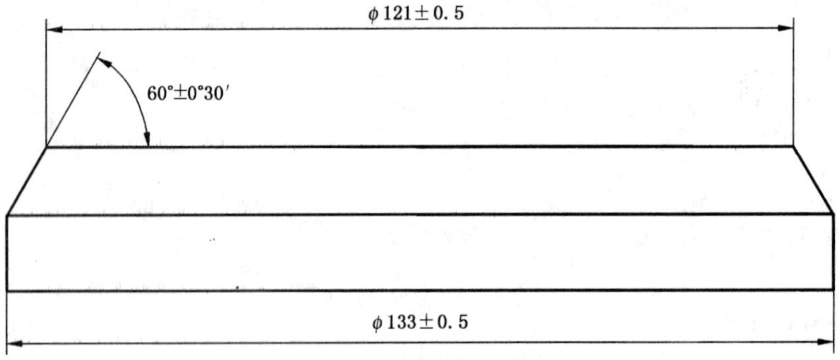

ϕ121±0.5
60°±0°30′
ϕ133±0.5

图 1 起球台

单位为毫米

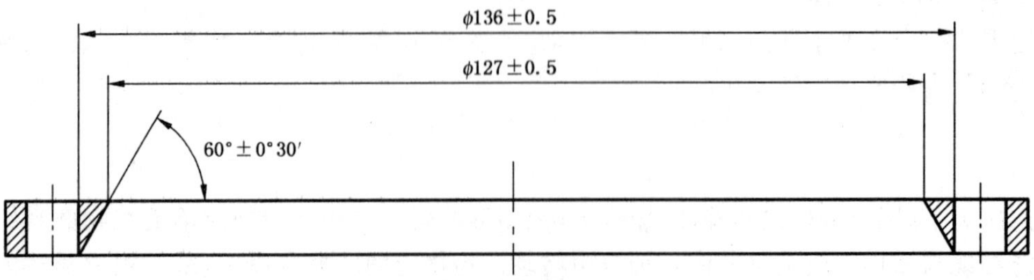

ϕ136±0.5
ϕ127±0.5
60°±0°30′

图 2 夹持环

5.2.4 试样夹具导板

试样夹具导板是一个平板，其上有约束传动装置的三个导轨。这三个导轨互相配合，保证试样夹具导板进行匀速、平稳和较小振动的运动。

试样夹具销轴插入固定在导板上的轴套内，并对准每个起球台。每个轴套配两个轴承。销轴在轴套内可自由转动但无空隙。

5.2.5 试样夹具

对每一个起球台，试样夹具组件包括以下器件：

a) 试样夹具(见图 3)；

b) 试样夹具环；

c) 试样夹具导向轴。

试样夹具组件的总质量应为(155±1)g。

单位为毫米

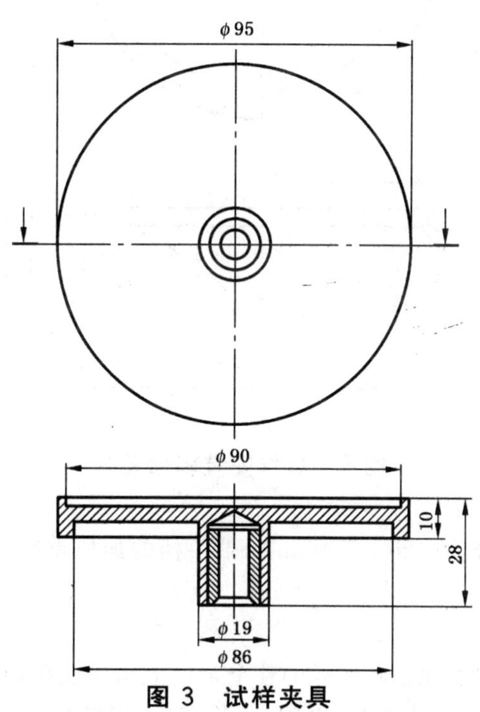

图 3 试样夹具

5.2.6 加载块

每一个起球台配备一个不锈钢的盘状加载块(见图 4)，其质量为(260±1)g。

单位为毫米

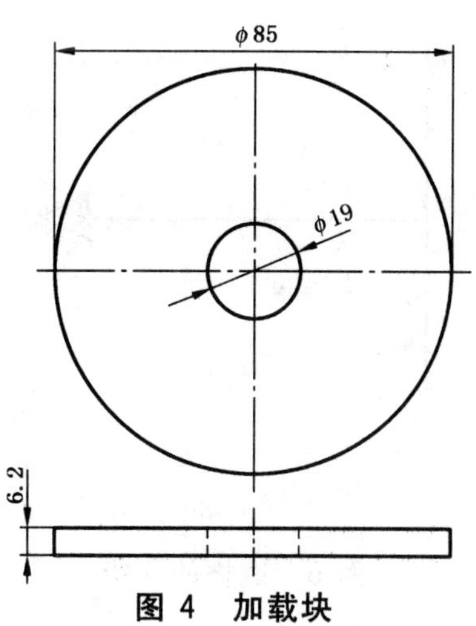

图 4 加载块

试样夹具与加载块的总质量为(415±2)g。

5.2.7 试样安装辅助装置

保证安装在试样夹具内的试样无褶皱所需要的设备(见图5)。

单位为毫米

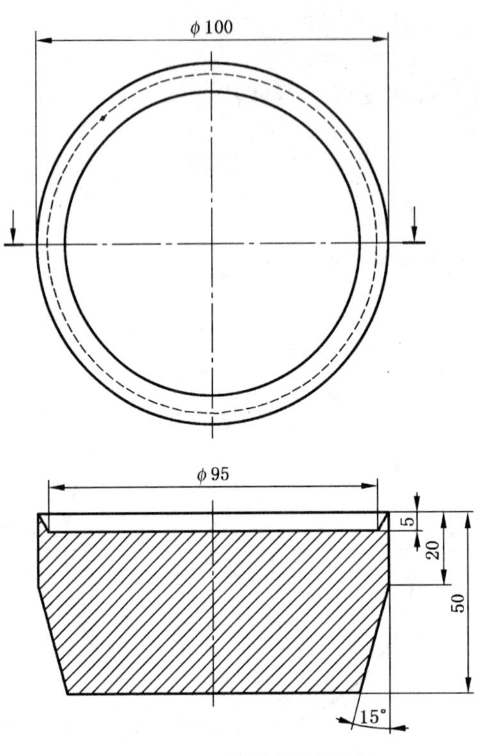

图5 试样安装辅助装置

5.2.8 加压重锤

质量为(2.5±0.5)kg、直径为(120±10)mm的带手柄的加压重锤,以确保安装在起球台上的试样或磨料没有折叠或不起皱折。

5.3 评级箱

用白炽荧光灯管或灯泡照明,保证在试样的整个宽度上均匀照明,并且应满足观察者不直视光线。照明装置与试样板应保持夹角为5°和15°之间(见图6)。正常校正视力的眼睛与试样的距离应在30 cm~50 cm。

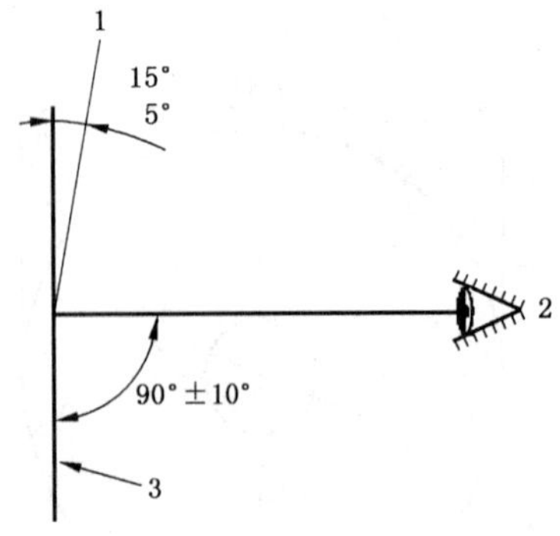

1——光源;

2——观察者;

3——试样。

图6 试样的评级

6 试验辅助材料

6.1 毛毡

按 GB/T 21196.1 要求，作为一组试样的支撑材料，有两种尺寸：

a) 顶部(试样夹具)：直径为(90±1)mm。

b) 底部(起球台)：直径为 140^{+5}_{0}mm。

6.2 磨料

用于摩擦试样，一般与试样织物相同。在某些情况下，如装饰织物，采用 GB/T 21196.1 规定的羊毛织物磨料，每次试验需更换新磨料。在试验报告中应说明所选的磨料。

将直径为 140^{+5}_{0}mm 的圆形磨料或边长为(150±2)mm 的方形磨料安装在每个磨台上。

7 调湿和试验用大气

调湿和试验用大气采用 GB/T 6529 规定的标准大气。

8 试样准备

8.1 预处理

如需预处理，可采用双方协议的方法水洗或干洗样品。

注：GB/T 8629 或 GB/T 19981.1 和 GB/T 19981.2 中的程序可能是适合的。

8.2 取样

注：取样时，试样之间不应包括相同的经纱和纬纱。

试样夹具中的试样为直径 140^{+5}_{0}mm 的圆形试样。起球台上的试样可以裁剪成直径为 140^{+5}_{0}mm 的圆形或边长为(150±2)mm 的方形试样。

在取样和试样准备的整个过程中的拉伸应力尽可能小，以防止织物被不适当地拉伸。

8.3 试样的数量

至少取 3 组试样，每组含 2 块试样，1 块安装在试样夹具中，另 1 块作为磨料安装在起球台上。如果起球台上选用羊毛织物磨料，则至少需要 3 块试样进行测试。如果试验 3 块以上的试样，应取奇数块试样。另多取 1 块试样用于评级时的比对样。

8.4 试样的标记

取样前在需评级的每块试样背面的同一点作标记，确保评级时沿同一个纱线方向评定试样。标记应不影响试验的进行。

9 步骤

9.1 总则

依据 GB/T 21196.1 的规定检查马丁代尔耐磨试验仪。在每次试验后检查试验所用辅助材料，并替换沾污或磨损的材料。

9.2 试样的安装

对于轻薄的针织织物，应特别小心，以保证试样没有明显的伸长。

9.2.1 试样夹具中试样的安装

从试样夹具上移开试样夹具环和导向轴。将试样安装辅助装置(5.2.7)小头朝下放置在平台上。将试样夹具环套在辅助装置上。

翻转试样夹具，在试样夹具内部中央放入直径为(90±1)mm 的毡垫。将直径为 140^{+5}_{0}mm 的试样，正面朝上放在毡垫上，允许多余的试样从试样夹具边上延伸出来，以保证试样完全覆盖住试样夹具的凹槽部分。

小心地将带有毡垫和试样的试样夹具放置在辅助装置的大头端的凹槽处，保证试样夹具与辅助装置紧密密合在一起，拧紧试样夹具环到试样夹具上，保证试样和毡垫不移动，不变形。

重复上述步骤，安装其他的试样。如果需要，在导板上，试样夹具的凹槽上放置加载块。

9.2.2 起球台上试样的安装

在起球台上放置直径为 140^{+5}_{0}mm 的一块毛毡，其上放置试样或羊毛织物磨料，试样或羊毛织物磨料的摩擦面向上。放上加压重锤，并用固定环固定。

9.3 起球测试

测试直到第一个摩擦阶段(见附录 A)。根据第 10 章中的要求进行第一次评定。评定时，不取出试样，不清除试样表面。

评定完成后，将试样夹具按取下的位置重新放置在起球台上，继续进行测试。在每一个摩擦阶段都要进行评估，直到达到附录 A 规定的试验终点。

10 起毛起球的评定

评级箱应放置在暗室中。

沿织物纵向将已测试样和一块未测试样(经或不经过前处理)并排放置在评级箱(见图 6)的试样板的中间。如果需要，采用胶带固定在正确的位置。已测试样放置在左边，未测试样放置在右边。如果测试样在起球测试前经过预处理，则对比样也应为经过预处理的试样。如果测试样在测试前未经过预处理，则对比样应为未经过预处理的试样。

为防止直视灯光，在评级箱的边缘，从试样的前方直接观察每一块试样进行评级。

依据表 1 中列出的级数对每一块试样进行评级。如果介于两级之间，记录半级，如，3.5。

注 1：由于评定的主观性，建议至少 2 人对试样进行评定。

注 2：在有关方的同意下可采用样照，以证明最初描述的评定方法。

注 3：可采用另一种评级方式，转动试样至一个合适的位置，使观察到的起球较为严重。这种评定可提供极端情况下的数据。如，将试样表面转到水平方向沿平面进行观察。

注 4：记录表面外观变化的任何其他状况。

表 1 视觉描述评级

级 数	状 态 描 述
5	无变化。
4	表面轻微起毛和(或)轻微起球。
3	表面中度起毛和(或)中度起球。不同大小和密度的球覆盖试样的部分表面。
2	表面明显起毛和(或)起球。不同大小和密度的球覆盖试样的大部分表面。
1	表面严重起毛和(或)起球。不同大小和密度的球覆盖试样的整个表面。

11 结果

记录每一块试样的级数，单个人员的评级结果为其对所有试样评定等级的平均值。

样品的试验结果为全部人员评级的平均值，如果平均值不是整数，修约至最近的 0.5 级，并用“—”表示，如 3—4。如单个测试结果与平均值之差超过半级，则应同时报告每一块试样的级数。

12 试验报告

试验报告应包含以下信息：

a) 本部分标准编号；

b) 样品的描述；

c） 采用的样品预处理；

d） 测试样品数量和评级人数；

e） 所用磨料；

f） 加载负荷；

g） 每一阶段的摩擦次数和起球等级；

h） 试验日期；

i） 起毛、起球或起毛起球的最终评定级数；

j） 经预处理后试样与未经过预处理试样相比，试样起毛、起球或起毛起球的评定级数；

k） 偏离本程序的细节。

附　录　A
（规范性附录）
起球试验分类

除有特别规定外，不同种类的纺织品应按表 A.1 进行起球试验。

表 A.1　起球试验分类

类别	纺织品种类	磨料	负荷质量/g	评定阶段	摩擦次数
1	装饰织物	羊毛织物磨料	415±2	1	500
				2	1 000
				3	2 000
				4	5 000
2[a]	机织物（除装饰织物以外）	机织物本身（面/面）或羊毛织物磨料	415±2	1	125
				2	500
				3	1 000
				4	2 000
				5	5 000
				6	7 000
3[a]	针织物（除装饰织物以外）	针织物本身（面/面）或羊毛织物磨料	155±1	1	125
				2	500
				3	1 000
				4	2 000
				5	5 000
				6	7 000
注：试验表明，通过 7 000 次的连续摩擦后，试验和穿着之间有较好的相关性。因为，2 000 次摩擦后还存在的毛球，经过 7 000 次摩擦后，毛球可能已经被磨掉了。					
[a] 对于 2、3 类中的织物，起球摩擦次数不低于 2 000 次。在协议的评定阶段观察到的起球级数即使为 4—5 级或以上，也可在 7 000 次之前终止试验（达到规定摩擦次数后，无论起球好坏均可终止试验）。					

参 考 文 献

[1] GB/T 8629 纺织品 试验用家庭洗涤及干燥程序

[2] GB/T 19981.1 纺织品 织物和服装的专业维护、干洗和湿洗 第1部分:干洗和整烫后性能的评价

[3] GB/T 19981.2 纺织品 织物和服装的专业维护、干洗和湿洗 第2部分:使用四氯乙烯干洗和整烫时性能试验的程序

纺织品　色牢度试验　耐水色牢度

1　范围

本标准规定了测定各类纺织品的颜色耐水浸渍能力的方法。

2　规范性引用文件

下列文件对于本文件的应用是必不可少的。凡是注日期的引用文件,仅注日期的版本适用于本文件。凡是不注日期的引用文件,其最新版本(包括所有的修改单)适用于本文件。

GB/T 250　纺织品　色牢度试验　评定变色用灰色样卡(GB/T 250—2008,ISO 105-A02:1993,IDT)

GB/T 251　纺织品　色牢度试验　评定沾色用灰色样卡(GB/T 251—2008,ISO 105-A03:1993,IDT)

GB/T 6151　纺织品　色牢度试验　试验通则(GB/T 6151—1997,eqv ISO 105-A01:1994)

GB/T 6682　分析实验室用水规格和试验方法 (GB/T 6682—2008,ISO 3696:1987,MOD)

GB/T 7568.1　纺织品　色牢度试验　毛标准贴衬织物规格(GB/T 7568.1—2002,ISO 105-F01:2001,MOD)

GB/T 7568.2　纺织品　色牢度试验　标准贴衬织物　第2部分:棉和粘胶纤维(GB/T 7568.2—2008,ISO 105-F02:2008,MOD)

GB/T 7568.3　纺织品　色牢度试验　标准贴衬织物　第3部分:聚酰胺纤维(GB/T 7568.3—2008,ISO 105-F03:2001,MOD)

GB/T 7568.4　纺织品　色牢度试验　聚酯标准贴衬织物规格(GB/T 7568.4—2002,ISO 105-F04:2001,MOD)

GB/T 7568.5　纺织品　色牢度试验　聚丙烯腈标准贴衬织物规格(GB/T 7568.5—2002,ISO 105-F05:2001,MOD)

GB/T 7568.6　纺织品　色牢度试验　丝标准贴衬织物规格(GB/T 7568.6—2002,ISO 105-F06:2000,MOD)

GB/T 7568.7　纺织品　色牢度试验　标准贴衬织物　第7部分:多纤维(GB/T 7568.7—2008,ISO 105-F10:1989,MOD)

GB/T 13765　纺织品　色牢度试验　亚麻和苎麻标准贴衬织物规格

FZ/T 01023　贴衬织物沾色程度的仪器评级方法(FZ/T 01023—1993,neq ISO 105-A04:1989)

FZ/T 01024　试样变色程度的仪器评级方法(FZ/T 01024—1993,neq ISO 105-A05:1992)

3　原理

将纺织品试样与两块规定的单纤维贴衬织物或一块多纤维贴衬织物组合一起,浸入水中,挤去水分,置于试验装置的两块平板中间,承受规定压力。分开干燥试样和贴衬织物,用灰色样卡或分光光度仪评定试样的变色和贴衬织物的沾色。

4 设备

4.1 试验装置,由一副不锈钢架(包括底座、弹簧压板)和底部面积为 60 mm×115 mm 的重锤配套组成,并附有尺寸约 60 mm×115 mm×1.5 mm 的玻璃板或丙烯酸树脂板。弹簧压板和重锤总质量约 5 kg,当(40±2)mm×(100±2)mm 的组合试样夹于板间时,可使组合试样受压 12.5 kPa±0.9 kPa。试验装置的结构应保证试验中移开重锤后,试样所受的压强保持不变。

如果组合试样的尺寸不是(40±2)mm×(100±2)mm,所用重锤对试样施加的压力仍应使试样受压 12.5 kPa±0.9 kPa。

可以使用能达到相同受压效果的其他装置。

4.2 烘箱:温度保持在 37 ℃±2 ℃ 。

4.3 贴衬织物(见 GB/T 6151),按 4.3.1 或 4.3.2,任选其一。

4.3.1 一块符合 GB/T 7568.7 的多纤维贴衬织物。

4.3.2 两块符合 GB/T 7568.1~GB/T 7568.6、GB/T 13765 相应章节的单纤维贴衬织物。

第一块用与试样相同的纤维制成,第二块则由表 1 规定的纤维制成。如试样为混纺或交织品,则第一块用主要含量的纤维制成,第二块用次要含量的纤维制成。或另作规定。

注:其他种类纤维可参照同类或相近纤维使用。

表 1 单纤维贴衬织物

第一块组成	第二块组成
棉	羊毛
羊毛	棉
丝	棉
麻	羊毛
粘纤	羊毛
聚酰胺	羊毛或棉
聚酯	羊毛或棉
聚丙烯腈	羊毛或棉

4.3.3 如需要,用一块不上色的织物(如聚丙烯类)。

4.4 评定变色用灰色样卡,符合 GB/T 250 规定。

4.5 评定沾色用灰色样卡,符合 GB/T 251 规定。

4.6 评定变色和沾色用分光光度仪,符合 FZ/T 01023 和 FZ/T 01024 规定。

4.7 分析天平:精确度 0.01 g。

4.8 一套 11 块玻璃或丙烯酸树脂板。

5 试剂

5.1 三级水,符合 GB/T 6682 的要求。

6 试样

6.1 对织物样品，按下述方法之一制备试样：

a) 取(40±2)mm×(100±2)mm 试样一块，正面与一块(40±2)mm×(100±2)mm 多纤维贴衬织物(4.3.1)相接触，沿一短边缝合，形成一个组合试样。

b) 取(40±2)mm×(100±2)mm 试样一块，夹于两块(40±2)mm×(100±2)mm 单纤维贴衬织物(4.3.2)之间，沿一短边缝合，形成一个组合试样。

6.2 对纱线或散纤维样品，取纱线或散纤维的质量约等于贴衬织物总质量的一半，并按下述方法之一制备组合试样：

a) 夹于一块(40±2)mm×(100±2)mm 多纤维贴衬织物及一块(40±2)mm×(100±2)mm 染不上色的织物(4.3.3)之间，沿四边缝合(见 GB/T 6151)，形成一个组合试样。

b) 夹于两块(40±2)mm×(100±2)mm 规定的单纤维贴衬织物之间，沿四边缝合，形成一个组合试样。

7 操作程序

7.1 在室温下，将组合试样平放在平底容器中，注入三级水(5.1)，使之完全浸湿，浴比为 50∶1。在室温下放置 30 min。不时揿压和拨动，以确保试液能良好而均匀的渗透。取出试样，倒去残液，用合适的方式(如两根玻璃棒)夹去组合试样上过多的试液。

将组合试样平置于两块玻璃或丙烯酸树脂板(4.8)之间，使其受压 12.5 kPa±0.9 kPa，放入已预热到试验温度的试验装置(4.1)中。

注：每台试验装置最多可同时放置 10 块组合试样进行试验，每块试样间用一块板隔开(共 11 块)。如少于 10 个试样，仍使用 11 块板，以保持压力不变。

7.2 把带有组合试样的试验装置(4.1)放入恒温箱(4.2)内，在(37±2)℃下保持 4 h，根据试验装置的类型使组合试样呈水平(图 1)或垂直(图 2)放置。

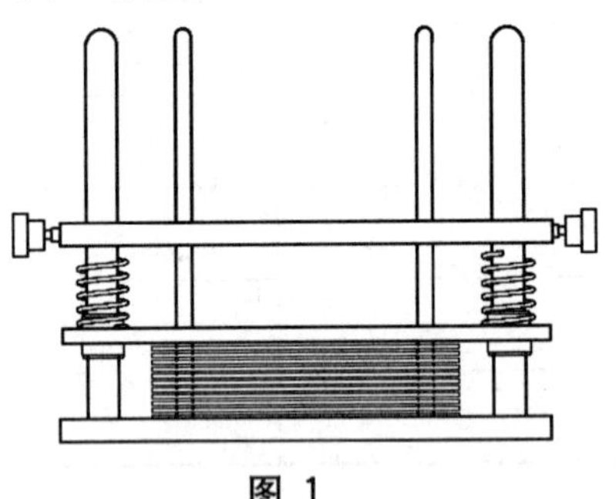

图 1

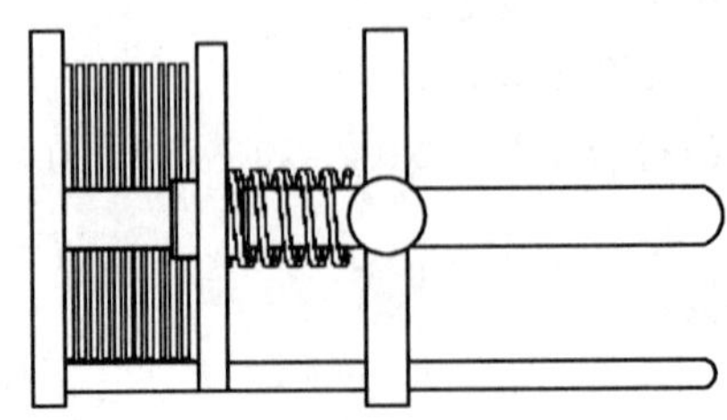

图 2

7.3　展开组合试样(如需要,断开缝线,使试样和贴衬仅在一条短边处连接),发现试样有干燥的迹象应弃去并重新测试,将组合试样悬挂在不超过 60 ℃的空气中干燥,试样和贴衬分开,仅在缝纫线处连接。

7.4　用灰色样卡(4.4、4.5)或分光光度仪(4.6)评定试样的变色和贴衬织物的沾色。

8　试验报告

试验报告应包括以下内容:

a)　本标准的编号,即 GB/T 5713—2013;

b)　样品描述;

c)　评定试样的变色级数及说明评级方法(目光法或仪器法);

d)　对单纤维贴衬织物,评定沾色级数及说明评级方法(目光法或仪器法);

e)　对多纤维贴衬织物,评定每种纤维沾色级数,说明所用多纤维贴衬织物类型级评级方法(目光法或仪器法);

f)　任何偏离本标准的细节。

纺织品　水萃取液 pH 值的测定

1　范围

本标准规定了纺织品水萃取液 pH 值的测定方法。

本标准适用于各种纺织品。

2　规范性引用文件

下列文件中的条款通过本标准的引用而成为本标准的条款。凡是注日期的引用文件，其随后所有的修改单(不包括勘误的内容)或修订版均不适用于本标准，然而，鼓励根据本标准达成协议的各方研究是否可使用这些文件的最新版本。凡是不注日期的引用文件，其最新版本适用于本标准。

GB/T 6682　分析实验室用水规格和试验方法(GB/T 6682—2008，ISO 3696:1987，MOD)

3　术语和定义

下列术语和定义适用于本标准。

3.1

pH 值　pH value

水萃取液中氢离子浓度的负对数。

4　原理

室温下，用带有玻璃电极的 pH 计测定纺织品水萃取液的 pH 值。

5　试剂

所有试剂均为分析纯。

5.1　蒸馏水或去离子水，至少满足 GB/T 6682 三级水的要求，pH 值在 5.0～7.5 之间。第一次使用前应检验水的 pH 值。如果 pH 值不在规定的范围内，可用化学性质稳定的玻璃仪器重新蒸馏或采用其他方法使水的 pH 值达标。酸或有机物质可以通过蒸馏 1 g/L 的高锰酸钾和 4 g/L 的氢氧化钠溶液的方式去除。碱(例如氨存在时)可以通过蒸馏稀硫酸去除。如果蒸馏水不是三级水，可在烧杯中以适当的速率将 100 mL 蒸馏水煮沸(10±1)min，盖上盖子冷却至室温。

5.2　氯化钾溶液，0.1 mol/L，用蒸馏水或去离子水(见 5.1)配制。

5.3　缓冲溶液，用于测定前校准 pH 计。可参照附录 A 的规定制备，与待测溶液的 pH 值相近。推荐使用的缓冲溶液 pH 值在 4、7 和 9 左右。

6　仪器设备

6.1　具塞玻璃或聚丙烯烧瓶：250 mL，化学性质稳定，用于制备水萃取液。

注：建议所用的玻璃器皿仅用于本试验，并单独放置，在闲置不用时用蒸馏水注满，下同。

6.2　机械振荡器：能进行旋转或往复运动以保证样品内部与萃取液之间进行充分的液体交换，往复式速率至少为 60 次/min，旋转式速率至少为 30 周/min。

6.3　烧杯：150 mL，化学性质稳定。

6.4　玻璃棒：化学性质稳定。

6.5　量筒：100 mL，化学性质稳定。

6.6 pH 计：配备玻璃电极，测量精度至少精确到 0.1。

6.7 天平：精度 0.01 g。

6.8 容量瓶：1 L，A 级。

7 试样制备

7.1 从批量大样中选取有代表性的实验室样品，其数量应满足全部测试样品。将样品剪成约 5 mm×5 mm 的碎片，以便样品能够迅速润湿。

7.2 避免污染和用手直接接触样品。每个测试样品准备 3 个平行样，每个称取(2.00±0.05)g。

8 测量步骤

8.1 水萃取液的制备

在室温下制备三个平行样的水萃取液：在具塞烧瓶(6.1)中加入一份试样和 100 mL 水(5.1)或氯化钾溶液(5.2)，盖紧瓶塞。充分摇动片刻，使样品完全湿润。将烧瓶置于机械振荡器(6.2)上振荡 2 h±5 min。记录萃取液的温度。

注 1：室温一般控制在 10 ℃～30 ℃范围内。

注 2：如果实验室能够确认振荡 2 h 与振荡 1 h 的试验结果无明显差异，可采用振荡 1 h 进行测定。

8.2 水萃取液 pH 值的测量

在萃取液温度下用两种或三种缓冲溶液校准 pH 计。

把玻璃电极浸没到同一萃取液(水或氯化钾溶液)中数次，直到 pH 示值稳定。

将第一份萃取液倒入烧杯，迅速把电极浸没到液面下至少 10 mm 的深度，用玻璃棒轻轻地搅拌溶液直到 pH 示值稳定(本次测定值不记录)。

将第二份萃取液倒入另一个烧杯，迅速把电极(不清洗)浸没到液面下至少 10 mm 的深度，静置直到 pH 示值稳定并记录。

取第三份萃取液，迅速把电极(不清洗)浸没到液面下至少 10 mm 的深度，静置直到 pH 示值稳定并记录。

记录的第二份萃取液和第三份萃取液的 pH 值作为测量值。

9 计算

如果两个 pH 测量值之间差异(精确到 0.1)大于 0.2，则另取其他试样重新测试，直到得到两个有效的测量值，计算其平均值，结果保留一位小数。

10 精密度

九个实验室联合对 7 个试样进行试验，经统计分析后得到下列结果：

使用水(5.1)作为萃取介质：再现性限 R=1.7 pH 单位。

使用氯化钾溶液(5.2)作为萃取介质：再现性限 R=1.1 pH 单位。

注 1：数据统计分析参照 GB/T 6379.2—2004《测量方法与结果的准确度(正确度与精密度)　第 2 部分：确定标准测量方法重复性与再现性的基本方法》。

注 2：当某种样品使用水和氯化钾溶液的测定结果发生争议时，推荐采用氯化钾溶液作为萃取介质的测定结果。

11 试验报告

试验报告应包括下列信息：

a) 样品描述；

b) 试验是按本标准进行的；

c) pH 平均值，精确到 0.1；

d) 使用的萃取介质（水或氯化钾溶液）；

e) 萃取介质的 pH 值；

f) 萃取液的温度；

g) 任何对结果可能产生影响的因素，包括妨碍试样润湿的现象等；

h) 测定日期。

附 录 A
（资料性附录）
标准缓冲溶液的制备

A.1 概要

所有试剂均为分析纯。配制缓冲溶液的水至少满足 GB/T 6682 三级水的要求，每月至少更换一次。

A.2 邻苯二甲酸氢钾缓冲溶液，0.05 mol/L(pH4.0)

称取 10.21 g 邻苯二甲酸氢钾($KHC_8H_4O_4$)，放入 1 L 容量瓶中，用去离子水或蒸馏水溶解后定容至刻度。该溶液 20 ℃的 pH 值为 4.00，25 ℃时为 4.01。

A.3 磷酸二氢钾和磷酸氢二钠缓冲溶液，0.08 mol/L (pH6.9)

称取 3.9 g 磷酸二氢钾(KH_2PO_4)和 3.54 g 磷酸氢二钠(Na_2HPO_4)，放入 1 L 容量瓶中，用去离子水或蒸馏水溶解后定容至刻度。该溶液 20 ℃的 pH 值为 6.87，25 ℃时为 6.86。

A.4 四硼酸钠缓冲溶液，0.01 mol/L (pH9.2)

称取 3.80 g 四硼酸钠十水合物($Na_2B_4O_7 \cdot 10H_2O$)，放入 1 L 容量瓶中，用去离子水或蒸馏水溶解后定容至刻度。该溶液 20 ℃的 pH 值为 9.23，25 ℃时为 9.18。

纺织品 织物胀破性能 第1部分：胀破强力和胀破扩张度的测定 液压法

1 范围

GB/T 7742的本部分规定了测定织物胀破强力和胀破扩张度的液压方法，包括测定调湿和浸湿两种试样胀破性能的程序。

本部分使用恒速泵的装置施加液压。气压法在GB/T 7742的第2部分中规定。

本部分适用于针织物、机织物、非织造布和层压织物，也适用于由其他工艺制造的各种织物。

现有数据表明，当压力不超过80 kPa时，采用液压和气压两种胀破仪器得到的胀破强力结果没有明显差异。这个压力范围包括了普通服装大多数的性能水平。对于要求胀破压力较高的特殊纺织品，液压仪更为适用。

2 规范性引用文件

下列文件中的条款通过GB/T 7742的本部分的引用而成为本部分的条款。凡是注日期的引用文件，其随后所有的修改单(不包括勘误的内容)或修订版均不适用于本部分，然而，鼓励根据本部分达成协议的各方研究是否可使用这些文件的最新版本。凡是不注日期的引用文件，其最新版本适用于本部分。

GB 6529 纺织品的调湿和试验用标准大气

GB/T 6682 分析实验室用水规格和试验方法(GB/T 6682—1992,neq ISO 3696:1987)

GB/T 19022 测量设备管理体系 测量过程和测量设备的要求(GB/T 19022—2003,ISO 10012:2003,IDT)

3 术语和定义

下列术语和定义适用于GB/T 7742的本部分。

3.1

试验面积 test area

试样在圆环夹持器内的面积。

3.2

胀破压力 bursting pressure (pressure at burst)

施加于与下垫膜片夹持在一起的试样上，直至试样破裂的最大压力。

3.3

胀破强力 bursting strength(strength at burst)

从平均胀破压力减去膜片压力得到的压力。

3.4

膜片压力 diaphragm pressure

在无试样的情况下，施加于膜片上使其达到试样平均胀破扩张度所需的压力。

3.5

胀破扩张度 bursting distension (distension at burst)

试样在胀破压力下的膨胀程度，以胀破高度或胀破体积表示。

3.6

胀破高度 height at burst

膨胀前试样的上表面与在胀破压力下试样的顶部之间的距离。

3.7

胀破体积 volume at burst

达到胀破压力时所需的液体体积。

3.8

胀破时间 time to burst

膨胀到试样破裂时所需的时间。

4 原理

将试样夹持在可延伸的膜片上，在膜片下面施加液体压力，使膜片和试样膨胀。以恒定速度增加液体体积，直到试样破裂，测得胀破强力和胀破扩张度。

5 试样

根据产品标准规定，或根据有关各方协议取样。如果产品标准中没有规定，作为示例，附录 A 中给出一个合适的选取试验面积的方法。试验面积应避免折叠、折皱、布边或不能代表织物的面积。使用的夹持系统一般不需要裁剪试样即可进行试验。

6 仪器

胀破仪的计量确认应根据 GB/T 19022 进行。胀破仪应符合以下要求：

6.1 仪器应具有在 100 cm^3/min～500 cm^3/min 范围内的恒定体积增长速率，精度为±10%。如果仪器没有配备调节液体体积的装置，可采用胀破时间 20s±5s，这种情况应在试验报告中注明。

6.2 胀破压力大于满量程的 20%时，其精度为满量程的±2%。

6.3 胀破高度小于 70 mm 时，其精度为±1 mm。试验开始时，测量隔距的零点应可调节，以适应试样厚度。

6.4 如果可显示胀破体积，精度应不超过示值的±2%。

6.5 试验面积应使用 50 cm^2(直径 79.8 mm)。

如果优先的试验面积在现有设备上不适用，或由于织物具有较大或较小的延伸性能，或有多方协议的其他要求，也可使用 100 cm^2(直径 112.8 mm)、10cm^2(直径 35.7 mm)、7.3 cm^2(直径 30.5 mm)等其他试验面积。

6.6 夹持装置应当提供可靠的试样夹持，使试验过程中没有试样的损伤、变形和滑移。夹持环应使高延伸织物(其胀破高度大于试样直径的一半)的圆拱不受阻碍。试样夹持环的内径精确至±0.2 mm，为避免试样损坏，建议夹持环与试样接触的内径边缘呈圆角。

6.7 在试验过程中，安全罩应能包围夹持装置，并能清楚地观察试验过程中试样的延伸情况。

6.8 膜片应符合下列要求：

——厚度小于 2 mm；

——具有高延伸性；

——膜片使用数次后，在胀破高度范围内应具有弹性(在试验过程中观察)；

——抵抗加压液体的性能。

7 调湿

预调湿、调湿和试验用大气应按 GB 6529 规定进行，采用 20℃±2℃和 65%±2%的温湿度。

湿态试验不要求预调湿和调湿。

8 试验步骤

8.1 样品在试验前，应按第7章规定在松弛状态下调湿。在试验过程中，保持试样在第7章中规定的调湿和试验用大气中。

8.2 试验面积为50 cm^2(见6.5)。

注1：对大多数织物，特别是针织物，试验面积50 cm^2 是合适的。对具有低延伸的织物(根据经验或预试验)，如产业用织物，推荐试验面积至少100 cm^2。当该条件不能满足或者不适合的情况下，如果双方协议，可使用6.5中的试验面积。

注2：要求在相同试验面积和相同的体积增长速率下进行比较试验。

8.3 设定恒定的体积增长速率在100 cm^3/min～500 cm^3/min之间。或进行预试验，调整试验的胀破时间为20 s±5 s。

8.4 将试样放置在膜片上，使其处于平整无张力状态，避免在其平面内的变形。用夹持环夹紧试样，避免损伤，防止在试验中滑移。将扩张度记录装置调整至零位，根据仪器的要求拧紧安全盖。对试样施加压力，直到其破坏。

试样破坏后，立即将仪器复位，记录胀破压力、胀破高度或胀破体积。如果试样的破坏接近夹持环的边缘，报告该事实。

在织物的不同部位重复试验，达到至少5个试验数量。如果双方同意，也可增加试验数量。

8.5 膜片压力的测定

采用与上述试验相同的试验面积、体积增长速率或胀破时间，在没有试样的条件下，膨胀膜片，直至达到有试样时的平均胀破高度或平均胀破体积。以此胀破压力作为“膜片压力”。

8.6 湿润试验

湿润试验的试样放在温度20℃±2℃、符合GB/T 6682的三级水中浸渍1 h，热带地区可使用GB 6529中规定的温度。也可用每升不超过1 g的非离子湿润剂的水溶液代替三级水。

将试样从液体中取出，放在吸水纸上吸去多余的水后，立即按8.2～8.5进行试验。

9 结果的计算和表示

9.1 计算胀破压力的平均值，以千帕(kPa)为单位。从该值中减去膜片压力(见8.5)，得到胀破强力，结果修约至三位有效数字。

9.2 计算胀破高度的平均值，以毫米(mm)为单位，结果修约至二位有效数字。

9.3 如果需要，计算胀破体积的平均值，以立方厘米(cm^3)为单位，结果修约至三位有效数字。

9.4 如果需要，计算胀破压力和胀破高度的变异系数 CV 值和95%的置信区间。修约变异系数 CV 值至最接近的0.1%，置信区间与平均值的有效数字相同。

10 试验报告

试验报告应包括以下内容：

10.1 一般内容

a) 本部分的编号；

b) 试样的描述和取样程序(如果需要)；

c) 胀破仪的型号；

d) 试验面积；

e) 体积增长速度或胀破时间；

f) 试样数量、接近夹持器的破坏数量和舍弃的试验数量；

g) 胀破性能的观察情况(如:一个或两个纱线方向破坏);

h) 试样状态(调湿或湿态);

i) 对本部分的任何偏离。

10.2 试验结果

a) 平均胀破强力;

b) 平均胀破高度;

c) 平均胀破体积(如果需要);

d) 相关的变异系数 CV 值(如果需要);

e) 相关的置信区间(如果需要)。

附 录 A
（资料性附录）
试验面积的选取

在没有织物取样的规定下，可采用图 A.1 给出的示例方法。

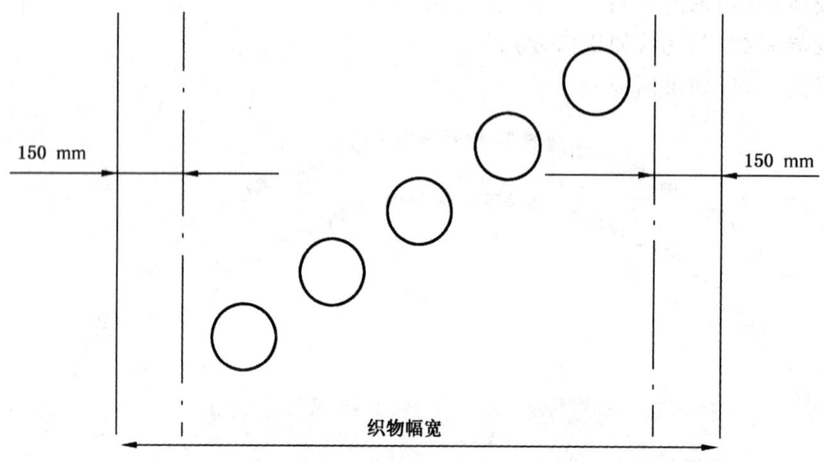

图 A.1 试验面积的建议部位

汽车内饰材料的燃烧特性

1 范围

本标准规定了汽车内饰材料水平燃烧特性的技术要求及试验方法。

本标准适用于汽车内饰材料水平燃烧特性的评定。

鉴于各种汽车内饰零件实际情况(零件应用部位、布置方法、使用条件、引火源等)和本标准中规定的试验条件之间有许多差别,本标准不适用于评价汽车内饰材料所有真实的车内燃烧特性。

2 术语和定义

2.1

燃烧速度 burning rate

按本标准规定测得的燃烧距离与燃烧此距离所用时间的比值,单位为毫米每分钟(mm/min)。

2.2

层积复合材料 composite material

若干层相似或不同材料,其表面之间由熔接、粘接、焊接等不同方法使全面紧密结合在一起的材料。

2.3

单一材料 exclusive material

由同种材料构成的均匀的整体材料。

若不同材料断续连接在一起(例如缝纫、高频焊接、铆接),这种材料应认为不是层积复合材料,每种材料均属单一材料。

2.4

暴露面 exposed side

零件装配在车内面向乘员的那一面。

2.5

内饰材料 interior materials

汽车内饰零件所用的单一材料或层积复合材料,如座垫、座椅靠背、座椅套、安全带、头枕、扶手、活动式折叠车顶、所有装饰性衬板(包括门内护板、侧围护板、后围护板、车顶棚衬里)、仪表板、杂物箱、室内货架板或后窗台板、窗帘、地板覆盖层、遮阳板、轮罩覆盖物、发动机罩覆盖物和其他任何室内有机材料,包括撞车时吸收碰撞能量的填料、缓冲装置等材料。

3 技术要求

内饰材料的燃烧特性必须满足以下技术要求:

燃烧速度不大于 100 mm/min。

4 试验方法

4.1 原理

将试样水平地夹持在 U 形支架上,在燃烧箱中用规定高度火焰点燃试样的自由端 15 s 后,确定试样上火焰是否熄灭,或何时熄灭,以及试样燃烧的距离和燃烧该距离所用时间。

4.2 试验装置及器具

4.2.1 燃烧箱

燃烧箱用钢板制成，结构示意图见图1，尺寸见图2。

燃烧箱的前部设有一个耐热玻璃观察窗，该窗可整块盖住前面，也可做成小型观察窗。

燃烧箱底部设10个直径为19 mm的通风孔，四壁靠近顶部四周有宽13 mm的通风槽。整个燃烧箱由4只高10 mm的支脚支承着。在燃烧箱顶部设有安插温度计的孔，此孔设在顶部靠后中央部位，中心距后面板内侧20 mm。

燃烧箱一端设有可封闭的开孔，此处可放入装有试样的支架，另一端则设一个小门，门上有通燃气管用的小孔，支撑燃气灯的支座及火焰高度标志板。

燃烧箱底部设有一只用于收集熔融滴落物的收集盘（见图3）。此盘放置在两排通风孔之间而又不影响通风孔的通风。

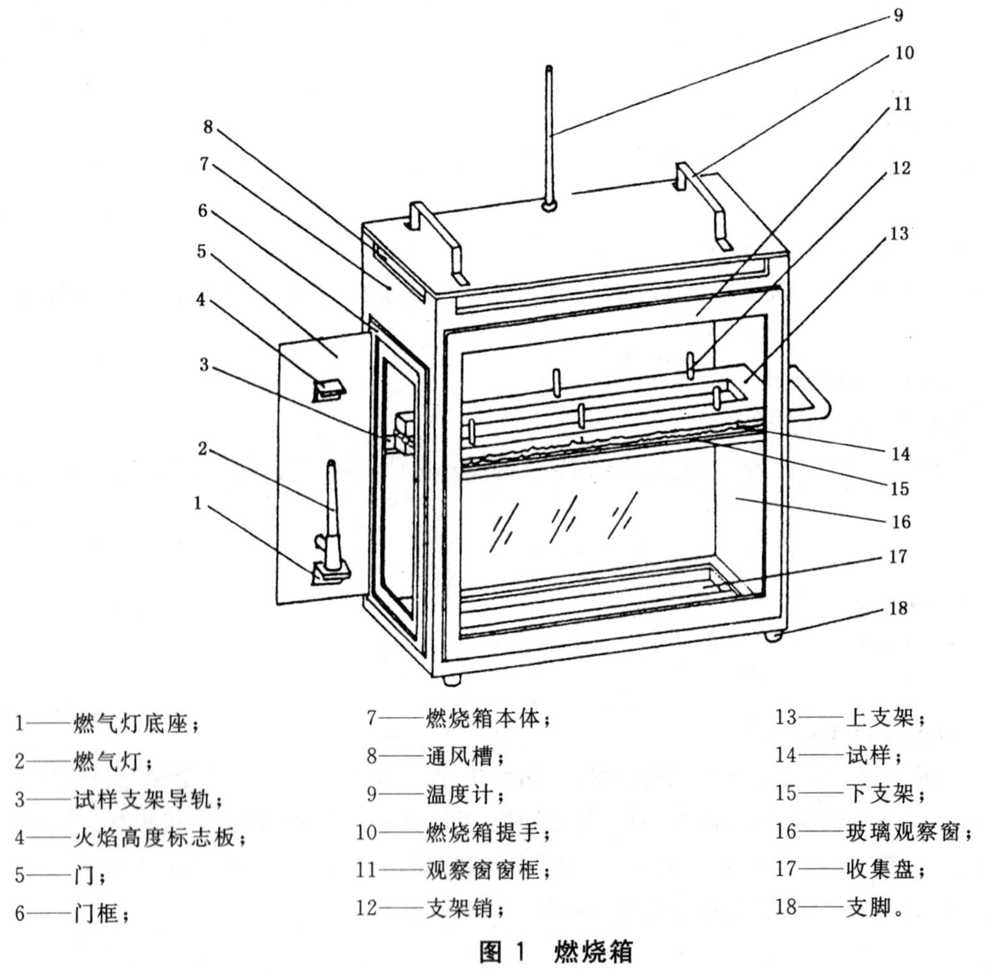

1——燃气灯底座；
2——燃气灯；
3——试样支架导轨；
4——火焰高度标志板；
5——门；
6——门框；
7——燃烧箱本体；
8——通风槽；
9——温度计；
10——燃烧箱提手；
11——观察窗窗框；
12——支架销；
13——上支架；
14——试样；
15——下支架；
16——玻璃观察窗；
17——收集盘；
18——支脚。

图1 燃烧箱

4.2.2 试样支架

试样支架由两块U形耐腐蚀金属板制成的框架组成，尺寸见图4。

支架下板装有6只销子，上板相应设有销孔，以保证均匀夹持试样，同时销子也作为燃烧距离的起点（第一标线）和终点（第二标线）的标记。

另一种支架的下板不仅设有6只销子，而且支架下板布有距离为25 mm的耐热金属支承线，线径0.25 mm（见图5），该种支架在特定情况下使用。

安装后的试样底面应在燃烧箱底板之上178 mm。试样支架前端距燃烧箱的内表面距离应为22 mm，试验支架两纵外侧离燃烧箱内表面距离为50 mm（见图2和图4）。

4.2.3 **燃气灯**

燃气灯是试验用火源，燃气灯喷嘴内径为 9.5 mm，其阀门结构应易于控制火焰高度，并易于调整火焰高度。

当燃气灯置于燃烧箱内时，其喷嘴口部中心处于试样自由端中心以下 19 mm 处(见图 2)。

4.2.4 **燃气**

为保证试验结果的可比性，供给燃气灯试验用可燃性气体最好使用液化气，也可采用燃烧后热值约为 35 MJ/m³～38 MJ/m³ 的其他可燃气体，例如天然气、城市煤气等。

当进行仲裁试验时，推荐使用液化气。

4.2.5 **金属梳**

金属梳的长度至少为 110 mm，每 25 mm 内有 7～8 个光滑圆齿。

4.2.6 **秒表**

测量时间所用秒表准确度不低于 0.5 s。

4.2.7 **温度计**

温度计量程应为 150℃以上，准确度为 1℃。

单位为毫米

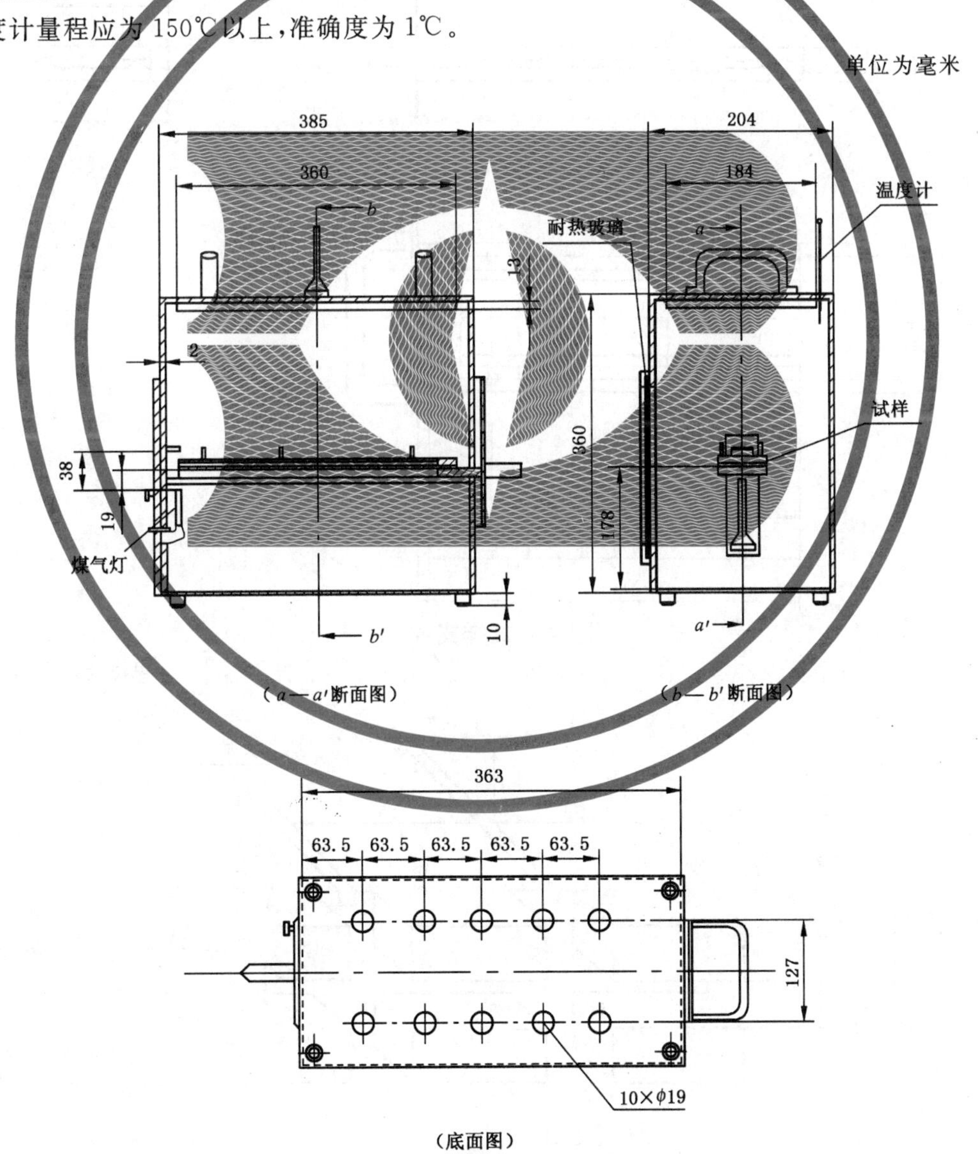

图 2 燃烧箱尺寸示意图

单位为毫米

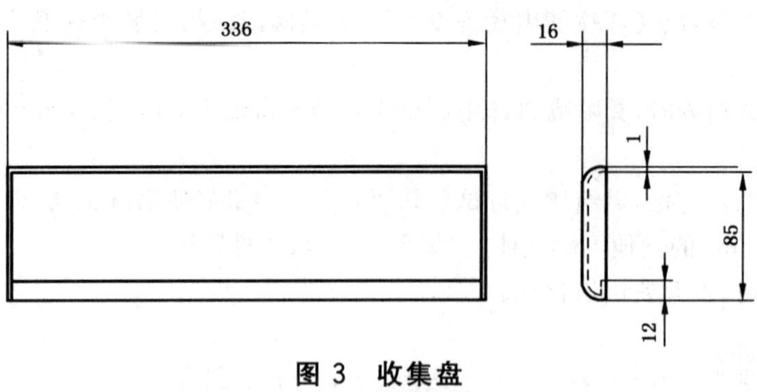

图 3 收集盘

单位为毫米

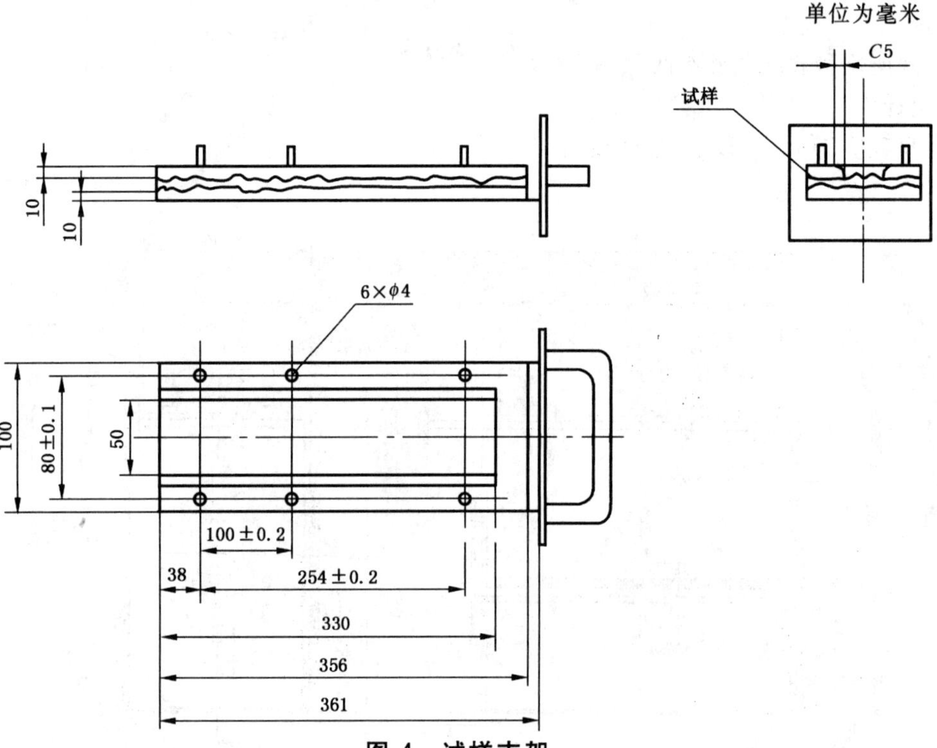

图 4 试样支架

单位为毫米

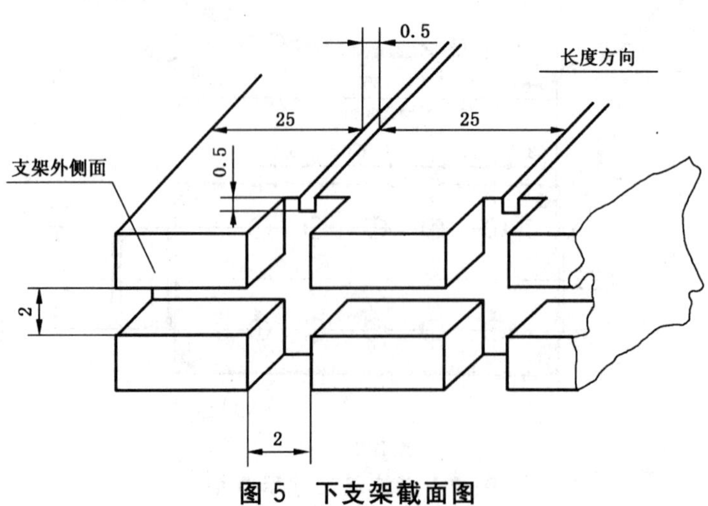

图 5 下支架截面图

4.2.8 **钢板尺**

钢板尺量程 400 mm 以上，准确度 1 mm。

4.2.9 **通风橱**

燃烧箱应放在通风橱中，通风橱内部容积为燃烧箱体积的 20 倍～110 倍，而且通风橱的长、宽、高的任一尺寸不得超过另外两尺寸中任一尺寸的 2.5 倍。

在燃烧箱最终确定位置的前后各 100 mm 处测量空气流过通风橱的垂直速度，该速度应在 0.10 m/s～0.30 m/s 之间。

4.3 **试样**

4.3.1 **形状和尺寸**

标准试样形状和尺寸见图 6。试样的厚度为零件厚度，但不超过 13 mm。

单位为毫米

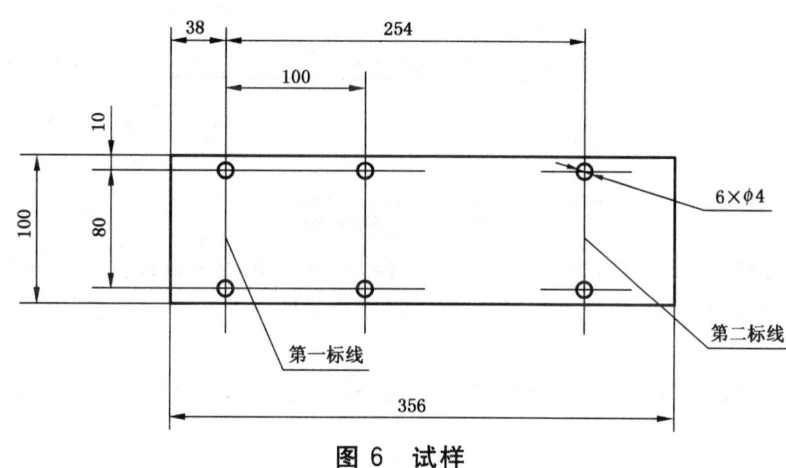

图 6 试样

以不同种类材料进行燃烧性能比较时，试样必须具有相同尺寸（长、宽、厚）。通常取样时必须使试样沿全长有相同的横截面。

当零件的形状和尺寸不足以制成规定尺寸的标准试样时，则应保证下列最小尺寸试样，但要记录：

a) 如果零件宽度介于 3 mm～60 mm，长度应至少为 356 mm。在这种情况下试样要尽量做成接近零件的宽度。

b) 如果零件宽度大于 60 mm，长度应至少为138 mm。此时，可能的燃烧距离相当于从第一标线到火焰熄灭时的距离或从第一条标线开始至试样末端的距离。

c) 如果零件宽度介于 3 mm～60 mm，且长度小于 356 mm 或零件宽度大于 60 mm，长度小于 138 mm，则不能按本标准试验；宽度小于 3 mm 的试样也不能按本标准进行试验。

4.3.2 **取样**

应从被试零件上取下至少 5 块试样。如果沿不同方向有不同燃烧速度的材料，则应在不同方向截取试样，并且要将 5 块（或更多）试样在燃烧箱中分别试验。取样方法如下：

a) 当材料按整幅宽度供应时，应截取包含全宽并且长度至少为 500 mm 的样品，并将距边缘 100 mm的材料切掉，然后在其余部分上彼此等距、均匀取样。

b) 若零件的形状和尺寸符合取样要求，试样应从零件上截取。

c) 若零件的形状和尺寸不符合取样要求，又必须按本标准进行试验，可用同材料同工艺制作结构与零件一致的标准试样（356 mm×100 mm），厚度取零件的最小厚度且不得超过 13 mm 进行试验。此试验结果不能用于鉴定、认证等情况，且必须在试验报告中注明制样情况。

d) 若零件的厚度大于 13 mm，应用机械方法从非暴露面切削，使包括暴露面在内的试样厚度为 13 mm。

e) 若零件厚度不均匀一致，应用机械方法从非暴露面切削，使零件厚度统一为最小部分厚度。

f) 若零件弯曲无法制得平整试样时，应尽可能取平整部分，且试样拱高不超过 13 mm；若试样拱高超过 13 mm，则需用同材料同工艺制作结构与零件一致的标准试样（356 mm×100 mm），厚度取零件的最小厚度且不得超过 13 mm 进行试验。

g) 层积复合材料应视为单一材料进行试验，取样方法同上。

h) 若材料是由若干层叠合而成，但又不属于层积复合材料，则应由暴露面起 13 mm 厚之内所有各层单一材料分别取样进行试验，取样示例见图 7。

单位为毫米

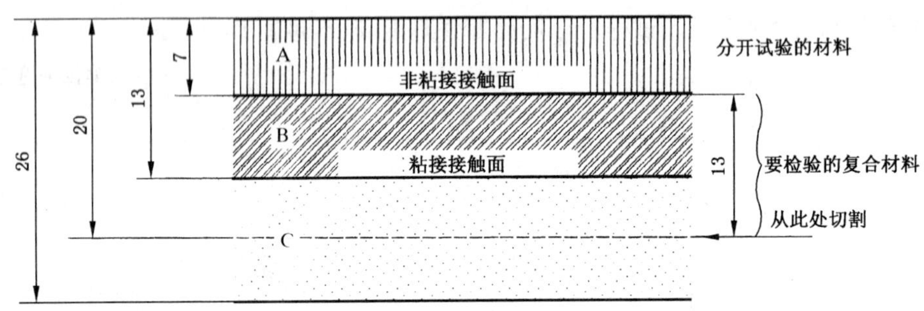

图 7　取样示例

如图 7 所示，材料 A 与材料 B 之间分界面未粘接，材料 A 单独进行试验。材料 B 在厚度 13 mm 以内，且与材料 C 紧密结合，所以材料 B、C 应作为层积复合材料，切取 13 mm 进行试验。

4.3.3　预处理

试验前试样应在温度 23℃±2℃和相对湿度 45%～55%的标准状态下状态调节至少 24 h，但不超过 168 h。

4.4　试验步骤

4.4.1　将预处理过的试样取出，把表面起毛或簇绒的试样平放在平整的台面上，用符合 4.2.5 规定的金属梳在起毛面上沿绒毛相反方向梳两次。

4.4.2　在燃气灯的空气进口关闭状态下点燃燃气灯，将火焰按火焰高度标志板调整，使火焰高度为 38 mm。在开始第一次试验前，火焰应在此状态下至少稳定地燃烧 1 min，然后熄灭。

4.4.3　将试样暴露面朝下装入试样支架。安装试样使其两边和一端被 U 形支架夹住，自由端与 U 形支架开口对齐。当试样宽度不足，U 形支架不能夹住试样，或试样自由端柔软和易弯曲会造成不稳定燃烧时，才将试样放在带耐热金属线的试样支架上进行燃烧试验。

4.4.4　将试样支架推进燃烧箱，试样放在燃烧箱中央，置于水平位置。在燃气灯空气进口关闭状态下点燃燃气灯，并使火焰高度为 38 mm，使试样自由端处于火焰中引燃 15 s，然后熄掉火焰（关闭燃气灯阀门）。

4.4.5　火焰从试样自由端起向前燃烧，在传播火焰根部通过第一标线的瞬间开始计时。注意观察燃烧较快一面的火焰传播情况，计时以火焰传播较快的一面为准。

4.4.6　当火焰达到第二标线或者火焰达到第二标线前熄灭时，同时停止计时，计时也以火焰传播较快的一面为准。若火焰在达到第二标线之前熄灭，则测量从第一标线起到火焰熄灭时的燃烧距离。燃烧距离是指试样表面或内部已经烧损部分的长度。

4.4.7　如果试样的非暴露面经过切割，则应以暴露面的火焰传播速度为准进行计时。

4.4.8　燃烧速度的要求不适用于切割试样所形成的表面。

4.4.9　如果从计时开始，试样长时间缓慢燃烧，则可以在试验计时 20 min 时中止试验，并记录燃烧时间及燃烧距离。

4.4.10　当进行一系列试验或重复试验时，下一次试验前燃烧箱内和试样支架最高温度不应超过 30℃。

4.5 计算

燃烧速度(V)按下式计算：

$$V = 60 \times (L/T)$$

式中：

V——燃烧速度，单位为毫米每分钟(mm/min)；

L——燃烧距离，单位为毫米(mm)；

T——燃烧距离 L 所用的时间，单位为秒(s)。

燃烧速度以所测 5 块或更多样品的燃烧速度最大值为试验结果。

4.6 结果表示

4.6.1 如果试样暴露在火焰中 15 s，熄灭火源试样仍未燃烧，或试样能燃烧，但火焰达到第一测量标线之前熄灭，无燃烧距离可计，则被认为满足燃烧速度要求，结果均记为 A-0 mm/min。

4.6.2 如果从试验计时开始，火焰在 60 s 内自行熄灭，且燃烧距离不大于 50 mm，也被认为满足燃烧速度要求，结果记为 B。

4.6.3 如果从试验计时开始，火焰在两个测量标线之间熄灭，为自熄试样，且不满足 4.6.2 项要求，则按 4.5 项要求进行燃烧速度的计算，结果记为 C-燃烧速度实测值 mm/min。

4.6.4 如果从试验计时开始，火焰燃烧到达第二标线，或者存在 4.4.9 项情况(主动结束试验)，则按 4.5 项要求进行燃烧速度的计算，结果记为 D-燃烧速度实测值 mm/min。

4.6.5 如果出现试样在火焰引燃 15 s 内已经燃烧并到达第一标线，则认为试样不能满足燃烧速度的要求，结果记为 E。

5 试验报告

试验报告应包括下列内容：

a) 材料种类、零件名称、来源、试验日期、试验者；

b) 样品颜色、编号；

c) 材料组成；

d) 试样尺寸、层积复合材料各层厚度，试样在产品中的方向；

e) 试样数量；

f) 试验结果：燃烧距离、燃烧时间、燃烧速度。燃烧特性值是否符合标准要求；

g) 是否用支撑线；

h) 与本标准规定不同的试验条件的记载。

中华人民共和国国家标准

纺织品　燃烧性能 织物表面燃烧时间的测定

GB/T 8745—2001
eqv ISO 10047:1993
代替 GB/T 8745—1988

Textiles—Burning behaviour—Determination of surface burning time of fabrics

1　范围

本标准规定了纺织织物表面燃烧时间的测定方法。

本标准适用于表面具有绒毛(例如起绒、毛圈、簇绒或类似表面)的纺织织物。

2　定义

本标准采用下列定义。

2.1　表面燃烧　surface burn

仅限于材料表面的燃烧。

2.2　表面燃烧时间　surface burning time

在规定条件下,织物上的绒毛燃烧至规定距离所需的时间。

3　原理

在规定的试验条件下,在接近顶部处点燃夹持于垂直板上的干燥试样的起绒表面,测定火焰在织物表面向下蔓延至标记线的时间。

注:表面绒毛燃烧的火焰更容易向下或两边蔓延,而不易向上蔓延。这是因为燃烧产物的覆盖作用,使火焰上方的绒毛不易燃烧。

4　试验人员的健康和安全

纺织品的燃烧可能会产生影响操作人员健康的烟雾和有毒气体,每一次试验后应采取适当的措施,使其回复到所需的试验条件。

5　设备和材料

5.1　试验装置的构成

燃烧产生的烟雾具有腐蚀性,试验装置应由不受烟雾侵蚀影响且易清洁的材料构成。

5.2　试样夹持器

试样夹持器由约 150 mm 长,75 mm 宽和 3 mm 厚的不锈钢板(见图 1)及 3 mm 厚的不锈钢框架组成,使露出的受试织物表面为 125 mm×50 mm。框架上应有标记线,其位于试样点火处下方 75 mm 的位置上。

国家质量技术监督局 2001-02-26 批准　　　　2001-09-01 实施

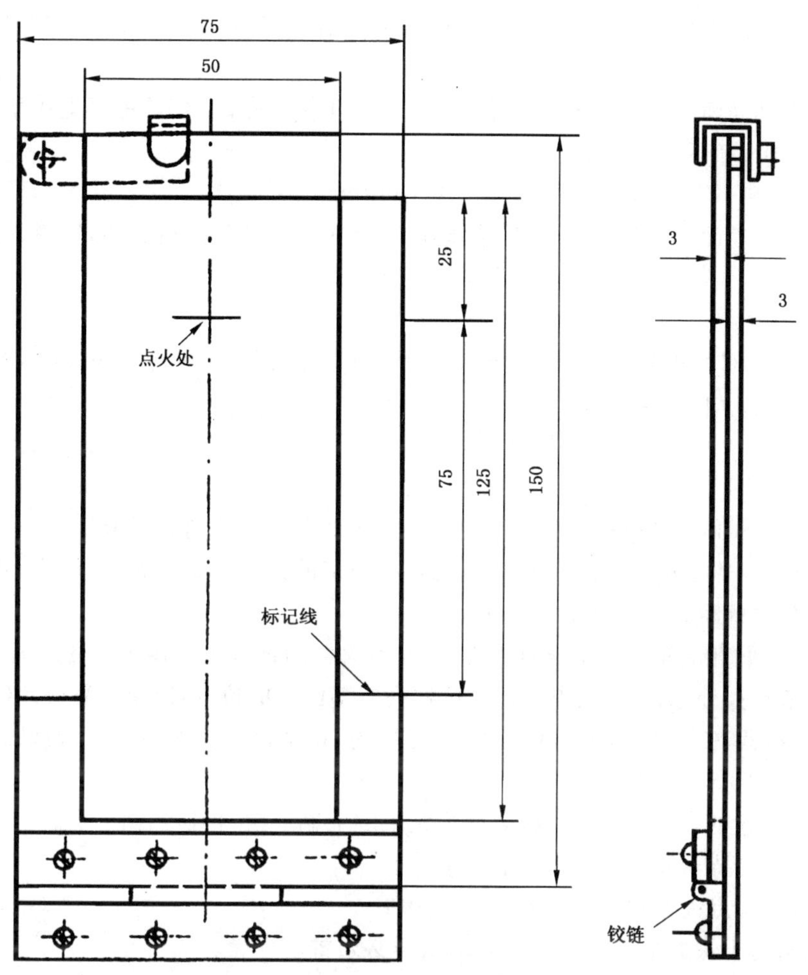

图 1 试样夹持器

5.3 气体点火器

气体点火器的描述见附录 A。

注：点火器的设计和尺寸的微小差异会影响火焰的形状，从而影响到试验结果。

5.4 气体

工业用丁烷或丙烷或丁烷/丙烷混合气体。

5.5 计时装置

计时装置用来控制和测量对试样的点火时间(1.0 s±0.1 s)。

5.6 刷毛装置

刷毛装置的描述见附录 B。

5.7 烘箱

应能保持 105℃±2℃的烘干温度。

5.8 干燥器

应能储存干燥试样。

6 试验场所

在试验开始时，试验场所的空气流动速度应小于 0.2 m/s，试验期间也不应受运转着的机械设备的影响。试验场所周围应有足够的空间，使其不致因氧浓度的减少而影响试验。

7 试样及调湿

7.1 尺寸

每块试样的尺寸为 150 mm×75 mm，若织物的宽度小于 75 mm，则应剪取全幅进行测试。

7.2　数量

样品的每个受试表面至少剪取 8 块试样，纵、横向各 4 块试样。当织物的幅宽小于 150 mm 时，可只测一个方向，即纵向。

7.3　织物的状态

如果试样不呈现表面燃烧时，可以另剪取试样，按有关双方协议进行清洁，这些试样应标明“清洁后试样”。

7.4　试样的调湿

试样在 105℃±2℃的烘箱中干燥不少于 1 h，然后在干燥器中至少冷却 30 min，每一块试样从干燥器中取出后，应在 1 min 内开始试验。

8　试验步骤

8.1　在温度为 10℃～30℃和相对湿度为 15%～80%的大气条件下进行试验。

8.2　点着点火器并预热 2 min。垂直放置点火器，在微暗的光线下观察火焰，调节火焰高度，使点火器顶端至黄色火焰尖端的距离为 40 mm±2 mm。

8.3　放置点火器与垂直试样夹持器表面成直角，使点火器的顶端离试样表面的距离为 15 mm，并使火焰对准夹持器后板点火处标记，标出点火器与试样夹持器已定的位置，以便可复得此位置。

8.4　冷却试样夹持器，使其与环境温度之差在 5℃以内，将试样夹在夹持器中，如果绒毛的方向为长度方向，则应使表面绒毛指向下方。

8.5　用附录 B 中描述的刷毛装置将试样表面的绒毛顺毛刷一次，再逆毛刷一次。

8.6　将装有试样的夹持器放回到 8.3 确定的位置上。

8.7　用计时装置控制点火器对试样点火 1.0 s±0.1 s。

如果试样从封闭干燥器中取出超过 1 min，试样必须重新干燥。

8.8　观察并记录绒毛是否被点燃并使火焰蔓延，如果蔓延，则测量蔓延至点火处下方 75 mm 处标记线的时间。

8.9　对其他试样进行试验，在每一次试验前应确保试样夹持器冷却(见 8.4)、清洁和干燥。

8.10　如果 8 块试样中仅一块试样表现为表面燃烧，那么另取 8 块试样试验。

9　试验报告

该试验报告应包括下列内容：

a) 试验是按本标准进行的，如有变动要说明细节；

b) 试样的描述；

c) 如果试样宽度小于 75 mm，应注明宽度；

d) 试样的状态：即“原样”或“清洁后试样”，使用的清洁方法；

e) 试样的绒毛是否被点燃；是否使火焰蔓延；

f) 表面绒毛的火焰是否在到达标记线前熄灭，未到达标记线的试样数量；

g) 每个试样表面绒毛燃烧到标记线的时间，织物的受试方向，测得的最小值(如果按 8.10 重新试验后，仅有一个试样燃烧到达标记线，则记为无表面燃烧时间)。如果表面绒毛在点火期间燃烧到标记线，那么表面燃烧时间记为小于 1 s；

h) 试验时的环境温度和相对湿度；

i) 试验日期及试验人员；

j) 注明：试验结果不适用于评定织物在实际火灾中所受的危害。

附　录　A
（标准的附录）
点火器的描述和结构

A1　描述

点火器能提供适当尺寸的火焰，火焰高度可以在 10 mm～60 mm 间进行调节。

A2　结构

点火器的结构如图 A1a)所示，它由三部分组成。

A2.1　气体喷嘴

气体喷嘴[见图 A1b)]的喷嘴口径是 0.19 mm±0.02 mm，喷嘴口应从两端钻成，并磨光两端的所有毛刺，但不要磨成圆角。

A2.2　点火器管

点火器管[见图 A1d)]由四部分组成：

a) 空气室；

b) 气体混合区；

c) 扩散区；

d) 气体出口。

在空气室内，点火器管有四个直径为 4 mm 的空气入口小孔，孔的前部边缘与喷嘴的顶端接近水平。

扩散区呈锥形，其尺寸如图 A1d)所示。点火器孔腔内径为 1.7 mm，出口内径为 3.0 mm。

A2.3　火焰稳定器

火焰稳定器如图 A1c)所示。

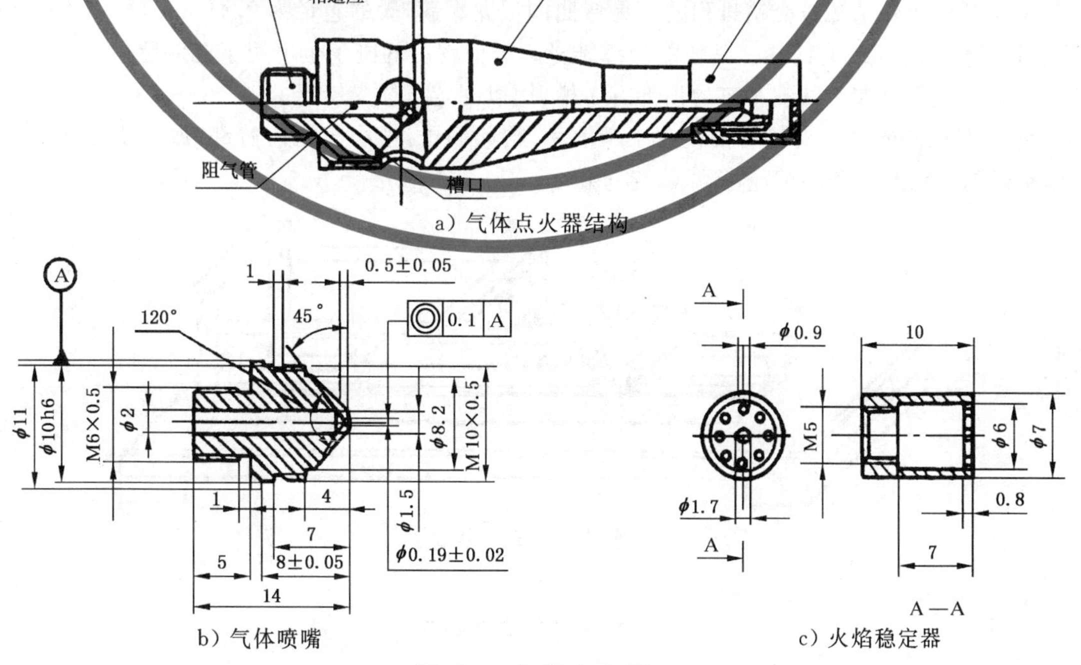

a) 气体点火器结构

b) 气体喷嘴　　c) 火焰稳定器

图 A1　气体点火器

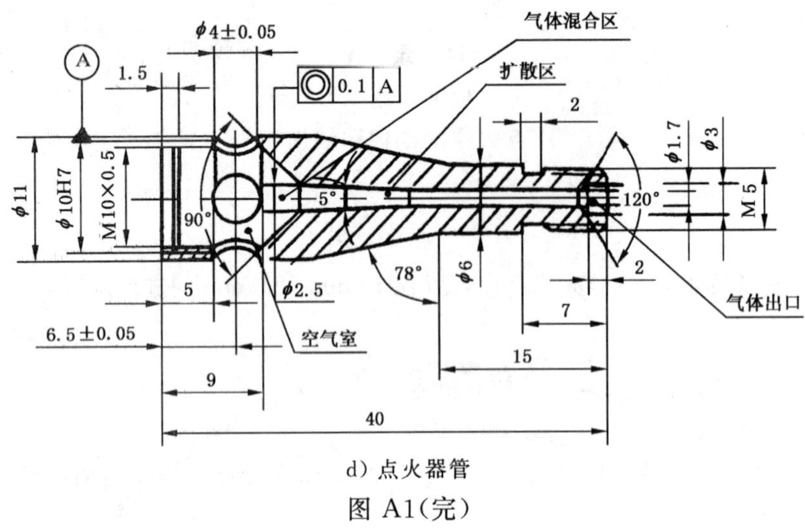

d) 点火器管

图 A1(完)

附 录 B
（标准的附录）
刷 毛 装 置

B1 范围

本附录描述一种刷毛装置，在试验表面燃烧时间前用以使绒毛织物表面的纤维竖起。

B2 刷毛装置

B2.1 刷毛装置(见图 B1)包括一块底板，在其上面有一可牵拉的小车，此小车运行在装于底板上表面边缘的平行导轨上，刷子用销钉铰链铰接于底板的后边，垂直放置在小车上，压力为 1.5 N±0.05 N。

B2.2 适用的刷子包括二排交错排列的不易弯曲的尼龙鬃簇，鬃的直径为 0.41 mm，长为 19 mm，每簇有 20 根鬃，每个 25 mm 有 4 簇。其他能使纤维竖起类似程度的刷子也可用于此装置中。

B2.3 当刷毛操作时在可移动小车的顶部有一槽，用以固定试样夹持器。

B2.4 将装有试样的试样夹持器安放在小车上后，抬起刷子，把小车推向后部，放下刷子至试样表面。然后用手以匀速向前拉动小车，直至试样越过刷子。

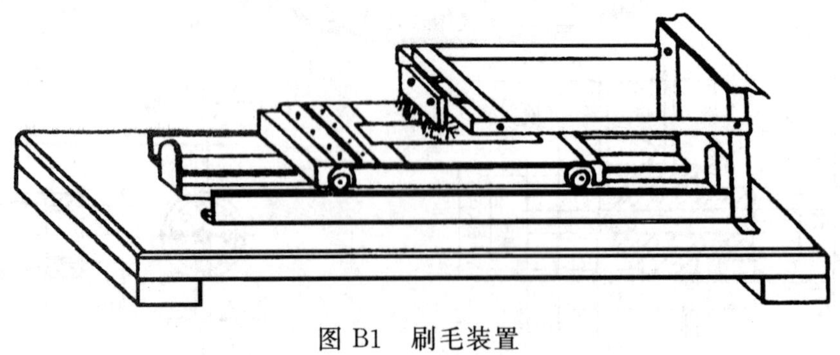

图 B1 刷毛装置

纺织品　燃烧性能
垂直方向试样易点燃性的测定

1　范围

本标准规定了纺织品垂直方向易点燃性的试验方法。

本标准适用于各类单层或多层(如涂层、绗缝、多层、夹层和类似组合)纺织织物及其产业用制品。

本标准适用于评定在实验室控制条件下,纺织织物与火焰接触时的性能。但可能不适用于空气供给不足的场合或在大火中受热时间过长的情况。

接缝对于织物燃烧性能的影响可以用该方法测定,接缝位于试样上,以承受试验火焰。只要可行,装饰件宜作为织物组合件的一部分进行试验。

2　规范性引用文件

下列文件中的条款通过本标准的引用而成为本标准的条款。凡是注日期的引用文件,其随后所有的修改单(不包括勘误的内容)或修订版均不适用于本标准,然而,鼓励根据本标准达成协议的各方研究是否可使用这些文件的最新版本。凡是不注日期的文件,其最新版本适用于本标准。

GB/T 3291.3　纺织　纺织材料性能和试验术语　第3部分:通用

GB/T 6529　纺织品　调湿和试验用标准大气(GB/T 6529—2008,ISO 139:2005,MOD)

3　定义

GB/T 3291.3确立的以及下列术语和定义适用于本标准。

3.1

点火时间　flame application time

点火源的火焰施加到试样上的时间。

3.2

续燃时间　afterflame time

在规定的试验条件下,移开点火源后材料持续有焰燃烧的时间。

注:续燃时间精确到整数,续燃时间小于1.0 s宜记录为0。

3.3

点燃　ignition

燃烧开始。

3.4

持续燃烧　sustained combustion

续燃时间大于或等于5 s,或者在5 s内续燃到达顶部或垂直边缘。

3.5

最小点燃时间　minimum ignition time

在规定的试验条件下,材料暴露于点火源中获得持续燃烧所需的最短时间。

4　原理

用规定点火器产生的火焰,对垂直方向的试样表面或底边点火,测定从火焰施加到试样上至试样被点燃所需的时间,并计算平均值。

5 仪器

5.1 支承架

支承架应能使气体点火器(5.2,见图 1)和试样框架(5.3,见图 2)之间保持规定的相对位置(见图 3)。

单位为毫米

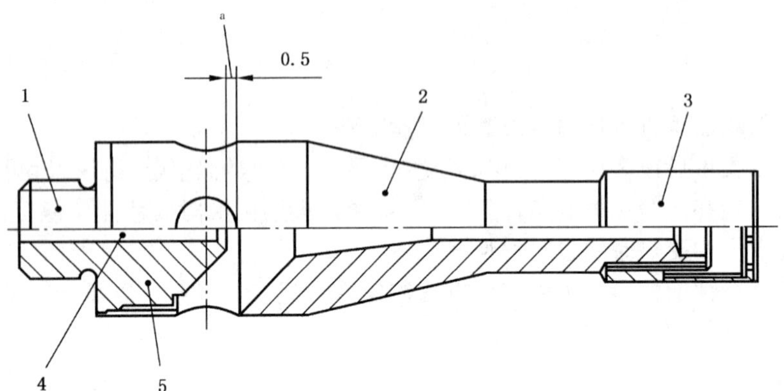

a) 气体点火器结构

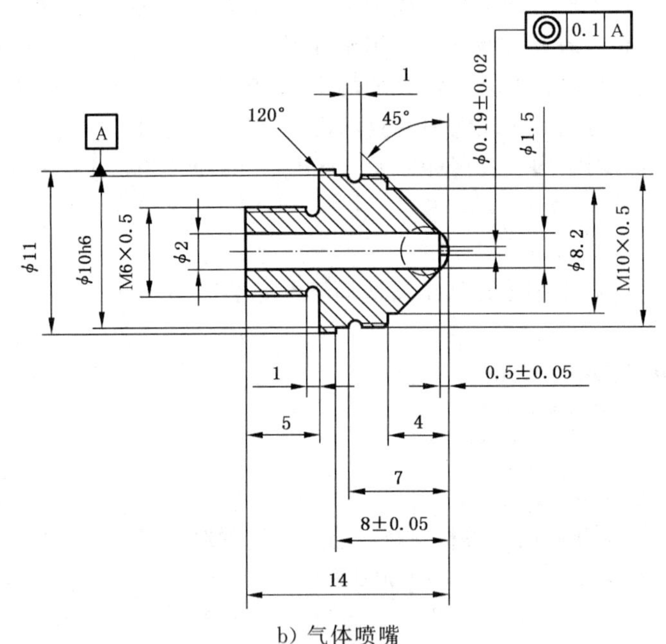

b) 气体喷嘴

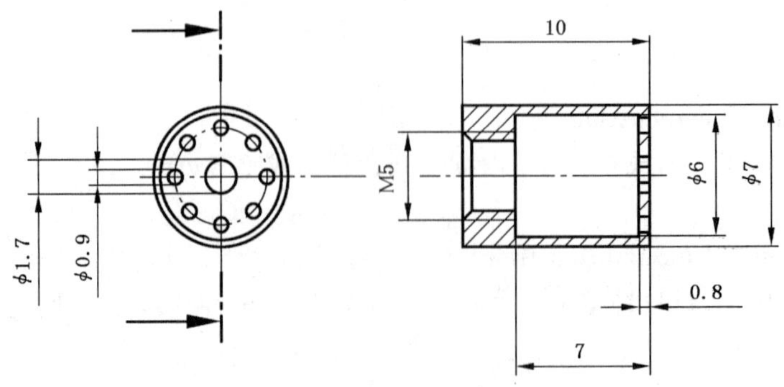

c) 火焰稳定器

图 1 气体点火器

单位为毫米

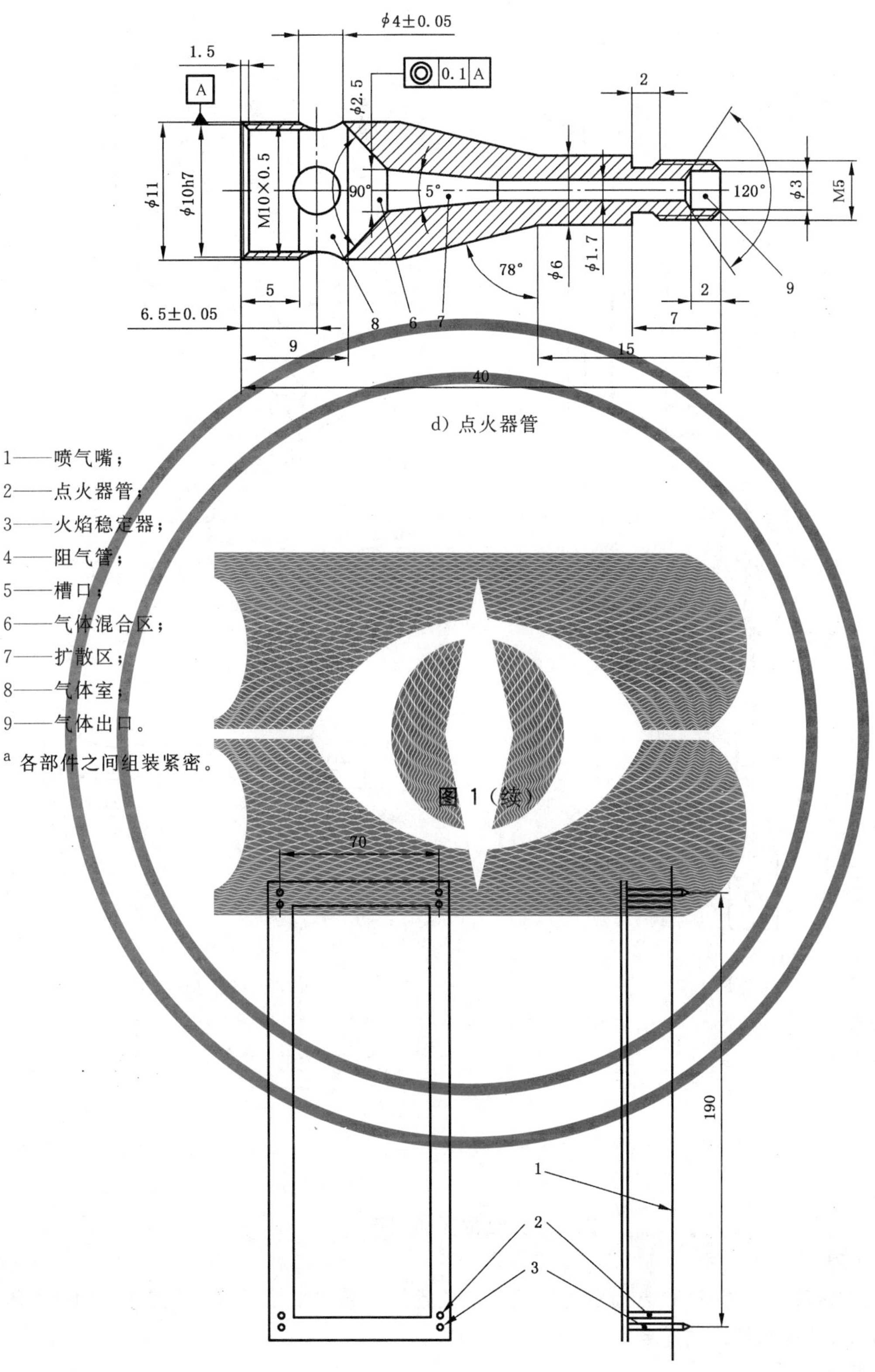

d) 点火器管

1——喷气嘴；

2——点火器管；

3——火焰稳定器；

4——阻气管；

5——槽口；

6——气体混合区；

7——扩散区；

8——气体室；

9——气体出口。

[a] 各部件之间组装紧密。

图 1（续）

1——试样；

2——定位圆柱；

3——固定针。

图 2　试样框架

单位为毫米

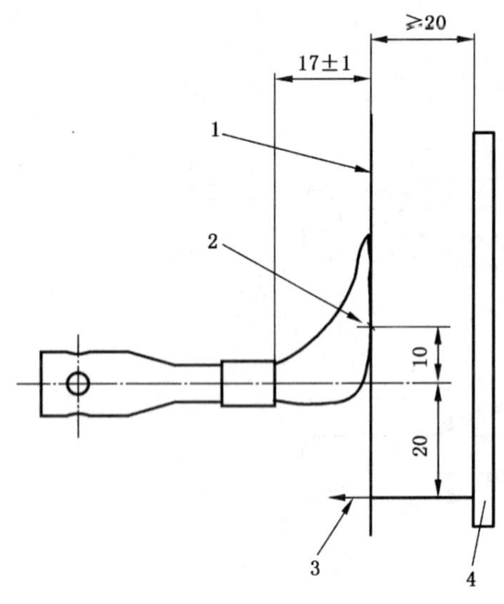

a) 表面点火

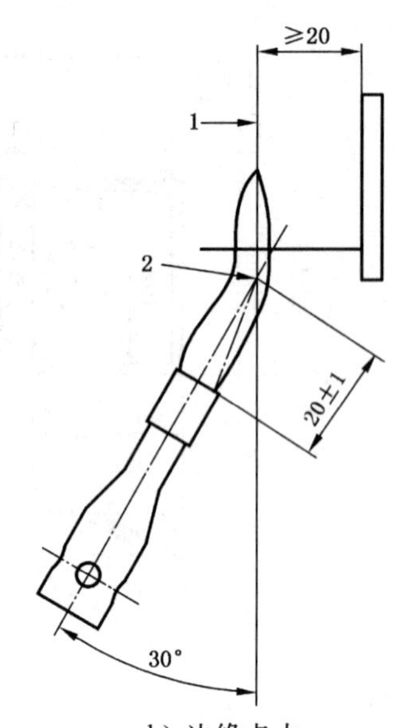

b) 边缘点火

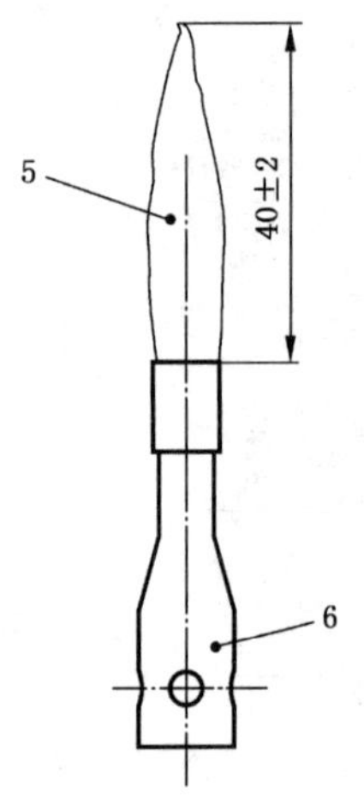

c) 垂直火焰高度

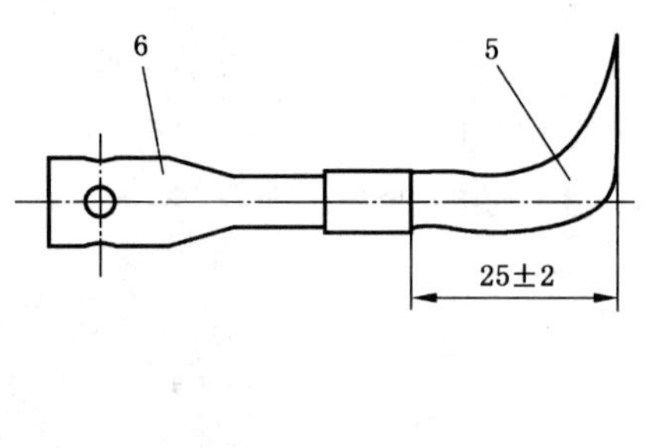

d) 火焰的水平延伸

1——织物试样；

2——名义上的点火点；

3——固定针；

4——支承架；

5——火焰；

6——点火器。

图 3 火焰位置和调节

5.2 气体点火器

气体点火器的描述见附录 A，点火器可以从预备位置移动到水平位置或者倾斜位置上(见图 3)。在预备位置时，点火器顶端距试样至少 75 mm。

5.3 试样框架

试样框架(见图 2)由 190 mm×70 mm 的矩形金属框架构成，它的四个角上都有支撑试样的固定针，固定针的最大直径是 2 mm，长度至少 26 mm。

注：对于较厚或多层试样需要加长固定针。

为了使试样平面距支承架至少 20 mm(见 9.1.1 和 9.1.2)，在每个固定针的附近要安装直径为

2 mm，长度至少 20 mm 的定位圆柱。

5.4 模板

刚性平型模板由适当的材料构成，其大小与试样尺寸相适应。在模板的四个角上钻有直径约4 mm 的小孔，孔与孔之间的距离和试样框架上固定针之间的距离一致（见图 2）。小孔位于模板的垂直中心线等距离处。

5.5 气体

工业用丙烷或丁烷或丙烷/丁烷混合气体。

注：推荐使用工业用丙烷，但也可用其他气体。

5.6 计时装置

计时装置用来控制和测定火焰施加时间，可以设定为 1 s，并能以 1 s 的间隔调节。精度至少 0.2 s。

6 注意事项

6.1 试验装置的构成

某些燃烧产物具有腐蚀性，试验装置应由不受烟雾侵蚀影响的材料构成。

6.2 试验仪器的放置

试验场所环境空气量应不对试验产生任何影响。试验柜为前开门式箱体，箱体的任一壁距离试样的位置至少 300 mm。

6.3 试验人员的健康和安全

纺织品的燃烧可能会产生影响操作人员健康的烟雾和有毒气体，试验场所周围应有足够的空间，两次试验之间，应使用排风扇或其他通风设备清除试验场所内的烟雾和有毒气体，以避免危及试验人员的健康。

注：烟尘和烟雾的排放需符合国家有关气体污染控制的规定。

7 试样

7.1 试样的数量

用模板（5.4）剪取 12 块试样，保证试验时获得至少 5 块试样点燃和 5 块试样未点燃的结果。

沿试样的长度方向进行试验，试样的外表面朝着点火源。如果预备试验表明，试样的纵向和横向燃烧性能不同，则应分别试验。如果试样的两面燃烧性能不同，并且预备试验表明两面的燃烧性能不同，那么在表面点火试验时应两面分别试验。

因需要进行重复试验，试样的确切数量无法确定，每个方向至少要准备 10 块试样。对于表面和底边点火试验（见 9.1 和 9.2）都要做的，则需要更多的试样。

7.2 试样上针位的标记

把模板（见 5.4）放在试样上，并用模板上的小孔对固定针须穿过的位置作出标记。

注：织物若是网眼结构（如：稀松窗帘布、纱罗织物），则需在固定针标记处贴一块胶布，并将针位也标记在胶布上。

7.3 试样的尺寸

每块试样的尺寸为（200 mm±2 mm）×（80 mm±2 mm）。

8 调湿和试验用大气

8.1 调湿

试样放置在 GB/T 6529 规定的标准大气条件下进行调湿。调湿之后如果不立刻进行试验，应将调湿后试样放在密闭容器中。每一块试样从调湿大气或密闭容器中取出后，应在 2 min 内开始试验。

注：在将试样安装到固定针上的时候要小心操作以避免损伤。如果有必要，在试样从标准环境中拿出之前，将其安装到试样框架上（5.3）。

8.2 试验用大气

在温度为10 ℃～30 ℃，相对湿度为15%～80%的大气环境中进行试验。

在试样开始试验时，点火处的空气流动速度应小于0.2 m/s。在试验期间也不应受运转着的机械设备的影响。

注：如果需要，可以用气流防护罩来保持测试火焰的稳定。

9 仪器设置

9.1 程序A(表面点火)

9.1.1 安装试样

将试样(见7.1)放置在试样框架的固定针上，使固定针穿过试样上通过模板作的标记点，并使试样的背面距框架至少20 mm。然后将试样框架装在支承架上，使试样呈垂直状态。

9.1.2 点火器的位置

将点火器垂直于试样表面放置，使点火器轴心线在下端固定针标记线的上方20 mm处，并与试样的垂直中心线在一个平面内。确保点火器的顶端距试样表面(17±1)mm[见图3a)]。

9.1.3 水平火焰高度的调节

把点火器放在垂直预备位置上，点燃点火器并预热至少2 min。将点火器移至水平预备位置，在黑色背景下调节水平火焰高度，使点火器顶端至黄色火焰尖端的水平距离为(25±2)mm[见图3d)]。

在每组(6块)试样试验前都应检查火焰高度。

注：如果实验仪器没有水平预备位置，那么在进行火焰调节之前就应将试样移开。

9.1.4 火焰的位置

将点火器从预备位置移到水平的试验位置(见9.1.2)。确定火焰在正确的位置接触试样[见图3a)]。

9.2 程序B(底边点火)

9.2.1 安装试样

将试样(见7.1)放置在试样框架的固定针上，使固定针穿过试样上通过模板作的标记点，并使试样的背面距框架至少20 mm。然后将试样框架装在支承架上，使试样呈垂直状态。

9.2.2 点火器的位置

点火器放在试样前下方，位于通过试样的垂直中心线和试样表面垂直的平面中，其纵向轴与垂直线成30°，与试样的底边垂直。确保点火器的顶端到试样底边的距离为(20±1)mm[见图3b)]。

注：对于悬垂性较大的织物，保持上述要求可能比较难，这种织物更适合用表面点火。

9.2.3 垂直火焰高度的调节

把点火器放在垂直预备位置上，点燃点火器并预热至少2 min。在黑色背景下调节垂直火焰高度，使点火器顶端到黄色火焰尖端的距离为(40±2)mm[见图3c)]。

在每组(6块)试样试验前都应检查火焰高度。

9.2.4 火焰的位置

将点火器从预备位置移到倾斜的试验位置(见9.2.2)。确保试样的底边对分火焰[见图3b)]。

10 试验步骤[1)]

10.1 表面点火

10.1.1 按照9.1所述设置试验仪器。

10.1.2 再取一块试样放到试样框架上(见9.1.1)。记录试样的纵向还是横向是垂直的，以及试样的

1) 有关操作方面的要求参见附录C。

哪一面朝向试验火焰。

10.1.3 对试样点火,点火时间要接近引起点燃的最小时间。

注:需要预备试验来确定点火时间。

10.1.4 记录点火时间及试样是否被点燃。

10.1.5 重新取一块相同方向的试样放在试样框架上,如果上一块试样已被点燃,则点火时间减少 1 s;如果上一块试样未点燃,则点火时间增加 1 s。记录点火时间及试样是否被点燃。

如果一块试样用 1 s 点火时间就被点燃,则将未点燃的点火时间记为"0",并另取一块试样用 1 s 点火时间重试。如果一个试样用 20 s 点火时间未点燃,则另取一块试样用 20 s 重试。

10.1.6 按 10.1.5 继续试验,直到至少有 5 块试样点燃和 5 块试样未点燃。对于用 1 s 点火时间被点燃的试样,要继续用 1 s 试验,直到有 5 块试样点燃为止。对于在 20 s 点火时间未点燃的试样,要继续用 20 s 试验,直到有 5 块试样未点燃为止。

注:最大点火时间是 20 s,对于在这个点火时间未被点燃的试样,一般不再用更大的点火时间试验。如果需要做点火时间大于 20 s 的试验,则应在试验报告中注明(见第 13 章)。

10.2 底边点火

10.2.1 按照 9.2 所述设置试验仪器。

10.2.2 再取一块试样放到试样框架上(见 9.2.1)。记录是试样的纵向还是横向是垂直的,以及试样的哪一面朝向试验火焰。

10.2.3 对试样点火,点火时间要接近引起点燃的最小时间。

注:需要预备试验来确定点火时间。

10.2.4 记录点火时间及试样是否被点燃。

10.2.5 重新取一块相同方向的试样放在试样框架上,如果上一块试样已被点燃,则点火时间减少 1 s;如果上一块试样未点燃,则点火时间增加 1 s。记录点火时间及试样是否被点燃。

如果一块试样用 1 s 点火时间就被点燃,则将未点燃的点火时间记为"0",并另取一块试样用 1 s 点火时间重试。如果一个试样用 20 s 点火时间未点燃,则另取一块试样用 20 s 重试。

10.2.6 按 10.2.5 继续试验,直到至少有 5 块试样点燃和 5 块试样未点燃。对于用 1 s 点火时间被点燃的试样,要继续用 1 s 试验,直到有 5 块试样点燃为止。对于在 20 s 点火时间未点燃的试样,要继续用 20 s 试验,直到有 5 块试样未点燃为止。

注:最大点火时间是 20 s,对于在这个点火时间未被点燃的试样,一般不再用更大的点火时间试验。如果需要做点火时间大于 20 s 的试验,则应在试验报告中注明。

11 结果的计算

取点燃或未点燃试样中发生次数少的计算点火时间的平均值。如果采用"未点燃"的次数,平均值要加 0.5 s,如果采用"点燃"的次数,平均值要减 0.5 s,最后修约到整数,该值为此方向的最小点燃时间。附录 B 为计算结果的示例。

12 精密度

该方法用于测定平均点燃时间,该时间是在规定的试验条件下,保持试样持续燃烧的最小火焰施加时间,计算至整数。该方法的精密度很大程度上依赖于被试材料的类型。

该方法适用于易燃材料,它们被点燃时持续燃烧。对于这类材料,该方法精确到最接近的秒。然而,由于平均点燃时间是点燃和未点燃的临界情况,所以当火焰施加时间为平均点燃时间时,两种燃烧类型都可能观察到,参见附录 B 的示例。

该方法不适用于仅产生有限燃烧而非持续燃烧的阻燃材料。这类材料的有限燃烧用该方法很难测定,阻燃材料一般记录为"20 s 未点燃"。这类织物的阻燃性能用其他试验方法测定。

某些中间状态的材料会出现极为不确定的结果。这类材料仅在某些特定情况下才能持续地燃烧，例如仅在很窄范围的火焰施加时间内能持续燃烧。这种燃烧的不一致性是材料的性能而不是本方法的特性。

13 试验报告

该试验报告应包括下列内容：

a） 试验是按本标准进行的以及任何偏离本标准的细节；

b） 使用的气体；

c） 试验日期及试验人员；

d） 试验时的温湿度；

e） 对于不能用固定针固定的织物，应说明所采用的固定方法（见 7.2）；

f） 试验样品的描述，包括任何预处理的详细信息，例如：清洗程序；

g） 试验时的点火方式：表面点火或底边点火；注明试样的受试方向以及表面点火的受试面；

h） 列表记录点火时间，以及每个试样点燃或未点燃的情况；

i） 每个方向试样的最小点火时间；

j） 若织物用 20 s 仍未点燃（或采用其他更大的点火时间），应予以记录。

附　录　A
（规范性附录）
点火器的描述和结构

A.1　描述

点火器能提供适当尺寸的火焰，火焰高度可以在 10 mm～60 mm 间进行调节。

A.2　结构

点火器的结构如图 1a）所示，它由三部分组成：

a）　气体喷嘴

气体喷嘴[见图 1b）]的喷嘴口径是 0.19 mm±0.02 mm。

喷嘴口系钻成，钻加工后应将钻孔两端的所有毛刺磨去，但不要磨成圆角。

b）　点火器管

点火器管[见图 1d）]由四部分组成：

1）　空气室；

2）　气体混合区；

3）　扩散区；

4）　气体出口。

在空气室内，点火器管有四个直径为 4 mm 的空气入口小孔，孔的前部边缘与喷嘴的顶端接近水平。

扩散区呈锥形，其尺寸如图 1d）所示。点火器孔腔内径为 1.7 mm，出口内径为 3.0 mm。

c）　火焰稳定器

火焰稳定器如图 1c）所示。

附　录　B
（资料性附录）
点火时间平均值的计算举例

B.1　试验结果

表 1 给出的是试样在一个方向上的 12 个试验结果，其中“×”表示点燃，“0”表示未点燃。

表 B.1　试验结果

试样编号	点火时间/s	试验结果	试样编号	点火时间/s	试验结果
1	6	×	7	4	0
2	5	×	8	5	×
3	4	×	9	4	×
4	3	0	10	3	0
5	4	0	11	4	×
6	5	×	12	3	0

B.2　计算

根据试验结果，将每个点火时间的点燃或未点燃数统计在表 B.2 中。

表 B.2　结果统计

点火时间/s	点燃的次数	未点燃的次数
6	1	0
5	3	0
4	3	2
3	0	3

从表 B.2 中看出，未点燃的总次数较少（例如：点燃的总次数为 7 次，未点燃的总次数为 5 次），因此以未点燃的次数计算点火时间的加权平均值：

$$\frac{(4\times 2)+(3\times 3)}{5}=3.4\ \mathrm{s}$$

平均点火时间为 3.4+0.5=3.9 s，修约到整数位，平均点火时间为 4 s。

注：如果点燃的总次数少，那么以点燃的次数计算点火时间的平均值，但应将计算所得值减去 0.5，再精确到整数位，作为平均点火时间报出。

附 录 C
（资料性附录）
试验技术

燃烧试验所要求的试验技术质量，在很大程度上取决于试验仪器的设计。例如：仪器的自动化程度越差，要想达到高精度，对操作者熟练程度的要求就越高。

某些基本的操作要求如下：

a) 为安全起见，试验仪器应远离贮气钢瓶，钢瓶可放在建筑物的外面。在这种情况下，手工操作的开关阀门应当安装在放置仪器的室内，在进入该仪器的管道处。使用该仪器时应考虑气体达到点火器喷嘴所需的时间，从而提供稳定的火焰。

b) 安装与使用仪器应使会被热气带走或从试样上落下的冒烟微粒不致停留在可燃材料上。操作者应当备有防护服、灭火器和报警信号。

c) 保持仪器的清洁并确保安全是很重要的。

d) 某些未经整理的织物（例如单面针织品）容易发生卷边。通过进一步加工可以减轻这种倾向。因此在试验这类织物时最好用经过整理的。

e) 试验后，粘附在固定针上的残留物可用金属丝刷清除。任何还在冒烟的材料应先将其熄灭，再与其他废品一起放进一个不可燃的容器内。

f) 如果经过检查认为织物的两个表面可点燃性不同，或者两个表面不同，则织物的两面都应当进行试验。

纺织品　机织物接缝处纱线抗滑移的测定
第1部分:定滑移量法

1　范围

GB/T 13772的本部分规定了采用定滑移量法测定机织物中接缝处纱线抗滑移性的方法。

本方法不适用于弹性织物或织带类等产业用织物。

2　规范性引用文件

下列文件中的条款通过GB/T 13772的本部分的引用而成为本部分的条款。凡是注日期的引用文件,其随后所有的修改单(不包括勘误的内容)或修订版均不适用于本部分,然而,鼓励根据本部分达成协议的各方研究是否可使用这些文件的最新版本。凡是不注日期的引用文件,其最新版本适用于本部分。

GB/T 6529　纺织品　调湿和试验用标准大气(GB/T 6529—2008,ISO 139:2005,MOD)

GB/T 16825.1　静力单轴试验机的检验　第1部分:拉力和(或)压力试验机测力系统的检验与校准(GB/T 16825.1—2002,ISO 7500-1:1999,IDT)

GB/T 19022　测量管理体系　测量过程和测量设备的要求(GB/T 19022—2003,ISO 10012:2003,IDT)

FZ/T 01019　纺织品　缝迹形式　分类和术语(FZ/T 01019—1992,eqv ISO 4915:1991)

3　术语和定义

下列术语和定义适用于GB/T 13772的本部分。

3.1

等速伸长(CRE)试验仪　constant rate of extension testing machine

在整个试验过程中,夹持试样的夹持器一个固定,另一个以恒定速度运动,使试样的伸长与时间成正比的一种试验仪器。

3.2

抓样试验　grab test

试样宽度的中间部位被夹持器夹持的一种织物拉伸试验。

3.3

纱线滑移　yarn slippage

接缝滑移　seam slippage

由于拉伸作用,机织物中纬(经)纱在经(纬)纱上产生的移动。

注:接缝滑移是织物性能,不要与接缝强力混淆。

3.4

经纱滑移　warp slippage

经纱与拉伸方向垂直,在纬向纱线上产生移动。

3.5

纬纱滑移　weft slippage

纬纱与拉伸方向垂直,在经向纱线上产生移动。

3.6

缝合余量 seam allowance

缝迹线与缝合材料邻近布边的距离。

3.7

滑移量 seam opening

织物中纱线滑移后形成的缝隙的最大宽度。

4 原理

用夹持器夹持试样,在拉伸试验仪上分别拉伸同一试样的缝合及未缝合部分,在同一横坐标的同一起点上记录缝合及未缝合试样的力-伸长曲线。找出两曲线平行于伸长轴的距离等于规定滑移量的点,读取该点对应的力值为滑移阻力。

5 取样

取样方法按相关产品的规范说明或按有关各方协议确定。

如果没有相关的取样规定,作为示例,附录A给出一个适宜的取样程序。

附录B给出了裁剪试样的示意图。试样应具有代表性,应避免具有折叠、褶皱以及布边的部位。

6 仪器和器具

6.1 等速伸长(CRE)试验仪。

6.1.1 等速伸长(CRE)试验仪的计量确认应根据GB/T 19022进行。等速伸长(CRE)试验仪应具有6.1.2~6.1.8规定的一般特点。

6.1.2 拉伸试验仪应具有指示或记录施加于试样上使其拉伸直至破坏的最大力的功能。在使用条件下,仪器应为GB/T 16825.1的1级精度,在仪器满量程内的任意点,指示或记录最大力的误差不应超过±1%,伸长记录误差不超过±1 mm。

6.1.3 如果使用数据采集电路和软件获得力值,数据采集的频率不小于每秒8次。

6.1.4 仪器应能设定50 mm/min的拉伸速度,精度为±10%。

6.1.5 仪器应能设定100 mm的隔距长度。

6.1.6 仪器夹持器的中心点应处于拉力轴线上,夹持线应与拉力线垂直,夹持面在同一平面上。夹面应能夹持试样而不使其打滑,夹面应平整,不剪切试样或破坏试样。如果使用平滑夹面不能防止试样的滑移时,应使用其他形式的夹持器。夹面上可使用适当的衬垫材料。

6.1.7 抓样试验夹持试样的尺寸应为(25 mm±1 mm)×(25 mm±1 mm)。可使用下列方法之一达到该尺寸。

a) 后夹面的宽度为25 mm,长度至少为40 mm(50 mm更宜)。夹面的长度方向与拉力线垂直。前夹面与后钳面的尺寸相同,其长度方向与拉力线平行。

b) 后夹面的宽度为25 mm,长度至少为40 mm(50 mm更宜)。夹面的长度方向与拉力线垂直。前夹面的尺寸为25 mm×25 mm。

6.1.8 如果拉伸试验仪不是计算机控制,则需要记录力-伸长曲线的装置。

6.2 裁样的设备。

6.3 缝纫机:电控单针锁缝机,能够缝纫FZ/T 01019中301型缝迹型式(见图1)。

301型缝迹由两根缝线组成,一根针线与一根底线。针线圈从机针一面穿入缝料,露出在另一面与底线进行交织,收紧线使交织的线圈处于缝料层的中间部位。

该缝迹有时用一根线形成,在这种情况下,第一个缝迹与其后依次连续的缝迹有所差异。

至少要用两个缝迹来描绘这种缝迹型式。

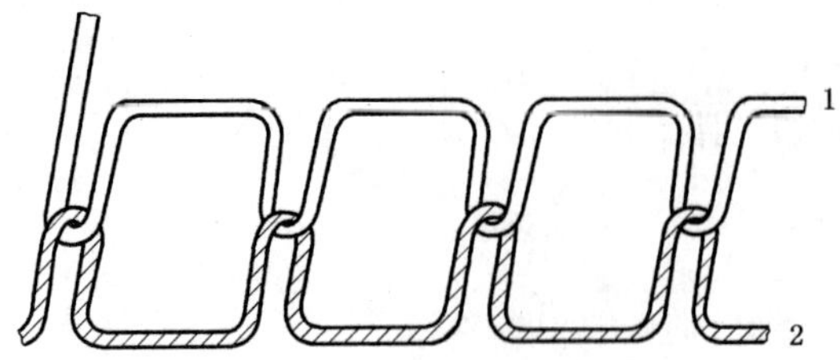

1——针线；

2——底线。

图 1　301 型缝迹型式

6.4　缝纫机针：针板和送料牙，见表 1 及 9.1。

6.5　缝纫线：合适的缝线，按表 1 规定。

6.6　测量尺：分度值为 0.5 mm。

7　调湿和试验用大气

预调湿、调湿和试验用标准大气执行 GB/T 6529 的规定。

8　预处理

如果样品需要进行水洗或干洗预处理，可与有关方商定采用的方法。GB/T 19981.2 或 GB/T 8629 中给出的程序可能是适宜的。

9　试样准备

9.1　调节缝纫机

缝合双层测试织物时，缝针穿过针板与送料牙，调试机器使其对试样的缝迹密度符合表 1 规定。

表 1　缝纫要求

织物分类	缝纫线	缝针规格		针迹密度/(针迹数/100 mm)
	100%涤纶包芯纱(长丝芯，短纤包覆)线密度/tex	公制机针号数	直径/mm	
服用织物	45±5	90	0.90	50±2

注 1：用放大装置检查缝针，确保其完好无损。

注 2：公制机针号 90 相当于习惯称谓的 14 号。

将梭心套从缝纫机的针板下面取出，捏住从梭心套露出的线头，使底线慢慢地从梭心上退绕下一段长度，调节梭心套上的弹簧片，以致缝合时底线能以均衡的速度从梭心上退绕下来。将梭心套重新安装在缝纫机上，并调节穿过机针的针线的张力，缝合时使针线与梭线交织在一起，收缩后使交织的线环处于缝料层的中间部位(见图 1)。

9.2　裁样与缝样

9.2.1　裁取经纱滑移试样与纬纱滑移试样各 5 块，每块试样的尺寸为 400 mm×100 mm。经纱滑移试样的长度方向平行于纬纱，用于测定经纱滑移；纬纱滑移试样的长度方向平行于经纱，用于测定纬纱滑移。

按第5章和附录B的方法裁样，在距实验室样品布边至少150 mm的区域裁取样。每两块试样不应包含相同的经纱或纬纱。

9.2.2 将试样正面朝内折叠110 mm，折痕平行于宽度方向。在距折痕20 mm处缝一条锁式缝迹（见图1），沿长度方向距布边38 mm处划一条与长边平行的标记线，以保证对缝合试样和未缝合试样进行试验时夹持对齐同一纱线。

9.2.3 在折痕端距缝迹线12 mm处剪开试样（见图2），两层织物的缝合余量应相同。

9.2.4 将缝合好的试样沿宽度方向距折痕110 mm处剪成两段，一段包含接缝，另一段不含接缝。不含接缝的长度为180 mm。

单位为毫米

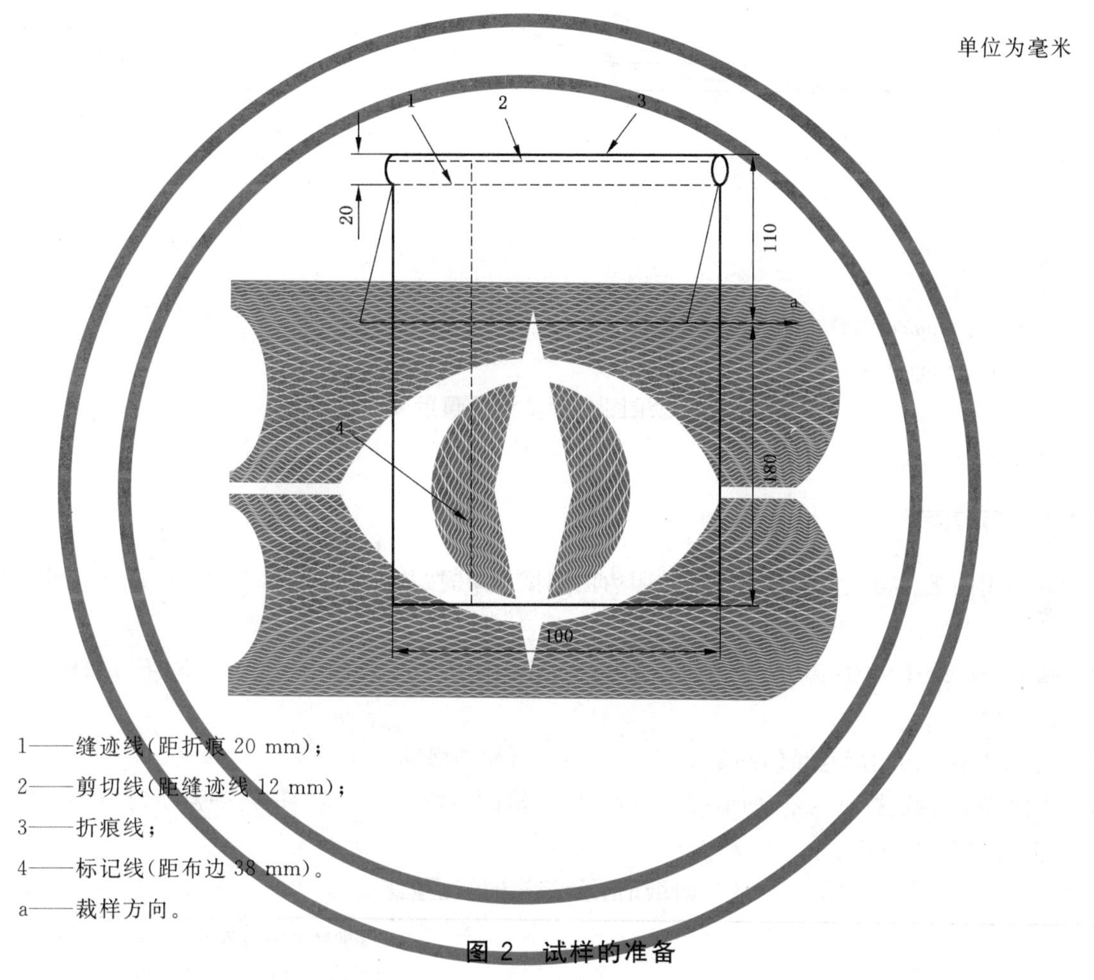

1——缝迹线（距折痕20 mm）；

2——剪切线（距缝迹线12 mm）；

3——折痕线；

4——标记线（距布边38 mm）。

a——裁样方向。

图2 试样的准备

10 步骤

10.1 按第7章调湿试样。

10.2 设定拉伸试验仪的隔距长度为100 mm±1 mm，注意两夹持线在一个平面上且相互平行。

10.3 设定拉伸试验仪的拉伸速度为50 mm/min±5 mm/min。

10.4 夹持不含接缝的试样，使试样长度方向的中心线与夹持器的中心线重合。启动仪器直至达到终止负荷200 N。如果拉伸试验仪不是计算机控制，设定记录图纸与仪器的速度比不低于5∶1，以满足所测得的力-伸长曲线达到一定的测试精度要求。

10.5 夹持含接缝的试样，保证试样的接缝位于两夹持器中间且平行于夹面。第2次启动仪器直至达到终止负荷200 N。如果拉伸试验仪不是计算机控制，设置此记录曲线的起点与10.4的相同（见图3）。

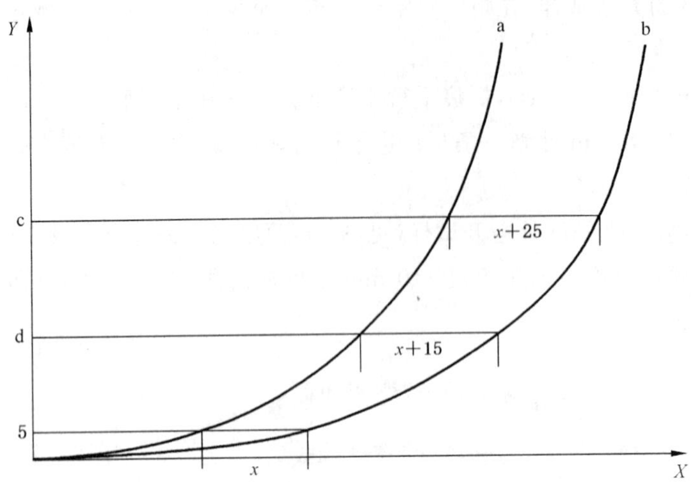

X——伸长,mm;

Y——拉伸力,N;

a——不含接缝试样;

b——接缝试样;

c——滑移量为 5 mm 时的拉伸力;

d——滑移量为 3 mm 时的拉伸力。

图 3 从记录图上计算滑移量的示例

10.6 对其他试样重复上述程序,得到 5 对经纱滑移的曲线和 5 对纬纱滑移的曲线。

11 结果的计算和表示

11.1 如果使用图纸获得规定滑移量时滑移阻力的测试结果,按如下方法对每对拉伸曲线进行计算(见图 3)。

a) 量取两曲线在拉力为 5 N 处的伸长差 x,修约至最接近的 0.5 mm,作为对试样初始松弛伸直的补偿。

b) 将表 2 中给出的滑移量的测量值加上 x,得到所需的滑移量 x'。

c) 在曲线上寻找这样一点,使两曲线平行于伸长轴的距离等于 x',读取这一点所对应的力值,修约至最接近的 1 N。

表 2 图纸记录滑移量的测量值

滑移量/mm	滑移量的测量值 (图纸与拉伸速度比为 5∶1)
2	10
3	15
4	20
5	25
6	30

11.2 如果使用数据采集电路或电脑软件获得规定滑移量时滑移阻力的测试结果,则直接记录结果。

注:规定滑移量由有关各方商定,一般织物采用 6 mm,对缝隙很小就不能满足使用要求的织物可采用 3 mm。

11.3 由测量结果分别计算出试样的经纱平均滑移阻力和纬纱平均滑移阻力,修约至最接近的 1 N。

11.4 如果拉伸力在 200 N 或低于 200 N 时,试样未产生规定的滑移量,记录结果为“>200 N”。

11.5 如果拉伸力在200 N以内试样或接缝出现断裂,从而导致无法测定滑移量,则报告“织物断裂”或“接缝断裂”,并报告此时所施加的拉伸力值。

12 试验报告

试验报告应包括以下内容:

a) GB/T 13772本部分的编号和试验日期;

b) 样品的描述;

c) 选择的滑移量,单位为毫米(mm);

d) 规定滑移量对应的经纱平均滑移阻力和纬纱平均滑移阻力,单位为牛顿(N);

e) 如果需要,单个试样的测试结果;

f) 如果适用,说明“拉伸力大于200 N”、“织物断裂”或“接缝断裂”,并注明发生断裂时的拉伸力值;

g) 样品的最终用途(如果已知);

h) 任何偏离本部分的细节;

i) 计算方法,人工测量还是计算机计算。

附 录 A
（资料性附录）
建议取样程序

A.1 批样（从一批中取的匹数）

从一批中按表A.1规定随机抽取相应数量的匹数。运输中受潮或受损的匹布不能作为样品。

表 A.1 批样

一批的匹数	批样的最少匹数
≤3	1
4～10	2
11～30	3
31～75	4
≥76	5

A.2 实验室样品数量

从批样的每一匹中随机剪取至少1 m长的全幅作为实验室样品（离匹端至少3 m）。保证样品没有褶皱和明显的疵点。

附 录 B
（资料性附录）
从实验室样品上剪取试样示例

单位为毫米

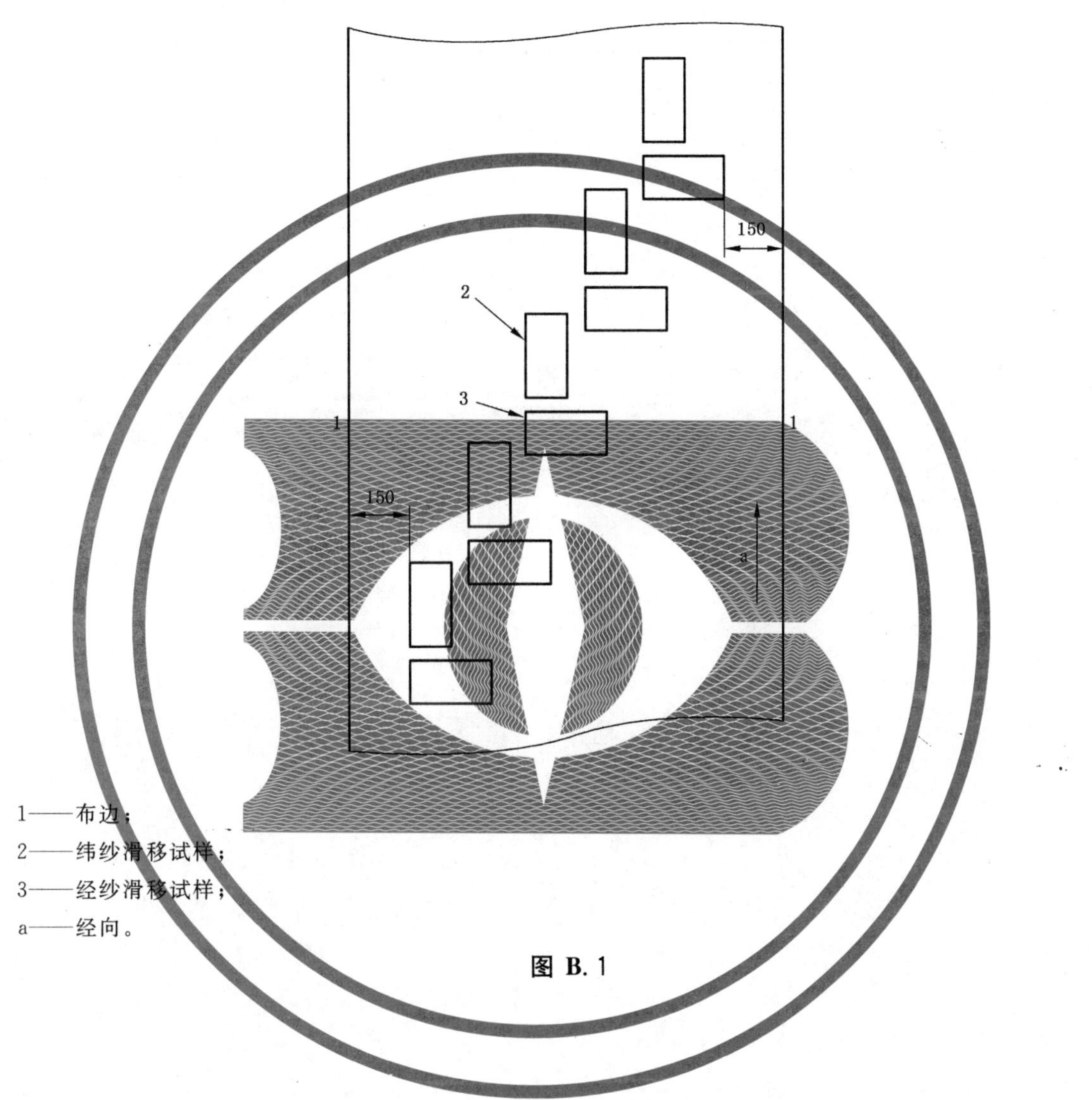

1——布边；
2——纬纱滑移试样；
3——经纱滑移试样；
a——经向。

图 B.1

参 考 文 献

[1] GB/T 19981.2 纺织品 织物和服装的专业维护、干洗和湿洗 第2部分:使用四氯乙烯干洗和整烫时性能试验的程序

[2] GB/T 8629 纺织品 试验用家庭洗涤和干燥程序

阻　燃　织　物

1　范围

本标准规定了阻燃织物的产品分类、技术要求、试验方法、检验规则、包装和标志。

本标准适用于装饰用、交通工具(包括飞机、火车、汽车和轮船)内饰用、阻燃防护服用的机织物和针织物。其他阻燃纺织品的燃烧性能可参照本标准执行。

2　规范性引用文件

下列文件中的条款通过本标准的引用而成为本标准的条款。凡是注日期的引用文件,其随后所有的修改单(不包括勘误的内容)或修订版均不适用于本标准,然而,鼓励根据本标准达成协议的各方研究是否可使用这些文件的最新版本。凡是不注日期的引用文件,其最新版本适用于本标准。

GB 250　评定变色用灰色样卡(GB 250—1995,idt ISO 105/A02:1993)

GB/T 3917.3　纺织品　织物撕破性能　第3部分:梯形试样撕破强力的测定(GB/T 3917.3—1997,eqv ISO 9073-4:1989)

GB/T 3920　纺织品　色牢度试验　耐摩擦色牢度(GB/T 3920—1997,eqv ISO 105-X12:1993)

GB/T 3922　纺织品耐汗渍色牢度试验方法(GB/T 3922—1995,eqv ISO 105/E04:1994)

GB/T 3923.1　纺织品　织物拉伸性能　第1部分:断裂强力和断裂伸长率的测定　条样法

GB/T 4667—1995　机织物幅宽的测定(eqv ISO 3932:1976)

GB/T 5455　纺织品　燃烧性能试验　垂直法

GB/T 5711　纺织品　色牢度试验　耐干洗色牢度(GB/T 5711—1997,eqv ISO 105-D01:1993)

GB/T 5713　纺织品　色牢度试验　耐水色牢度(GB/T 5713—1997,eqv ISO 105-E01:1994)

GB/T 7742.1　纺织品　织物胀破性能　第1部分:胀破强力和胀破扩张度的测定　液压法

GB/T 8427—1998　纺织品　色牢度试验　耐人造光色牢度:氙弧(eqv ISO 105-B02:1994)

GB/T 8628　纺织品　测定尺寸变化的试验中织物试样和服装的准备、标记及测量(GB/T 8628—2001,eqv ISO3759:1994)

GB/T 8629—2001　纺织品　试验用家庭洗涤和干燥程序(eqv ISO/FDIS 6330:2000)

GB/T 8630　纺织品　洗涤和干燥后尺寸变化的测定(GB/T 8630—2002,ISO 5077:1984,MOD)

GB/T 12490—1990　纺织品耐家庭和商业洗涤色牢度试验方法(neq ISO 105-C06:1987)

GB/T 12704—1991　织物透湿量测定方法　透湿杯法

GB/T 13772.1—1992　机织物中纱线抗滑移性测定方法　缝合法

GB/T 14645—1993　纺织织物　燃烧性能　45°方向损毁面积和接焰次数测定

GB/T 14801　机织物与针织物纬斜和弓纬试验方法

GB/T 16990　纺织品　色牢度试验　颜色1/1标准深度的仪器测定(GB/T 16990—1997,eqv ISO/DIS 105-A06:1994)

GB/T 17596—1998　纺织品　织物燃烧试验前的商业洗涤程序

GB/T 18318　纺织品　织物弯曲长度的测定(GB/T 18318—2001,neq ISO 9073-7:1995)

GB 18401—2003　国家纺织产品基本安全技术规范

GB/T 19981.2—2005　纺织品　织物和服装的专业维护、干洗和湿洗　第2部分:使用四氯乙烯干洗和整烫时性能试验的程序(ISO 3175.2:1998, MOD)

FZ/T 01028　纺织织物　燃烧性能测定　水平法

3 产品的分类

阻燃织物按最终用途分为三类：

——装饰用织物，例如：窗帘、帷幔、沙发罩、床罩等用织物；

——交通工具内饰用织物；

——阻燃防护服用织物。

4 要求

4.1 燃烧性能

阻燃织物的燃烧性能应符合表1的规定。耐洗阻燃织物应按5.6规定的程序进行耐洗性试验，洗涤前后的燃烧性能均应达到表1中要求。

表1 燃烧性能要求

<table>
<tr><th colspan="2" rowspan="2">产品类别</th><th rowspan="2">项　　目</th><th colspan="2">考核指标</th><th rowspan="2">试验方法</th></tr>
<tr><th>B_1 级[a]</th><th>B_2 级[a]</th></tr>
<tr><td colspan="2" rowspan="3">装饰用织物</td><td>损毁长度/mm ≤</td><td>150</td><td>200</td><td rowspan="3">GB/T 5455</td></tr>
<tr><td>续燃时间/s ≤</td><td>5</td><td>15</td></tr>
<tr><td>阴燃时间/s ≤</td><td>5</td><td>15</td></tr>
<tr><td rowspan="9">交通工具内饰用织物</td><td rowspan="3">飞机、轮船内饰用</td><td>损毁长度/mm ≤</td><td>150</td><td>200</td><td rowspan="3">GB/T 5455</td></tr>
<tr><td>续燃时间/s ≤</td><td>5</td><td>15</td></tr>
<tr><td>燃烧滴落物</td><td>未引燃脱脂棉</td><td>未引燃脱脂棉</td></tr>
<tr><td>汽车内饰用</td><td>火焰蔓延速率/(mm/min) ≤</td><td>0</td><td>100</td><td>FZ/T 01028</td></tr>
<tr><td rowspan="5">火车内饰用</td><td>损毁面积/cm² ≤</td><td>30</td><td>45</td><td rowspan="4">GB/T 14645—1993 A法</td></tr>
<tr><td>损毁长度/cm ≤</td><td>20</td><td>20</td></tr>
<tr><td>续燃时间/s ≤</td><td>3</td><td>3</td></tr>
<tr><td>阴燃时间/s ≤</td><td>5</td><td>5</td></tr>
<tr><td>接焰次数[b]/次 ＞</td><td colspan="2">3</td><td>GB/T 14645—1993 B法</td></tr>
<tr><td colspan="2" rowspan="4">阻燃防护服用织物（洗涤前和洗涤后[c]）</td><td>损毁长度/mm ≤</td><td>150</td><td>—</td><td rowspan="4">GB/T 5455</td></tr>
<tr><td>续燃时间/s ≤</td><td>5</td><td>—</td></tr>
<tr><td>阴燃时间/s ≤</td><td>5</td><td>—</td></tr>
<tr><td>熔融、滴落</td><td>无</td><td>—</td></tr>
<tr><td colspan="6">a 由供需双方协商确定考核级别。
b 接焰次数仅适用于熔融织物。
c 洗涤程序按耐水洗程序执行。</td></tr>
</table>

4.2 内在质量

4.2.1 装饰用织物和交通工具内饰用织物应符合表2的要求。

表 2　装饰用和交通工具内饰用织物内在质量要求

项　目			考核指标	
			座椅用	其他
断裂强力[a]/N		≥	250	180
撕破强力[a]/N		≥	25	—
胀破强度[b]/kPa		≥	250	220
纱线抗滑移[c](定负荷 120 N)/mm		≤	6	—
水洗尺寸变化率[d]/(%)	机织物		+2～−3.0	+3.0～−3.0
	针织物		+2.0～−4.0	
干洗尺寸变化率[d]/(%)	机织物		+2～−2.5	+3.0～−3.0
	针织物		+2～−4.0	
色牢度/级 ≥	耐干洗[d](变色)		3—4	
	耐洗[d](变色/沾色)		4/3	
	耐水(变色/沾色)		4/3	
	耐干摩擦		3—4	
	耐湿摩擦		3(深色[e] 2—3)	
	耐光		3(窗帘类织物 4 级)	

a　断裂强力和撕破强力不适用于针织物。
b　胀破强度仅适用于针织物。
c　纱线抗滑移仅适用于座椅类机织物。
d　水洗和干洗尺寸变化率、耐洗和耐干洗色牢度仅适用于耐洗阻燃织物。
e　按 GB/T 16990，>1/1 标准深度的为深色。

4.2.2　阻燃防护服用织物应符合表 3 的要求。

表 3　阻燃防护服用织物内在质量要求

项　目			考核指标
断裂强力/N		≥	450
撕破强力/N		≥	25
纱线抗滑移(定负荷 180 N)/mm		≤	6
透湿量/[g/(m^2 · 24 h)]		≥	4 000
弯曲长度/cm		≤	4.8
水洗尺寸变化率/(%)			+2.5～−2.5
色牢度/级 ≥	耐洗(变色/沾色)		4/3—4
	耐水(变色/沾色)		4/3—4
	耐干摩擦		3—4
	耐湿摩擦		3
	耐汗渍(变色/沾色)		3—4/3—4

4.3 外观质量

阻燃织物的外观质量按表4要求。其中，局部性疵点的评分按表5规定，在疵点限度内计为1分，超过部分另行量计累计评分；宽度超过1 cm的条状疵点以1 cm为限连续划条计分。1处存在不同疵点时以评分较高的疵点计；距边1.5 cm内的疵点按表5减半评分；集中性疵点及连续性疵点每米内最多计4分。

如果需要，可根据供需双方协议对外观质量进行详细的规定。

表4 外观质量要求

项目			考核指标
色差/级	≥	同匹	4
		同批	3—4
		与确认样对比	3—4
机织物纬斜/(%)		≤	4.0
针织物纹路歪斜/(%)		≤	6.0
格斜、花斜/(%)		≤	2.5
幅宽偏差率/(%)不超过			+3.0～−2.5
散布性疵点			轻微
局部性疵点评分/(分/m)	≤	幅宽≤150 cm	0.5
		幅宽>150 cm	0.6

表5 局部性疵点限度要求

单位为厘米

疵点类型		每分疵点限度
线状疵点[a]	轻微[c]	10～100
	明显[d]	1～20
	严重[e]	0.5～5
条状疵点[b]	轻微[c]	1～20
	明显[d]	0.5～5
	严重[e]	0.3～3
破损性疵点	破洞	≤0.3(以经纬共断2根纱或1个线圈为起点)，>0.3评4分
	跳纱	≤2(以连续3个以上组织点或针圈未交织为起点)，>2评4分

a 线状疵点：宽度0.2 cm及以内或1个针柱内的疵点。

b 条状疵点：宽度超过0.2 cm或1个针柱的疵点；以1 cm为宽度计量单位，宽度超过1 cm时以1 cm划条累计计分。

c 轻微：直观不明显、较难辨认清晰，不影响总体效果和使用(色泽性疵点4—5级)。

d 明显：直观可以看到，但对总体效果和使用影响不大(色泽性疵点4级)。

e 严重：疵点明显可见，并可明显影响总体效果和使用(色泽性疵点3—4级)。

4.4 其他

阻燃织物应符合GB 18401—2003及国家有关纺织品强制性标准的要求。

5 试验方法

5.1 装饰用织物的燃烧性能试验方法按 GB/T 5455 执行。

5.2 飞机和轮船内饰用织物的燃烧性能试验方法按 GB/T 5455 执行。

5.3 汽车内饰用织物的燃烧性能试验方法按 FZ/T 01028 执行。

5.4 火车内饰用织物的燃烧性能试验方法按 GB/T 14645—1993 中的 A 法执行；熔融织物按 GB/T 14645—1993中的 B 法执行。

5.5 阻燃防护服用织物的燃烧性能试验方法按 GB/T 5455 执行。

5.6 阻燃耐洗性试验按 GB/T 17596—1998 中"自动洗衣机(A 型)缓和洗涤程序"执行，洗涤次数不少于 12 次。需干洗的织物按 GB/T 19981.2—2005"正常材料的干洗程序"执行，干洗次数不少于 6 次。

5.7 断裂强力的测定按 GB/T 3923.1 的规定。

5.8 撕破强力的测定按 GB/T 3917.3 的规定。

5.9 胀破强度的测定按 GB/T 7742.1 的规定，试验面积为 50 cm^2。

5.10 纱线抗滑移性的测定按 GB/T 13772.1—1992 中方法 B 的规定，定负荷值根据各类产品规定。

5.11 水洗尺寸变化率的测定按 GB/T 8628 和 GB/T 8630 的规定，采用 GB/T 8629—2001 中的 5A 程序洗涤和程序 A 干燥。如果使用说明上为轻柔洗涤或手洗，则采用 7A 或仿手洗程序洗涤。

5.12 干洗尺寸变化率的测定按 GB/T 8628 和 GB/T 8630 的规定，采用 GB/T 19981.2 中的正常材料干洗程序。

5.13 耐干洗色牢度的测定按 GB/T 5711 的规定。

5.14 耐洗色牢度的测定按 GB/T 12490—1990 的规定，采用 A1S 的试验条件。如果使用说明上为轻柔洗涤或手洗，试验时不用钢珠。

5.15 耐水色牢度的测定按 GB/T 5713 的规定。

5.16 耐摩擦色牢度的测定按 GB/T 3920 的规定。

5.17 耐汗渍色牢度的测定按 GB/T 3922 的规定。

5.18 耐光色牢度的测定按 GB/T 8427—1998 中方法 3 的规定。

5.19 透湿量的测定按 GB/T 12704—1991 中方法 B 的规定。

5.20 弯曲长度的测定按 GB/T 18318 的规定。

5.21 色差按 GB 250 评定。

5.22 纬斜、纹路歪斜、格斜、花斜的测定按 GB/T 14801 的规定。

5.23 幅宽的测定按 GB/T 4667—1995 中方法 1 的规定，以协议值或标称值作为基准值计算幅宽偏差率，以百分率表示，精确至 0.1%。

5.24 外观疵点检验以产品正面为主。检验时采用正常白昼北光或日光灯照明，台面照度不低于 600 lx，目光与台面距离 60 cm 左右。

6 检验规则

6.1 抽样方案

按交货批号的同一品种、同一规格、同一色别的产品作为检验批。燃烧性能和内在质量的检验抽样方案见表 6，外观质量的检验抽样方案见表 7。

表 6 内在质量检验抽样方案

批量 N	样本量 n	接收数 Ac	拒收数 Re
≤50	2	0	1
51～500	3	0	1
>501	5	0	1

表 7　外观质量检验抽样方案

批量 N	样本量 n	接收数 Ac	拒收数 Re
≤15	2	0	1
16～25	3	0	1
26～90	5	0	1
91～150	8	1	2
151～280	13	1	2
281～500	20	2	3
501～1 200	32	3	4
>1 201	50	5	6

6.2　燃烧性能的判定

6.2.1　燃烧性能按 4.1 条判定，经（直）向和纬（横）向指标均达到 B_1 级要求者为 B_1 级；有一项未达到 B_1 级但达到 B_2 级者为 B_2 级。未达到 B_2 级规定的，不得作为阻燃产品。经耐洗性试验后未达到 B_2 级指标的不得作为耐洗阻燃产品。

6.2.2　如果所有样品的燃烧性能合格，或不合格样品数不超过表 6 的接收数 Ac，则该批产品燃烧性能合格。如果不合格样品数达到了表 6 的拒收数 Re，则该批产品燃烧性能不合格。

6.3　内在质量的判定

按 4.2 条对批样的每个样本进行内在质量测定，符合 4.2 对应类别要求的，则为内在质量合格，否则为不合格。如果所有样品的内在质量合格，或不合格样品数不超过表 6 的接收数 Ac，则该批产品内在质量合格。如果不合格样品数达到了表 6 的拒收数 Re，则该批产品质量不合格。

6.4　外观质量的判定

按 4.3 条对批样的每个样本进行外观质量评定，符合 4.3 对应等级要求的，则为外观质量合格，否则为不合格。如果所有样本的外观质量合格，或不合格样本数不超过表 7 的接收数 Ac，则该批产品外观质量合格。如果不合格样本数达到了表 7 的拒收数 Re，则该批产品质量不合格。

6.5　结果判定

按 6.2、6.3 和 6.4 判定均为合格，则该批产品合格。

7　包装和标志

7.1　产品按匹包装，匹长根据协议或合同规定。

7.2　应保证在储运中产品的包装不破损，产品不沾污、不受潮。

7.3　每个包装单元应附使用说明，包含下列内容：

a）执行的标准编号；

b）产品名称、类别和燃烧性能等级；

例如：阻燃织物 B_1 级（装饰用）

阻燃织物 B_2 级（装饰用，耐水洗 20 次）

阻燃织物 B_2 级（汽车内饰用）

阻燃织物 B_1 级（阻燃防护服用，耐水洗 12 次）

c）产品主要规格（按合同或协议要求，例如，幅宽、织物密度、单位面积质量等）；

d) 纤维成分及含量；

e) 洗涤方法；

f) 检验合格证；

g) 生产企业名称和地址。

纺织品 禁用偶氮染料的测定

警告：使用本标准的人员应有正规实验室工作的实践经验。本标准并未指出所有可能的安全问题。使用者有责任采取适当的安全和健康措施，并保证符合国家有关法规规定的条件。

1 范围

本标准规定了纺织产品中可分解出致癌芳香胺(见附录 A)的禁用偶氮染料的检测方法。

本标准适用于经印染加工的纺织产品。

2 规范性引用文件

下列文件对于本文件的应用是必不可少的。凡是注日期的引用文件，仅注日期的版本适用于本文件。凡是不注日期的引用文件，其最新版本(包括所有的修改单)适用于本文件。

GB/T 6682 分析实验室用水规格和试验方法

GB/T 23344 纺织品 4-氨基偶氮苯的测定

3 原理

纺织样品在柠檬酸盐缓冲溶液介质中用连二亚硫酸钠还原分解以产生可能存在的致癌芳香胺，用适当的液-液分配柱提取溶液中的芳香胺，浓缩后，用合适的有机溶剂定容，用配有质量选择检测器的气相色谱仪(GC/MSD)进行测定。必要时，选用另外一种或多种方法对异构体进行确认。用配有二极管阵列检测器的高效液相色谱仪(HPLC/DAD)或气相色谱/质谱仪进行定量。

4 试剂和材料

4.1 通则

除非另有说明，在分析中所用试剂均为分析纯和 GB/T 6682 规定的三级水。

4.2 乙醚

如需要，使用前取 500 mL 乙醚，用 100 mL 硫酸亚铁溶液(5%水溶液)剧烈振摇，弃去水层，置于全玻璃装置中蒸馏，收集 33.5 ℃～34.5 ℃馏分。

4.3 甲醇

4.4 柠檬酸盐缓冲液(0.06 mol/L，pH=6.0)

取 12.526 g 柠檬酸和 6.320 g 氢氧化钠，溶于水中，定容至 1 000 mL。

4.5 连二亚硫酸钠水溶液

200 mg/mL 水溶液。临用时取干粉状连二亚硫酸钠($Na_2S_2O_4$ 含量≥85%)，新鲜制备。

4.6 标准溶液

4.6.1 芳香胺标准储备溶液(1 000 mg/L)

用甲醇或其他合适的溶剂将附录 A 所列的芳香胺标准物质分别配制成浓度约为 1 000 mg/L 的储备溶液。

注:标准储备溶液保存在棕色瓶中,并可放入少量的无水亚硫酸钠,于冰箱冷冻室中保存,有效期一个月。

4.6.2 芳香胺标准工作溶液(20 mg/L)

从标准储备溶液中取 0.20 mL 置于容量瓶中,用甲醇或其他合适溶剂定容至 10 mL。

注:标准工作溶液现配现用,根据需要可配制成其他合适的浓度。

4.6.3 混合内标溶液(10 μg/mL)

用合适溶剂将下列内标化合物配制成浓度约为 10 μg/mL 的混合溶液。

萘-d8　　　　　CAS 编号:1146-65-2;

2,4,5-三氯苯胺　CAS 编号:636-30-6;

蒽-d10　　　　　CAS 编号:1719-06-8。

4.6.4 混合标准工作溶液(10 μg/mL)

用混合内标溶液(4.6.3)将附录 A 所列的芳香胺标准物质分别配制成浓度约为 10 μg/mL 的混合标准工作溶液。

注:标准工作溶液现配现用,根据需要可配制成其他合适的浓度。

4.7 硅藻土

多孔颗粒状硅藻土,于 600 ℃灼烧 4 h,冷却后贮于干燥器内备用。

5 设备和仪器

5.1 反应器:具密闭塞,约 60 mL,由硬质玻璃制成管状。

5.2 恒温水浴锅:能控制温度(70±2)℃。

5.3 提取柱:20 cm×2.5 cm(内径)玻璃柱或聚丙烯柱,能控制流速,填装时,先在底部垫少许玻璃棉,然后加入 20 g 硅藻土(4.7),轻击提取柱,使填装结实;或其他经验证明符合要求的提取柱。

5.4 真空旋转蒸发器。

5.5 高效液相色谱仪,配有二极管阵列检测器(DAD)。

5.6 气相色谱仪,配有质量选择检测器(MSD)。

6 分析步骤

6.1 试样的制备和处理

取有代表性试样,剪成约 5 mm×5 mm 的小片,混合。从混合样中称取 1.0 g,精确至 0.01 g,置于反应器(5.1)中,加入 17 mL 预热到(70±2)℃的柠檬酸盐缓冲溶液(4.4),将反应器密闭,用力振摇,使所有试样浸于液体中,置于已恒温至(70±2)℃的水浴中保温 30 min,使所有的试样充分润湿。然后,打开反应器,加入 3.0 mL 连二亚硫酸钠溶液(4.5),并立即密闭振摇,将反应器再于(70±2)℃水浴中保温 30 min,取出后 2 min 内冷却到室温。

注:不同的试样前处理方法其试验结果没有可比性。附录 B 先经萃取,然后再还原处理的方法供选择。如果选择附录 B 的方法,在试验报告中说明。

6.2 萃取和浓缩

6.2.1 萃取

用玻璃棒挤压反应器中试样,将反应液全部倒入提取柱(5.3)内,任其吸附 15 min,用 4×20 mL 乙醚分四次洗提反应器中的试样,每次需混合乙醚和试样,然后将乙醚洗液滗入提取柱中,控制流速,收集乙醚提取液于圆底烧瓶中。

6.2.2 浓缩

将上述收集的盛有乙醚提取液的圆底烧瓶置于真空旋转蒸发器上,于 35 ℃左右的温度低真空下浓缩至近 1 mL,再用缓氮气流驱除乙醚溶液,使其浓缩至近干。

6.3 气相色谱/质谱定性分析

6.3.1 分析条件

由于测试结果取决于所使用的仪器,因此不可能给出色谱分析的普遍参数。采用下列操作条件已被证明对测试是合适的:

a) 毛细管色谱柱:DB-5MS 30 m×0.25 mm×0.25 μm,或相当者;
b) 进样口温度:250 ℃;
c) 柱温:60 ℃(1 min)$\xrightarrow{12\ ℃/min}$210 ℃$\xrightarrow{15\ ℃/min}$230 ℃$\xrightarrow{3\ ℃/min}$250 ℃$\xrightarrow{25\ ℃/min}$280 ℃;
d) 质谱接口温度:270 ℃;
e) 质量扫描范围:35 amu~350 amu;
f) 进样方式:不分流进样;
g) 载气:氦气(≥99.999%),流量为 1.0 mL/mim;
h) 进样量:1 μL;
i) 离化方式:EI;
j) 离化电压:70 eV;
k) 溶剂延迟:3.0 min。

6.3.2 定性分析

准确移取 1.0 mL 甲醇或其他合适的溶剂加入浓缩至近干的圆底烧瓶(6.2.2)中,混匀,静置。然后分别取 1 μL 标准工作溶液(4.6.2)与试样溶液注入色谱仪,按 6.3.1 条件操作。通过比较试样与标样的保留时间及特征离子进行定性。必要时,选用另外一种或多种方法对异构体进行确认。

注:采用上述分析条件时,致癌芳香胺标准物 GC/MS 总离子流图参见附录 C 的图 C.1。

6.4 定量分析方法

6.4.1 HPLC/DAD 分析方法

由于测试结果取决于所使用的仪器,因此不可能给出色谱分析的普遍参数。采用下列操作条件已被证明对测试是合适的:

a) 色谱柱:ODS C_{18}(250 mm×4.6 mm×5 μm),或相当者;

b) 流量:0.8 mL/min~1.0 mL/min;

c) 柱温:40 ℃;

d) 进样量:10 μL;

e) 检测器:二极管阵列检测器(DAD);

f) 检测波长:240 nm,280 nm,305 nm;

g) 流动相 A:甲醇;

h) 流动相 B:0.575 g 磷酸二氢铵+0.7 g 磷酸氢二钠,溶于 1 000 mL 二级水中,pH=6.9;

i) 梯度:起始时用 15%流动相 A 和 85%流动相 B,然后在 45 min 内成线性地转变为 80%流动相 A 和 20%流动相 B,保持 5 min。

准确移取 1.0 mL 甲醇或其他合适的溶剂加入浓缩至近干的圆底烧瓶(6.2.2)中,混匀,静置。然后分别取 10 μL 标准工作溶液(4.6.2)与试样溶液注入色谱仪,按上述条件操作,外标法定量。

注:采用上述分析条件时,致癌芳香胺标准物 HPLC 色谱图参见附录 C 的图 C.2。

6.4.2 GC/MSD 分析方法

准确移取 1.0 mL 内标溶液(4.6.3)加入浓缩至近干的圆底烧瓶(6.2.2)中,混匀,静置。然后分别取 1 μL 混合标准工作溶液(4.6.4)与试样溶液注入色谱仪,按 6.3.1 条件操作,可选用选择离子方式进行定量。内标定量分组参见附录 D。

7 结果计算和表示

7.1 外标法

试样中分解出芳香胺 i 的含量按式(1)计算:

$$X_i = \frac{A_i \times c_i \times V}{A_{iS} \times m} \qquad \cdots\cdots(1)$$

式中:

X_i ——试样中分解出芳香胺 i 的含量,单位为毫克每千克(mg/kg);

A_i ——样液中芳香胺 i 的峰面积(或峰高);

c_i ——标准工作溶液中芳香胺 i 的浓度,单位为毫克每升(mg/L);

V ——样液最终体积,单位为毫升(mL);

A_{iS}——标准工作溶液中芳香胺 i 的峰面积(或峰高);

m ——试样量,单位为克(g)。

7.2 内标法

试样中分解出芳香胺 i 的含量按式(2)计算:

$$X_i = \frac{A_i \times c_i \times V \times A_{iSC}}{A_{iS} \times m \times A_{iSS}} \qquad \cdots\cdots(2)$$

式中:

X_i ——试样中分解出芳香胺 i 的含量,单位为毫克每千克(mg/kg);

A_i ——样液中芳香胺 i 的峰面积(或峰高);

c_i ——标准工作溶液中芳香胺 i 的浓度,单位为毫克每升(mg/L);

V ——样液最终体积,单位为毫升(mL);

A_{iSC} ——标准工作溶液中内标的峰面积;

A_{iS} ——标准工作溶液中芳香胺 i 的峰面积(或峰高);

m ——试样量，单位为克(g)；

A_{iss} ——样液中内标的峰面积。

7.3 结果表示

试验结果以各种芳香胺的检测结果分别表示，计算结果表示到个位数。低于测定低限时，试验结果为未检出。

8 测定低限

本方法的测定低限为 5 mg/kg。

9 试验报告

试验报告至少应给出下述内容：

a) 样品来源及描述；

b) 采用的试样前处理方法；

c) 采用的定量方法；

d) 测试结果；

e) 任何偏离本标准的细节；

f) 采用的标准；

g) 试验日期。

附 录 A
（规范性附录）
致癌芳香胺名称及其标准物的GC/MS定性选择特征离子

表 A.1

序号	化 学 名	CAS 编号	特征离子 amu
1	4-氨基联苯(4-aminobiphenyl)	92-67-1	169
2	联苯胺(benzidine)	92-87-5	184
3	4-氯邻甲苯胺(4-chloro-*o*-toluidine)	95-69-2	141
4	2-萘胺(2-naphthylamine)	91-59-8	143
5	邻氨基偶氮甲苯(*o*-aminoazotoluene)	97-56-3	
6	5-硝基-邻甲苯胺(5-nitro-*o*-toluidine)	99-55-8	
7	对氯苯胺(*p*-chloroaniline)	106-47-8	127
8	2,4-二氨基苯甲醚(2,4-diaminoanisole)	615-05-4	138
9	4,4′-二氨基二苯甲烷(4,4′-diaminobiphenylmethane)	101-77-9	198
10	3,3′-二氯联苯胺(3,3′-dichlorobenzidine)	91-94-1	252
11	3,3′-二甲氧基联苯胺(3,3′-dimethoxybenzidine)	119-90-4	244
12	3,3′-二甲基联苯胺(3,3′-dimethylbenzidine)	119-93-7	212
13	3,3′-二甲基-4,4′-二氨基二苯甲烷 (3,3′-dimethyl-4,4′-diaminobiphenylmethane)	838-88-0	226
14	2-甲氧基-5-甲基苯胺(*p*-cresidine)	120-71-8	137
15	4,4′-亚甲基-二-(2-氯苯胺) [4,4′-methylene-bis-(2-chloroaniline)]	101-14-4	266
16	4,4′-二氨基二苯醚(4,4′-oxydianiline)	101-80-4	200
17	4,4′-二氨基二苯硫醚(4,4′-thiodianiline)	139-65-1	216
18	邻甲苯胺(*o*-toluidine)	95-53-4	107
19	2,4-二氨基甲苯(2,4-toluylenediamine)	95-80-7	122
20	2,4,5-三甲基苯胺(2,4,5-trimethylaniline)	137-17-7	135
21	邻氨基苯甲醚(*o*-anisidine/2-methoxyaniline)	90-04-0	123
22	4-氨基偶氮苯(4-aminoazobenzene)[a]	60-09-3	
23	2,4-二甲基苯胺(2,4-xylidine)	95-68-1	121
24	2,6-二甲基苯胺(2,6-xylidine)	87-62-7	121

注 1：经本方法检测，邻氨基偶氮甲苯(CAS 编号 97-56-3)分解为邻甲苯胺，5-硝基-邻甲苯胺(CAS 编号 99-55-8)分解为 2,4-二氨基甲苯。

注 2：苯胺(CAS 编号 62-53-3)特征离子为 93 amu，1,4-苯二胺(CAS 编号 106-50-3)特征离子为 108 amu。

[a] 4-氨基偶氮苯(4-aminoazobenzene)，经本方法检测分解为苯胺和/或 1,4-苯二胺，如检测到苯胺和/或 1,4-苯二胺，应重新按 GB/T 23344 进行测定。

附 录 B
（资料性附录）
聚酯试样的预处理方法

B.1 试剂

采用第 4 章所列及以下试剂：

a） 氯苯。

b） 二甲苯(异构体混合物)。

B.2 仪器与设备

采用图 B.1 所示的萃取装置或其他合适的装置。

图 B.1 萃取装置

B.3 样品前处理

B.3.1 样品的预处理

取有代表性试样，剪成约合适的小片，混合。从混合样中称取 1.0 g(精确至 0.01 g)，用无色纱线扎紧，在萃取装置的蒸汽室内垂直放置，使冷凝溶剂可从样品上流过。

B.3.2 抽提

加入 25 mL 氯苯抽提 30 min，或者用二甲苯抽提 45 min。令抽提液冷却到室温，在真空旋转蒸发器上 45 ℃～60 ℃驱除溶剂，得到少量残余物，这个残余物用 2 mL 的甲醇转移到反应器中。

B.3.3 还原裂解

在上述反应器中加入 15 mL 预热到(70±2)℃的缓冲溶液(4.4)，将反应器放入(70±2)℃的水浴中处理约 30 min，然后加入 3.0 mL 连二亚硫酸钠溶液(4.5)，并立即混合剧烈振摇以还原裂解偶氮染料，在(70±2)℃水浴中保温 30 min，还原后 2 min 内冷却到室温。

附 录 C
（资料性附录）
致癌芳香胺标准物色谱图

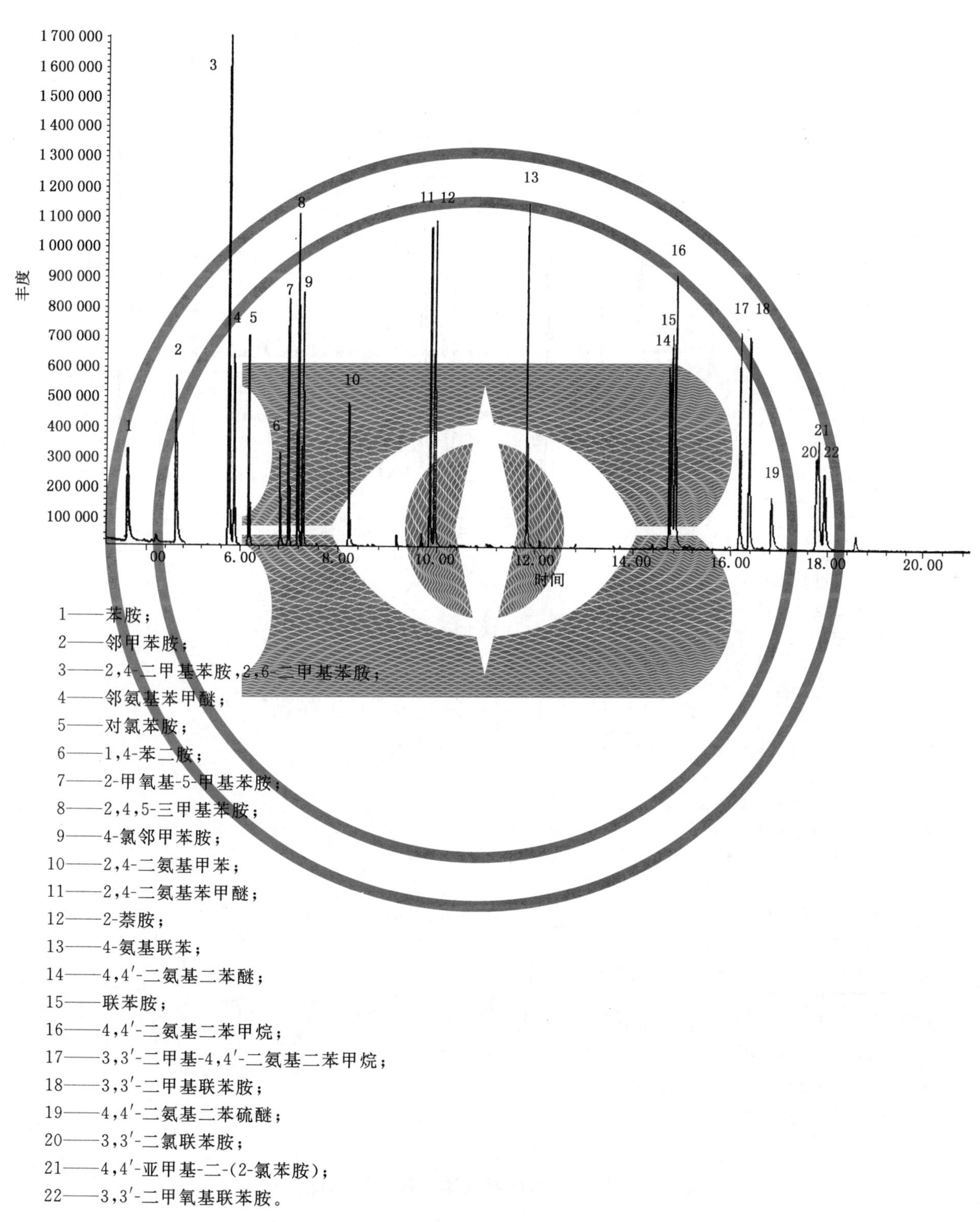

1——苯胺；
2——邻甲苯胺；
3——2,4-二甲基苯胺，2,6-二甲基苯胺；
4——邻氨基苯甲醚；
5——对氯苯胺；
6——1,4-苯二胺；
7——2-甲氧基-5-甲基苯胺；
8——2,4,5-三甲基苯胺；
9——4-氯邻甲苯胺；
10——2,4-二氨基甲苯；
11——2,4-二氨基苯甲醚；
12——2-萘胺；
13——4-氨基联苯；
14——4,4′-二氨基二苯醚；
15——联苯胺；
16——4,4′-二氨基二苯甲烷；
17——3,3′-二甲基-4,4′-二氨基二苯甲烷；
18——3,3′-二甲基联苯胺；
19——4,4′-二氨基二苯硫醚；
20——3,3′-二氯联苯胺；
21——4,4′-亚甲基-二-(2-氯苯胺)；
22——3,3′-二甲氧基联苯胺。

图 C.1　致癌芳香胺标准物 GC/HS 总离子流图

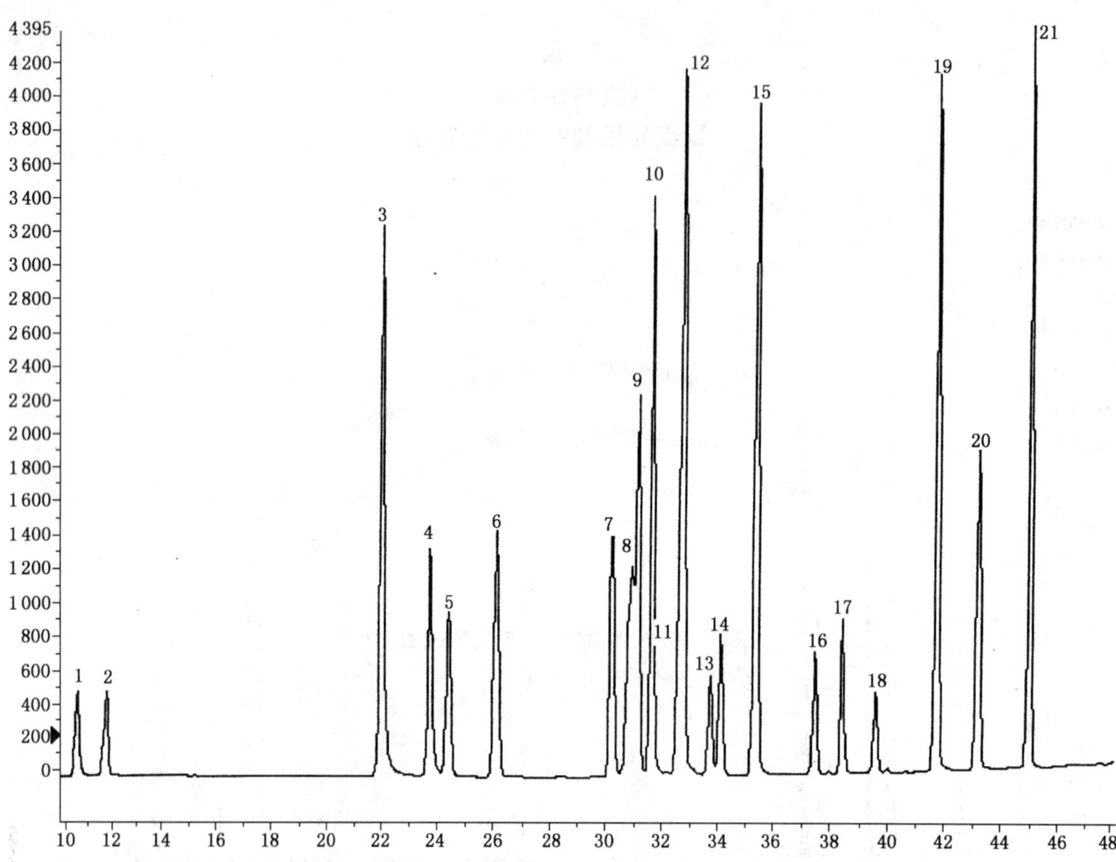

1——2,4-二氨基苯甲醚；

2——2,4-二氨基甲苯；

3——联苯胺；

4——4,4′-二氨基二苯醚；

5——邻氨基苯甲醚；

6——邻甲苯胺；

7——4,4′-二氨基二苯甲烷；

8——对氯苯胺；

9——3,3′-二甲氧基联苯胺；

10——3,3′-二甲基联苯胺；

11——2-甲氧基-5-甲基苯胺；

12——4,4′-二氨基二苯硫醚；

13——2,6-二甲基苯胺；

14——2,4-二甲基苯胺；

15——2-萘胺；

16——4-氯邻甲苯胺；

17——3,3′-二甲基-4,4′-二氨基二苯甲烷；

18——2,4,5-三甲基苯胺；

19——4-氨基联苯；

20——3,3′-二氯联苯胺；

21——4,4′-亚甲基-二-(2-氯苯胺)。

图 C.2 致癌芳香胺标准物 HPLC 色谱图

附　录　D
（资料性附录）
内标定量分组表

表 D.1

序　号	化　学　名	所用内标
1	邻甲苯胺(*o*-toluidine)	萘-d8
2	2,4-二甲基苯胺(2,4-xylidine)	
3	2,6-二甲基苯胺(2,6-xylidine)	
4	邻氨基苯甲醚(*o*-anisidine/2-methoxyaniline)	
5	对氯苯胺(*p*-chloroaniline)	
6	2,4,5-三甲基苯胺(2,4,5-trimethylaniline)	
7	2-甲氧基-5-甲基苯胺(*p*-cresidine)	
8	4-氯邻甲苯胺(4-chloro-*o*-toluidine)	
9	2,4-二氨基甲苯(2,4-toluylenediamine)	
10	2,4-二氨基苯甲醚(2,4-diaminoanisole)	2,4,5-三氯苯胺
11	2-萘胺(2-naphthylamine)	
12	4-氨基联苯(4-aminobiphenyl)	蒽-d10
13	4,4′-二氨基二苯醚(4,4′-oxydianiline)	
14	联苯胺(benzidine)	
15	4,4′-二氨基二苯甲烷(4,4′-diaminobiphenylmethane)	
16	3,3′-二甲基-4,4′-二氨基二苯甲烷 (3,3′-dimethyl-4,4′-diaminobiphenylmethane)	
17	3,3′-二甲基联苯胺(3,3′-dimethylbenzidine)	
18	4,4′-二氨基二苯硫醚(4,4′-thiodianiline)	
19	3,3′-二氯联苯胺(3,3′-dichlorobenzidine)	
20	3,3′-二甲氧基联苯胺(3,3′-dimethoxybenzidine)	
21	4,4′-亚甲基-二-(2-氯苯胺) [4,4′-methylene-bis-(2-chloroaniline)]	

纺织品　重金属的测定
第3部分:六价铬　分光光度法

警告——使用GB/T 17593的本部分的人员应有正规实验室工作的实践经验。本部分并未指出所有可能的安全问题。使用者有责任采取适当的安全和健康措施,并保证符合国家有关法规规定的条件。

1　范围

GB/T 17593的本部分规定了采用分光光度计测定纺织品萃取溶液中可萃取六价铬[Cr(Ⅵ)]含量的方法。

本部分适用于纺织材料及其产品。

2　规范性引用文件

下列文件中的条款通过GB/T 17593的本部分的引用而成为本部分的条款。凡是注日期的引用文件,其随后所有的修改单(不包括勘误的内容)或修订版均不适用于本部分,然而,鼓励根据本部分达成协议的各方研究是否可使用这些文件的最新版本。凡是不注日期的引用文件,其最新版本适用于本部分。

GB/T 3922　纺织品耐汗渍色牢度试验方法(GB/T 3922—1995,eqv ISO 105-E04:1994)

GB/T 6682　分析实验室用水规格和试验方法(GB/T 6682—1992,neq ISO 3696:1987)

3　原理

试样用酸性汗液萃取,将萃取液在酸性条件下用二苯基碳酰二肼显色,用分光光度计测定显色后的萃取液在540 nm波长下的吸光度,计算出纺织品中六价铬的含量。

4　试剂和材料

除非另有说明,仅使用分析纯试剂和符合GB/T 6682规定的三级水。

4.1　酸性汗液

根据GB/T 3922配制酸性汗液,试液应现配现用。

4.2　(1+1)磷酸溶液

磷酸(H_3PO_4,ρ=1.69 g/mL)与水等体积混合。

4.3　六价铬标准储备溶液(1 000 mg/L)

可使用标准物质或按如下方法配制:

重铬酸钾($K_2Cr_2O_7$,优级纯)在(102±2)℃下干燥(16±2) h后,称取2.829 g置于1 000 mL容量瓶中,用水稀释至刻度。

注:除非另有规定,标准储备溶液在常温(15℃~25℃)下,保存期为六个月,当出现浑浊、沉淀或颜色有变化等现象时,应重新制备。

4.4　六价铬标准工作溶液(1 mg/L)

移取1 mL标准储备溶液(4.3)于1 000 mL容量瓶中,用水稀释至刻度。当天配制。

4.5　显色剂

称取1 g二苯基碳酰二肼($C_{13}H_{14}N_4O$),溶于100 mL丙酮中,滴加1滴冰乙酸。

注:溶液应放在棕色瓶内,置于4℃条件下保存,有效期为两周。

5 仪器与设备

5.1 分光光度计：波长 540 nm，配有光程为 40 mm 或其他合适的比色皿。

5.2 具塞三角烧瓶：150 mL。

5.3 恒温水浴振荡器：(37±2)℃，振荡频率为 60 次/min。

6 测定步骤

6.1 萃取液制备

取有代表性样品，剪碎至 5 mm×5 mm 以下，混匀，称取 4 g 试样两份(供平行试验)，精确至 0.01 g，置于具塞三角烧瓶(5.2)中。加入 80 mL 酸性汗液(4.1)，将纤维充分浸湿，放入恒温水浴振荡器(5.3)中振荡 60 min 后取出，静置冷却至室温，过滤后作为样液供分析用。

6.2 测定

移取 20 mL 样液(6.1)，加入 1 mL 磷酸溶液(4.2)后，再加入 1 mL 显色剂(4.5)混匀；另取 20 mL 水，加 1 mL 显色剂和 1 mL 磷酸溶液，作为空白参比溶液。室温下放置 15 min，在 540 nm 波长下测定显色后样液的吸光度，该吸光度记为 A_1。

考虑到样品溶液的不纯和褪色，取 20 mL 的样液加 2 mL 水混匀，水作为空白参比溶液，在 540 nm 波长下测定空白样液的吸光度，该吸光度记为 A_2。

注：试样掉色严重并影响到测试结果时，可用硅镁吸附剂吸附或用其他合适方法，去除颜色干扰后，再按 6.2 测定，并在试验报告中说明。

7 标准工作曲线的绘制

7.1 分别取 0、0.5、1.0、2.0、3.0 mL 六价铬标准工作溶液(4.4)于 50 mL 的容量瓶中，加入水稀释至刻度，配制成浓度为 0、0.01、0.02、0.04、0.06 μg/mL 的溶液。

7.2 分别取 7.1 中不同浓度的溶液 20 mL，加入 1 mL 显色剂和 1 mL 磷酸溶液，摇匀；另取 20 mL 的水，加入 1 mL 显色剂和 1 mL 磷酸溶液作为空白溶液。室温下显色 15 min，在 540 nm 波长下测定吸光度。

7.3 以吸光度为纵坐标，六价铬离子浓度(μg/mL)为横坐标，绘制标准工作曲线。

8 计算和结果的表示

根据式(1)计算每个试样的校正吸光度：

$$A = A_1 - A_2 \quad \cdots\cdots(1)$$

式中：

A——校正吸光度；

A_1——显色后样液的吸光度；

A_2——空白样液的吸光度。

用校正后的吸光度数值，通过工作曲线查出六价铬浓度。

根据式(2)计算试样中可萃取的六价铬含量：

$$X = \frac{c \times V \times F}{m} \quad \cdots\cdots(2)$$

式中：

X——试样中可萃取的六价铬含量，单位为毫克每千克(mg/kg)；

c——样液中六价铬浓度，单位为毫克每升(mg/L)；

V——样液的体积，单位为毫升(mL)；

m——试样的质量，单位为克(g)；

F——稀释因子。

以两个试样的平均值作为样品的试验结果，计算结果表示到小数点后两位。

9 测定低限和精密度

9.1 测定低限

本方法的测定低限为 0.20 mg/kg。

9.2 精密度

在同一实验室，由同一操作者使用相同设备，按相同的测试方法，并在短时间内对同一被测对象相互独立进行的测试获得的两次测试结果的绝对差值不大于这两个测定值的算术平均值的 10%。大于这两个测定值的算术平均值的 10%的情况不超过 5%。

10 试验报告

试验报告包括下列内容：

a) 本部分的编号；

b) 样品的详细描述；

c) 试验结果；

d) 试验日期；

e) 试验中出现的异常情况；

f) 与规定程序的偏离。

絮用纤维制品通用技术要求

1 范围

本标准规定了絮用纤维制品的定义、要求、检验(试验)方法、检验规则、标识、包装、贮存与运输。

本标准适用于生活用絮用纤维制品和非生活用絮用纤维制品。

2 规范性引用文件

下列文件中的条款通过本标准的引用而成为本标准的条款。凡是注日期的引用文件,其随后所有的修改单(不包括勘误的内容)或修订版本均不适用于本标准,然而,鼓励根据本标准达成协议的各方研究是否可使用这些文件的最新版本。凡是不注日期的引用文件,其最新版本适用于本标准。

GB/T 2910 纺织品 二组分纤维混纺产品定量化学分析方法(GB/T 2910—1997,eqv ISO 1833:1977)

GB/T 2911 纺织品 三组分纤维混纺产品定量化学分析方法(GB/T 2911—1997,eqv ISO 5088:1976)

GB 5296.4 消费品使用说明 纺织品和服装使用说明

GB/T 5705 纺织名词术语(棉部分)

GB/T 6499 原棉含杂率试验方法

GB/T 8170 数值修约规则

GB 15979 一次性使用卫生用品卫生标准

GB 18401 国家纺织产品基本安全技术规范

FZ/T 01057 纺织纤维鉴别试验方法

消毒技术规范(卫生部)

3 术语和定义

GB/T 5705 中确立的以及下列术语和定义适用于本标准。

3.1

絮用纤维 filling and stuffing

用于填充、铺垫的天然纤维、化学纤维及其加工成的絮片、垫毡等的统称。

3.2

絮用纤维制品 products with filling materials

以絮用纤维作为填充物、铺垫物的制品。可分为生活用絮用纤维制品和非生活用絮用纤维制品。

3.3

生活用絮用纤维制品 domestic products with filling materials

日常生活中与人体密切接触的絮用纤维制品。主要包括:服装鞋帽、寝具、软体家具、玩具等絮用纤维制品。

3.4

纤维下脚 fibre waste

纤维或纤维制品生产加工过程中掉落的、排除的、剥离的单纤维或束状纤维。

3.5

纤维制品下脚 textile waste

纤维制品生产加工过程中产生的纤维下脚以外的线头及织物、絮片、垫毡等的边脚碎料。

3.6

再加工纤维 rag flock

纤维制品或纤维制品下脚经开松等方式再加工而形成的纤维。

3.7

医用纤维性废弃物 textile waste derived from hospital

医疗卫生机构淘汰或废弃的各类纤维制品，主要包括：脱脂棉、脱脂纱布等医用敷料，医患人员的衣物、絮用纤维制品及其他纤维制品。

3.8

杂质 foreign matter

混入絮用纤维中的非絮用纤维物质的统称。

4 要求

4.1 原料要求

4.1.1 下列物质不得直接或间接作为加工絮用纤维制品的原料：

a) 医用纤维性废弃物；

b) 使用过的殡葬用纤维制品；

c) 来自传染病疫区无法证明未被污染的纤维制品；

d) 国家禁止进口的废旧纤维制品；

e) 其他被严重污染或有毒有害的物质。

4.1.2 除4.1.1以外，下列物质也不得作为加工生活用絮用纤维制品的原料：

a) 被污染的纤维下脚；

b) 废旧纤维制品或其再加工纤维；

c) 纤维制品下脚或其再加工纤维(符合4.1.3规定的除外)；

d) GB/T 5705中规定的二、三类棉短绒；

e) 经脱色漂白处理的纤维下脚、纤维制品下脚、再加工纤维；

f) 未洗净的动物纤维；

g) 发霉变质的絮用纤维。

4.1.3 未被污染的纤维制品下脚或其再加工纤维，经过高温成型(热熔)和消毒工艺处理后，可作为符合国家规定的软体家具等产品的铺垫物原料。

4.1.4 生活用絮用纤维制品中的絮用纤维不得检出金属物或尖锐物等有危害性的杂质，如针、铁丝、木棍等；不得检出昆虫、鸟类、啮齿动物等的排泄物或其他不卫生物质；不得检出明显的粉尘。

4.1.5 生活用絮用纤维制品中的絮用纤维长度13 mm及以下的短纤维含量不得超过25%；棉与化纤混合的絮用纤维短纤维含量指标不得超过实测混合纤维中棉的净干含量的25%；生活用絮用纤维制品中的絮用纤维是木棉、羽绒羽毛、絮片、垫毡等，不考核短纤维含量。

4.1.6 生活用絮用纤维制品中的絮用棉纤维的含杂质率应不大于1.4%，其他生活用絮用纤维制品中的絮用纤维的含杂质率应不大于2.0%。

4.1.7 生活用絮用纤维制品中的絮用纤维(用于软体家具铺垫物的絮片、垫毡除外)由两种及两种以上纤维混合制成时，各组分絮用纤维的实际含量比标注含量的减少不得高于10%(绝对百分比)；当絮用纤维的标注含量低于30%时，其实际含量不得少于标注含量的70%(纤维含量按净干含量计)。

4.2 生活用絮用纤维制品卫生要求

4.2.1 不得检出绿脓杆菌、金黄色葡萄球菌和溶血性链球菌等致病菌。

4.2.2 不得对皮肤和黏膜产生不良刺激和过敏反应。

4.2.3 肉眼观察不得检出蚤、蜱、臭虫等可能传播疾病与危害健康的节足动物和蟑螂卵夹。

4.2.4 不得有异味。

注：异味指霉味、汽油味、煤油味、柴油味、鱼腥味、芳香烃气味、未洗净动物纤维膻味、臊味等。

4.3 其他要求

絮用纤维制品的其他基本安全要求和质量要求按相关的国家标准、行业标准执行。

5 检验(试验)方法

5.1 感官检验

4.1.1、4.1.2、4.1.3、4.1.4、4.2.3 各项要求，应在适宜的光照度条件下对所抽取的样品逐一进行检验。

5.2 理化指标检验

5.2.1 制样

5.2.1.1 絮用纤维的制样

将抽取的样品按四分法进行混样，形成两份试验样品，每份重约 200 g。

5.2.1.2 絮用纤维制品的制样

在抽取的絮用纤维制品中，每件取出大致相等的重量份数，再按 5.2.1.1 的方法制样。

5.2.2 生活用絮用纤维制品中絮用纤维的短纤维含量试验

按本标准附录 A 执行，仲裁检验按第 A.1 章方法执行。

5.2.3 生活用絮用纤维制品中絮用纤维的含杂质率试验

按本标准附录 B 执行。

5.2.4 生活用絮用纤维制品中絮用纤维的成分含量试验

按 GB/T 2910、GB/T 2911、FZ/T 01057 或其他国家标准或行业标准执行。其中絮用纤维的取样方法按附录 C 执行。

5.3 卫生指标检验

5.3.1 绿脓杆菌、金黄色葡萄球菌和溶血性链球菌的检验按 GB 15979 的要求测定。

5.3.2 皮肤刺激试验按卫生部《消毒技术规范》实验技术规范“皮肤刺激试验”进行。

5.3.3 过敏反应试验按卫生部《消毒技术规范》实验技术规范“皮肤变态反应试验”进行。

5.3.4 异味检验按 GB 18401 执行。

5.4 其他指标检验

絮用纤维制品的其他技术指标的检验和判定按相关国家标准或行业标准执行。

6 检验规则

6.1 抽样

6.1.1 絮用纤维抽样

6.1.1.1 抽样应具有代表性，应多点随机抽取。

6.1.1.2 散装絮用纤维抽取其重量的 0.1%，但最少不低于 1 kg；成包絮用纤维：每 10 包抽 1 包，不足 10 包按 10 包计，每包抽样量不少于 300 g。

6.1.1.3 絮片、垫毡类絮用纤维的抽样按满足最小试验量的要求抽取。

6.1.2 絮用纤维制品抽样

以相同原料加工制成的絮用纤维制品为一个批次，批量≤1 000 件，至少随机抽取 3 件；1 000 件＜

批量≤5 000件，至少随机抽取5件；5 000件以上，每增加5 000件（不足5 000件的按5 000件计），至少随机增抽2件。

6.2 结果判定

6.2.1 若所抽取样品检验结果全部符合4.1、4.2、7.2和7.3的规定，则判定该批产品符合本标准。

6.2.2 若所抽样品中任何一件不符合4.1.1、7.2和7.3任何一项规定，则判定该批产品不合格。

6.2.3 若所抽样品中任何一件不符合4.1.2、4.1.3、4.1.4和4.2任何一项规定，则判定该批产品不符合生活用絮用纤维制品要求。

6.2.4 若所抽样品的检验结果不符合4.1.5、4.1.6和4.1.7任何一项规定，则判定该批产品不符合生活用絮用纤维制品要求。

6.2.5 絮用纤维制品若无“非生活用品”标识，则按生活用絮用纤维制品的要求检验和判定。

6.3 复验

对按4.1.5、4.1.6、4.1.7规定检验的结果有异议的，可复验一次，并以复验结果为准。

7 标识

7.1 生活用絮用纤维制品的标识应符合GB 5296.4的规定。

7.2 按4.1.3的要求使用纤维制品下脚或其再加工纤维生产的生活用絮用纤维制品，应在每件制品上明示所用原料为“纤维制品下脚”或“再加工纤维”。

7.3 非生活用絮用纤维制品应在每件制品上标注厂名、厂址；同时在显著位置标注“非生活用品”警示语字样的耐久性标志。警示语字体应不小于该制品上其他说明文字中最大号字体，没有其他说明文字的，警示语字体应不小于初号字体；警示语文字颜色应与底色有明显的区别且醒目。

7.4 絮用纤维制品的标识还应符合国家的其他规定。

8 包装、贮存与运输

8.1 包装

包装材料应无毒、无害、清洁，有足够的密封性和牢固性，能够耐受正常运输和贮存，保证絮用纤维制品防霉、防潮。

8.2 贮存

存放在干燥、通风、无易燃物、无污物的仓库内。

8.3 运输

运输搬运时注意防火、防污、防潮。

附　录　A
（规范性附录）
絮用纤维的短纤维含量试验方法

A.1　罗拉法

A.1.1　试验环境

试验应在温度为(20±2)℃，相对湿度为(65±3)%的大气条件下进行。

A.1.2　仪器和用具

Y111 罗拉长度分析仪、一号夹子、二号夹子、稀梳、密梳、天平(分度值 0.1 mg)、限制器绒板。

A.1.3　仪器调整

A.1.3.1　指针在蜗轮刻度第 16 格时，桃形偏心轮应与溜板开始接触。

A.1.3.2　检查溜板内缘至下罗拉的中心距离为 9.5 mm，如果大于或小于 9.5 mm，则需将一号夹子至挡板的 3 mm 距离放大或缩小。

A.1.3.3　检查分析仪盖子上弹簧施于皮辊上的压力应为 6 860 cN(7 000 gf)，二号夹子的弹簧压力应为 196 cN(200 gf)。

A.1.3.4　检查一号夹子的夹口是否平直无缝隙，二号夹子的绒布有无磨损光秃等现象。

A.1.4　试样制备

A.1.4.1　将两份试验样品分别撕松混匀，平铺在工作台上，使其成为厚薄均匀的纤维层，从正反两面多点(32 点)随机扦取纤维，各取得 30 mg(±1 mg)的试样一份。

A.1.4.2　整理试样，用手扯法、梳理法使纤维形成比较平直、一端整齐、不含杂质的纤维束。

A.1.4.3　捏住纤维束整齐一端，将一号夹子钳口紧靠后一组限制器，从长到短分层夹取纤维，排列在限制器绒板上，其整齐一端应当伸出前一组限制器 2 mm。如此反复进行 2 次，叠成宽度为 32 mm、一端整齐平直、厚薄均匀、层次清晰的纤维束。

A.1.4.4　注意在整个制样过程中不要丢弃纤维。

A.1.5　试验步骤

A.1.5.1　将分析仪盖子揭起，摇动手柄，使蜗轮上的第 9 刻度与指针重合。

A.1.5.2　用一号夹子自限制器绒板上将纤维束夹起，移至于分析仪沟槽罗拉上。移置时应使一号夹子下面的挡片紧靠溜板。用水平垫木垫住一号夹子，使纤维束达到水平。放下带有压辊的盖子，取下夹子，纤维整齐一端便于溜板内缘平齐，栓紧弹簧。

A.1.5.3　一次将罗拉分析仪指针摇到与蜗轮第 13 刻度重合处，然后用二号夹子夹取未被夹持的纤维若干次，直至夹至无游离纤维为止。

A.1.5.4　将纤维分成 13 mm 及以下和 13 mm 以上两组，分别置于天平称量，精确至 0.1 mg。

A.1.5.5　计算：

按式(A.1)计算短纤维含量，结果按照 GB/T 8170 修约至一位小数。

$$R = \frac{m_1}{m_1 + m_2} \times 100\% \quad \cdots\cdots\cdots\cdots(A.1)$$

式中：

R——短纤维含量，%；

m_1——13 mm 及以下纤维的质量，单位为毫克(mg)；

m_2——13 mm 以上纤维的质量，单位为毫克(mg)。

A.1.6 **最终结果**

以两次试验的平均值作为该样品的最终结果,结果按照 GB/T 8170 修约至整数。

A.2 手扯法

A.2.1 **仪器和用具**

钢板尺(25 mm)、一号夹子、稀梳、密梳、天平(分度值 0.1 mg)、限制器绒板。

A.2.2 **试验步骤**

A.2.2.1 将两份试验样品分别撕松混匀,平铺在工作台上,使其成为厚薄均匀的纤维层,从正反两面多点(32 点)随机扦取纤维,各取得 30 mg(±1 mg)的试样一份。

A.2.2.2 将试样先用手整理数次,制成纤维平直、一端平齐、不含杂质的纤维束,注意在此过程中不得丢弃纤维。

A.2.2.3 用手捏住平齐一端,将一号夹子夹住距纤维束平齐端 13 mm 处,用稀梳和密梳依次梳净 13 mm 及以下的纤维,并将梳下的短纤维收集好。

A.2.2.4 将纤维分成 13 mm 及以下和 13 mm 以上两组,分别置于天平称量,精确至 0.1 mg。

A.2.2.5 计算:

按式(A.2)计算短纤维含量,结果按照 GB/T 8170 修约至一位小数。

$$R = \frac{m_1}{m_1 + m_2} \times 100\% \qquad \cdots\cdots\cdots\cdots(A.2)$$

式中:

R——短纤维含量,%;

m_1——13 mm 及以下纤维的质量,单位为毫克(mg);

m_2——13 mm 以上纤维的质量,单位为毫克(mg)。

A.2.3 **最终结果**

以两次试验的平均值作为该样品的最终结果,结果按照 GB/T 8170 修约至整数。

附 录 B
（规范性附录）
絮用纤维的含杂质率试验方法

B.1 机检法

本方法适用于纯棉类或主体长度在 38 mm 及以下的混合絮用纤维。

B.1.1 从两份试验样品中分别随机多点抽取 50 g±2 g 试样进行试验。

B.1.2 试验步骤及结果计算等按 GB/T 6499 执行。

B.2 手检法

本方法适用于非纯棉类或主体长度在 38 mm 以上的混合絮用纤维。

B.2.1 仪器和用具

天平(分度值 0.01 g)、镊子。

B.2.2 试验步骤

B.2.2.1 从两份试验样品中随机多点抽取各两个试验小样，用天平称取各自总质量达 20 g±1 g(称量精确至 0.1 g)。

B.2.2.2 手捡出杂质(种子、叶屑、草刺、硬头草籽、枝梗、皮块片、僵丝、并丝硬丝、胶块等)，分别称取两份杂质质量，精确至 0.01 g。

B.2.2.3 计算：

按式(B.1)计算含杂质率，结果按照 GB/T 8170 修约至 2 位小数。

$$Z=\frac{m_1}{m}\times 100\% \qquad \text{(B.1)}$$

式中：

Z——含杂质率，%；

m_1——杂质质量，单位为克(g)；

m——试样总质量，单位为克(g)。

B.2.3 最终结果

以两次试验的平均值作为该样品的最终结果，结果按照 GB/T 8170 修约至一位小数。

附 录 C
(规范性附录)
絮用纤维的纤维含量试验取样方法

C.1 取样方法按图 C.1,在各取样处随机抽取约 10 g 样品,将每份样品分别混合均匀,组成第一组的 8 个混和样品。

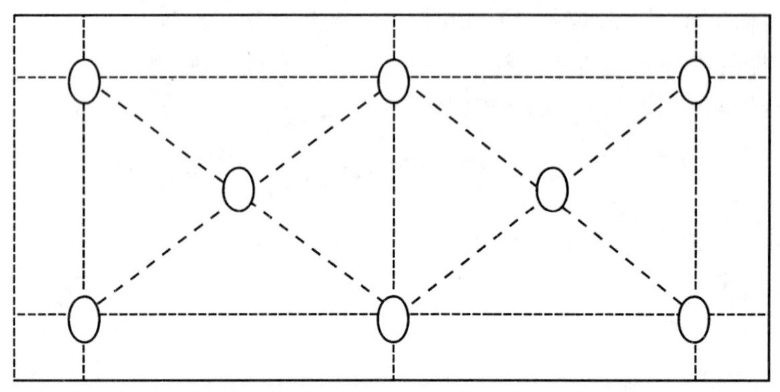

图 C.1

C.2 按图 C.2 所示,将第一组混和样品中的第一个样品与第 2 个样品合并混和,分成两半,丢弃一半,保留一半;第 3 个样品与第 4 个样品合并混和,同样分成两半,丢弃一半,保留一半……第 7 个样品与第 8 个样品合并混和,再分成两半,丢弃一半,保留一半。组成第二组的 4 个混和样品(9、10、11、12)。

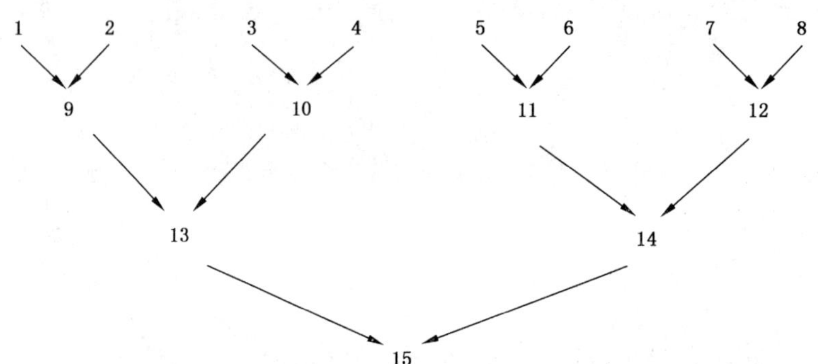

图 C.2

C.3 将第二组混和样品中的 9 与 10 两个样品合并混和,分成两半,丢弃一半,保留一半;11 与 12 两个样品合并混和同样操作。组成第三组的两个混和样品(13、14)。

C.4 将第三组的混和样品按上述方法同样操作,最后得到一个约 10 g 的试验室样品,供纤维含量测试用。

国家纺织产品基本安全技术规范

1 范围

本标准规定了纺织产品的基本安全技术要求、试验方法、检验规则及实施与监督。纺织产品的其他要求按有关的标准执行。

本标准适用于在我国境内生产、销售的服用、装饰用和家用纺织产品。出口产品可依据合同的约定执行。

注：附录A中所列举产品不属于本标准的范畴，国家另有规定的除外。

2 规范性引用文件

下列文件中的条款通过本标准的引用而成为本标准的条款。凡是注日期的引用文件，其随后所有的修改单(不包括勘误的内容)或修订版均不适用于本标准，然而，鼓励根据本标准达成协议的各方研究是否可使用这些文件的最新版本。凡是不注日期的引用文件，其最新版本适用于本标准。

GB/T 2912.1　纺织品　甲醛的测定　第1部分:游离和水解的甲醛(水萃取法)(GB/T 2912.1—2009，ISO 14184.1:1998，MOD)

GB/T 3920　纺织品　色牢度试验　耐摩擦色牢度(GB/T 3920—2008，ISO 105-X12:2001，MOD)

GB/T 3922　纺织品耐汗渍色牢度试验方法(GB/T 3922—1995，eqv ISO 105-E04:1994)

GB/T 5713　纺织品　色牢度试验　耐水色牢度(GB/T 5713—1997，eqv ISO 105-E01:1994)

GB/T 7573　纺织品　水萃取液pH值的测定(GB/T 7573—2009，ISO 3071:2005，MOD)

GB/T 17592　纺织品　禁用偶氮染料的测定

GB/T 18886　纺织品　色牢度试验　耐唾液色牢度

GB/T 23344　纺织品　4-氨基偶氮苯的测定

3 术语和定义

下列术语和定义适用于本标准。

3.1

纺织产品　textile products

以天然纤维和化学纤维为主要原料，经纺、织、染等加工工艺或再经缝制、复合等工艺制成的产品，如纱线、织物及其制成品。

3.2

基本安全技术要求　general safety specification

为保证纺织产品对人体健康无害而提出的最基本的要求。

3.3

婴幼儿纺织产品　textile products for infants

年龄在36个月及以下的婴幼儿穿着或使用的纺织产品。

3.4

直接接触皮肤的纺织产品　textile products with direct contact to skin

在穿着或使用时，产品的大部分面积直接与人体皮肤接触的纺织产品。

3.5

非直接接触皮肤的纺织产品 textile products without direct contact to skin

在穿着或使用时，产品不直接与人体皮肤接触，或仅有小部分面积直接与人体皮肤接触的纺织产品。

4 产品分类

4.1 产品按最终用途分为以下 3 种类型：

——婴幼儿纺织产品；

——直接接触皮肤的纺织产品；

——非直接接触皮肤的纺织产品。

附录 B 给出了 3 种类型产品的典型示例。

4.2 需用户再加工后方可使用的产品(例如，面料、纱线)根据最终用途归类。

5 要求

5.1 纺织产品的基本安全技术要求根据指标要求程度分为 A 类、B 类和 C 类，见表 1。

表 1

项　目		A 类	B 类	C 类
甲醛含量/(mg/kg)　≤		20	75	300
pH 值[a]		4.0～7.5	4.0～8.5	4.0～9.0
染色牢度[b]/级　≥	耐水(变色、沾色)	3-4	3	3
	耐酸汗渍(变色、沾色)	3-4	3	3
	耐碱汗渍(变色、沾色)	3-4	3	3
	耐干摩擦	4	3	3
	耐唾液(变色、沾色)	4	—	—
异味		无		
可分解致癌芳香胺染料[c]/(mg/kg)		禁用		

[a] 后续加工工艺中必须要经过湿处理的非最终产品，pH 值可放宽至 4.0～10.5 之间。

[b] 对需经洗涤褪色工艺的非最终产品、本色及漂白产品不要求；扎染、蜡染等传统的手工着色产品不要求；耐唾液色牢度仅考核婴幼儿纺织产品。

[c] 致癌芳香胺清单见附录 C，限量值≤20 mg/kg 。

5.2 婴幼儿纺织产品应符合 A 类要求，直接接触皮肤的产品至少应符合 B 类要求，非直接接触皮肤的产品至少应符合 C 类要求，其中窗帘等悬挂类装饰产品不考核耐汗渍色牢度。

5.3 婴幼儿纺织产品必须在使用说明上标明“婴幼儿用品”字样。其他产品应在使用说明上标明所符合的基本安全技术要求类别(例如，A 类、B 类或 C 类)。产品按件标注一种类别。

注：一般适用于身高 100 cm 及以下婴幼儿使用的产品可作为婴幼儿纺织产品。

6 试验方法

6.1 甲醛含量的测定按 GB/T 2912.1 执行。

6.2 pH 值的测定按 GB/T 7573 执行。

6.3 耐水色牢度的测定按 GB/T 5713 执行。

6.4 耐酸碱汗渍色牢度的测定按 GB/T 3922 执行。

6.5 耐干摩擦色牢度的测定按 GB/T 3920 执行。

6.6 耐唾液色牢度的测定按 GB/T 18886 执行。

6.7 异味的检测采用嗅觉法，操作者应是经过训练和考核的专业人员。

样品开封后，立即进行该项目的检测。检测应在洁净的无异常气味的环境中进行。操作者洗净双手后戴手套，双手拿起样品靠近鼻孔，仔细嗅闻样品所带有的气味，如检测出有霉味、高沸程石油味（如汽油、煤油味）、鱼腥味、芳香烃气味中的一种或几种，则判为“有异味”，并记录异味类别。否则判为“无异味”。

应有 2 人独立检测，并以 2 人一致的结果为样品检测结果。如 2 人检测结果不一致，则增加 1 人检测，最终以 2 人一致的结果为样品检测结果。

6.8 可分解致癌芳香胺染料的测定按 GB/T 17592 和 GB/T 23344 执行。

注：一般先按 GB/T 17592 检测，当检出苯胺和/或 1,4-苯二胺时，再按 GB/T 23344 检测。

7 检验规则

7.1 从每批产品中按品种、颜色随机抽取有代表性样品，每个品种按不同颜色各抽取 1 个样品。

7.2 布匹取样至少距端头 2 m，样品尺寸为长度不小于 0.5 m 的整幅宽；服装或其他制品的取样数量应满足试验需要。

7.3 样品抽取后密封放置，不应进行任何处理。相关试验的取样方法参见附录 D 的取样说明。

7.4 根据产品的类别对照表 1 评定，如果样品的测试结果全部符合表 1 相应类别的要求（含有 2 种及以上组件的产品，每种组件均符合表 1 相应类别的要求），则该样品的基本安全性能合格，否则为不合格。对直接接触皮肤的产品和非直接接触皮肤的产品中重量不超过整件制品 1% 的小型组件不考核。

7.5 如果所抽取样品全部合格，则判定该批产品的基本安全性能合格。如果有不合格样品，则判定该样品所代表的品种或颜色的产品不合格。

8 实施与监督

8.1 依据《中华人民共和国标准化法》及《中华人民共和国标准化法实施条例》的有关规定，从事纺织产品科研、生产、经营的单位和个人，必须严格执行本标准。不符合本标准的产品，禁止生产、销售和进口。

8.2 依据《中华人民共和国标准化法》及《中华人民共和国标准化法实施条例》的有关规定，任何单位和个人均有权检举、申诉、投诉违反本标准的行为。

8.3 依据《中华人民共和国产品质量法》的有关规定，国家对纺织产品实施以抽查为主要方式的监督检查制度。

8.4 关于纺织产品的基本安全方面的产品认证等工作按国家有关法律、法规的规定执行。

9 法律责任

对违反本标准的行为，依据《中华人民共和国标准化法》、《中华人民共和国产品质量法》等有关法律、法规的规定处罚。

附 录 A
（资料性附录）
不属于本标准范围的纺织产品目录

A.1 土工布、防水油毡基布等工程用纺织产品

A.2 造纸毛毯、帘子布、过滤布、绝缘纺织品等工业用纺织产品

A.3 无土栽培基布等农业用纺织产品

A.4 防毒、防辐射、耐高温等特种防护用品

A.5 渔网、缆绳、登山用绳索等绳网类产品

A.6 麻袋、邮包等包装产品

A.7 医用纱布、绷带等医疗用品

A.8 布艺类及毛绒类玩具

A.9 布艺工艺品

A.10 广告灯箱布、遮阳布、帐篷等室外产品

A.11 一次性使用卫生用品

A.12 箱包、背提包、鞋、伞等

A.13 地毯

附　录　B
（资料性附录）
纺织产品分类示例

表B.1给出的产品作为陈述产品分类的示例。表B.1中没有列出的产品应按照产品的最终用途确定类型。

表B.1

类　　型	典型示例
婴幼儿纺织产品	尿布、内衣、围嘴儿、睡衣、手套、袜子、外衣、帽子、床上用品
直接接触皮肤的纺织产品	内衣、衬衣、裙子、裤子、袜子、床单、被套、毛巾、泳衣、帽子
非直接接触皮肤的纺织产品	外衣、裙子、裤子、窗帘、床罩、墙布

附 录 C
（规范性附录）
致癌芳香胺清单

表 C.1

序号	英文名称	中文名称	化学文摘编号
1	4-aminobiphenyl	4-氨基联苯	92-67-1
2	benzidine	联苯胺	92-87-5
3	4-chloro-*o*-toluidine	4-氯-邻甲苯胺	95-69-2
4	2-naphthylamine	2-萘胺	91-59-8
5	*o*-aminoazotoluene	邻氨基偶氮甲苯	97-56-3
6	5-nitro-*o*-toluidine	5-硝基-邻甲苯胺	99-55-8
7	*p*-chloroaniline	对氯苯胺	106-47-8
8	2,4-diaminoanisole	2,4-二氨基苯甲醚	615-05-4
9	4,4′-diaminobiphenymethane	4,4′-二氨基二苯甲烷	101-77-9
10	3,3′-dichlorobenzidine	3,3′-二氯联苯胺	91-94-1
11	3,3′-dimethoxybenzidine	3,3′-二甲氧基联苯胺	119-90-4
12	3,3′-dimethylbenzidine	3,3′-二甲基联苯胺	119-93-7
13	3,3′-dimethyl-4,4′-diaminobiphenylmthane	3,3′-二甲基-4,4′-二氨基二苯甲烷	838-88-0
14	*p*-cresidine	2-甲氧基-5-甲基苯胺	120-71-8
15	4,4′-methylene-bis-(2-chloroaniline)	4,4′-亚甲基-二-(2-氯苯胺)	101-14-4
16	4,4′-oxydianiline	4,4′-二氨基二苯醚	101-80-4
17	4,4′-thiodianiline	4,4′-二氨基二苯硫醚	139-65-1
18	*o*-toluidine	邻甲苯胺	95-53-4
19	2,4-toluylendiamine	2,4-二氨基甲苯	95-80-7
20	2,4,5-trimethylaniline	2,4,5-三甲基苯胺	137-17-7
21	*o*-anisidine	邻氨基苯甲醚	90-04-0
22	4-aminoazobenzene	4-氨基偶氮苯	60-09-3
23	2,4-xylidine	2,4-二甲基苯胺	95-68-1
24	2,6-xylidine	2,6-二甲基苯胺	87-62-7

附 录 D
（资料性附录）
取样说明

D.1 染色牢度试验的取样

按相应的试验方法规定。对于花型循环较大或无规律的印花和色织产品，分别取各色相检测，以级别最低的作为试验结果。

D.2 甲醛、pH 值和可分解致癌芳香胺染料试验的取样

D.2.1 有颜色图案的产品：

——有规律图案的产品，按循环取样，剪碎混合后作为一个试样。

——图案循环很大的产品，按地、花面积的比例取样，剪碎混合后作为一个试样。

——独立图案的产品，其图案面积能满足一个试样时，图案单独取样；图案很小不足一个试样时，取样应包括该图案，不宜从多个样品上剪取后合为一个试样。

——图案较小处仅检测可分解芳香胺。

D.2.2 多层及复合的产品：

——能手工分层的产品，分层取样，分别测定；

——不能手工分层的产品，整体取样。

参 考 文 献

[1] 中华人民共和国标准化法
[2] 中华人民共和国标准化法实施条例
[3] 中华人民共和国产品质量法

纺织品　含氯苯酚的测定
第1部分:气相色谱-质谱法

警告——使用GB/T 18414的本部分的人员应有正规实验室工作的实践经验。本标准并未指出所有可能的安全问题。使用者有责任采取适当的安全和健康措施,并保证符合国家有关法规规定的条件。

1　范围

GB/T 18414的本部分规定了采用气相色谱-质量选择检测器(GC-MSD)测定纺织品中含氯苯酚(2,3,5,6-四氯苯酚和五氯苯酚)及其盐和酯的方法。

本部分适用于纺织材料及其产品。

2　规范性引用文件

下列文件中的条款通过GB/T 18414的本部分的引用而成为本部分的条款。凡是注日期的引用文件,其随后所有的修改单(不包括勘误的内容)或修订版均不适用于本部分,然而,鼓励根据本部分达成协议的各方研究是否可使用这些文件的最新版本。凡是不注日期的引用文件,其最新版本适用于本部分。

GB/T 6682　分析实验室用水规格和试验方法(GB/T 6682—1992,neq ISO 3696:1987)

3　原理

用碳酸钾溶液提取试样,提取液经乙酸酐乙酰化后以正己烷提取,用配有质量选择检测器的气相色谱仪(GC-MSD)测定,采用选择离子检测进行确证,外标法定量。

4　试剂和材料

除另有规定外,所用试剂均为分析纯,水为符合GB/T 6682规定的二级水。

4.1　正己烷。

4.2　乙酸酐。

4.3　无水碳酸钾。

4.4　无水硫酸钠:650℃灼烧4 h,冷却后贮于干燥器中备用。

4.5　碳酸钾溶液:0.1 mol/L水溶液,取13.8 g无水碳酸钾溶于水中,定容至1 000 mL。

4.6　硫酸钠溶液:20 g/L。

4.7　2,3,5,6-四氯苯酚标准品和五氯苯酚标准品:纯度均≥99%,见附录A。

4.8　标准储备溶液:分别准确称取适量的2,3,5,6-四氯苯酚标准品和五氯苯酚标准品,用碳酸钾溶液配制成浓度为100 μg/mL的标准储备液。

4.9　混合标准工作溶液:根据需要用碳酸钾溶液稀释成适用浓度的混合标准工作溶液。

注:标准储备溶液在0℃~4℃冰箱中保存有效期6个月,混合标准工作溶液在0℃~4℃冰箱中保存有效期3个月。

5　仪器与设备

5.1　气相色谱仪:配有质量选择检测器(MSD)。

5.2　超声波发生器:工作频率40 kHz。

5.3　离心机:4 000 r/min。

5.4 分液漏斗:150 mL。

5.5 锥形瓶:具磨口塞,100 mL。

5.6 离心管:具磨口塞,10 mL。

6 分析步骤

6.1 提取

取代表性样品,将其剪碎至5 mm×5 mm以下,混匀。称取1.0 g(精确至0.01 g)试样,置于100 mL具塞锥形瓶中,加入80 mL碳酸钾溶液,在超声波发生器中提取20 min。将提取液抽滤,残渣再用30 mL碳酸钾溶液超声提取5 min,合并滤液。

6.2 乙酰化

将滤液置于150 mL分液漏斗中,加入2 mL乙酸酐,振摇2 min,准确加入5.0 mL正己烷,再振摇2 min,静置5 min,弃去下层。正己烷相再加入50 mL硫酸钠溶液洗涤,弃去下层。将正己烷相移入10 mL离心管中,加入5 mL硫酸钠溶液,具塞,振摇1 min,以4 000 r/min离心3 min,正己烷相供气相色谱-质谱确证和测定。

6.3 标准工作溶液的制备

准确移取一定体积的适用浓度的标准工作溶液于150 mL分液漏斗中,用碳酸钾溶液稀释至110 mL,加入2 mL乙酸酐,以下按6.2步骤进行。

6.4 测定

6.4.1 气相色谱-质谱条件

由于测试结果取决于所使用仪器,因此不可能给出色谱分析的通用参数。设定的参数应保证色谱测定时被测组分与其他组分能够得到有效的分离,下面给出的参数证明是可行的。

a) 色谱柱:DB-17 MS 30 m×0.25 mm×0.1 μm,或相当者;

b) 色谱柱温度:50℃(2 min)$\xrightarrow{30℃/min}$220℃(1 min)$\xrightarrow{6℃/min}$260℃(1 min);

c) 进样口温度:270℃;

d) 色谱-质谱接口温度:260℃;

e) 载气:氦气,纯度≥99.999%,1.4 mL/min;

f) 电离方式:EI;

g) 电离能量:70 eV;

h) 测定方式:选择离子监测方式,参见附录B;

i) 进样方式:无分流进样,1.2 min后开阀;

j) 进样量:1 μL。

6.4.2 气相色谱-质谱测定及阳性结果确证

根据样液中被测物含量情况,选定浓度相近的标准工作液(6.3),按6.4.1的条件,分别对标准工作溶液与样液等体积参插进样测定,标准工作溶液和待测样液中2,3,5,6-四氯苯酚乙酸酯和五氯苯酚乙酸酯的响应值均应在仪器检测的线性范围内。

注:在上述气相色谱-质谱条件下,2,3,5,6-四氯苯酚乙酸酯和五氯苯酚乙酸酯的气相色谱-质谱图选择离子色谱图参见附录C中图C.1,气相色谱-质谱图参见附录D中图D.1。

如果样液与标准工作溶液的选择离子色谱图中,在相同保留时间有色谱峰出现,则根据附录B中选择离子的种类及其丰度比进行确证。

7 结果计算

试样中含氯苯酚含量式(1)计算,结果表示到小数点后两位:

$$X_i = \frac{A_i \times c_i \times V}{A_{is} \times m} \quad \cdots\cdots (1)$$

式中：

X_i——试样中含氯苯酚 i 的含量，单位为毫克每千克(mg/kg)；

A_i——样液中含氯苯酚乙酸酯 i 的峰面积(或峰高)；

A_{is}——标准工作液中含氯苯酚乙酸酯 i 的峰面积(或峰高)；

c_i——标准工作液中含氯苯酚 i 的浓度，单位为毫克每升(mg/L)；

V——样液体积，单位为毫升(mL)；

m——最终样液代表的试样量，单位为克(g)。

8 测定低限、回收率和精密度

8.1 测定低限

本方法的测定低限 2,3,5,6-四氯苯酚和五氯苯酚均为 0.05 mg/kg。

8.2 回收率

2,3,5,6-四氯苯酚和五氯苯酚在 0.05 mg/kg～2.00 mg/kg 时，回收率为 85%～110%。

8.3 精密度

在同一实验室，由同一操作者使用相同设备，按相同的测试方法，并在短时间内对同一被测对象相互独立进行的测试获得的两次独立测试结果的绝对差值不大于这两个测定值的算术平均值的 10%，以大于这两个测定值的算术平均值的 10%的情况不超过 5%为前提。

9 试验报告

试验报告至少应给出以下内容：

a) 试样描述；

b) 使用的标准；

c) 试验结果；

d) 偏离标准的差异；

e) 在试验中观察到的异常现象；

f) 试验日期。

附 录 A
(规范性附录)
含氯苯酚种类表

表 A.1

序 号	名 称	英 文 名 称	化学文摘编号(CAS No.)	化学分子式	相对分子质量
1	2,3,5,6-四氯苯酚	2,3,5,6-Tetrachlorophenol	935-95-5	$C_6H_2Cl_4O$	229.89
2	五氯苯酚	Pentachlorophenol	87-86-5	C_6HCl_5O	263.85

附 录 B
(资料性附录)
含氯苯酚乙酸酯定量和定性选择离子表

表 B.1

序 号	名 称	化学文摘编号(CAS No.)	保留时间/min	特征碎片离子/amu	
				定量	定性
1	2,3,5,6-四氯苯酚乙酸酯	61925-90-4	8.815	232	230、234、272
				丰度比(100∶77∶50∶23)	
2	五氯苯酚乙酸酯	1441-02-7	10.038	266	264、268、308
				丰度比(100∶62∶64∶14)	

附 录 C
(资料性附录)
含氯苯酚乙酸酯标准物气相色谱-质谱选择离子色谱图(GC-MSD)

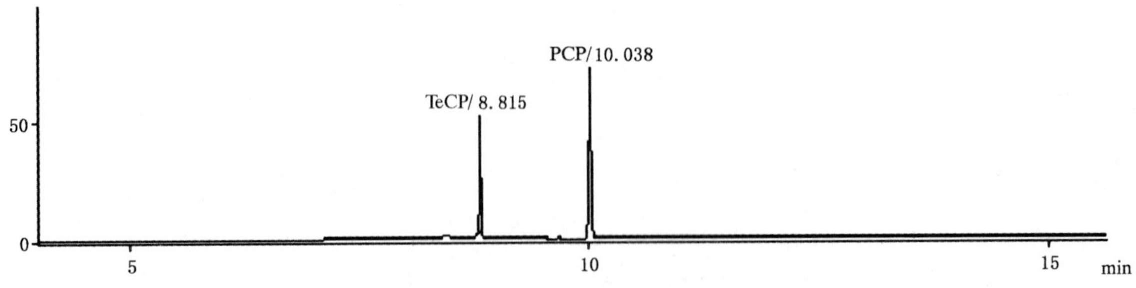

图 C.1 含氯苯酚乙酸酯标准物的气相色谱-质谱选择离子色谱图(GC-MSD)

附　录　D
（资料性附录）
气相色谱-质谱图

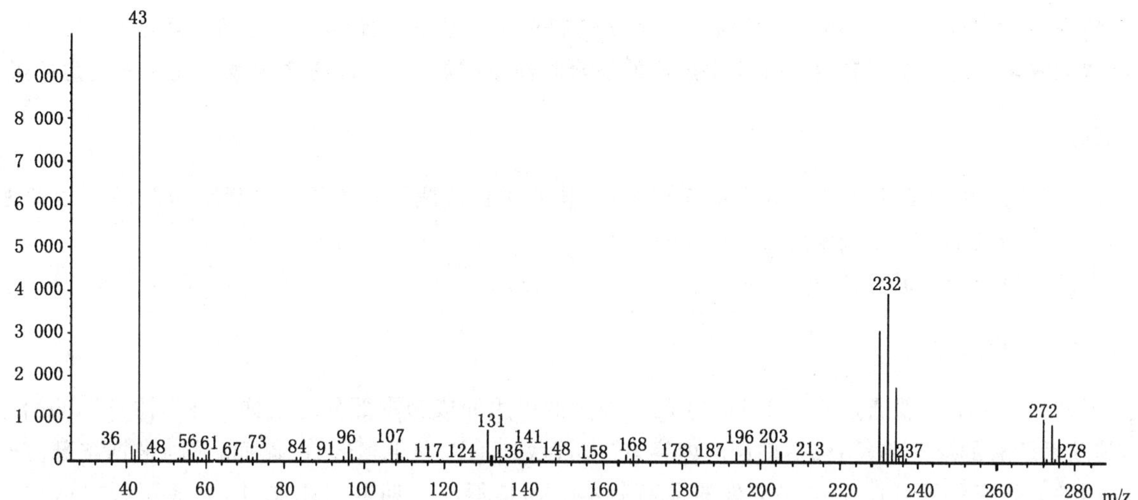

图 D.1　2,3,5,6-四氯苯酚乙酸酯标准物的气相色谱-质谱图

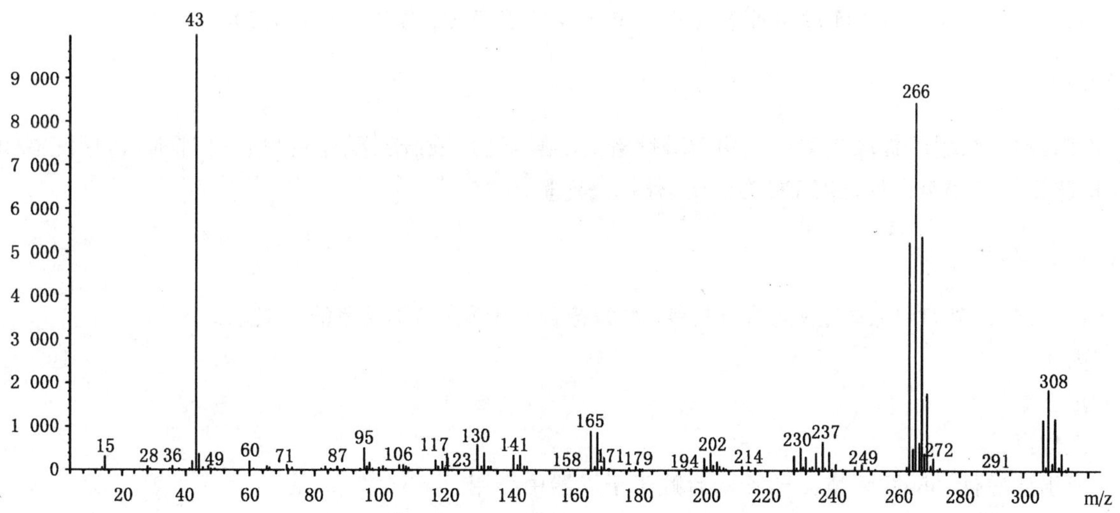

图 D.2　五氯苯酚乙酸酯标准物的气相色谱-质谱图

纺织品 含氯苯酚的测定
第2部分:气相色谱法

警告——使用GB/T 18414的本部分的人员应有正规实验室工作的实践经验。本部分并未指出所有可能的安全问题。使用者有责任采取适当的安全和健康措施,并保证符合国家有关法规规定的条件。

1 范围

GB/T 18414的本部分规定了采用气相色谱-电子俘获检测器(GC-ECD)测定纺织品中含氯苯酚(2,3,5,6-四氯苯酚和五氯苯酚)及其盐和酯的方法。

本部分适用于纺织材料及其产品。

2 规范性引用文件

下列文件中的条款通过GB/T 18414的本部分的引用而成为本部分的条款。凡是注日期的引用文件,其随后所有的修改单(不包括勘误的内容)或修订版均不适用于本部分,然而,鼓励根据本部分达成协议的各方研究是否可使用这些文件的最新版本。凡是不注日期的引用文件,其最新版本适用于本部分。

GB/T 6682 分析实验室用水规格和试验方法(GB/T 6682—1992,neq ISO 3696:1987)

GB/T 12808—1991 实验室玻璃仪器 单标线吸量管(eqv ISO 648:1977)

3 原理

用丙酮提取试样,提取液浓缩后用碳酸钾溶液溶解,经乙酸酐乙酰化后以正己烷提取,用配有电子俘获检测器的气相色谱仪(GC-ECD)测定,外标法定量。

4 试剂和材料

除另有规定外,所用试剂应均为分析纯,水为符合GB/T 6682规定的二级水。

4.1 丙酮。

4.2 正己烷。

4.3 乙酸酐。

4.4 无水硫酸钠:650℃灼烧4 h,冷却后贮于干燥器中备用。

4.5 碳酸钾溶液:0.1 mol/L水溶液,取13.8 g无水碳酸钾溶于水中,定容至1 000 mL。

4.6 硫酸钠溶液:20 g/L。

4.7 2,3,5,6-四氯苯酚标准品和五氯苯酚标准品:纯度均≥99%,见附录A。

4.8 标准储备溶液:分别准确称取适量的2,3,5,6-四氯苯酚标准品和五氯苯酚标准品,用碳酸钾溶液配制成浓度为100 μg/mL的标准储备液。

4.9 混合标准工作溶液:根据需要用碳酸钾溶液稀释成适用浓度的混合标准工作溶液。

注:标准储备溶液在0℃~4℃冰箱中保存有效期6个月,混合标准工作溶液在0℃~4℃冰箱中保存有效期3个月。

5 仪器与设备

5.1 气相色谱仪:配有电子俘获检测器(ECD)。

5.2 超声波发生器:工作频率40 kHz。

5.3 提取器：由硬质玻璃制成，具密闭瓶塞，50 mL。

5.4 旋转蒸发器。

5.5 分液漏斗：150 mL。

5.6 单标线吸量管：5 mL，符合 GB/T 12808—1991 中 A 类。

5.7 玻璃筒形漏斗：20 mL。

6 分析步骤

6.1 提取

取代表性样品，将其剪碎至 5 mm×5 mm 以下，混匀。称取 1.0 g（精确至 0.01 g）试样，置于提取器中，加入 20 mL 丙酮，充分混匀后于超声波发生器中提取 15 min，如试样在吸收溶剂后膨胀太大，可增加丙酮用量。将丙酮溶液转移至浓缩瓶，残渣再分别用 20 mL 丙酮提取 2 次，并入浓缩瓶。将浓缩瓶置于旋转蒸发器上浓缩至近干，用 30 mL 碳酸钾溶液（4.5）分 3 次将残液转移至分液漏斗中。

6.2 乙酰化

将滤液置于 150 mL 分液漏斗中，加入 1 mL 乙酸酐，振摇 2 min，用单标线吸管（5.6）准确加入 5.0 mL正己烷，再振摇 2 min，静置 5 min，弃去下层。正己烷相用硫酸钠溶液（4.6）洗 2 次（每次用量 20 mL），静置分层后弃去下层。在玻璃筒形漏斗（5.7）中加脱脂棉和约 1 g 无水硫酸钠（4.4），将正己烷层过无水硫酸钠至具塞试管中。此溶液供气相色谱仪测定。

6.3 标准工作液的制备

准确吸取适量的混合标准工作溶液（4.9）至分液漏斗中，加入碳酸钾溶液至总体积约 30 mL，以下按 6.2 步骤操作。

6.4 测定

6.4.1 气相色谱条件

由于测试结果取决于所使用仪器，因此不可能给出色谱分析的通用参数。设定的参数应保证色谱测定时被测组分与其他组分能够得到有效的分离，下面给出的参数证明是可行的。

a） 色谱柱：毛细管柱，DB-1701，30 m×0.25 mm×0.25 μm；

b） 色谱柱温度：170℃（1 min）$\xrightarrow{5℃/min}$ 220℃ $\xrightarrow{20℃/min}$ 260℃（2min）；

c） 进样口温度：260℃；

d） 检测器温度：280℃；

e） 载气：氦气，纯度≥99.999%，流量 1 mL/min；

f） 进样量：1 μL，无分流。

6.4.2 气相色谱-质谱测定及阳性结果确证

根据样液中被测物含量情况，选定浓度相近的标准工作液（6.3）。按 6.4.1 的条件，分别对标准工作液和样品溶液进行分析。标准工作液和样品溶液中五氯苯酚乙酸酯和 2，3，5，6-四氯苯酚乙酸酯的响应值均应在仪器检测的线性范围内。

注：按照上述条件所得五氯苯酚乙酸酯和 2，3，5，6-四氯苯酚乙酸酯标准物的气相色谱图参见附录 B。

7 结果计算

试样中含氯苯酚含量按式（1）计算，结果表示到小数点后两位：

$$X_i = \frac{A_i \times c_i \times V}{A_{is} \times m} \quad \cdots\cdots (1)$$

式中：

X_i——试样中含氯苯酚 i 的含量，单位为毫克每千克（mg/kg）；

A_i—— 样液中含氯苯酚乙酸酯 i 的峰面积（或峰高）；

A_{is}——标准工作液中含氯苯酚乙酸酯 i 的峰面积(或峰高);

c_i—— 标准工作液中含氯苯酚 i 的浓度,单位为毫克每升(mg/L);

V—— 样液体积,单位为毫升(mL);

m——最终样液代表的试样量,单位为克(g)。

8 测定低限、回收率和精密度

8.1 测定低限

本方法的测定低限 2,3,5,6-四氯苯酚和五氯苯酚均为 0.02 mg/kg。

8.2 回收率

在样品中添加 0.02 mg/kg～0.50 mg/kg 五氯苯酚和 2,3,5,6-四氯苯酚时,回收率为 90%～110%。

8.3 精密度

在同一实验室,由同一操作者使用相同设备,按相同的测试方法,并在短时间内对同一被测对象相互独立进行的测试获得的两次独立测试结果的绝对差值不大于这两个测定值的算术平均值的 10%,以大于这两个测定值的算术平均值的 10%的情况不超过 5%为前提。

9 试验报告

试验报告至少应给出以下内容:

a) 试样描述;

b) 使用的标准;

c) 试验结果;

d) 偏离标准的差异;

e) 在试验中观察到的异常现象;

f) 试验日期。

附　录　A
（规范性附录）
含氯苯酚种类表

表 A.1

序　号	名　　称	英　文　名　称	化学文摘编号（CAS No.）	化学分子式	相对分子质量
1	2,3,5,6-四氯苯酚	2,3,5,6-Tetrachlorophenol	935-95-5	$C_6H_2Cl_4O$	229.89
2	五氯苯酚	Pentachlorophenol	87-86-5	C_6HCl_5O	263.85

附　录　B
（资料性附录）
乙酰化五氯苯酚和 2,3,5,6-四氯苯酚标准气相色谱图

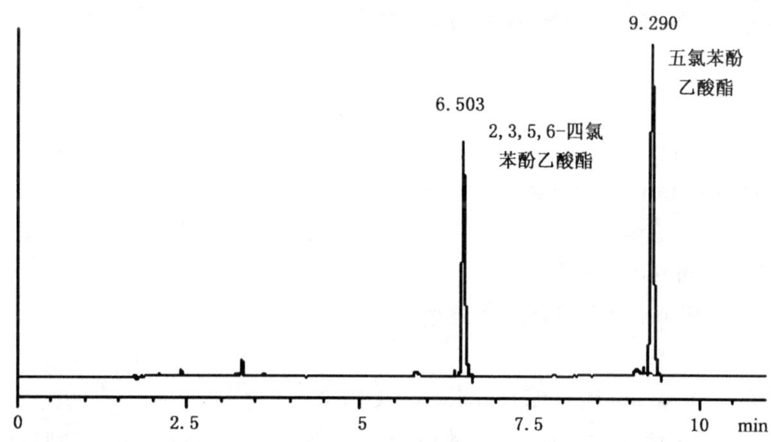

图 B.1　五氯苯酚（PCP）乙酸酯和 2,3,5,6-四氯苯酚（TeCP）乙酸酯标准物气相色谱图

纺织品　防紫外线性能的评定

1　范围

本标准规定了纺织品的防日光紫外线性能的试验方法、防护水平的表示、评定和标识。

本标准适用于评定在规定条件下织物防护日光紫外线的性能。

2　规范性引用文件

下列文件中的条款通过本标准的引用而成为本标准的条款。凡是注日期的引用文件，其随后所有的修改单(不包括勘误的内容)或修订版均不适用于本标准，然而，鼓励根据本标准达成协议的各方研究是否可使用这些文件的最新版本。凡是不注日期的引用文件，其最新版本适用于本标准。

GB/T 6529　纺织品　调湿和试验用标准大气(GB/T 6529—2008,ISO 139:2005,MOD)

3　术语和定义

下列术语和定义适用于本标准。

3.1

日光紫外线辐射　solar ultraviolet radiation;UVR

波长为 280 nm～400 nm 的电磁辐射。

3.2

日光紫外线 UVA　solar UV-A

波长在 315 nm～400 nm 的日光紫外线辐射。

3.3

日光紫外线 UVB　solar UV-B

波长在 280 nm～315 nm 的日光紫外线辐射。

3.4

紫外线防护系数　ultraviolet protection factor;UPF

皮肤无防护时计算出的紫外线辐射平均效应与皮肤有织物防护时计算出的紫外线辐射平均效应的比值。

3.5

日光辐照度　solar irradiance

$E(\lambda)$

在地球表面所接受到的太阳发出的单位面积和单位波长的能量，以 $W \cdot m^{-2} \cdot nm^{-1}$ 表示。在地球表面测得的 UVR 光谱是 290 nm～400 nm。

3.6

红斑　erythema

由各种各样的物理或化学作用引起的皮肤变红。

3.7

红斑作用光谱　erythema action spectrum

$\varepsilon(\lambda)$

与波长 λ 相关的红斑辐射效应。

3.8

光谱透射比　spectral transmittance

***T*(*λ*)**

波长为 λ 时，透射辐通量与入射辐通量之比。

3.9

积分球　integrating sphere

为中空球，其内表面是一个非选择性的漫反射器。

3.10

荧光　fluorescence

吸收特定波长的辐射，并在短时间内再发射出较大波长的光学射线。

3.11

光谱带宽　spectral bandwidth

由单色光产生的光学辐射强度的半高峰之间的宽度，以纳米(nm)表示。

4　原理

用单色或多色的 UV 射线辐射试样，收集总的光谱透射射线，测定出总的光谱透射比，并计算试样的紫外线防护系数 UPF 值。

可采用平行光束照射试样，用一个积分球收集所有透射光线；也可采用光线半球照射试样，收集平行的透射光线。

5　仪器

5.1　UV 光源

提供波长为 290 nm～400 nm 的 UV 射线。适合的 UV 光源有氙弧灯、氘灯和日光模拟器。

在采用平行入射光束时，光束端面至少 25 mm^2，覆盖面至少应该是织物循环结构的 3 倍。此外，对于单色入射光束，积分球入口的最小尺寸与照明斑的最大尺寸之比应该大于 1.5。光束应该与织物表面垂直，在 $\pm 5°$ 之间，光束与光束轴的散角应该小于 5°。

5.2　积分球

积分球的总孔面积不超过积分球内表面积的 10%。内表面应涂有高反射的无光材料，例如涂硫酸钡。积分球内还装有挡板，遮挡试样窗到内部探测头或试样窗到内部光源之间的光线。

5.3　单色仪

适合于在波长 290 nm～400 nm 范围内，以 5 nm 或更小的光谱带宽的测定。

5.4　UV 透射滤片

仅透过小于 400 nm 的光线，且无荧光产生。

如果单色器装在样品之前，应把较适合的 UV 透射滤片放在样品和检测器之间。如果这种方式不可行，则应将滤片放在试样和积分球之间的试样窗口处。UV 透射滤片的厚度应在 1 mm～3 mm 之间。

5.5　试样夹

使试样在无张力或在预定拉伸状态下保持平整。该装置不应遮挡积分球的入口。

6　试样的准备和调湿

6.1　试样的准备

对于匀质材料，至少要取 4 块有代表性的试样，距布边 5 cm 以内的织物应舍去。

对于具有不同色泽或结构的非匀质材料，每种颜色和每种结构至少要试验两块试样。

试样尺寸应保证充分覆盖住仪器的孔眼。

6.2 试验的调湿

调湿和试验应按 GB/T 6529 进行，如果试验装置未放在标准大气条件下，调湿后试样从密闭容器中取出至试验完成应不超过 10 min。

7 程序

7.1 在积分球入口前方放置试样试验，将穿着时远离皮肤的织物面朝着 UV 光源。

7.2 对于单色片放在试样前方的仪器装置，应使用 UV 透射滤片，并检验其有效性。

7.3 记录 290 nm～400 nm 之间的透射比，每 5 nm 至少记录一次。

8 计算和结果的表达

8.1 通则

按式(1)计算每个试样 UVA 透射比的算术平均值 $T(\mathrm{UVA})_i$，并计算其平均值 $T(\mathrm{UVA})_{\mathrm{AV}}$，保留两位小数。

$$T(\mathrm{UVA})_i = \frac{1}{m}\sum_{\lambda=315}^{400} T_i(\lambda) \qquad (1)$$

按式(2)计算每个试样 UVB 透射比的算术平均值 $T(\mathrm{UVB})_i$，并计算其平均值 $T(\mathrm{UVB})_{\mathrm{AV}}$，保留两位小数。

$$T(\mathrm{UVB})_i = \frac{1}{k}\sum_{\lambda=290}^{315} T_i(\lambda) \qquad (2)$$

式中 $T_i(\lambda)$ 是试样 i 在波长 λ 时的光谱透射比；m 和 k 是 315 nm～400 nm 之间和 290 nm～315 nm之间各自的测定次数。

注：式(1)和式(2)仅适用于测定波长间隔$\triangle\lambda$为定值(如 5 nm)的情况。

按式(3)计算每个试样 i 的 UPF。

$$\mathrm{UPF}_i = \frac{\sum\limits_{\lambda=290}^{\lambda=400} E(\lambda)\times\varepsilon(\lambda)\times\Delta\lambda}{\sum\limits_{\lambda=290}^{\lambda=400} E(\lambda)\times T_i(\lambda)\times\varepsilon(\lambda)\times\Delta\lambda} \qquad (3)$$

式中：

$E(\lambda)$——日光光谱辐照度(见附录 A)，单位为瓦每平方米纳米($\mathrm{W\cdot m^{-2}\cdot nm^{-1}}$)；

$\varepsilon(\lambda)$——相对的红斑效应(见附录 A)；

$T_i(\lambda)$——试样 i 在波长为 λ 时的光谱透射比；

$\Delta\lambda$——波长间隔，单位为纳米(nm)。

8.2 匀质试样

按式(4)计算紫外线防护系数的平均值 $\mathrm{UPF_{AV}}$。

$$\mathrm{UPF_{AV}} = \frac{1}{n}\sum_{i=1}^{n}\mathrm{UPF}_i \qquad (4)$$

按式(5)计算 UPF 的标准偏差 s。

$$s = \sqrt{\frac{\sum\limits_{i=1}^{n}(\mathrm{UPF}_i - \mathrm{UPF_{AV}})^2}{n-1}} \qquad (5)$$

样品的 UPF 值按式(6)计算，修约到整数。$t_{\alpha/2,\,n-1}$ 按表 1 规定。

$$\mathrm{UPF} = \mathrm{UPF_{AV}} - t_{\alpha/2,\,n-1}\frac{s}{\sqrt{n}} \qquad (6)$$

表 1 α 为 0.05 时 $t_{\alpha/2,n-1}$ 的测定值

试样数量	$n-1$	$t_{\alpha/2,n-1}$
4	3	3.18
5	4	2.77
6	5	2.57
7	6	2.44
8	7	2.36
9	8	2.30
10	9	2.26

对于匀质材料，当样品的 UPF 值低于单个试样实测的 UPF 值中最低值时，则以试样最低的 UPF 作为样品的 UPF 值报出。当样品的 UPF 值大于 50 时，表示为“UPF>50”。

8.3 非匀质试样

对于具有不同颜色或结构的非匀质材料，应对各种颜色或结构进行测试，以其中最低的 UPF 值作为样品的 UPF 值。当样品的 UPF 值大于 50 时，表示为“UPF>50”。

9 评定和标识

9.1 评定

按本标准测定，当样品的 UPF>40，且 $T(\text{UVA})_{\text{AV}}<5\%$ 时，可称为“防紫外线产品”。

9.2 标识

防紫外线产品应在标签上标有：

——本标准的编号，即 GB/T 18830—2009；

——当 40<UPF≤50 时，标为 UPF 40+。当 UPF>50 时，标为 UPF 50+；

——长期使用以及在拉伸或潮湿的情况下，该产品所提供的防护有可能减少。

10 试验报告

报告应包括下列内容：

a) 试验是按本标准进行的；

b) 对样品的描述；

c) 试验温度和相对湿度；

d) 试样的数量；

e) $T(\text{UVA})_{\text{AV}}$、$T(\text{UVB})_{\text{AV}}$ 和 UPF_{AV}；

f) 样品的 UPF 值；

g) 试验人员和试验日期；

h) 任何偏离本标准的情况。

附　录　A
（规范性附录）
日光光谱辐照度和红斑效应

表 A.1

λ/nm	$E(\lambda)$/ $(W \cdot m^{-2} \cdot nm^{-1})$	$\varepsilon(\lambda)$
290	3.090×10^{-6}	1.000
295	7.860×10^{-4}	1.000
300	8.640×10^{-3}	0.649
305	5.770×10^{-2}	0.220
310	1.340×10^{-1}	0.745×10^{-1}
315	2.280×10^{-1}	0.252×10^{-1}
320	3.140×10^{-1}	0.855×10^{-2}
325	4.030×10^{-1}	0.290×10^{-2}
330	5.320×10^{-1}	0.136×10^{-2}
335	5.135×10^{-1}	0.115×10^{-2}
340	5.390×10^{-1}	0.966×10^{-3}
345	5.345×10^{-1}	0.810×10^{-3}
350	5.590×10^{-1}	0.684×10^{-3}
355	6.080×10^{-1}	0.575×10^{-3}
360	5.640×10^{-1}	0.484×10^{-3}
365	6.830×10^{-1}	0.407×10^{-3}
370	7.660×10^{-1}	0.343×10^{-3}
375	6.635×10^{-1}	0.288×10^{-3}
380	7.540×10^{-1}	0.243×10^{-3}
385	6.055×10^{-1}	0.204×10^{-3}
390	7.570×10^{-1}	0.172×10^{-3}
395	6.680×10^{-1}	0.145×10^{-3}
400	1.010	0.122×10^{-3}
注：日光辐照度 $E(\lambda)$和相对红斑效应 $\varepsilon(\lambda)$的数据引自欧盟标准 EN 13758。		

生态纺织品技术要求

1 范围

本标准规定了生态纺织品的术语和定义、产品分类、要求、试验方法、取样和判定规则。

本标准适用于各类纺织品及其附件。

2 规范性引用文件

下列文件中的条款通过本标准的引用而成为本标准的条款。凡是注日期的引用文件，其随后所有的修改单(不包括勘误的内容)或修订版均不适用于本标准，然而，鼓励根据本标准达成协议的各方研究是否可使用这些文件的最新版本。凡是不注日期的引用文件，其最新版本适用于本标准。

GB/T 2912.1 纺织品 甲醛的测定 第1部分:游离和水解的甲醛(水萃取法)(GB/T 2912.1—2009,ISO 14184-1:1998,MOD)

GB/T 3920 纺织品 色牢度试验 耐摩擦色牢度(GB/T 3920—2008,ISO 105-X12:2001,MOD)

GB/T 3922 纺织品耐汗渍色牢度试验方法(GB/T 3922—1995,eqv ISO 105-E04:1994)

GB/T 5713 纺织品 色牢度试验 耐水色牢度(GB/T 5713—1997,eqv ISO 105-E01:1994)

GB/T 7573 纺织品 水萃取液 pH 值的测定(GB/T 7573—2009,ISO 3071:2005,MOD)

GB/T 17592 纺织品 禁用偶氮染料的测定

GB/T 17593(所有部分) 纺织品 重金属的测定

GB/T 18412(所有部分) 纺织品 农药残留量的测定

GB/T 18414(所有部分) 纺织品 含氯苯酚的测定

GB/T 18886 纺织品 色牢度试验 耐唾液色牢度

GB/T 20382 纺织品 致癌染料的测定

GB/T 20383 纺织品 致敏性分散染料的测定

GB/T 20384 纺织品 氯化苯和氯化甲苯残留量的测定

GB/T 20385 纺织品 有机锡化合物的测定

GB/T 20386 纺织品 邻苯基苯酚的测定

GB/T 20388 纺织品 邻苯二甲酸酯的测定

GB/T 23344 纺织品 4-氨基偶氮苯的测定

GB/T 23345 纺织品 分散黄 23 和分散橙 149 染料的测定

GB/T 24279 纺织品 禁/限用阻燃剂的测定

GB/T 24281 纺织品 有机挥发物的测定 气相色谱-质谱法

3 术语和定义

下列术语和定义适用于本标准。

3.1

生态纺织品 ecological textiles

采用对环境无害或少害的原料和生产过程所生产的对人体健康无害的纺织品。

4 产品分类

按照产品(包括生产过程各阶段的中间产品)的最终用途，分为四类:

4.1 婴幼儿用品:供年龄在36个月及以下的婴幼儿使用的产品。

4.2　直接接触皮肤用品：在穿着或使用时，其大部分面积与人体皮肤直接接触的产品（如衬衫、内衣、毛巾、床单等）。

4.3　非直接接触皮肤用品：在穿着或使用时，不直接接触皮肤或其小部分面积与人体皮肤直接接触的产品（如外衣等）。

4.4　装饰材料：用于装饰的产品（如桌布、墙布、窗帘、地毯等）。

5　要求

生态纺织品的技术要求见表1。

表 1

项目		单位	婴幼儿用品	直接接触皮肤用品	非直接接触皮肤用品	装饰材料
pH 值[a]		—	4.0～7.5	4.0～7.5	4.0～9.0	4.0～9.0
甲醛　≤	游离	mg/kg	20	75	300	300
可萃取的重金属　≤	锑	mg/kg	30.0	30.0	30.0	—
	砷		0.2	1.0	1.0	1.0
	铅[b]		0.2	1.0[c]	1.0[c]	1.0[c]
	镉		0.1	0.1	0.1	0.1
	铬		1.0	2.0	2.0	2.0
	铬（六价）		低于检出限[d]			
	钴		1.0	4.0	4.0	4.0
	铜		25.0[c]	50.0[c]	50.0[c]	50.0[c]
	镍		1.0	4.0	4.0	4.0
	汞		0.02	0.02	0.02	0.02
杀虫剂[e]　≤	总量（包括 PCP/TeCP）[f]	mg/kg	0.5	1.0	1.0	1.0
苯酚化合物　≤	五氯苯酚（PCP）	mg/kg	0.05	0.5	0.5	0.5
	四氯苯酚[f]（TeCP，总量）		0.05	0.5	0.5	0.5
	邻苯基苯酚（OPP）		50	100	100	100
氯苯和氯化甲苯[f]　≤		mg/kg	1.0	1.0	1.0	1.0
邻苯二甲酸酯[g]　≤	DINP，DNOP，DEHP，DIDP，BBP，DBP[f]（总量）	%	0.1	—	—	—
	DEHP，BBP，DBP（总量）			0.1		
有机锡化合物　≤	三丁基锡（TBT）	mg/kg	0.5	1.0	1.0	1.0
	二丁基锡（DBT）		1.0	2.0	2.0	2.0
	三苯基锡（TPhT）		0.5	1.0	1.0	1.0
有害染料　≤	可分解芳香胺染料[f]		禁用[d]			
	致癌染料[f]		禁用			
	致敏染料[f]		禁用[d]			
	其他染料[f]		禁用[d]			

表 1（续）

项目		单位	婴幼儿用品	直接接触皮肤用品	非直接接触皮肤用品	装饰材料
抗菌整理剂		—	无[h]			
阻燃整理剂	普通	—	无[h]			
	PBB，TRIS，TEPA，pentaBDE，octaBDE[f]	—	禁用			
色牢度（沾色） ≥	耐水	级	3	3	3	3
	耐酸汗液		3-4	3-4	3-4	3-4
	耐碱汗液		3-4	3-4	3-4	3-4
	耐干摩擦[i,j]		4	4	4	4
	耐唾液		4	—	—	—
挥发性物质[l] ≤	甲醛[50-00-0]	mg/m^3	0.1	0.1	0.1	0.1
	甲苯[108-88-3]		0.1	0.1	0.1	0.1
	苯乙烯[100-42-5]		0.005	0.005	0.005	0.005
	乙烯基环己烷[100-40-3]		0.002	0.002	0.002	0.002
	4-苯基环己烷[4994-16-5]		0.03	0.03	0.03	0.03
	丁二烯[106-99-0]		0.002	0.002	0.002	0.002
	氯乙烯[75-01-4]		0.002	0.002	0.002	0.002
	芳香化合物		0.3	0.3	0.3	0.3
	挥发性有机物		0.5	0.5	0.5	0.5
异常气味[k]		—	无			
石棉纤维		—	禁用			

a 后续加工工艺中必须要经过湿处理的产品，pH 值可放宽至 4.0～10.5 之间；产品分类为装饰材料的皮革产品、涂层或层压（复合）产品，其 pH 值允许在 3.5～9.0 之间。

b 金属附件禁止使用铅和铅合金。

c 对无机材料制成的附件不要求。

d 合格限量值：对 Cr(Ⅵ)为 0.5 mg/kg，对芳香胺为 20 mg/kg，对致敏染料和其他染料为 50 mg/kg。

e 仅适用于天然纤维。

f 具体物质名单见附录 A、附录 B、附录 C、附录 D、附录 E、附录 F。

g 适用于涂层、塑料溶胶印花、弹性泡沫塑料和塑料配件等产品。

h 符合本技术要求的整理除外。

i 对洗涤褪色型产品不要求。

j 对于颜料、还原染料或硫化染料，其最低的耐干摩擦色牢度允许为 3 级。

k 针对除纺织地板覆盖物以外的所有制品，异常气味的种类见附录 G。

l 适用于纺织地毯、床垫以及发泡和有大面积涂层的非穿着用的物品。

6 试验方法

6.1 pH 值的测定按 GB/T 7573 执行。

6.2 甲醛含量的测定按 GB/T 2912.1 执行。

6.3 可萃取重金属的测定按 GB/T 17593 执行。

6.4 杀虫剂的测定按 GB/T 18412 执行。

6.5 苯酚化合物中含氯酚和邻苯基苯酚的测定分别按 GB/T 18414 和 GB/T 20386 执行。

6.6 氯苯和氯化甲苯的测定按 GB/T 20384 执行。

6.7 邻苯二甲酸酯的测定按 GB/T 20388 执行。

6.8 有机锡化合物的测定按 GB/T 20385 执行。

6.9 有害染料中可分解芳香胺染料的测定按 GB/T 17592 执行，其中 4-氨基偶氮苯的测定按 GB/T 23344 执行；致癌染料的测定按 GB/T 20382 执行；致敏染料的测定按 GB/T 20383 执行；其他有害染料的测定按 GB/T 23345 执行。

6.10 禁用阻燃剂的测定按 GB/T 24279 执行。

6.11 耐摩擦色牢度的测定按 GB/T 3920 执行。

6.12 耐汗渍色牢度的测定按 GB/T 3922 执行。

6.13 耐水色牢度的测定按 GB/T 5713 执行。

6.14 耐唾液色牢度的测定按 GB/T 18886 执行。

6.15 挥发性物质的测定按 GB/T 24281 执行。

6.16 异常气味的测定按本标准附录 G 执行。

7 取样

7.1 按有关标准规定或双方协议执行，否则按 7.2～7.4 执行。

7.2 从每批产品中随机抽取有代表性样品，试样数量应满足第 6 章中全部试验方法的要求。

7.3 样品抽取后，应密封放置，不应进行任何处理。

7.4 布匹试样：至少从距布端 2 m 以上取样，每个样品尺寸为 1 m×全幅；服装或制品试样：以一个单件(套)为一个样品。

8 判定规则

如果测试结果中有一项超出表 1 规定的限量值，则判定该批产品不合格。

附 录 A
（规范性附录）
有 害 染 料

A.1 还原条件下染料中不允许分解出的芳香胺

A.1.1 第一类：对人体有致癌性的芳香胺，见表 A.1。

表 A.1

中文名称	英文名称	化学文摘编号
4-氨基联苯	4-Aminobiphenyl	92-67-1
联苯胺	Benzidine	92-87-5
4-氯-邻甲基苯胺	4-Chloro-*o*-toluidine	95-69-2
2-萘胺	2-Naphthylamine	91-59-8

A.1.2 第二类：对动物有致癌性，对人体可能有致癌性的芳香胺，见表 A.2。

表 A.2

中文名称	英文名称	化学文摘编号
邻氨基偶氮甲苯	*o*-Aminoazotoluene	97-56-3
2-氨基-4-硝基甲苯	2-Amino-4-nitrotoluene	99-55-8
对氯苯胺	*p*-Chloroaniline	106-47-8
2,4-二氨基苯甲醚	2,4-Diaminoanisole	615-05-4
4,4'-二氨基二苯甲烷	4,4'-Diaminobiphenylmethane	101-77-9
3,3'-二氯联苯胺	3,3'-Dichlorobenzidine	91-94-1
3,3'-二甲氧基联苯胺	3,3'-Dimethoxybenzidine	119-90-4
3,3'-二甲基联苯胺	3,3'-Dimethylbenzidine	119-93-7
3,3'-二甲基-4,4'-二氨基二苯甲烷	3,3'-Dimethyl-4,4'-diaminobiphenylmethane	838-88-0
对甲酚定	*p*-Cresidine	120-71-8
4,4'-亚甲基-二-(2-氯苯胺)	4,4'-Methylene-bis-(2-chloroaniline)	101-14-4
4,4'-二氨基二苯醚	4,4'-Oxydianiline	101-80-4
4,4'-二氨基二苯硫醚	4,4'-Thiodianiline	139-65-1
邻甲苯胺	*o*-Toluidine	95-53-4
2,4-二氨基甲苯	2,4-Toluylendiamine	95-80-7
2,4,5,-三甲基苯胺	2,4,5,-Trimethylaniline	137-17-7
邻甲氧基苯胺	*o*-Anisidine	90-04-0
2,4 二甲基苯胺	2,4-Xylidine	95-68-1
2,6 二甲基苯胺	2,6-Xylidine	87-62-7
4-氨基偶氮苯	4-Aminoazobenzene	60-09-3

A.2 致癌染料

见表 A.3。

表 A.3

染料索引商品名		染料索引结构号	化学文摘编号
中文名称	英文名称		
酸性红 26	Acid Red 26	16150	3761-53-3
碱性红 9	Basic Red 9	42500	569-61-9
直接黑 38	Direct Blue 38	30235	1937-37-7
直接蓝 6	Direct Blue 6	22610	2602-46-2
直接红 28	Direct Red 28	22120	573-58-0
分散蓝 1	Disperse Blue 1	64500	2475-45-8
分散黄 3	Disperse Yellow 3	11855	2832-40-8
碱性紫 14	Basic Violet 14	42510	632-99-5
分散橙 11	Disperse Orange 11	60700	82-28-0

A.3 致敏染料

见表 A.4。

表 A.4

染料索引商品名		染料索引结构号	化学文摘编号
中文名称	英文名称		
分散蓝 1	Disperse Blue 1	64500	2475-45-8
分散蓝 3	Disperse Blue 3	61505	2475-46-9
分散蓝 7	Disperse Blue 7	62500	3179-90-6
分散蓝 26	Disperse Blue 26	63305	
分散蓝 35	Disperse Blue 35		12222-75-2
分散蓝 102	Disperse Blue 102		12222-97-8
分散蓝 106	Disperse Blue 106		12223-01-7
分散蓝 124	Disperse Blue 124		61951-51-7
分散橙 1	Disperse Orange 1	11080	2581-69-3
分散橙 3	Disperse Orange 3	11005	730-40-5
分散橙 37	Disperse Orange 37	11132	
分散橙 76	Disperse Orange 76	11132	
分散红 1	Disperse Red 1	1110	2872-52-8
分散红 11	Disperse Red 11	62015	2872-48-2
分散红 17	Disperse Red 17	11210	3179-89-3
分散黄 1	Disperse Yellow 1	10345	

表 A.4（续）

染料索引商品名		染料索引结构号	化学文摘编号
中文名称	英文名称		
分散黄 3	Disperse Yellow 3	11855	2832-40-8
分散黄 9	Disperse Yellow 9	10375	6373-73-5
分散黄 39	Disperse Yellow 39		
分散黄 49	Disperse Yellow 49		
分散棕 1	Disperse Brown 1		23355-64-8

A.4 其他禁用染料

见表 A.5。

表 A.5

染料索引商品名		染料索引结构号	化学文摘编号
中文名称	英文名称		
分散橙 149	Disperse Orange 149		85136-74-9
分散黄 23	Disperse Yellow 23	26070	6250-23-3

附　录　B
（规范性附录）
杀虫剂

B.1　杀虫剂见表 B.1。

表 B.1

中文名称	英文名称	化学文摘编号
2,4,5 涕	2,4,5-T	93-76-5
2,4 滴	2,4-D	97-75-7
艾氏剂	Aldrine	309-00-2
甲氨甲酸奈酯	Carbaryl	63-25-2 （原为 63-25-3）
二羟二奈基二硫醚	DDD	53-19-0,72-54-8
滴滴意	DDE	3424-82-6,72-55-9
滴滴涕	DDT	50-29-3,789-02-6
狄氏剂	Diedrine	60-57-1
α-硫丹	α-endosulfan	959-98-8 （原为 115-29-7）
β-硫丹	β-Endosulfan	33213-65-9
异狄氏剂	Endrine	72-20-8
七氯	Heptachlor	76-44-8
七氯环 7 氧化物	Heptachloroepoxide	1024-57-3
六氯苯	Hexachlorobenzene	118-74-1
α-六六六	α-Hexachlorcyclohexane	319-84-6
β-六六六	β-Hexachlorcyclohexane	319-85-7
γ-六六六	γ-Hexachlorcyclohexane	319-86-8
高丙体六六六	Lindane	58-89-9
甲氧滴滴涕	Methoxychlor	72-43-5
灭蚁灵	Mirex	2358-85-5
毒杀芬	Toxaphene	8001-35-2
氟乐灵	Trifluralin	1582-09-8
谷硫磷	Azinophosmethyl	86-50-0
乙基谷塞昂	Azinophosethyl	2642-71-9
乙基溴硫磷	Bromophosethyl	4824-78-6
敌菌丹	Captafol	2425-06-1
氯丹	Chlordane	57-74-9
毒虫畏,杀螟威	Chlorfenvinphos	470-90-6

表 B.1（续）

中文名称	英文名称	化学文摘编号
香豆磷，蝇毒磷，库马福司	Coumaphos	56-72-4
氟氯氰菊酯，百树菊酯	Cyfluthrin	68359-37-5
(RS)-氟氯氰菊酯	Cyhalothrin	91465-08-6
三硫代磷酸三丁酯	DEF	78-48-8
氯氰菊酯，腈二氯苯醚菊脂	Cypermethrin	52315-07-8
溴氰菊酯	Deltamethrin	52918-63-5
二嗪磷，敌匹硫磷，二嗪农	Diazinon	333-41-5
2,4-滴丙酸	Dichorprop	120-36-2
百治磷	Dicrotophos	141-66-2
乐果	Dimethoate	60-51-5
地乐酚	Dinoseb and salts	88-85-7
氰戊菊酯	Esfenvalerate	66230-04-4
杀灭菊酯	Fenvalerate	51630-58-1
氯苯甲脒，氯二甲脒	Chlordimeform	1970-95-9
马拉硫磷	Malathion	121-75-5
2-甲-4-氯苯氧乙酸	MCPA	94-74-6
2-甲-4-氯苯氧丁酸	MCPB	94-81-5
2-甲-4-氯苯氧丙酸	Mecoprop	93-65-2
甲胺磷	Metamidophos	10265-90-6
久效磷	Monocrotophos	6923-22-4
对硫磷，硝苯硫磷酯 E-606,1605	Parathion	56-38-2
甲基对硫磷	Parathion-methyl	298-00-0
速灭磷，磷君，法斯金	Phosdri/mevinphos	7786-34-7
烯虫磷	Propetamphos	31218-83-4
丙溴磷	Profenophos	41198-08-7
喹硫磷	Quinalphos	13593-03-8
异艾氏剂	Isodrine	465-73-6
克来范	Kelevane	4234-79-1
十氯酮	Kepone	143-50-0
乙滴涕	Perthane	72-56-0
毒杀芬	Strobane	8001-50-1
碳氯灵	Telodrine	297-78-9

附 录 C
（规范性附录）
邻苯二甲酸酯

C.1 邻苯二甲酸酯见表 C.1。

表 C.1

中文名称	英文名称	化学文摘编号
邻苯二甲酸二异壬酯	Di-iso-nonyl phthalate (DINP)	28553-12-0
邻苯二甲酸二辛酯	Di-n-octyl phthalate (DNOP)	117-84-0
邻苯二甲酸二(2-乙基）已酯	Di(2-ethyl hexyl)-phthalate (DEHP)	117-81-7
邻苯二甲酸二异癸酯	Diisodecyl phthalate (DIDP)	26761-40-0
邻苯二甲酸丁基苄基酯	Butylbenzyl phthalate (BBP)	85-68-7
邻苯二甲酸二丁酯	Dibutuyl phthalate (DBP)	84-74-2

附　录　D
（规范性附录）
氯苯和氯化甲苯

D.1　氯苯和氯化甲苯见表 D.1。

表 D.1

中文名称	英文名称
二氯苯类化合物	Dichlorobenzenes
三氯苯类化合物	Tichlorobenzenes
四氯苯类化合物	Tetrachlorobenzenes
五氯苯类化合物	Pentachlorobenzenes
六氯苯类化合物	Hexachlorobenzenes
氯甲苯类化合物	Chlorotoluenes
二氯甲苯类化合物	Dichlorotoluenes
三氯甲苯类化合物	Trichlorotoluenes
四氯甲苯类化合物	Tetrachlorotoluenes
五氯甲苯类化合物	Pentachlorotoluenes

附 录 E
（规范性附录）
禁用阻燃剂

E.1 禁用阻燃剂见表E.1。

表 E.1

中文名称	英文名称	化学文摘编号
多溴联苯	Polybrominated biphenyles (PBB)	59536-65-1
三-(2,3-二溴丙基)-磷酸酯	Tri-(2,3-dibromo-propy)-phosphate(TRIS)	126-72-7
三-(氮环丙基)-膦化氧	Tris-(azir-idinyl)-phos-phinoxide (TEPA)	5455-55-1
五溴二苯醚	Pentabromodiphenylether(pentaBDE)	32534-81-9
八溴联苯醚	Octabromodiphenylether (octaBDE)	32536-52-0

附 录 F
（规范性附录）
含 氯 酚

F.1 含氯酚见表 F.1。

表 F.1

中文名称	英文名称	化学文摘编号
五氯苯酚	Pentachlorophenol	87-86-5
2,3,5,6-四氯苯酚	2,3,5,6-Tetrachlorphenol	935-95-5
2,3,4,6-四氯苯酚	2,3,4,6-Tetrachlorphenol	58-90-2
2,3,4,5-四氯苯酚	2,3,4,5-Tetrachlorphenol	4901-51-3

附 录 G
（规范性附录）
异常气味的测定 嗅辨法

G.1 范围

本附录规定了一种纺织品上异常气味的测定方法。

本方法适用于除纺织地板覆盖物以外的所有纺织品。

G.2 原理

将纺织品试样置于规定环境中，利用人的嗅觉来判定其带有的气味。

G.3 取样

G.3.1 织物试样：尺寸不小于20 cm×20 cm。

G.3.2 纱线和纤维试样：重量不少于50 g。

G.3.3 抽取样品后应立即将其放入一洁净无气味的密闭容器内保存。

G.4 程序

G.4.1 试验应在得到样品后24 h之内完成。

G.4.2 试验应在洁净的无异常气味的测试环境中进行。

G.4.3 将试样放于试验台上，操作者事先应洗净双手，戴上手套，双手拿起试样靠近鼻腔，仔细嗅闻试样所带有的气味，如检测出下列气味中的一种或几种，即判为不合格，并做记录。

a) 霉味；

b) 高沸程石油味（如汽油、煤油味）；

c) 鱼腥味；

d) 芳香烃气味；

e) 香味。

如未检出上述气味，则在报告上注明“无异常气味”。

注：为了保证试验结果的准确性，参加气味测定的人员，事先不能吸烟或进食辛辣刺激食物，不能化妆。由于嗅觉易于疲劳，测定过程中需适当休息。

纺织品　装饰用织物

1　范围

本标准规定了装饰用织物的要求、试验方法、检验规则、包装和标志等技术内容。

本标准适用于座椅用、床品用、悬挂用和覆盖用的机织物和针织物。

本标准不适用于产品正面(使用面)为涂层的织物。

2　规范性引用文件

下列文件中的条款通过本标准的引用而成为本标准的条款。凡是注日期的引用文件,其随后所有的修改单(不包括勘误的内容)或修订版均不适用于本标准,然而,鼓励根据本标准达成协议的各方研究是否可使用这些文件的最新版本。凡是不注日期的引用文件,其最新版本适用于本标准。

GB 250　评定变色用灰色样卡(GB 250—1995,idt ISO 105-A02:1993)

GB/T 2828.1—2003　计数抽样检验程序　第1部分:按接收质量限(AQL)检索的逐批检验抽样计划(ISO 2859-1:1999,IDT)

GB/T 3917.3　纺织品　织物撕破性能　第3部分:梯形试样撕破强力的测定(GB/T 3917.3—1997,idt ISO 9073-4:1989)

GB/T 3920　纺织品　色牢度试验　耐摩擦色牢度(GB/T 3920—1997,eqv ISO 105-X12:1993)

GB/T 3922　纺织品耐汗渍色牢度试验方法(GB/T 3922—1995,eqv ISO 105-E04:1994)

GB/T 3923.1　纺织品　织物拉伸性能　第1部分:断裂强力和断裂伸长率的测定　条样法

GB/T 4667—1995　机织物幅宽的测定(idt ISO 3932:1976)

GB/T 4802.2　纺织品　织物起球试验　马丁代尔法

GB/T 5711　纺织品　色牢度试验　耐干洗色牢度(eqv ISO 105-D01:1993)

GB/T 5713　纺织品　色牢度试验　耐水色牢度(GB/T 5713—1997,eqv ISO 105-E01:1994)

GB/T 7742　纺织品　胀破强度和胀破扩张度的测定　弹性膜片法

GB/T 8427—1998　纺织品　色牢度试验　耐人造光色牢度:氙弧(eqv ISO 105-B02:1994)

GB/T 8628　纺织品　测定尺寸变化的试验中织物试样和服装的准备、标记和测量(GB/T 8628—2001,eqv ISO 3759:1994)

GB/T 8629—2001　纺织品　试验用家庭洗涤和干燥程序(eqv ISO 6630:2000)

GB/T 8630　纺织品　洗涤和干燥后尺寸变化的测定(GB/T 8630—2002,ISO 5077:1984,MOD)

GB/T 12490—1990　纺织品耐家庭和商业洗涤色牢度试验方法(neq ISO 105-C06:1987)

GB/T 13772.1—1992　机织物中纱线抗滑移性测定方法　缝合法

GB/T 13775　棉、麻、绢丝机织物耐磨试验方法

GB/T 14801　机织物与针织物纬斜和弓纬试验方法

GB 18401　国家纺织产品基本安全技术规范

FZ/T 01053　纺织品　纤维含量的标识

ISO 3175.2:1998　纺织品　干洗和整烫　第2部分:四氯乙烯干洗尺寸

3　要求

3.1　产品分类

装饰用织物按用途分为以下四类:

座椅类：包覆沙发和软椅用的织物，例如：沙发罩、软椅包覆、床头软包等用织物；

床品类：床上用品用织物，例如：床罩、床围(笠)、床单、被套、枕套、靠垫等用织物；

悬挂类：悬挂制品用织物，例如：窗帘、门帘、帷幔等用织物；

覆盖类：松弛式覆盖布用织物，例如：沙发巾、台布、餐桌布等用织物。

3.2 产品等级

产品的品等按内在质量和外观质量的检验结果评定，并以其中较低一项定等，分为优等品、一等品和合格品，低于合格品者为等外品。其中，内在质量和外观质量分别以其最低一项定等。

3.3 内在质量

3.3.1 座椅类用织物应符合表 1 的要求。

3.3.2 床品类用织物应符合表 2 的要求。

3.3.3 悬挂类和覆盖类用织物应符合表 3 的要求。

3.3.4 产品应符合 GB 18401 的规定。

3.3.5 公共场所用织物的燃烧性能按有关国家标准执行。

表 1 座椅用织物内在质量要求

项目			优等品	一等品	合格品
纤维含量偏差			符合 FZ/T 01053 规定		
断裂强力[a]/N		≥	400	350	300
撕破强力[a]/N		≥	35	30	25
胀破强度[b]/kPa		≥	500	350	250
纱线抗滑移[a](定负荷 180N)/mm		≤	3	5	6
耐磨性/转数		≥	25 000	12 000	6 000
起球/级		≥	4.5	4	3.5
水洗尺寸变化率[c]/(%)	机织物		+2.0～−2.0	+2～−3.0	+2～−4.0
	针织物		+2.0～−3.0	+2 ～−4.0	+2～−5.0
干洗尺寸变化率[d]/(%)	机织物		+2.0～−2.0	+2～−2.5	+2～−3.0
	针织物		+2.0～−2.5	+2～−3.0	+2～−3.5
色牢度/级 ≥	耐干洗[d](变色)		4—5	4	3—4
	耐洗[c](变色/沾色)		4—5/4	4/3—4	4/3
	耐水(变色/沾色)		4/3—4	4/3—4	4/3
	耐汗渍(变色/沾色)		4/4	3—4/3—4	3/3
	耐干摩擦		4	3—4	3—4
	耐湿摩擦		3—4	3	3(深色[e]2—3)
	耐光		5	4	4

a 断裂强力、撕破强力和纱线抗滑移不适用于针织物。

b 胀破强度仅适用于针织物。

c 水洗尺寸变化率和耐洗色牢度仅适用于可水洗类产品。

d 干洗尺寸变化率和耐干洗色牢度仅适用于干洗类产品。

e 大于 1/1 标准深度的为深色。

表 2　床品用织物内在质量要求

项　　目		优等品	一等品	合格品
纤维含量偏差		符合 FZ/T 01053 规定		
断裂强力[a]/N　≥		250	250	250
胀破强度[b]/kPa　≥		300	250	200
纱线抗滑移[a](定负荷 120N)/mm　≤		3	5	6
起球/级　≥		4	3.5	3.5
水洗尺寸变化率[c]/(%)	机织物	+2.0～−3.0	+2～−4.0	+2～−5.0
	针织物	+2.0～−3.0	+2～−4.0	+2～−5.0
干洗尺寸变化率[d]/(%)	机织物	+2.0～−2.0	+2～−3.0	+2～−4.0
	针织物	+2.0～−3.0	+2～−4.0	+2～−5.0
色牢度/级　≥	耐干洗[d](变色)	4—5	4	3—4
	耐洗[c](变色/沾色)	4/3—4	4/3—4	4/3
	耐水(变色/沾色)	4/3—4	4/3—4	4/3
	耐汗渍(变色/沾色)	4/4	3—4/3—4	3/3
	耐干摩擦	4	3—4	3—4
	耐湿摩擦	3—4	3	3(深色[e]2—3)
	耐光	5	4	4

a　断裂强力和纱线抗滑移不适用于针织物。

b　胀破强度仅适用于针织物。

c　水洗尺寸变化率和耐洗色牢度仅适用于可水洗类产品。

d　干洗尺寸变化率和耐干洗色牢度仅适用于干洗类产品。

e　大于 1/1 标准深度的为深色。

表 3　悬挂类和覆盖类用织物内在质量要求

项　　目		优等品	一等品	合格品
纤维含量偏差		符合 FZ/T 01053 规定		
断裂强力[a]/N　≥		250	200	180
胀破强度[b]/kPa　≥		250	220	200
纱线抗滑移[a](定负荷 80N)/mm　≤		4	5	6
水洗尺寸变化率[c]/(%)	机织物	+2.0～−2.0	+3.0～−3.0	+3.0～−4.0
	针织物	+2.0～−3.0	+2.0～−4.0	+2.0～−5.0
干洗尺寸变化率[d]/(%)	机织物	+2.0～−2.0	+3.0～−3.0	+3.0～−4.0
	针织物	+2.0～−3.0	+2.0～−4.0	+2.0～−5.0

表 3(续)

项目		优等品	一等品	合格品
色牢度/级 ≥	耐干洗[d](变色)	4—5	4	3—4
	耐洗[c](变色/沾色)	4/3—4	4/3—4	4/3
	耐水(变色/沾色)	4/3—4	4/3—4	4/3
	耐干摩擦	4	3—4	3—4
	耐湿摩擦	3—4	3	3(深色[e]2—3)
	耐光	悬挂物 6 覆盖布 5	悬挂物 5 覆盖布 4	悬挂物 4 覆盖布 4

a 断裂强力和纱线抗滑移不适用于针织物,透明薄织物和网眼织物的断裂强力允许低限 90 N。
b 胀破强度仅适用于针织物。
c 水洗尺寸变化率和耐洗色牢度仅适用于可水洗类产品。
d 干洗尺寸变化率和耐干洗色牢度仅适用于干洗类产品。
e 大于 1/1 标准深度的为深色。

3.4 外观质量

产品的外观质量按表 4 要求。其中,局部性疵点的评分按表 5 规定,在疵点限度内计为 1 分,超过部分另行量计累计评分;宽度超过 1 cm 的条状疵点以 1 cm 为限连续划条计分。1 处存在不同疵点时以评分较高的疵点计;距边 1.5 cm 内的疵点按表 5 减半评分;集中性疵点及连续性疵点每米内最多计 4 分;优等品和一等品不允许存在评为 4 分的破损性疵点。

表 4 外观质量要求

项目		优等品	一等品	合格品
色差/级 ≥	同匹	4—5	4—5	4
	同批	4	4	3—4
	与确认样对比	4	3—4	3—4
机织物纬斜/(%) ≤		2.0	3.5	4.0
针织物纹路歪斜/(%) ≤		4.0	5.0	6.0
格斜、花斜/(%) ≤		2.0	2.5	2.5
幅宽偏差率/(%) 不超过		+2.0~−1.5	+3.0~−2.0	+3.0~−2.5
散布性疵点		不允许	轻微	
局部性疵点评分/(分/米) ≤	幅宽≤150 cm	0.2	0.4	0.5
	幅宽>150 cm	0.3	0.5	0.6

注 1:散布性疵点:分布面广、难以量计的疵点,以不影响总体效果为轻微。
注 2:局部性疵点:有限度的、可以计量的疵点。每米评分=累计评分/匹长(m)。

表 5 局部性疵点限度要求

单位为厘米

疵点类型		每分疵点限度
线状疵点[a]	轻微[c]	10～100
	明显[d]	1～20
	严重[e]	0.5～5
条状疵点[b]	轻微[c]	1～20
	明显[d]	0.5～5
	严重[e]	0.3～3
破损性疵点	破洞	≤0.3(以经纬共断 2 根纱或 1 个线圈为起点)，>0.3 评 4 分
	跳纱	≤2(以连续 3 个以上组织点或针圈未交织为起点)，>2 评 4 分

a 线状疵点：宽度 0.2 cm 及以内或 1 个针柱内的疵点。

b 条状疵点：宽度超过 0.2 cm 或 1 个针柱的疵点；以 1 cm 为宽度计量单位，宽度超过 1 cm 时以 1 cm 划条累计计分。

c 轻微：直观不明显、较难辨认清晰，不影响总体效果和使用(色泽性疵点 4—5 级)。

d 明显：直观可以看到，但对总体效果和使用影响不大(色泽性疵点 4 级)。

e 严重：疵点明显可见，并可明显影响总体效果和使用(色泽性疵点 3—4 级)。

4 试验方法

4.1 断裂强力的测定按 GB/T 3923.1 的规定。

4.2 撕破强力的测定按 GB/T 3917.3 的规定。

4.3 胀破强度的测定按 GB/T 7742 的规定，试验面积为 50 cm^2。

4.4 纱线抗滑移性的测定按 GB/T 13772.1—1992 中方法 B 的规定，定负荷值根据各类产品规定。

4.5 耐磨性的测定参照 GB/T 13775 的程序，负荷为(780±7)cN，以试样中耐磨次数最低者为试验结果。达到试样破裂点时：

——机织物中两根纱线断裂；

——针织物中一根纱线断裂造成外观上的一个破洞；

——绒类(起绒、割绒、植绒等)织物上的表面绒毛磨损并露出底纱。

4.6 起球的测定按 GB/T 4802.2 的规定，摩擦转数为 2000 转。

4.7 水洗尺寸变化率的测定按 GB/T 8628 和 GB/T 8630 的规定，采用 GB/T 8629—2001 中的 5A 程序洗涤和程序 A 干燥。如果使用说明上为轻柔洗涤或手洗，则采用 7A 或仿手洗程序洗涤。

4.8 干洗尺寸变化率的测定按 GB/T 8628 和 GB/T 8630 的规定，采用 ISO 3175.2:1998 中的正常材料干洗程序。

4.9 耐干洗色牢度的测定按 GB/T 5711 的规定。

4.10 耐洗色牢度的测定按 GB/T 12490—1990 的规定，采用 A1S 的试验条件。如果使用说明上为轻柔洗涤或手洗，试验时不用钢珠。

4.11 耐水色牢度的测定按 GB/T 5713 的规定。

4.12 耐摩擦色牢度的测定按 GB/T 3920 的规定。

4.13 耐光色牢度的测定按 GB/T 8427—1998 中方法 3 的规定。

4.14 色差按 GB 250 评定。

4.15 纬斜、纹路歪斜、格斜、花斜的测定按 GB/T 14801 的规定。

4.16 幅宽的测定按 GB/T 4667—1995 中方法 1 的规定，以协议值或标称值作为基准值计算幅宽偏差率，以百分率表示，精确至 0.1%。

4.17 外观疵点检验以产品正面为主。检验应在水平检验台上进行，采用正常白昼北光或日光灯照明，台面照度不低于 750 lx，目光与台面距离 60 cm 左右。

5 检验规则

5.1 抽样

按交货批号的同一品种、同一规格、同一色别的产品作为检验批。依据 GB/T 2828.1—2003 中正常检验一次抽样方案，内在质量按特殊检查水平 S-1，外观质量按一般检查水平 I。接收质量限为 AQL=4。内在质量和外观质量的检验抽样方案分别见表 6 和表 7。

表 6 内在质量检验抽样方案

批量 N	样本量 n	接收数 Ac	拒收数 Re
≤50	2	0	1
51～500	3	0	1
>501	5	0	1

表 7 外观质量检验抽样方案

批量 N	样本量 n	接收数 Ac	拒收数 Re
≤15	2	0	1
16～25	3	0	1
26～90	5	0	1
91～150	8	1	2
151～280	13	1	2
281～500	20	2	3
501～1 200	32	3	4
>1 201	50	5	6

5.2 内在质量的判定

按 3.3 对批样的每个样本进行内在质量测定，符合 3.3 对应等级要求的，则为内在质量合格，否则为不合格。如果所有样品的内在质量合格，或不合格样品数不超过表 6 的接收数 Ac，则该批产品内在质量合格。如果不合格样品数达到了表 6 的拒收数 Re，则该批产品质量不合格。

5.3 外观质量的判定

按 3.4 对批样的每个样本进行外观质量评定，符合 3.4 对应等级要求的，则为外观质量合格，否则为不合格。如果所有样本的外观质量合格，或不合格样本数不超过表 7 的接收数 Ac，则该批产品外观质量合格。如果不合格样本数达到了表 7 的拒收数 Re，则该批产品质量不合格。

5.4 结果判定

按 5.2 和 5.3 判定均为合格，则该批产品合格。

6 包装和标志

6.1 产品按匹包装,匹长根据协议或合同规定。

6.2 应保证在储运中产品的包装不破损,产品不沾污、不受潮。

6.3 每个包装单元应附使用说明,包含下列内容:

a) 产品名称;

b) 产品主要规格(按合同或协议要求,例如,幅宽、密度、单位面积质量);

c) 纤维种类及含量百分率;

d) 洗涤方法;

e) 执行的标准编号;

f) 产品等级;

g) 符合 GB 18401 的类别(即 A 类、B 类或 C 类);

h) 检验合格证;

i) 生产企业名称和地址。

7 其他要求

供需双方另有要求,可按合同或协议执行。

纺织品　氯化苯和氯化甲苯残留量的测定

警告——使用本标准的人员应有正规实验室工作的实践经验。本标准并未指出所有可能的安全问题。使用者有责任采取适当的安全和健康措施，并保证符合国家有关法规规定的条件。

1　范围

本标准规定了采用气相色谱-质谱检测器法(GC/MS)检测纺织产品上氯化苯和氯化甲苯(见附录A)残留量的方法。

本标准适用于纺织产品。

2　原理

用二氯甲烷在超声波浴中萃取试样上可能残留的氯化苯和氯化甲苯，采用气相色谱-质谱检测器法(GC/MS)对萃取物进行定性、定量测定。

3　试剂和材料

除非另有说明，所用试剂均为分析纯。

3.1　二氯甲烷。

3.2　氯化苯和氯化甲苯标准溶液的制备

3.2.1　标准储备溶液(2 000 mg/L)

用附录A所列的标准物质配制每种物质浓度为2 000 mg/L的二氯甲烷标准储备溶液，有效期一年。

3.2.2　标准中间溶液A (80 mg/L)

分别移取10 mL浓度为2 000 mg/L的各种物质的标准储备溶液于250 mL容量瓶中，用二氯甲烷定容，每三个月配制一次。

3.2.3　标准中间溶液B (10 mg/L)

移取25 mL浓度为80 mg/L的标准中间溶液A于200 mL容量瓶中，用二氯甲烷定容，每三个月配制一次。

3.2.4　标准工作溶液 (0.1 mg/L)

移取1 mL浓度为10 mg/L的中间标准溶液B于100 mL容量瓶中，用二氯甲烷定容，每月配制一次。

注：所有标准溶液均需在4℃下避光保存，可根据需要配制成其他合适的浓度。

4　仪器

4.1　气相色谱仪：配有质量分析检测器(GC/MSD)。

4.2　超声波发生器：工作频率40 kHz。

4.3　提取器：由硬质玻璃制成，管状，具塞。如50 mL带旋盖的玻璃试管。

4.4　0.45 μm聚四氟乙烯薄膜过滤头。

5　分析步骤

5.1　样品的制备和萃取

从实验室样品中取10 g有代表性的试样，剪碎至5 mm×5 mm以下，混匀。从混合试样中称取

2 g，精确至 0.01 g，置于提取器中。往提取器中准确加入 10 mL 二氯甲烷，置于超声波浴中萃取 20 min。用 0.45 μm 聚四氟乙烯薄膜过滤头将萃取液注射过滤至小样品瓶中，供 GC/MS 分析。

5.2 GC/MS 分析

5.2.1 GC/MS 分析条件

由于测试结果取决于所使用的仪器，因此不可能给出色谱分析的普遍参数。采用下列参数已被证明对测试是合适的。

色谱柱：DB-5MS，30 m×0.25 mm×0.25 μm 或相当者；

进样口温度：220℃；

质谱检测器：EI 离子源，SIM 方式；

质谱检测器接口温度：280℃；

柱温：40℃(5 min) $\underline{20℃/min}$ 180℃(3 min) $\underline{30℃/min}$ 270℃(10 min)；

载气：氦气(纯度≥99.999%)，流量 1 mL/min；

进样体积：1 μL；

进样方式：无分流进样。

5.2.2 GC/MS 分析

分别取试样溶液、标准工作溶液和标准内控溶液进样测定，通过比较试样与标样色谱峰的保留时间和质谱选择离子进行定性，以外标法定量。

采用上述分析条件时，附录 A 所列氯化苯和氯化甲苯标样的 GC/MS 定性选择特征离子、总离子流图和相对保留时间见附录 A 和附录 B。

6 结果计算

6.1 试样中各种氯化苯或氯化甲苯的含量按式(1)计算，结果保留小数点后两位：

$$X_i = \frac{A_i \times c_i \times V}{A_{is} \times m} \qquad \cdots\cdots(1)$$

式中：

X_i——试样中氯化苯或氯化甲苯 i 的含量，单位为毫克每千克(mg/kg)；

A_i——样液中氯化苯或氯化甲苯 i 的峰面积(或峰高)；

A_{is}——标准工作液中氯化苯或氯化甲苯 i 的峰面积(或峰高)；

c_i——标准工作液中氯化苯或氯化甲苯 i 的浓度，单位为毫克每升(mg/L)；

V——试样萃取液的体积，单位为毫升(mL)；

m——试样量，单位为克(g)。

6.2 测定结果以各种氯化苯或氯化甲苯的总和表示，结果保留小数点后两位。

7 测定低限、回收率和精密度

7.1 测定低限

本方法的测定低限为 0.05 mg/kg。

7.2 回收率

采用标准加入法，分别将 10 μL 和 100 μL、浓度为 10 mg/L 的标准溶液加到 2 g 纺织品色牢度试验用的聚酯标准贴衬织物上，按第 5 章操作，测得的回收率为 85%以上。

7.3 精密度

在同一实验室，由同一操作者使用相同设备，按相同的测试方法，并在短时间内对同一被测对象相互独立进行的测试获得的两次独立测试结果的绝对差值不大于这两个测定值算术平均值的 10%。以大于这两个测定值的算术平均值的 10%的情况不超过 5%为前提。

8 试验报告

试验报告至少应给出下述内容：

a） 样品来源及描述；

b） 采用的仪器和标准；

c） 试验结果；

d） 任何偏离本标准的细节；

e） 试验日期。

附 录 A
（规范性附录）
氯化苯和氯化甲苯标样的 GC/MS 定性选择特征离子

表 A.1 氯化苯和氯化甲苯标样的 GC/MS 定性选择特征离子

序号	氯化苯或氯化甲苯名称	化学文摘编号 （CAS No.）	特征碎片离子/amu	
			目标离子	特征离子
1	2-氯甲苯	95-49-8	91	126,63
2	3-氯甲苯	108-41-8	91	126,63
3	4-氯甲苯	106-43-4	91	126,63
4	2,3-二氯甲苯	32768-54-0	125	160,89
5	2,4-二氯甲苯	95-73-8	125	160,89
6	2,5-二氯甲苯	19398-61-9	125	160,89
7	2,6-二氯甲苯	118-69-4	125	160,89
8	3,4-二氯甲苯	95-75-0	125	160,89
9	2,3,6-三氯甲苯	2077-46-5	159	194,123
10	2,4,5-三氯甲苯	6639-30-1	159	194,123
11	四氯甲苯	5216-25-1	193	195,123
12	2,3,4,5,6-五氯甲苯	877-11-2	229	264,193
13	1,2-二氯苯	95-50-1	146	148,111
14	1,3-二氯苯	541-73-1	146	148,111
15	1,4-二氯苯	106-46-7	146	148,111
16	1,2,3-三氯苯	87-61-6	180	182,145
17	1,2,4-三氯苯	120-82-1	180	182,145
18	1,3,5-三氯苯	108-70-3	180	182,145
19	1,2,3,4-四氯苯	634-66-2	216	214,218
20	1,2,3,5-四氯苯	364-90-2	216	214,218
21	1,2,4,5-四氯苯	95-94-3	216	214,218
22	五氯苯	608-93-5	250	252,215
23	六氯苯	118-74-1	284	286,282

附 录 B
（资料性附录）
氯化苯和氯化甲苯标样的GC/MS总离子流图

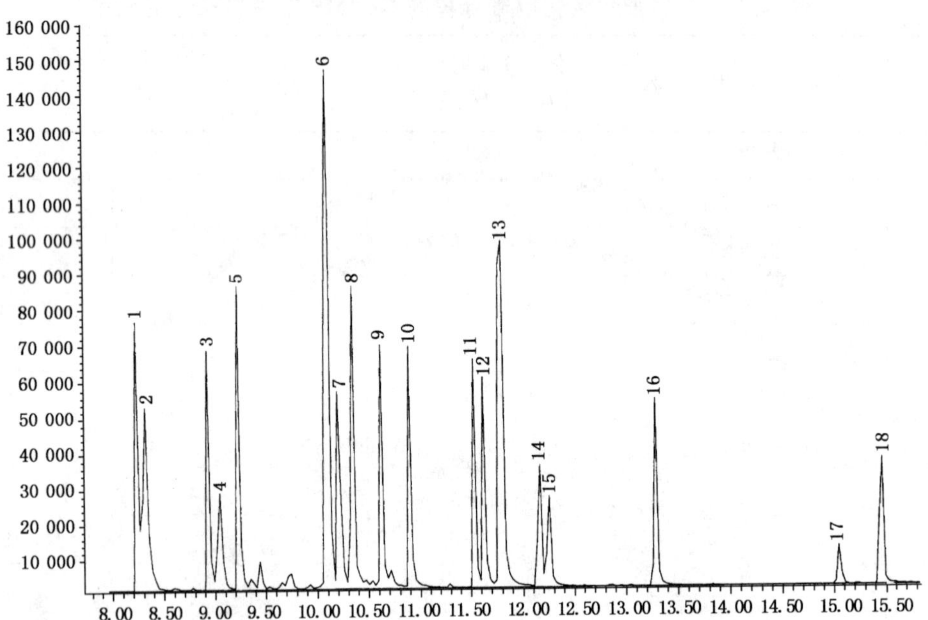

1——2-氯甲苯、3-氯甲苯(8.23 min)；

2——4-氯甲苯(8.32 min)；

3——1,3-二氯苯(8.92 min)；

4——1,4-二氯苯(9.06 min)；

5——1,2-二氯苯(9.24 min)；

6——2,4-二氯甲苯、2,5-二氯甲苯、2,6-二氯甲苯 (10.11 min)；

7——1,3,5-三氯苯(10.23 min)；

8——3,4-二氯甲苯、2,3-二氯甲苯(10.35 min)；

9——1,2,4-三氯苯(10.63 min)；

10——1,2,3-三氯苯(10.89 min)；

11——2,4,5-三氯甲苯(11.53 min)；

12——2,3,6-三氯甲苯(11.63 min)；

13——1,2,3,5-四氯苯、1,2,4,5-四氯苯(11.81 min)；

14——1,2,3,4-四氯苯(12.17 min)；

15——四氯甲苯(12.26 min)；

16——五氯苯(13.30 min)；

17——2,3,4,5,6-五氯甲苯(15.06 min)；

18——六氯苯(15.47 min)。

图 B.1 氯化苯和氯化甲苯标样的GC/MS总离子流图

纺织品　有机锡化合物的测定

警告——使用本标准的人员应有正规实验室工作的实践经验。本标准并未指出所有可能的安全问题。使用者有责任采取适当的安全和健康措施,并保证符合国家有关法规规定的条件。

1　范围

本标准规定了采用气相色谱-火焰光度检测器法(GC-FPD)或气相色谱-质谱检测器法(GC-MS)测定纺织品中三丁基锡(TBT)、二丁基锡(DBT)和单丁基锡(MBT)的方法。

本标准适用于纺织材料及其产品。

2　规范性引用文件

下列文件中的条款通过本标准的引用而成为本标准的条款。凡是注日期的引用文件,其随后所有的修改单(不包括勘误的内容)或修订版均不适用于本标准,然而,鼓励根据本标准达成协议的各方研究是否可使用这些文件的最新版本。凡是不注日期的引用文件,其最新版本适用于本标准。

GB/T 3922　纺织品耐汗渍色牢度试验方法 (GB/T 3922—1995,eqv ISO 105-E04:1994)

GB/T 6682　分析实验室用水规格和试验方法(GB/T 6682—1992,neq ISO 3696:1987)

3　原理

用酸性汗液萃取试样,在 pH=4.0±0.1 的酸度下,以四乙基硼化钠为衍生化试剂、正己烷为萃取剂,对萃取液中的三丁基锡(TBT)、二丁基锡(DBT)和单丁基锡(MBT)直接萃取衍生化。用配有火焰光度检测器的气相色谱仪(GC-FPD)或气相色谱-质谱仪(GC-MS)测定,外标法定量。

4　试剂和材料

除非另有说明,仅使用分析纯的试剂,试验用水应符合 GB/T 6682 中规定的三级水。

4.1　正己烷。

4.2　酸性汗液:根据 GB/T 3922 的规定配制酸性汗液,试液应现配现用。

4.3　乙酸缓冲溶液:1 mol/L 乙酸钠溶液,用冰乙酸调至 pH=4.0±0.1。

4.4　无水硫酸钠:取适量无水硫酸钠(Na_2SO_4),于 650℃灼烧 4 h,冷却后贮于干燥器中备用。

4.5　四乙基硼化钠溶液:在隔绝空气条件下,称取 200 mg 四乙基硼化钠($NaBEt_4$)于 10 mL 棕色容量瓶中,用水溶解,定容。此溶液浓度为 2%(质量浓度)。

注:此溶液不稳定,应现用现制。

4.6　有机锡标准储备溶液

各有机锡标准储备溶液用纯度大于或等于 99%的有机锡标准物质配制,浓度以有机锡阳离子浓度计,配制方法如下。

4.6.1　三丁基锡标准储备溶液(1 000 μg/mL):准确称取氯化三丁基锡($C_{12}H_{27}SnCl$)标准品0.112 g,用少量甲醇溶解后,稀释定容至 100 mL 容量瓶中。

4.6.2　二丁基锡标准储备溶液(1 000 μg/mL):准确称取二氯二丁基锡($C_8H_{18}SnCl_2$)标准品 0.130 g,用少量甲醇溶解后,稀释定容至 100 mL 容量瓶中。

4.6.3　单丁基锡标准储备溶液(1 000 μg/mL):准确称取三氯单丁基锡($C_4H_9SnCl_3$)标准品 0.160 g,用少量甲醇溶解后,稀释定容至 100 mL 容量瓶中。

注:有机锡标准储备溶液应在棕色容量瓶中,于 4℃条件下保存,保存期为六个月。

4.7 标准工作溶液(1 μg/mL):分别移取三丁基锡标准储备溶液(4.6.1)、二丁基锡标准储备溶液(4.6.2)和单丁基锡标准储备溶液(4.6.3)各 1 mL 于 100 mL 棕色容量瓶中,用水定容至刻度,摇匀。此溶液中各有机锡阳离子浓度为 10 μg/mL。移取 10 mL 浓度为 10 μg/mL 的溶液于 100 mL 棕色容量瓶中,用水定容至刻度,摇匀。

注:标准工作溶液于 4℃条件下保存,保存期为 1 个月。

5 仪器和装置

5.1 气相色谱仪:配有火焰光度检测器(FPD)。

5.2 气相色谱仪:配有质量选择检测器(MSD)。

5.3 恒温水浴振荡器:(37±2)℃,振荡频率为 60 次/min。

5.4 水系过滤膜:50 mm×0.45 μm。

5.5 溶剂过滤器:125 mL。

5.6 真空泵:抽气速率 30 L/min,极限负压 0.07 MPa。

5.7 平底烧瓶:具磨口塞,50 mL。

5.8 球型冷凝管。

5.9 电磁搅拌器:1 000 r/min。

注:所有玻璃器皿在使用前需用体积分数为 5%的硝酸浸泡 24 h,并用水淋洗干净。

6 分析步骤

6.1 萃取液制备

取有代表性的试样,剪碎至 5 mm×5 mm 以下,混匀后称取 4 g,精确到 0.01 g,置于 150 mL 具塞三角瓶中。加入 80 mL 酸性汗液(4.2),将纤维充分浸湿,放入恒温水浴振荡器(5.3)中振荡 60 min。用配有水系过滤膜(5.4)的溶剂过滤器(5.5)过滤萃取液(此过程需使用真空泵),作为样液供衍生化用。

6.2 衍生化

用移液管准确移取 20 mL 上述样液于 50 mL 平底烧瓶中。添加 2 mL 乙酸缓冲溶液(4.3),摇匀。依次加入 2 mL 四乙基硼化钠溶液(4.5)、2.0 mL 正己烷,上套球型冷凝管,通冷水后,电磁搅拌器搅拌 30 min。将反应液转移至分液漏斗中,经充分振荡后,去除水相,从分液漏斗分离出 1 mL 正己烷,转移至具塞试管中,加入适量无水硫酸钠脱水。此溶液供 6.4 的 GC/FPD 或 6.5 的 GC/MS 分析。

6.3 标准添加溶液的制备

准确吸取适量的标准工作溶液(4.7)至 50 mL 平底烧瓶中,加入酸性汗液(4.2)至总体积 20 mL,此溶液作为标准添加溶液,随同样液按 6.2 衍生化。

6.4 气相色谱-火焰光度检测器法(GC-FPD)

6.4.1 GC-FPD 分析条件

由于测试结果与所使用的仪器和条件有关,因此不可能给出色谱分析的普遍参数。采用下列参数已被证明对测试是合适的。

a) 色谱柱:PE-5 石英毛细管柱 30 m×0.32 mm×0.25 μm,或相当者;

b) 进样口温度:250℃;

c) 检测器温度:300℃;

d) 色谱柱温度:70℃ (1 min) $\xrightarrow{30℃/min}$ 190℃ $\xrightarrow{15℃/min}$ 270℃;

e) 工作气流量:空气 130 mL/min;氢气 70 mL/min;

f) 载气:氮气,纯度≥99.999%,流量 0.7 mL/min;

g) 锡滤光片:610 nm;

h) 进样方式:不分流进样;

i) 进样量:2 μL。

6.4.2 **GC-FPD 测定**

取衍生化后的样液(6.2)和标准添加溶液(6.3),按 6.4.1 规定的条件进行分析。有机锡标准品衍生物的 GC-FPD 气相色谱图参见附录 A。

6.5 气相色谱-质谱检测器法(GC-MS)

6.5.1 **GC-MS 分析条件**

由于测试结果与所使用的仪器和条件有关,因此不可能给出色谱分析的普遍参数。采用下列参数已被证明对测试是合适的。

a) 色谱柱:DB-5MS,30 m×0.32 mm×0.25 μm,或相当者;

b) 色谱柱温度:70℃ (1 min)$\xrightarrow{20℃/min}$300℃(3 min);

c) 进样口温度:280℃;

d) 阱温度:200℃;

e) 传输线温度:270℃;

f) 质量扫描范围:40 amu～300 amu;

g) 测定方式:选择离子监测方式;

h) 载气:氦气,纯度≥99.999%,流量 1.0 mL/min;

i) 电离方式:EI;

j) 电离能量:70 eV;

k) 进样方式:不分流进样;

l) 进样量:1 μL。

6.5.2 **GC-MS 测定及阳性结果确证**

取衍生化后的样液(6.2)和标准添加溶液(6.3),按 6.5.1 规定的条件进行分析。有机锡标准品衍生物的 GC-MS 色谱图和质谱图参见附录 B。

如果样液与标准工作溶液的选择离子色谱图中,在相同保留时间有色谱峰出现,则根据表 1 选择离子对其确证。

表 1

衍生物名称	特征碎片离子/amu	
	定　量	定　性
乙基三丁基锡	207	205,203,263
二乙基二丁基锡	207	205,149,151
三乙基单丁基锡	179	177,149,233

6.6 空白试验

按上述测定步骤对酸性汗液进行空白试验,以保证所用酸性汗液不含有可检出的有机锡化合物。

7 结果计算

试样中有机锡化合物 i 的含量按式(1)计算:

$$X_i = \frac{A_i \times c_i \times V}{A_{is} \times m} \quad \cdots\cdots(1)$$

式中:

X_i——有机锡阳离子含量,单位为毫克每千克(mg/kg);

A_i——衍生化样液中有机锡 i 衍生物的峰面积(或峰高);

A_{is}——衍生化标准添加溶液中有机锡 i 衍生物的峰面积(或峰高);

c_i——标准添加溶液中相当有机锡 i 阳离子的浓度，单位为毫克每升(mg/L)；

V——样液的体积，单位为毫升(mL)；

m——样液代表的试样量，单位为克(g)。

测定结果以各有机锡的检测结果分别表示，计算结果表示到小数点后一位。

8 测定低限和精密度

8.1 测定低限

本方法中 GC-FPD 法的有机锡测定低限为 0.1 mg/kg，GC-MS 法有机锡测定低限为 0.2 mg/kg。

8.2 精密度

在同一实验室，由同一操作者使用相同设备，按相同的测试方法，并在短时间内对同一被测对象相互独立进行的测试获得的两次独立测试结果的绝对差值不大于这两个测定值的算术平均值的 10%，以大于这两个测定值的算术平均值的 10% 的情况不超过 5% 为前提。

9 试验报告

试验报告至少应给出以下内容：

a) 本标准的编号；

b) 样品的描述；

c) 试验日期；

d) 使用的方法(GC-FPD 法或 GC-MS 法)；

e) 试验结果；

f) 与本标准的任何偏差。

附　录　A
（资料性附录）
有机锡标准品衍生物的 GC-FPD 气相色谱图

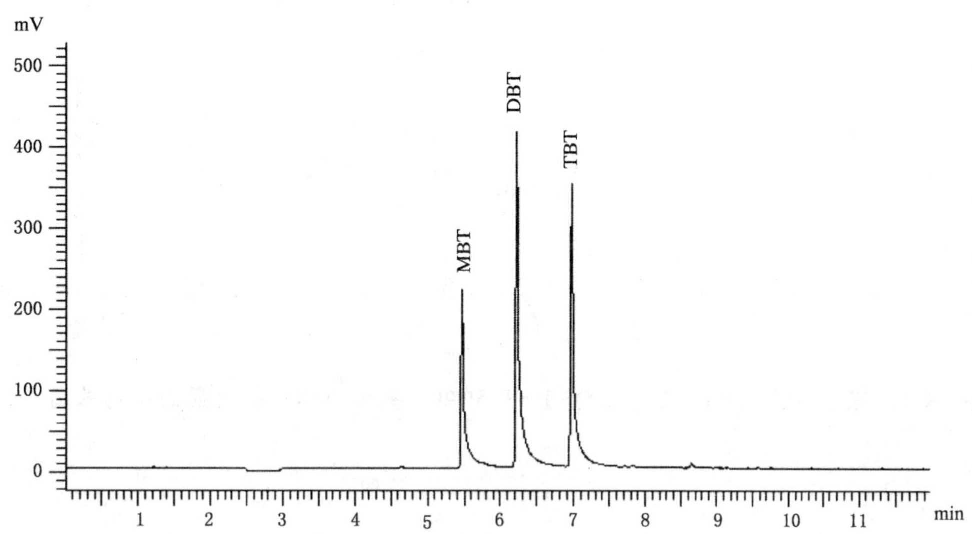

图 A.1　三丁基锡(TBT)、二丁基锡(DBT)和单丁基锡(MBT)标准品衍生物气相色谱图

附　录　B
（资料性附录）
有机锡标准品衍生物的 GC-MS 总离子色谱图和质谱图

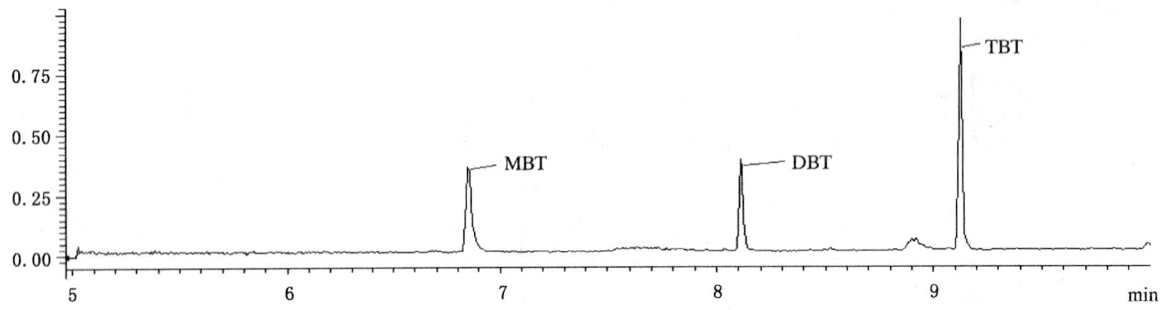

图 B.1　三丁基锡(TBT)、二丁基锡(DBT)和单丁基锡(MBT)标准品衍生物总离子色谱图

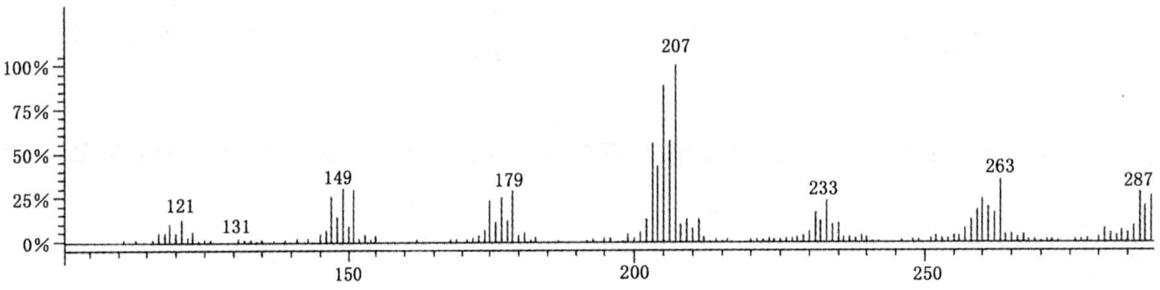

图 B.2　三丁基锡(TBT)标准品衍生物质谱图

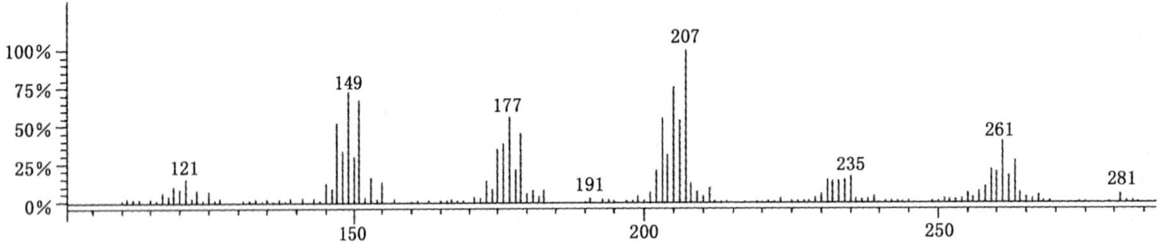

图 B.3　二丁基锡(DBT)标准品衍生物质谱图

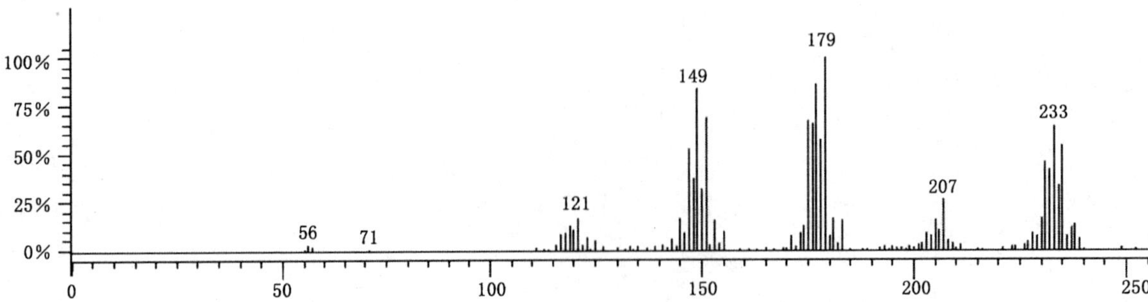

图 B.4　单丁基锡(MBT)标准品衍生物质谱图

纺织品　邻苯基苯酚的测定

警告——使用本标准的人员应有正规实验室工作的实践经验。本标准并未指出所有可能的安全问题，使用者有责任采取适当的安全和健康措施，并保证符合国家有关法规规定的条件。

1　范围

本标准规定了纺织品中邻苯基苯酚(OPP)含量的气相色谱-质量选择检测器(GC-MSD)测定方法。

本标准方法1适用于各种纺织材料及其产品中邻苯基苯酚含量的测定和确证；本标准方法2适用于各种纺织材料及其产品中邻苯基苯酚及其盐和酯类物质含量的测定和确证。

2　规范性引用文件

下列文件中的条款通过本标准的引用而成为本标准的条款。凡是注日期的引用文件，其随后所有的修改单(不包括勘误的内容)或修订版均不适用于本标准，然而，鼓励根据本标准达成协议的各方研究是否可使用这些文件的最新版本。凡是不注日期的引用文件，其最新版本适用于本标准。

GB/T 6682　分析实验室用水规格和试验方法(GB/T 6682—1992，neq ISO 3696:1987)

3　原理

3.1　方法1

试样经甲醇超声波提取，提取液浓缩定容后，用配有质量选择检测器的气相色谱仪(GC-MSD)测定，采用选择离子检测进行确证，外标法定量。

3.2　方法2

试样用甲醇超声波提取，提取液浓缩后，在碳酸钾溶液介质下经乙酸酐乙酰化后以正己烷提取，用配有质量选择检测器的气相色谱仪(GC-MSD)测定，采用选择离子检测进行确证，外标法定量。

4　试剂和材料

除另有规定外，所用试剂应均为分析纯，水为符合GB/T 6682规定的三级水。

4.1　甲醇。

4.2　丙酮。

4.3　正己烷。

4.4　乙酸酐。

4.5　无水碳酸钾。

4.6　无水硫酸钠：650℃灼烧4 h，冷却后贮于干燥器中备用。

4.7　碳酸钾溶液：0.1 mol/L水溶液。取13.8 g无水碳酸钾溶于水中，并定容至1 000 mL。

4.8　硫酸钠溶液：20 g/L水溶液。

4.9　邻苯基苯酚标准品(Ortho-phenylphenol，$C_{12}H_{10}O$，CAS No.:90-43-7)：纯度≥98%。

4.10　标准储备溶液：准确称取适量的邻苯基苯酚标准品，用丙酮配制成浓度为100 μg/mL的标准储备溶液。

4.11　标准工作溶液：根据需要再用丙酮稀释成适用浓度的标准工作溶液。

注：标准储备溶液在0℃～4℃冰箱中保存有效期6个月，混合标准工作溶液在0℃～4℃冰箱中保存有效期3个月。

5　仪器与设备

5.1　气相色谱仪：配有质量选择检测器(MSD)。

5.2 超声波发生器:工作频率 40 kHz。

5.3 离心机:4 000 r/min。

5.4 旋转蒸发器。

5.5 无水硫酸钠柱:7.5 cm×1.5 cm(内径),内装 4 cm 高无水硫酸钠。

5.6 锥形瓶:具磨口塞,100 mL。

5.7 离心管:具磨口塞,15 mL。

5.8 浓缩瓶:100 mL。

6 分析步骤

6.1 方法 1

6.1.1 提取

取代表性样品,将其剪碎至 5 mm×5 mm 以下,混匀。称取 1.0 g(精确至 0.01 g)试样,置于 100 mL 具塞锥形瓶中,加入 50 mL 甲醇,在超声波发生器中提取 20 min。将提取液过滤。残渣再用 30 mL 甲醇超声提取 5 min,合并滤液,经无水硫酸钠柱脱水后,收集于 100 mL 浓缩瓶中,于 40℃水浴旋转蒸发器浓缩至近干,用丙酮溶解并定容至 5.0 mL,供气相色谱-质谱确证和测定。

6.1.2 测定

6.1.2.1 气相色谱-质谱条件

由于测试结果取决于所使用仪器,因此不可能给出色谱分析的通用参数。设定的参数应保证色谱测定时被测组分与其他组分能够得到有效的分离,下面给出的参数证明是可行的。

a) 色谱柱:DB-17 MS 30 m×0.25 mm×0.1 μm,或相当者;

b) 色谱柱温度:50℃(2 min)$\xrightarrow{20℃/min}$200℃(1 min)$\xrightarrow{10℃/min}$270℃(5 min);

c) 进样口温度:270℃;

d) 色谱-质谱接口温度:260℃;

e) 载气:氦气,纯度≥99.999%,1.4 mL/min;

f) 电离方式:EI;

g) 电离能量:70 eV;

h) 测定方式:选择离子监测方式;

i) 选择监测离子(m/z):定量 170,定性 115,141,169 amu;

j) 进样方式:无分流进样,1.2 min 后开阀;

k) 进样量:1 μL。

6.1.2.2 气相色谱-质谱测定及阳性结果确证

根据样液中被测物含量情况,选定浓度相近的标准工作溶液。标准工作溶液和待测样液中邻苯基苯酚的响应值均应在仪器检测的线性范围内。对标准工作溶液与样液等体积参插进样测定。

注:在上述气相色谱-质谱条件下,邻苯基苯酚标准物的气相色谱-质谱选择离子色谱图参见附录 A 中图 A.1,气相色谱-质谱图参见附录 B 中图 B.1。

如果样液与标准工作溶液的选择离子色谱图中,在相同保留时间有色谱峰出现,则根据选择离子的种类和丰度比对其进行确证。

注:邻苯基苯酚 m/z 115、141、169、170 的丰度比约为 30∶41∶83∶100。

6.2 方法 2

6.2.1 提取

取代表性样品,将其剪碎至 5 mm×5 mm 以下,混匀。称取 1.0 g(精确至 0.01 g)试样,置于 100 mL 具塞锥形瓶中,加入 50 mL 甲醇,在超声波发生器中提取 20 min。将提取液过滤于 100 mL 浓缩瓶中。残渣再用 30 mL 甲醇超声提取 5 min,合并滤液,于 40℃水浴旋转蒸发器浓缩至近干,用 8 mL 碳酸钾溶液将浓缩液溶解并全部转移至 15 mL 离心管中。

6.2.2 乙酰化

加入 1 mL 乙酸酐，振摇 2 min，准确加入 5.0 mL 正己烷，振摇 2 min，以 4 000 r/min 离心 3 min。用尖嘴吸管抽取下层水相。加入 10 mL 硫酸钠溶液，再振摇 1 min，以 4 000 r/min 离心 3 min，正己烷相供气相色谱-质谱测定和确证。

6.2.3 标准工作溶液的制备

准确移取一定体积的适用浓度的标准溶液于 15 mL 离心管中，用碳酸钾溶液稀释至 8 mL，加入 1 mL 乙酸酐，以下按 6.2.2 步骤进行。

6.2.4 测定

6.2.4.1 气相色谱-质谱条件

由于测试结果取决于所使用仪器，因此不可能给出色谱分析的通用参数。设定的参数应保证色谱测定时被测组分与其他组分能够得到有效的分离，下面给出的参数证明是可行的。

a) 色谱柱：DB-17 MS 30 m×0.25 mm×0.1 μm，或相当者；
b) 色谱柱温度：50℃(2 min) $\xrightarrow{20℃/\text{min}}$ 200℃(1 min) $\xrightarrow{10℃/\text{min}}$ 270℃(5 min)；
c) 进样口温度：270℃；
d) 色谱-质谱接口温度：260℃；
e) 载气：氦气，纯度≥99.999%，1.4 mL/min；
f) 电离方式：EI；
g) 电离能量：70 eV；
h) 测定方式：选择离子监测方式；
i) 选择监测离子(m/z)：定量 170，定性 115，141，212 amu；
j) 进样方式：无分流进样，1.2 min 后开阀；
k) 进样量：1 μL。

6.2.4.2 气相色谱-质谱测定及阳性结果确证

根据样液中被测物含量情况，选定浓度相近的标准工作溶液。标准工作溶液和待测样液中邻苯基苯酚乙酸酯的响应值均应在仪器检测的线性范围内。对标准工作溶液与样液等体积参插进样测定。

注：在上述气相色谱-质谱条件下，乙酰化邻苯基苯酚标准物的气相色谱-质谱选择离子色谱图参见附录 A 中图 A.2，气相色谱-质谱图参见附录 B 中图 B.2。

如果样液与标准工作溶液的选择离子色谱图中，在相同保留时间有色谱峰出现，则根据选择离子的种类和丰度比对其进行确证。

如果样液与标准工作溶液的选择离子色谱图中，在相同保留时间有色谱峰出现，则根据选择离子的种类和丰度比对其进行确证。

注：邻苯基苯酚乙酸酯 m/z 115、141、170、212 的丰度比约为 14∶14∶100∶6。

7 结果计算

试样中邻苯基苯酚含量按式(1)计算，计算结果表示到小数点后两位：

$$X = \frac{A \times c \times V}{A_s \times m} \qquad (1)$$

式中：

X——试样中邻苯基苯酚含量，单位为毫克每千克(mg/kg)；

A——样液中邻苯基苯酚或邻苯基苯酚乙酸酯的峰面积(或峰高)；

A_s——标准工作液中邻苯基苯酚或邻苯基苯酚乙酸酯的峰面积(或峰高)；

c——标准工作液中邻苯基苯酚或相当邻苯基苯酚的浓度，单位为毫克每升(mg/L)；

V——样液体积,单位为毫升(mL);

m——最终样液代表的试样量,单位为克(g)。

8 测定低限、回收率和精密度

8.1 测定低限

方法 1 的测定低限为 0.10 mg/kg;方法 2 的测定低限为 0.05 mg/kg。

8.2 回收率

方法 1 和方法 2 的回收率为 85%~110%。

8.3 精密度

在同一实验室,由同一操作者使用相同设备,按相同的测试方法,并在短时间内对同一被测对象相互独立进行的测试,方法 1 和方法 2 获得的两次独立测试结果的绝对差值均不大于这两个测定值的算术平均值的 10%,以大于这两个测定值的算术平均值的 10%的情况不超过 5%为前提。

9 试验报告

试验报告至少应给出以下内容:

a) 试样描述;

b) 使用的标准;

c) 使用的方法;

d) 试验结果;

e) 偏离标准的差异;

f) 在试验中观察到的异常现象;

g) 试验日期。

附 录 A
（资料性附录）
气相色谱-质谱选择离子色谱图

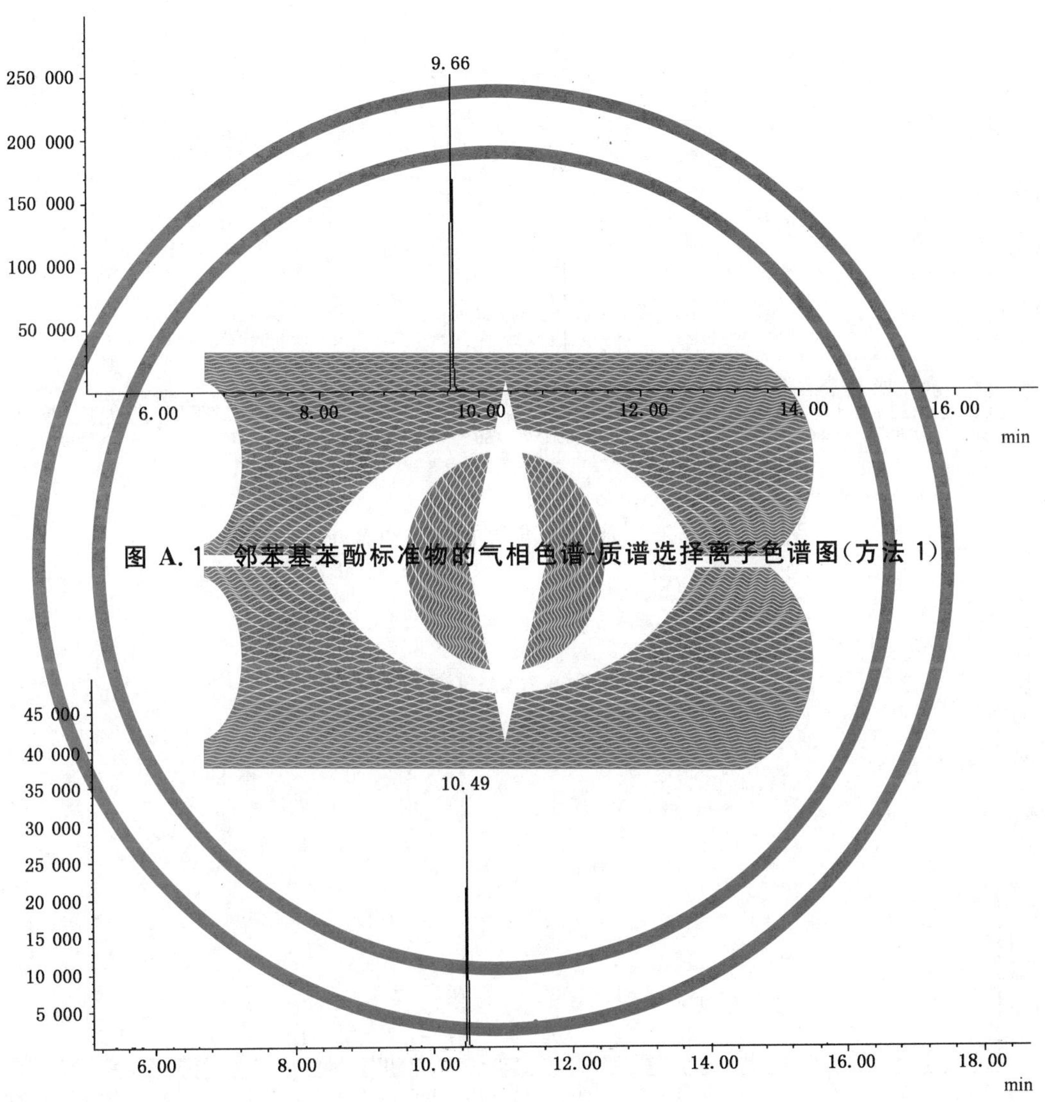

图 A.1 邻苯基苯酚标准物的气相色谱-质谱选择离子色谱图(方法 1)

图 A.2 乙酰化邻苯基苯酚标准物的气相谱-质谱选择离子色谱图(方法 2)

附　录　B
（资料性附录）
气相色谱-质谱色谱图

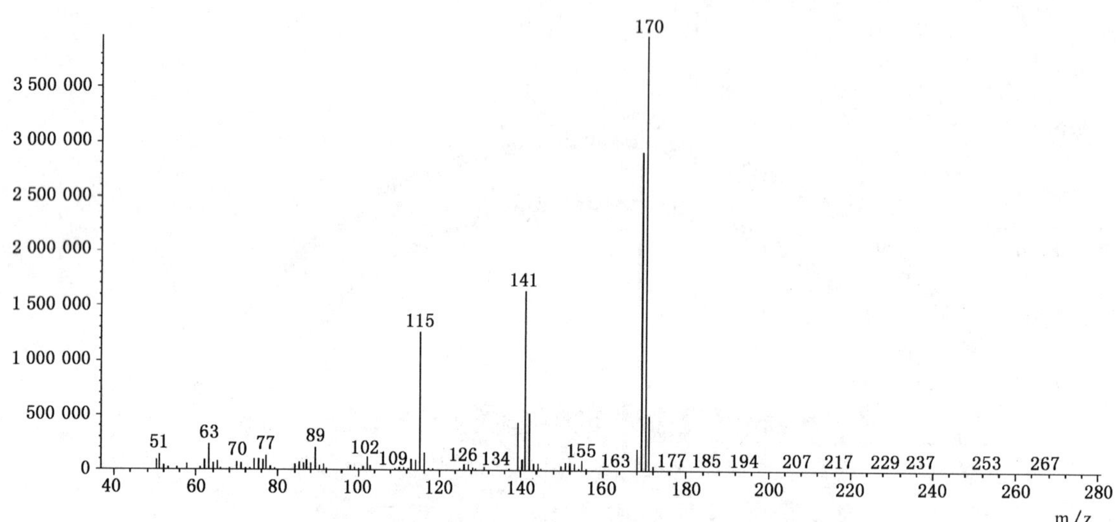

图 B.1　邻苯基苯酚标准物的气相色谱-质谱图

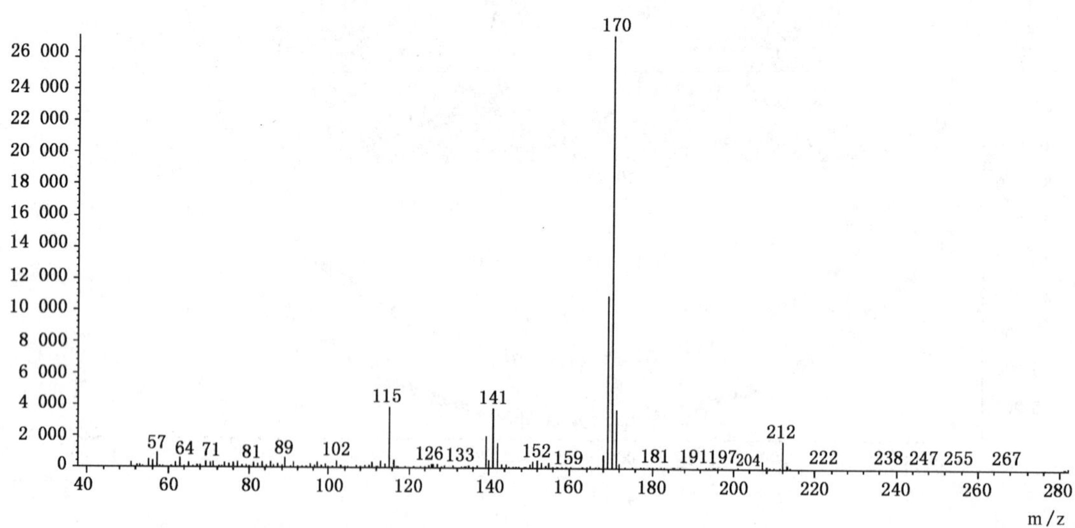

图 B.2　乙酰化邻苯基苯酚标准物的气相色谱-质谱图

纺织品　多氯联苯的测定

警告——使用本标准的人员应有正规实验室工作的实践经验。本标准并未指出所有可能的安全问题。使用者有责任采取适当的安全和健康措施,并保证符合国家有关法规规定的条件。

1　范围

本标准规定了采用气相色谱-质量选择检测器(GC-MSD)测定纺织产品中多氯联苯(见附录A)残留量的方法。

本标准适用于纺织产品。

2　原理

用正己烷在超声波浴中萃取试样上可能残留的多氯联苯,用配有质量选择检测器的气相色谱仪(GC-MSD)进行测定,采用选择离子检测进行确证,外标法定量。

3　试剂和材料

除非另有说明,所用试剂均应为分析纯。

3.1　正己烷。

3.2　多氯联苯标准溶液

3.2.1　标准储备溶液(100 mg/L):用附录A所列的多氯联苯标准物质,配制每种物质有效浓度为100mg/L的正己烷标准储备溶液。

3.2.2　标准工作溶液(10 mg/L):从标准储备溶液中取1 mL置于容量瓶中,用正己烷定容至10 mL。可根据需要配制成其他合适的浓度。

注:标准溶液在4℃下避光保存,储备溶液有效期一年,工作溶液有效期3个月。

4　仪器

4.1　气相色谱仪:配有质量选择检测器(MSD)。

4.2　超声波发生器:工作频率40 kHz。

4.3　提取器:由硬质玻璃制成,具磨口塞或带旋盖,50 mL。

4.4　0.45 μm有机相针式过滤器。

4.5　真空旋转蒸发器。

5　分析步骤

5.1　萃取液的制备

取有代表性的样品,剪碎至5 mm×5 mm以下,混匀。从混合样中称取2 g试样,精确至0.01 g,置于提取器中。

准确加入20 mL正己烷于提取器(4.3)中,置于超声波发生器(4.2)中提取15 min,将提取液转移到另一提取器中,残渣分两次重复上述步骤在超声波浴中提取,合并提取液于圆底烧瓶中。

将上述收集的盛有正己烷提取液的圆底烧瓶置于真空旋转蒸发器上,于40℃左右低真空下浓缩至近1mL后,用氮气吹至近干,再用正己烷溶解并定容至1.0 mL,作为样液供气相色谱-质谱测定。

5.2 测定

5.2.1 气相色谱-质谱条件

由于测试结果取决于所使用的仪器，因此不可能给出色谱分析的普遍参数。采用下列参数已被证明对测试是合适的。

a) 色谱柱：HP-5MS 30 m×0.25 mm×0.50 μm，或相当者；

b) 柱温：120℃(0.5 min) $\xrightarrow{10℃/min}$ 200℃(2 min) $\xrightarrow{20℃/min}$ 280℃(15 min)；

c) 进样口温度：270℃；

d) 色谱-质谱接口温度：280℃；

e) 载气：氦气，纯度≥99.999%，1.0 mL/min；

f) 电离方式：EI；

g) 电离能量：70 eV；

h) 测定方式：选择离子监测方式；

i) 进样方式：无分流进样；

j) 进样体积：1 μL。

5.2.2 气相色谱-质谱测定

分别取样液(5.1)和标准工作溶液(3.2.2)等体积参插进样测定，通过比较试样与标准物色谱峰的保留时间和质谱选择离子(SIM-MS)进行定性，通过外标法定量。

注：采用上述分析条件时，多氯联苯的GC-MS定性选择特征离子见附录A。多氯联苯标准物总离子流图和相对保留时间参见附录B。

5.2.3 结果计算

样品中各个多氯联苯含量 X_i 按式(1)计算，计算结果表示到小数点后两位。

$$X_i = \frac{A_i \times c_{is} \times V}{A_{is} \times m} \qquad (1)$$

式中：

X_i——试样中多氯联苯 i 的含量，单位为毫克每千克(mg/kg)；

A_i——试样中多氯联苯 i 的峰面积；

A_{is}——标准工作溶液中多氯联苯 i 的峰面积；

c_{is}——标准工作溶液中多氯联苯 i 的浓度，单位为毫克每升(mg/L)；

V——样液的定容体积，单位为毫升(mL)；

m——试样的质量，单位为克(g)。

测定结果以各种多氯联苯的总和表示，结果表示到小数点后两位。

6 测定低限、回收率和精密度

6.1 测定低限

本方法测定低限为0.05 mg/kg。

6.2 回收率

采用标准加入法，分别将1 mL浓度为1.0 mg/kg的标准溶液加到2 g纺织品色牢度试验用的棉标准贴衬织物上，按第5章操作，测得的回收率为85%以上。

6.3 精密度

在同一实验室，由同一操作者使用相同设备，按相同的测试方法，并在短时间内对同一被测对象相互独立进行的测试获得的两次独立测试结果的绝对差值不大于这两个测定值的算术平均值的10%。大于这两个测定值的算术平均值的10%的情况不超过5%。

7 试验报告

试验报告至少应给出以下内容：

a） 试样描述；

b） 使用的标准；

c） 试验结果；

d） 偏离标准的差异；

e） 试验日期。

附　录　A
（规范性附录）

表 A.1　多氯联苯的 GC-MS 方法的特征碎片离子表

序号	多氯联苯名称	化学文摘编号（CAS No.）	特征碎片离子/amu	
			特征离子	目标离子
1	4-一氯联苯	2051-62-9	188,152,76	188
2	2,4-二氯联苯	234883-43-7	222,152,75	222
3	2,4′,5-三氯联苯	16606-02-3	256,186,75	256
4	2,2′,5-三氯联苯	37680-65-2	256,221,186	256
5	2,4,5-三氯联苯	15862-07-4	256,221,186	256
6	2,4,4′-三氯联苯	7012-37-5	256,221,186	256
7	2,2′,3,5′-四氯联苯	41464-39-5	292,256,220	290
8	2,2′,5,5′-四氯联苯	35693-99-3	292,256,220	290
9	2,2′,4,6-四氯联苯	62796-65-0	292,256,220	290
10	2,3′,4,4′,5-五氯联苯	31508-00-6	326,254,184	324
11	2,2′,4,5,5′-五氯联苯	37680-73-2	326,254,184	324
12	2,2′,4,4′,5,5′-六氯联苯	35065-27-1	360,290,145	358
13	2,2′,3,4′,5′,6-六氯联苯	38380-04-0	360,290,145	358
14	2,2′,3,4,4′,5′-六氯联苯	35065-28-2	360,290,145	358
15	2,2′,3,4,4′,5,5′-七氯联苯	35065-29-3	396,324,252	392
16	2,2′,3,3′,4,4′,5,5′-八氯联苯	35694-08-7	430,358,288	426
17	2,2′,3,3′,4,4′,5,5′,6-九氯联苯	40186-72-9	464,394,322	460
18	2,2′,3,3′,4,4′,5,5′,6,6′-十氯联苯	2051-24-3	498,428,356	494

附　录　B
（资料性附录）
多氯联苯标准物总离子流图

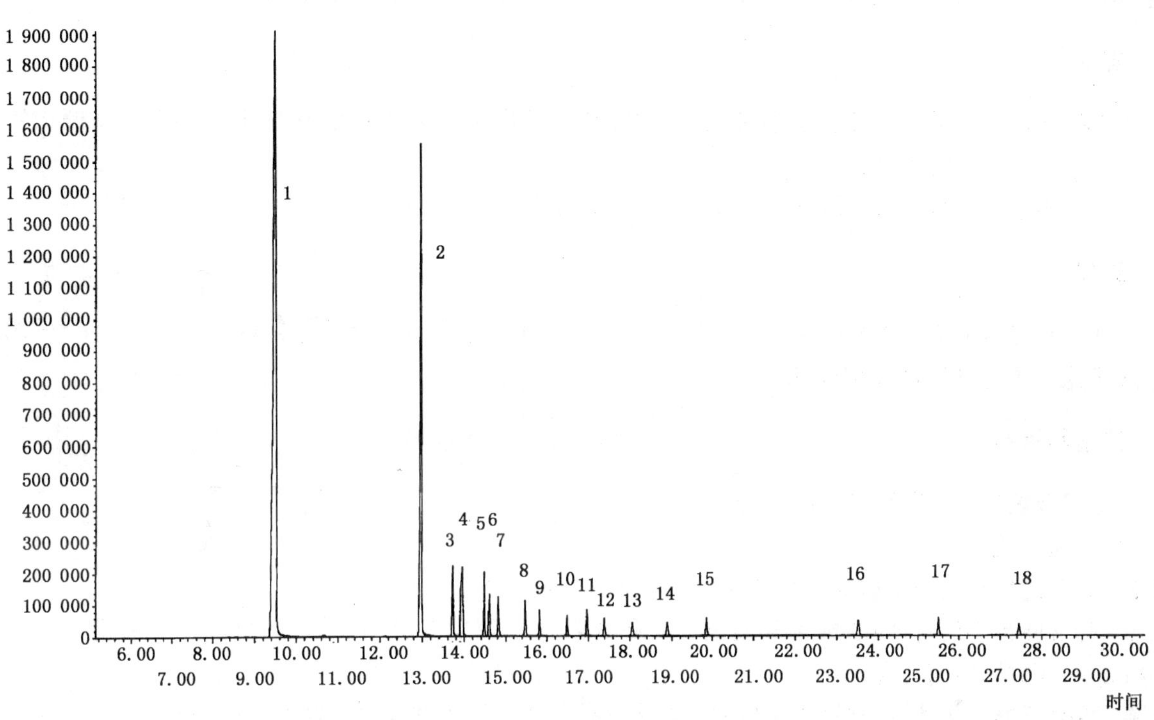

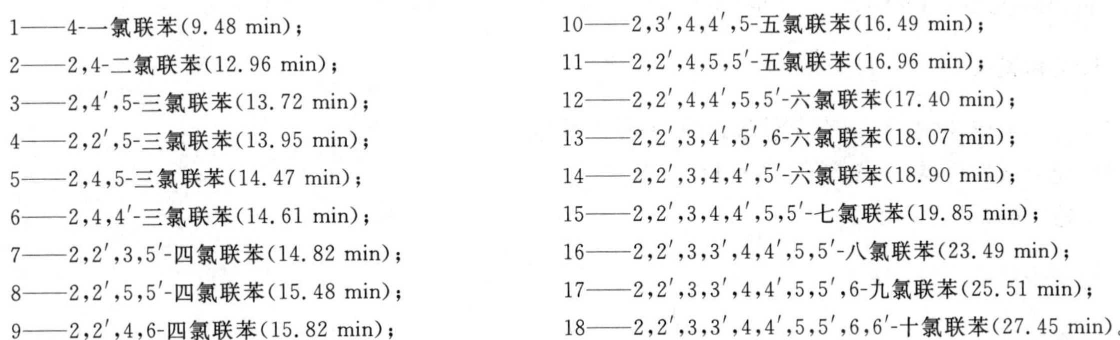

1——4-一氯联苯(9.48 min)；
2——2,4-二氯联苯(12.96 min)；
3——2,4′,5-三氯联苯(13.72 min)；
4——2,2′,5-三氯联苯(13.95 min)；
5——2,4,5-三氯联苯(14.47 min)；
6——2,4,4′-三氯联苯(14.61 min)；
7——2,2′,3,5′-四氯联苯(14.82 min)；
8——2,2′,5,5′-四氯联苯(15.48 min)；
9——2,2′,4,6-四氯联苯(15.82 min)；
10——2,3′,4,4′,5-五氯联苯(16.49 min)；
11——2,2′,4,5,5′-五氯联苯(16.96 min)；
12——2,2′,4,4′,5,5′-六氯联苯(17.40 min)；
13——2,2′,3,4′,5′,6-六氯联苯(18.07 min)；
14——2,2′,3,4,4′,5′-六氯联苯(18.90 min)；
15——2,2′,3,4,4′,5,5′-七氯联苯(19.85 min)；
16——2,2′,3,3′,4,4′,5,5′-八氯联苯(23.49 min)；
17——2,2′,3,3′,4,4′,5,5′,6-九氯联苯(25.51 min)；
18——2,2′,3,3′,4,4′,5,5′,6,6′-十氯联苯(27.45 min)。

图 B.1　多氯联苯标准物总离子流图

纺织品　邻苯二甲酸酯的测定

警告——使用本标准的人员应有正规实验室工作的实践经验。本标准并未指出所有可能的安全问题，使用者有责任采取适当的安全和健康措施，并保证符合国家有关法规规定的条件。

1　范围

本标准规定了采用气相色谱-质量选择检测器(GC-MSD)测定纺织品中13种邻苯二甲酸酯类增塑剂(见附录A)含量的方法。

本标准适用于含聚氯乙烯(PVC)材料的纺织产品。

2　原理

试样经三氯甲烷超声波提取，提取液定容后，用气相色谱-质量选择检测器(GC-MSD)测定，采用选择离子检测进行确证，外标法定量。

3　试剂和材料

除另有规定外，所用试剂应均为分析纯。

3.1　三氯甲烷。

3.2　邻苯二甲酸酯类增塑剂标准品：纯度≥98%，见附录A。

3.3　标准储备溶液：分别准确称取适量的每种邻苯二甲酸酯标准品，用三氯甲烷分别配制成浓度为10 mg/mL的标准储备液。

3.4　混合标准工作溶液：根据需要再用三氯甲烷稀释成适用浓度的混合标准工作溶液。

注：标准储备溶液在0℃～4℃冰箱中保存有效期12个月，工作溶液在0℃～4℃冰箱中保存有效期6个月。

4　仪器和设备

4.1　气相色谱-质谱仪：配有质量选择检测器(MSD)。

4.2　超声波发生器：工作频率40 kHz。

4.3　锥形瓶：具磨口塞，100 mL。

5　分析步骤

5.1　提取

取代表性样品，将其剪碎至5 mm×5 mm以下，混匀。称取1.0 g(精确至0.01 g)试样，置于100 mL具塞锥形瓶中，加入30 mL三氯甲烷，于超声波发生器中提取20 min。将提取液过滤于50 mL容量瓶中。残渣再用20 mL三氯甲烷超声提取5 min，合并滤液，用三氯甲烷定容至50 mL，供气相色谱-质谱测定和确证。

5.2　测定

5.2.1　气相色谱-质谱条件

由于测试结果取决于所使用仪器，因此不可能给出色谱分析的通用参数。设定的参数应保证色谱测定时被测组分与其他组分能够得到有效的分离，下面给出的参数证明是可行的。

a)　色谱柱：DB-5 MS 30 m×0.25 mm×0.1 μm，或相当者；

b) 色谱柱温度：100℃(1 min)$\xrightarrow{30℃/min}$180℃(1 min)$\xrightarrow{15℃/min}$300℃(10 min)；

c) 进样口温度:300℃;

d) 色谱-质谱接口温度:280℃;

e) 载气:氦气,纯度≥99.999%,1.2 mL/min;

f) 电离方式:EI;

g) 电离能量:70 eV;

h) 测定方式:选择离子监测方式,参见附录B;

i) 进样方式:无分流进样,1.5 min后开阀;

j) 进样量:1 μL。

5.2.2 气相色谱-质谱分析及阳性结果确证

根据样液中被测物含量情况,选定浓度相近的标准工作溶液,对标准工作溶液与样液等体积参插进样测定,标准工作溶液和待测样液中每种邻苯二甲酸酯类增塑剂的响应值均应在仪器检测的线性范围内。

注1:如果样液的检测响应值超出仪器检测的线性范围,可适当稀释后测定。

注2:在上述气相色谱-质谱条件下,13种邻苯二甲酸酯类增塑剂标准物的参考保留时间和气相色谱-质谱选择离子色谱图参见附录B和附录C中图C.1。

如果样液与标准工作溶液的选择离子色谱图中,在相同保留时间有色谱峰出现,则根据附录B中每种邻苯二甲酸酯类增塑剂选择离子的种类及其丰度比进行确证。

6 结果计算

试样中每种邻苯二甲酸酯类增塑剂含量按式(1)计算,结果表示到小数点后一位:

$$X_i = \frac{A_i \times c_i \times V}{A_{is} \times m} \qquad \cdots\cdots(1)$$

式中:

X_i——试样中邻苯二甲酸酯 i 的含量,单位为微克每克(μg/g);

A_i——样液中邻苯二甲酸酯 i 的峰面积或峰面积之和;

A_{is}——标准工作液中邻苯二甲酸 i 的峰面积或峰面积之和;

c_i——标准工作液中邻苯二甲酸酯 i 的浓度,单位为微克每毫升(μg/mL);

V——样液最终定容体积,单位为毫升(mL);

m——最终样液代表的试样量,单位为克(g)。

注:邻苯二甲酸二异壬酯(DINP)和邻苯二甲酸二异癸酯(DIDP)应计其色谱峰面积总和。

7 测定低限、回收率和精密度

7.1 测定低限

本方法对纺织品中13种邻苯二甲酸酯的测定低限参见附录B。

7.2 回收率

本方法13种邻苯二甲酸酯的回收率均为85%~110%。

7.3 精密度

在同一实验室,由同一操作者使用相同设备,按相同的测试方法,并在短时间内对同一被测对象相互独立进行的测试获得的两次独立测试结果的绝对差值不大于这两个测定值的算术平均值的10%。以大于这两个测定值的算术平均值的10%的情况不超过5%为前提。

8 试验报告

试验报告至少应给出以下内容:

a） 试样描述；

b） 使用的标准；

c） 试验结果；

d） 偏离标准的差异；

e） 在试验中观察到的异常现象；

f） 试验日期。

附　录　A
（规范性附录）
13 种邻苯二甲酸酯的种类表

表 A.1

序号	邻苯二甲酸酯类名称	英文名称	化学文摘编号（CAS No.）	化学分子式
1	邻苯二甲酸二甲酯	Dimethylphthalate(DMP)	131-11-3	$C_{10}H_{10}O_4$
2	邻苯二甲酸二乙酯	Diethylphthalate(DEP)	84-66-2	$C_{12}H_{14}O_4$
3	邻苯二甲酸二正丙酯	Dinproplphthalate(DPRP)	131-16-8	$C_{14}H_{18}O_4$
4	邻苯二甲酸二异丁酯	Dimethylphthalate(DIBP)	84-69-5	$C_{16}H_{22}O_4$
5	邻苯二甲酸二丁酯	Dibutylphthalate(DBP)	84-74-2	$C_{16}H_{22}O_4$
6	邻苯二甲酸二正戊酯	Dinamylphthalate(DAP)	131-18-0	$C_{18}H_{26}O_4$
7	邻苯二甲酸二己酯	Dinhexylphthalate(DHP)	84-75-3	$C_{20}H_{30}O_4$
8	邻苯二甲酸丁基苄基酯	Benzylbutylphthalate(BBP)	85-68-7	$C_{19}H_{20}O_4$
9	邻苯二甲酸二(2-乙基)己酯	Bis(2-ethylhexyl)phthalate(DEHP)	117-81-7	$C_{24}H_{38}O_4$
10	邻苯二甲酸二壬酯	Dinonylphthalate(DNP)	84-76-4	$C_{26}H_{42}O_4$
11	邻苯二甲酸二异壬酯	Diisononylphthalate(DINP)	28553-12-0	$C_{26}H_{42}O_4$
12	邻苯二甲酸二辛酯	Dinoctylphthalate(DNOP)	117-84-0	$C_{24}H_{38}O_4$
13	邻苯二甲酸二异癸酯	Diisodecylphthalate(DIDP)	26761-40-0	$C_{28}H_{46}O_4$

附　录　B
（资料性附录）
13 种邻苯二甲酸酯定量和定性选择离子及测定低限表

表 B.1

序号	邻苯二甲酸酯类增塑剂名称	保留时间/min	特征碎片离子/amu			测定低限/(μg/g)
			定量	定性	丰度比	
1	邻苯二甲酸二甲酯	4.59	163	194,164,135	100∶08∶10∶06	10.0
2	邻苯二甲酸二乙酯	5.51	149	176,177,222	100∶11∶26∶03	10.0
3	邻苯二甲酸二正丙酯	6.77	149	150,191,209	100∶09∶07∶08	10.0
4	邻苯二甲酸二异丁酯	7.41	149	167,205,223	100∶05∶04∶11	10.0
5	邻苯二甲酸二丁酯	8.05	149	150,205,223	100∶09∶06∶07	10.0
6	邻苯二甲酸二正戊酯	9.26	149	150,219,237	100∶09∶05∶09	10.0
7	邻苯二甲酸二己酯	10.40	149	150,233,251	100∶09∶04∶11	10.0
8	邻苯二甲酸丁基苄基酯	10.48	149	150,206,238	100∶12∶31∶06	10.0
9	邻苯二甲酸二(2-乙基)己酯	11.49	149	150,167,279	100∶11∶36∶18	10.0
10	邻苯二甲酸二壬酯	12.07	149	150,167,293	100∶10∶08∶40	10.0
11	邻苯二甲酸二异壬酯	12.22～13.37	293	418,347	100∶02∶06	50.0
12	邻苯二甲酸二辛酯	12.44	279	390,261	100∶03∶20	10.0
13	邻苯二甲酸二异癸酯	12.66～14.23	307	446,321	100∶05∶08	50.0

附　录　C
(资料性附录)
邻苯二甲酸酯标准物的气相色谱-质谱选择离子色谱图

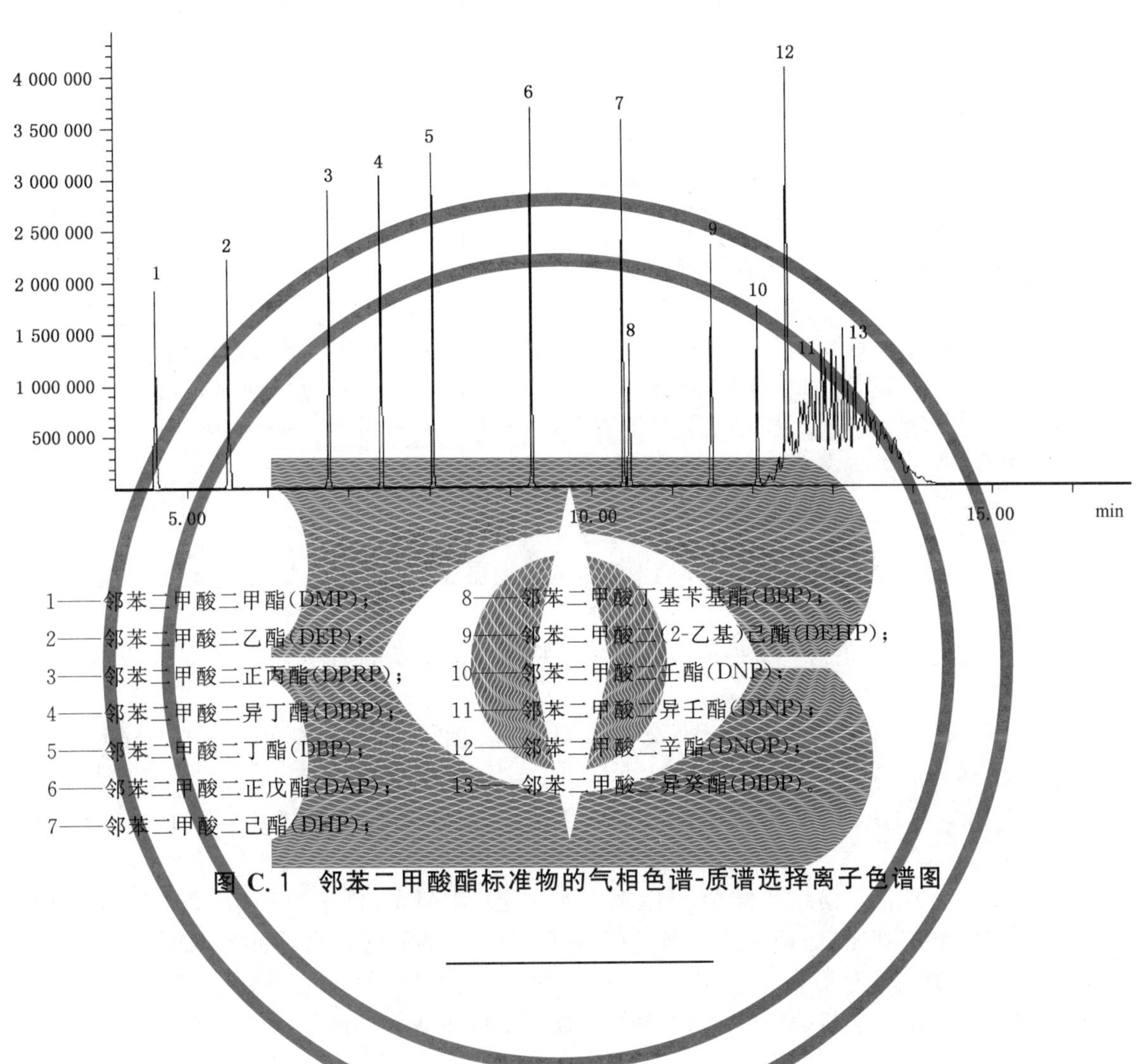

1——邻苯二甲酸二甲酯(DMP)；
2——邻苯二甲酸二乙酯(DEP)；
3——邻苯二甲酸二正丙酯(DPRP)；
4——邻苯二甲酸二异丁酯(DIBP)；
5——邻苯二甲酸二丁酯(DBP)；
6——邻苯二甲酸二正戊酯(DAP)；
7——邻苯二甲酸二己酯(DHP)；
8——邻苯二甲酸丁基苄基酯(BBP)；
9——邻苯二甲酸二(2-乙基)己酯(DEHP)；
10——邻苯二甲酸二壬酯(DNP)；
11——邻苯二甲酸二异壬酯(DINP)；
12——邻苯二甲酸二辛酯(DNOP)；
13——邻苯二甲酸二异癸酯(DIDP)。

图 C.1　邻苯二甲酸酯标准物的气相色谱-质谱选择离子色谱图

纺织品　马丁代尔法织物耐磨性的测定 第1部分:马丁代尔耐磨试验仪

1　范围

GB/T 21196 的本部分规定了马丁代尔试验仪和辅助材料的要求,用于按照 GB/T 21196 第 2 部分至第 4 部分规定的试验方法测定织物耐磨特性。

本部分适用于试验下列织物的仪器:

a)　机织物和针织物;

b)　绒毛高度在 2 mm 以下的起绒织物;

c)　非织造布;

d)　涂层织物:以机织物、针织物为基布,且涂层部分在织物表面上形成连续的膜。

注:由于不同方法的结果之间没有可比性,因此在试验开始前就选定磨损试验方法,并在试验报告中记录。使用马丁代尔仪测定织物抗起球性能见 ISO 12945-2《纺织品　织物表面起毛起球性能的测定　第 2 部分:改型的马丁代尔法》。

2　规范性引用文件

下列文件中的条款通过 GB/T 21196 的本部分的引用而成为本部分的条款。凡是注日期的引用文件,其随后所有的修改单(不包括勘误的内容)或修订版均不适用于本部分,然而,鼓励根据本部分达成协议的各方研究是否可使用这些文件的最新版本。凡是不注日期的引用文件,其最新版本适用于本部分。

GB/T 1800.4　极限与配合　标准公差等级和孔、轴的极限偏差表(GB/T 1800.4—1999, eqv ISO 286-2:1998)

GB/T 2543.1　纺织品　纱线捻度的测定　直接计数法(GB/T 2543.1—2001,eqv ISO 2061:1995)

GB/T 3820　纺织品　纺织品和纺织制品厚度的测定(GB/T 3820—1997,eqv ISO 5084:1996)

GB/T 4743　纱线线密度的测定　绞纱法(GB/T 4743—1995,neq ISO 2060:1994)

GB/T 4668　机织物密度的测定(GB/T 4668—1995,neq ISO 7211-2:1984)

GB/T 4669　纺织品　机织物单位长度和单位面积质量的测定(GB/T 4669—1995,eqv ISO 3801:1977)

GB/T 6343　泡沫塑料和橡胶　表观(体积)密度的测定(GB/T 6343—1995,neq ISO 845:1988)

GB/T 10685　羊毛　纤维直径的测定　投影显微镜法(GB/T 10685—1989,neq ISO 137:1985)

GB/T 21196.2　纺织品　马丁代尔法织物耐磨性的测定　第 2 部分:试样破损的测定(GB/T 21196.2—2007,ISO 12947-2:1998,MOD)

GB/T 21196.3　纺织品　马丁代尔法织物耐磨性的测定　第 3 部分:质量损失的测定(GB/T 21196.3—2007,ISO 12947-3:1998,MOD)

FZ/T 20018　毛纺织品中二氯甲烷可溶性物质的测定(FZ/T 20018—2000,eqv ISO 3074:1975)

HG/T 3050.3　橡胶或塑料涂覆织物　整卷特性的测定　第 3 部分:测定厚度的方法(HG/T 3050.3—2001,idt ISO 2286-3:1998)

3　术语和定义

下列术语和定义适用于 GB/T 21196 的本部分。

3.1

一次摩擦　abrasion rub

马丁代尔仪的两个外侧驱动轮转动一圈。

3.2

磨损周期　abrasion cycle

其轨迹形成一个完整李莎茹图形的平面摩擦运动，包括16次摩擦，即马丁代尔耐磨试验仪两个外侧驱动轮转动16圈，内侧驱动轮转动15圈。

3.3

李莎茹图形　Lissajous figure

由变化运动形成的图形。从一个圆到逐渐窄化的椭圆，直到成为一条直线，再由此直线反向渐进为加宽的椭圆直到圆，以对角线重复该运动。

3.4

工作台　work station

磨台。

4　原理

马丁代尔耐磨试验仪使圆形试样在规定负荷下，以轨迹形成李莎茹图形的平面运动与磨料(即标准织物)进行摩擦。装有试样或磨料的试样夹具绕其与水平面垂直的轴自由转动。试样夹具中装试样还是装磨料要根据采用的试验方法(GB/T 21196的第2部分、第3部分或第4部分)确定。

摩擦试样至预设的摩擦次数。根据产品类型和评估方法，确定检查间隔。

5　仪器

5.1　总则

马丁代尔耐磨试验仪由装有磨台和传动装置的基座构成。传动装置包括2个外轮和1个内轮，该机构使试样夹具导板运动轨迹形成李莎茹图形(见附录A)。

注：马丁代尔仪产生近似完美的李莎茹运动。

试样夹具导板在传动装置的驱动下做平面运动，导板的每一点描绘相同的李莎茹图形。

试样夹具导板装配有轴承座和低摩擦轴承，带动试样夹具销轴运动。每个试样夹具销轴的最下端插入其对应的试样夹具接套，在销轴的最顶端可放置加载块。

试样夹具包括接套、嵌块和压紧螺母。

试验仪应配备预设计数功能，以此来记录摩擦次数。

5.2　传动和基座附件

5.2.1　传动

传动装置的布局应当使从通风马达排出的热气不能到达摩擦表面。试样夹具的运动由下列装置产生：

a)　两个外侧同步传动装置：

——传动轴距其中心轴的距离为(30.25±0.25)mm；

——外传动装置的转动速度为(47.5±2.5)r/min。

b)　一个内侧传动装置：

——传动轴距其中心轴的距离为(30.25±0.25)mm；

——内传动装置的转动速度为(44.5±2.4)r/min。

外传动装置转速与内传动装置转速之比应为16∶15，即外传动轮转16圈后，内传动轮转15圈，并达李莎茹图形的起始点。

试样夹具导板沿纵向和横向的最大动程均为(60.5±0.5)mm。

5.2.2 计数器

摩擦次数，其精度为1次摩擦。

5.2.3 磨台

每个磨台应包括以下元件：

a) 磨台(见图1)；

b) 夹持环(见图2)；

c) 固定夹持环的夹持装置；

d) 质量为(2.5±0.5)kg、直径为(120±10)mm的压锤。

单位为毫米

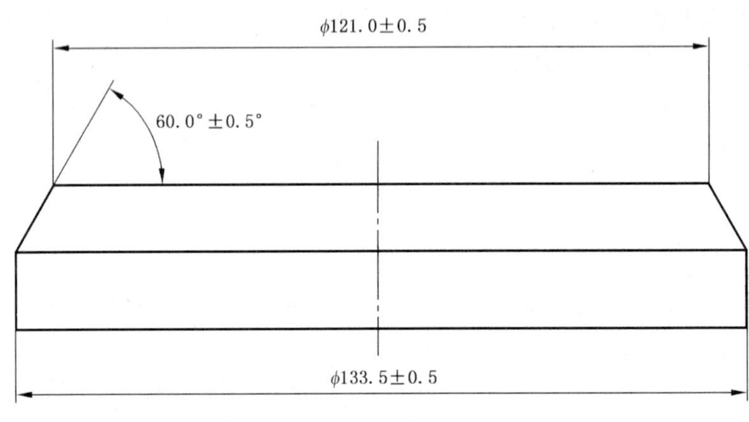

图1 磨台

单位为毫米

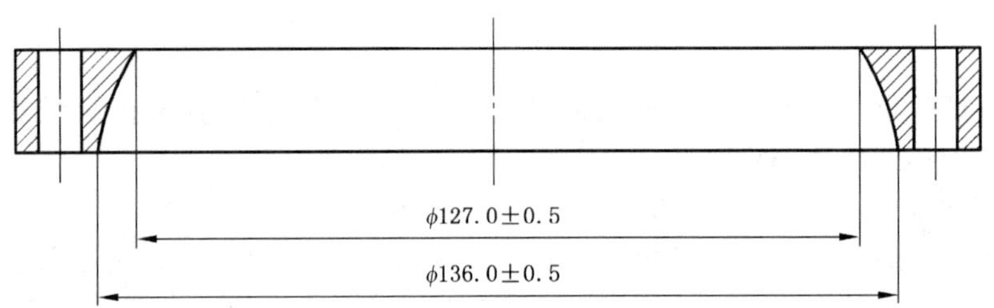

图2 夹持环

5.3 试样夹具导板

试样夹具导板是一个平板，其上有约束传动装置的三个导轨。这三个导轨互相配合，保证试样夹具导板进行匀速、平稳和较小振动的运动。

试样夹具销轴插入固定在导板上的轴套内，并对准每个磨台。每个轴套配两个轴承。销轴在轴套内自由转动，但无空隙(见7.2)。这些基本的要求借助于以下轴套和轴承实现：

a) 轴套长度为(31.750±0.127)mm；

b) 轴套孔内径为7.950 mm，符合GB/T 1800.4中的允差范围H9，试样夹具销轴直径为7.950 mm，符合GB/T 1800.4中的允差范围f7。

5.4 试样夹具

试样夹具组件包括以下元件：

a) 试样夹具销轴(见图3)；

b) 试样夹具接套(见图4)；

c) 试样夹具嵌块(见图5)；

d) 试样夹具压紧螺母(见图6)。

这些组件的总质量应是(198±2)g。

试样夹具组件(未包括销轴)示意图见图 7。

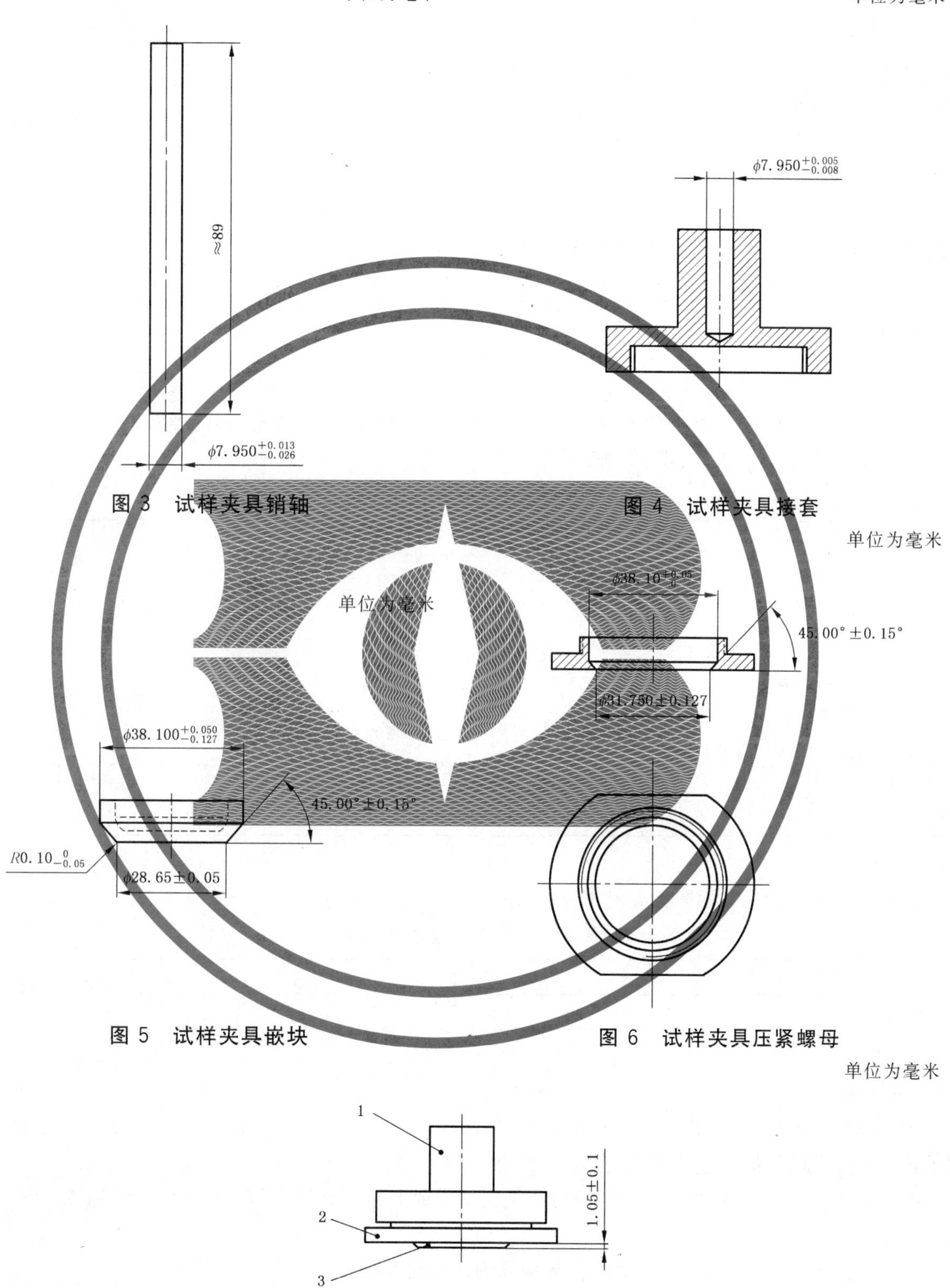

图 3 试样夹具销轴

图 4 试样夹具接套

图 5 试样夹具嵌块

图 6 试样夹具压紧螺母

1——接套；

2——压紧螺母；

3——嵌块。

图 7 试样夹具组件(未包括销轴)示意图

试样夹具应由耐腐蚀金属制作，螺纹部分应耐磨损。

为了试验较厚的纺织品，试样夹具接套的最上端和轴承装置的最下边的距离应为(7.5±1)mm。

5.5 加载块

每个工作台应配有大小两块加载块，在GB/T 21196.2和GB/T 21196.3规定的方法中，用于添加在试样夹具销轴或组件上。

加载块和试样夹具组件的总质量应为：

——大块(795±7)g；

——小块(595±7)g。

在磨损试验过程中，施加在试样上的名义压力为12 kPa和9 kPa。

加载块放在试样夹具销轴上，二者之间没有相对运动。

6 辅助材料

6.1 磨料

与试样进行摩擦的、直径或边长至少140 mm的机织平纹毛织物，符合表1的要求。

涂层织物磨料采用No.600水砂纸。

表1 羊毛磨料织物性能要求

性 能	要 求		试验方法
	经 纱	纬 纱	
纤维平均直径/μm	27.5±2.0	29.0±2.0	GB/T 10685
纱线线密度/tex	*R*(63±4)/2	*R*(74±4)/2	GB/T 4743
单纱捻度("Z"捻)/(捻/m)	540±20	500±20	GB/T 2543.1
股线捻度("S"捻)/(捻/m)	450±20	350±20	GB/T 2543.1
织物密度/(根/10 cm)	175±10	135±8	GB/T 4668
单位面积质量/(g/m^2)	215±10		GB/T 4669
含油率/%	0.8±0.3		FZ/T 20018

6.2 毛毡

直径为140^{+5}_{0} mm、安装磨料前装在磨台上的圆形机织羊毛底衬，符合表2的要求。

表2 机织羊毛毡性能要求

性 能	要 求	试验方法
单位面积质量/(g/m^2)	750±50	GB/T 4669
厚度/mm	2.5±0.5	GB/T 3820

6.3 泡沫塑料

聚氨酯泡沫塑料，符合表3要求。当织物的单位面积质量低于500 g/m^{2}时，作为安装在试样夹具内的试样或磨料的衬垫。

将直径为38.0^{+5}_{0} mm的圆形泡沫塑料放置在试样或磨料与试样夹具嵌块之间。将泡沫塑料在室温下避光保存。

表3 聚氨酯泡沫塑料性能要求

性 能	要 求	试验方法
厚度/mm	3±1	GB/T 3820
密度/(kg/m^3)	30±3	GB/T 6343
压痕硬度/kPa	5.8±0.8	附录B

6.4 辅助材料要求

对每一批进料，按 6.1～6.3 的规定检查辅助材料的性能。用实验室正在使用的已知性能的内部控制织物，对新进辅助材料进行比较耐磨试验。另外，检查磨料的表面结构是否有疵点和明显的差异，如果有，则不应当用其进行试验。

7 仪器的装配和维护

7.1 装配

应当按照仪器制造商的说明书装配仪器。此外，检查并确认仪器符合 5.2.1 和 5.5 规定的允差，李莎茹图形符合附录 A。

未放试样时，试样夹具组装好后，试样夹具嵌块的圆形表面和试样夹具压紧螺母之间的距离应为(1.05±0.1)mm(见图 7)。

7.2 轴套组件内试样夹具转动的灵活性

按下列操作步骤，评定轴套组件内试样夹具转动的灵活性：

移去磨台上的其他材料，放置一块透明玻璃板(即显微镜载玻片)在磨台上，置于轴套的正下方。

将球形嵌块放在试样夹具内(见图 8)，并小心地放在玻璃片上。

将大的加载块放在试样夹具销轴上。用胶条将长丝纱线(单丝或复丝，约 100 dtex～200 dtex)的一端固定在试样夹具的接套上，纱线长度约 1 m，从接套底部到顶部螺旋卷绕。纱线的另一头绕过一个自由转动的滑轮(见图 9)。

用可调夹具支撑滑轮，将夹具固定在试样夹具导板的适当位置。滑轮的顶端应当与试样夹具接套的顶部纱线引出点在同一水平面上，因此，从接套到滑轮的纱线是水平的。最初，在纱线一端吊 500 mg 的负荷检查滑轮的摩擦。然后在一侧再加 100 mg 负荷，滑轮应该转动，如果不转动，说明摩擦太大。

在纱线上附加 10 g 的质量，用手轻轻转动试样夹具，使加载纱线退绕。如果超过这一数值，清洁接套，重新检查或咨询仪器制造商。

单位为毫米

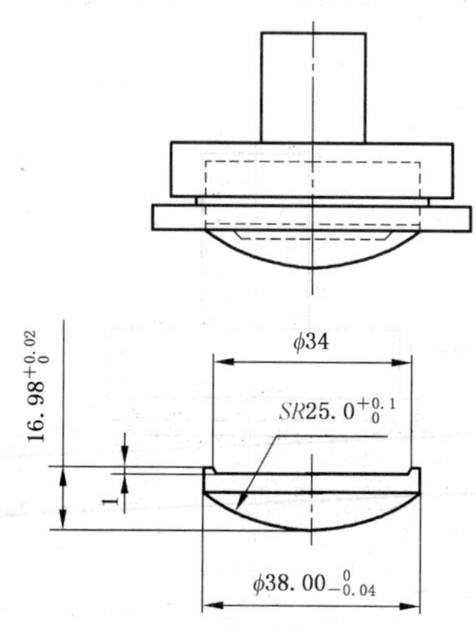

图 8 球形试样夹具嵌块

单位为毫米

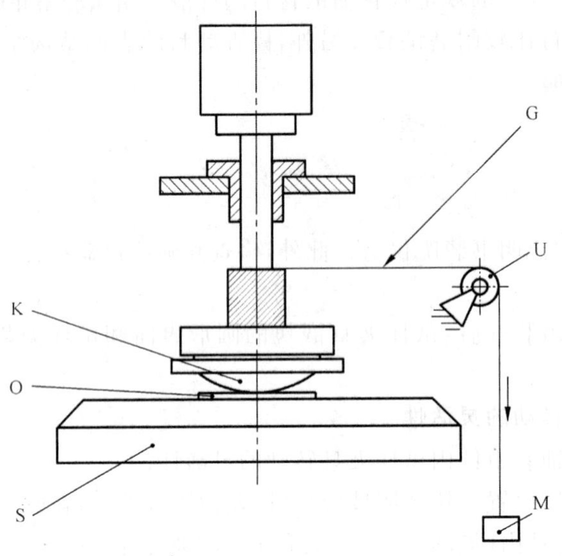

K——圆顶型嵌块；

O——玻璃板；

G——纱线；

U——滑轮；

M——砝码；

S——磨台。

图 9　试样夹具组合件的测试

7.3　磨台和试样夹具嵌块表面的平行度

按下列步骤检查磨台和试样夹具嵌块表面的平行度。

7.3.1　当试样夹具内或磨台上无任何材料时，将试样夹具销轴放在相应的轴套内，在试样夹具和销轴的重量作用下，试样夹具嵌块表面与磨台表面相接触。用塞尺检查试样夹具的周围，两金属表面的缝隙不大于 0.05 mm(见图 10)。

单位为毫米

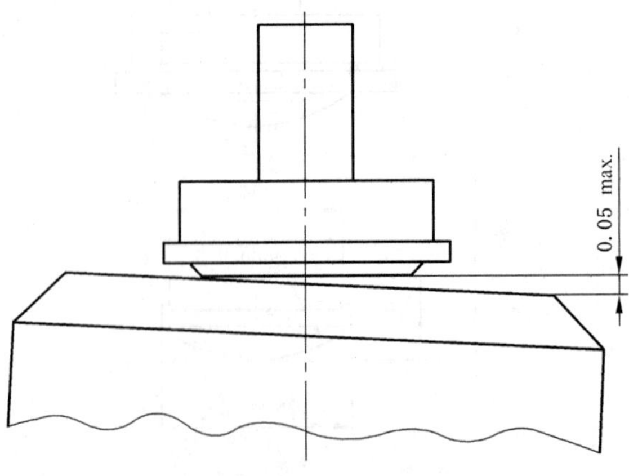

图 10　试样夹具嵌块与磨台表面平行度的公差

7.3.2　按下列程序检查磨台表面与上部导板的平行度。针对每个工作台，将百分表放入轴套内代替试样夹具销轴，使百分表套筒触点对着磨台表面。百分表的分辨率为 0.01 mm(相当于一个刻度单位)。将百分表牢固地固定在试样夹具导板上。开动耐磨试验仪，使百分表的触点在磨台表面描绘李莎茹图形。记录一个磨损周期的李莎茹图形(16 个摩擦次数),百分表读数的最小值和最大值之间的最大差异应为 0.05 mm。

注:试验过程中,百分表的触点不要损坏磨台表面。

7.4 仪器的维护

保养仪器,使其持续符合 GB/T 21196 的本部分。

附　录　A
（规范性附录）
检查李莎茹图形的方法

按下列方法，获得每一个工作台的李莎茹图形。

从磨台上取下材料，用直径为(100±5)mm、最小单位面积质量为 100 g/m² 的普通白纸盖在每一个磨台表面，并固定在磨台上，保证表面十分平整。

将与试样销轴（见图 3）直径相同的不锈钢套筒依次插入试样导板的轴套内，装上常用圆珠笔，使笔尖与纸的表面接触。转动仪器使摩擦次数为 16 次，形成一个完整的李莎茹图形。

画两条平行线，刚好与李莎茹图形两对侧的曲线最外面相交。再为另外两侧画两条平行线，并确信这些线垂直相交。采用适当的方法，测量每一边精确至±0.2 mm。检查画的 31 条线，重要的是检查李莎茹图形的对称性。如果曲线互相重合或间距不均匀（见图 A.1），则咨询仪器供应商。

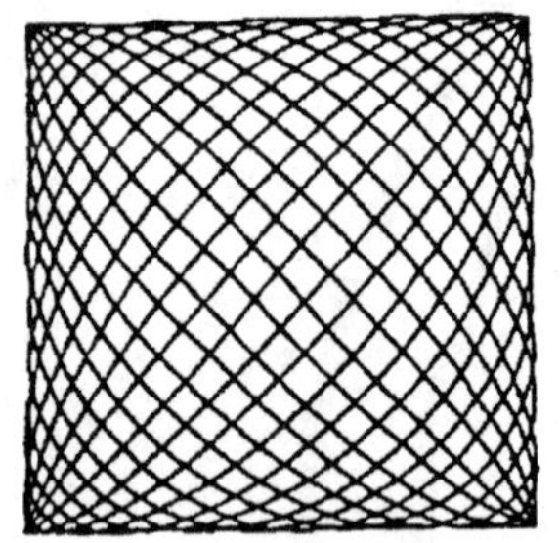

a)　可接受的图形

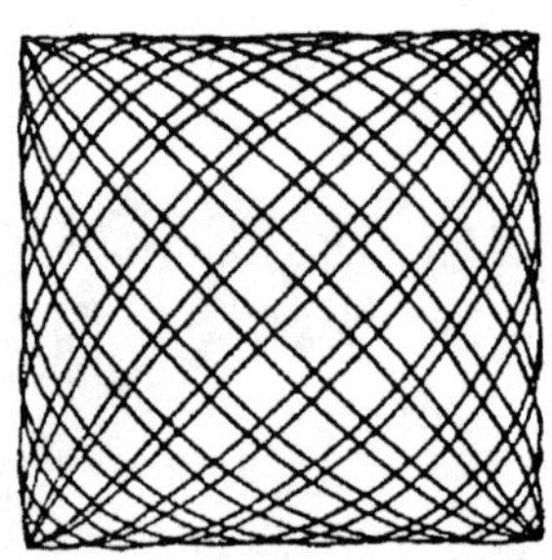

b)　无法接受的图形

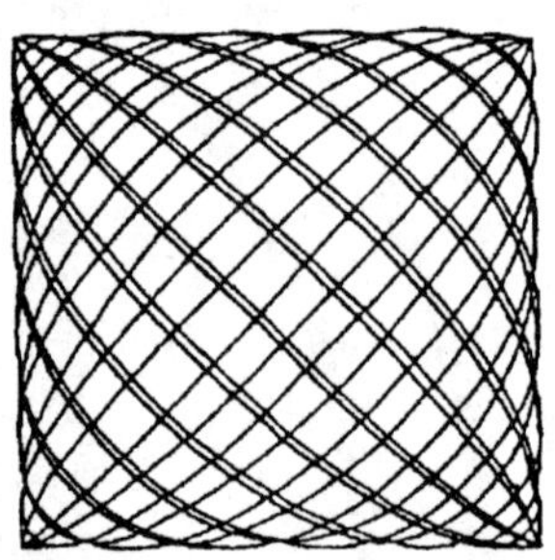

c)　无法接受的图形

图 A.1　可接受和无法接受的李莎茹图形实例

附 录 B
（规范性附录）
泡沫压痕硬度试验方法

B.1 仪器

B.1.1 一套(10 个)砝码：质量为(50±0.01)g。

B.1.2 小的轻质托盘：已知质量(约 60 g)，用于盛砝码。

B.1.3 厚度量规：符合 HG/T 3050.3 的要求。

B.2 步骤

剪取两块方形泡沫，每块约 5 cm×5 cm。将一块放在另一块的上面，并立即放在厚度计的基准平板上。将托盘放在厚度计压杆顶部，立即记录泡沫的厚度。将第 1 个 50 g 砝码放在托盘上，(30±1)s 后记录厚度。重复该步骤，直到包括砝码、托盘和压杆的总质量等于或超过 500 g。

B.3 结果的计算和表达

以厚度作为纵坐标，质量作为横坐标作图，画曲线。

第一次记录的两层泡沫的厚度(只有厚度计、杆和压脚的质量)作为初始厚度。在初始厚度的 60% 处画一条与横坐标的平行线。读出在与曲线相交的点处的横坐标值，单位为克(g)。按式(B.1)计算施加的压力：

$$p = (m \times 9.81)/a \qquad \cdots\cdots (B.1)$$

式中：

p——压力，单位为千帕(kPa)；

m——质量，单位为克(g)；

a——压脚面积，单位为平方米(m^2)。

被、被套

1 范围

本标准规定了被和被套的要求、抽样、试验方法、检验规则、标志和包装。

本标准适用于以机织物为面、里料，以絮用纤维为填充物(不包括羽绒和纯蚕丝)的被和被套产品。

2 规范性引用文件

下列文件中的条款通过本标准的引用而成为本标准的条款。凡是注日期的引用文件，其随后所有的修改单(不包括勘误的内容)或修订版均不适用于本标准，然而，鼓励根据本标准达成协议的各方研究是否可使用这些文件的最新版本。凡是不注日期的引用文件，其最新版本适用于本标准。

GB/T 250 纺织品 色牢度试验 评定变色用灰色样卡(GB/T 250—2008,ISO 105-A02:1993,IDT)

GB/T 2910 纺织品 二组分纤维混纺产品定量化学分析方法(GB/T 2910—1997,eqv ISO 1833:1977)

GB/T 2911 纺织品 三组分纤维混纺产品定量化学分析方法(GB/T 2911—1997,eqv ISO 5088:1976)

GB/T 3920 纺织品 色牢度试验 耐摩擦色牢度(GB/T 3920—2008,ISO 105-X12:2001,MOD)

GB/T 3921 纺织品 色牢度试验 耐皂洗色牢度(GB/T 3921—2008,ISO 105-C10:2006,MOD)

GB/T 3922 纺织品 耐汗渍色牢度(GB/T 3922—1995,eqv ISO 105-E04:1994)

GB/T 3923.1 纺织品 织物拉伸性能 第1部分:断裂强力和断裂伸长率的测定 条样法

GB/T 4802.2 纺织品 织物起毛起球性能的测定 第2部分:改型马丁代尔法(GB/T 4802.2—2008,ISO 12945-2:2000,MOD)

GB 5296.4 消费品使用说明 纺织品和服装使用说明

GB/T 5711 纺织品 色牢度试验 耐干洗色牢度 (GB/T 5711—1997,eqv ISO 105-D01:1993)

GB/T 6529 纺织品 调湿和试验用标准大气(GB/T 6529—2008,ISO 139:2005,MOD)

GB/T 6977 洗净羊毛乙醇萃取物、灰分、植物性杂质、总碱不溶物含量试验方法

GB/T 8170 数值修约规则与极限数值的表示和判定

GB/T 8427 纺织品 色牢度试验 耐人造光色牢度:氙弧 (GB/T 8427—2008,ISO 105-B02:1994,MOD)

GB/T 8628 纺织品 测定尺寸变化的试验中织物试样和服装的准备、标记及测量 (GB/T 8628—2001,eqv ISO 3759:1994)

GB/T 8629 纺织品 试验用家庭洗涤和干燥程序(GB/T 8629—2001,eqv ISO 6330:2000)

GB/T 8630 纺织品 洗涤和干燥后尺寸变化的测定(GB/T 8630—2002,ISO 5077:1984,MOD)

GB/T 14340 合成短纤维含油率试验方法

GB/T 14801 机织物与针织物纬斜和弓斜试验方法

GB 18383 絮用纤维制品通用技术要求

GB 18401 纺织产品基本安全技术规范

FZ/T 01053 纺织品 纤维含量的标识

3 术语和定义

下列术语和定义适用于本标准。

3.1

被(芯)　quilt

由两层织物与中间填充物以适当的方式缝制成，用于保暖的床上用品。分为可直接使用的被和需加被套才可使用的被(芯)。

3.2

被套　quilt cover

被可脱卸的保护性外套。

4 要求

4.1 产品的品等分为优等品、一等品和合格品。

4.2 产品的质量分为内在质量、外观质量、工艺质量。

4.3 内在质量包括填充物品质要求、填充物质量偏差率、填充物含油率、压缩回弹性能、纤维含量偏差率、织物断裂强力、织物起球性能、水洗尺寸变化率和色牢度。内在质量要求见表1。

表1　内在质量要求

<table>
<tr><th>序号</th><th colspan="3">考核项目</th><th>单位</th><th>优等品</th><th>一等品</th><th>合格品</th><th>备注</th></tr>
<tr><td>1</td><td colspan="3">填充物品质要求</td><td>—</td><td>无杂质，色泽均匀，手感柔软，无异味</td><td colspan="2">外观较整洁，无明显杂质，色泽基本均匀，无异味</td><td></td></tr>
<tr><td>2</td><td colspan="3">填充物质量偏差率　≥</td><td>%</td><td colspan="3">−5.0</td><td></td></tr>
<tr><td>3</td><td colspan="3">填充物含油率　≤</td><td>%</td><td colspan="3">1.0</td><td>天然纤维素纤维除外</td></tr>
<tr><td rowspan="2">4</td><td colspan="2" rowspan="2">压缩回弹性能　≥</td><td>压缩率</td><td rowspan="2">%</td><td>45</td><td>40</td><td>30</td><td rowspan="2">单位质量在 150 g/m² 及以下不考核</td></tr>
<tr><td>回复率</td><td>75</td><td>70</td><td>60</td></tr>
<tr><td>5</td><td colspan="3">纤维含量偏差率</td><td>%</td><td colspan="3">按 FZ/T 01053 要求考核</td><td></td></tr>
<tr><td>6</td><td colspan="3">织物断裂强力　≥</td><td>N</td><td colspan="2">250</td><td>220</td><td></td></tr>
<tr><td>7</td><td colspan="3">织物起球性能　≥</td><td>级</td><td>4</td><td>3</td><td>—</td><td></td></tr>
<tr><td>8</td><td colspan="3">水洗尺寸变化率</td><td>%</td><td>±3.0</td><td>±4.0</td><td>±5.0</td><td>面、里料差绝对值≤3</td></tr>
<tr><td rowspan="7">9</td><td rowspan="7">色牢度≥</td><td>耐光</td><td>变色</td><td rowspan="7">级</td><td>4</td><td>4</td><td>3</td><td>丝绸面料一等品3级</td></tr>
<tr><td rowspan="2">耐皂洗</td><td>变色</td><td>4</td><td>3-4</td><td>3</td><td rowspan="2">试验温度按使用说明，但不低于 40 ℃，或按本标准规定的温度</td></tr>
<tr><td>沾色</td><td>4</td><td>3-4</td><td>3</td></tr>
<tr><td rowspan="2">耐汗渍</td><td>沾色</td><td>4</td><td>3-4</td><td>3</td><td rowspan="4"></td></tr>
<tr><td>变色</td><td>4</td><td>3-4</td><td>3</td></tr>
<tr><td rowspan="2">耐摩擦</td><td>干摩</td><td>4</td><td>3-4</td><td>3</td></tr>
<tr><td>湿摩</td><td>3-4</td><td>3</td><td>2-3</td></tr>
<tr><td colspan="9">注1：被芯产品只考核1、2、3、4、5项。
注2：被套产品只考核5、6、7、8、9项。
注3：被全项考核。</td></tr>
</table>

4.4 外观质量包括规格尺寸偏差率、纬斜、色花、色差和外观疵点。外观质量要求见表2。

表2 外观质量要求

<table>
<tr><th colspan="2">考核项目</th><th>优等品</th><th>一等品</th><th>合格品</th></tr>
<tr><td colspan="2">规格尺寸偏差率/%</td><td colspan="3">±2.5</td></tr>
<tr><td colspan="2">纬斜、花斜/% ≤</td><td>2.0</td><td>3.0</td><td>4.0</td></tr>
<tr><td colspan="2">色花、色差/级 ≥</td><td>4-5</td><td>4</td><td>3-4</td></tr>
<tr><td rowspan="5">外观疵点</td><td>破损、针眼</td><td>不允许</td><td>不允许</td><td>破损不允许，针眼长度小于 20 cm</td></tr>
<tr><td>色斑、污渍</td><td>不允许</td><td>不允许</td><td>轻微允许3处/面</td></tr>
<tr><td>线状疵点</td><td>不允许</td><td>轻微允许1处/面</td><td>明显允许1处/面</td></tr>
<tr><td>条块状疵点</td><td>不允许</td><td>轻微允许1处/面</td><td>明显允许1处/面</td></tr>
<tr><td>印花不良</td><td>不允许</td><td>轻微搭、沾、渗色，漏印，不影响外观</td><td>不影响整体外观</td></tr>
<tr><td colspan="5">注1：外观疵点及程度说明参见附录A。
注2：被套规格尺寸只考核负偏差。</td></tr>
</table>

4.5 工艺质量包括填充物均匀程度、图案质量、缝针质量、绗缝质量、刺绣质量和缝纫质量。工艺质量要求见表3。

表3 工艺质量要求

<table>
<tr><th colspan="2">项 目</th><th>优等品</th><th>一等品</th><th>合格品</th></tr>
<tr><td colspan="2">填充物均匀程度</td><td>厚薄均匀充实、四角方正</td><td>厚薄基本均匀、四角方正，不匀不明显允许1处以内</td><td>无明显的厚薄不匀或不方正，不匀不明显允许2处以内</td></tr>
<tr><td colspan="2">图案质量</td><td>图案整体位正不偏</td><td>图案整体位偏，大件不超过 3 cm，小件不超过 2 cm</td><td>不影响整体外观</td></tr>
<tr><td rowspan="2">缝针质量</td><td>缝纫针</td><td rowspan="2">无跳针、浮针、漏针、偏针、脱线</td><td>无跳针、浮针、漏针、脱线；偏针不超过 0.5 cm/20 cm</td><td>跳针、浮针、漏针、脱线1针/处，每件产品不超过3处；偏针不超过 0.5 cm/20 cm</td></tr>
<tr><td>绗缝针</td><td colspan="2">跳针、浮针、漏针每处不超过3针，不允许超过5处/件；脱线每处不超过 1 cm，不允许超过3处/件</td></tr>
<tr><td colspan="2">绗缝质量</td><td colspan="3">轨迹流畅、平服，无折皱夹布；绗缝起止处应打回针，接针套正，无线头；针迹整齐均匀</td></tr>
<tr><td colspan="2">刺绣质量</td><td colspan="3">各种针法平、齐、匀、活、净。
平：针码平服，绣面平整；
齐：图案花型变化自然，绣边轮廓齐整；
匀：针码均匀细薄、细密适当；
活：行针流畅，掺色自然，富有立体感；
净：绣面洁净无沾污。
贴绣平服，无明显漏绣，喷绣色彩准确、牢固、过渡自然，不重叠、不错位</td></tr>
<tr><td colspan="2">缝纫质量</td><td colspan="3">轨迹匀、直、牢固，卷边拼缝平服齐直，宽狭一致，不露毛，面/里料缝制错位小于 1 cm；接针套正，边口处应打回针。
针迹密度：平缝≥10针/3 cm；包缝≥9针/3 cm</td></tr>
<tr><td colspan="5">注1：最大尺寸(长方向或宽方向)>100 cm 为大件，≤100 cm 为小件。
注2：绗缝针迹密度不考核。</td></tr>
</table>

4.6 产品使用的面料应具有透气性。

4.7 产品应符合 GB 18401 的要求。

4.8 填充物中絮用纤维应符合 GB 18383 的要求。

4.9 选用适合的缝线、纽扣、拉链等附件，且质量符合相关标准要求。

4.10 特殊要求按双方合同协议的约定执行。

5 抽样

5.1 内在质量检验抽样方案见表 4。

表 4 内在质量检验抽样方案

批量范围 N	样本大小 n	合格判定数 Ac	不合格判定数 Re
2～1 200	2	0	1
1 201～3 200	3	0	1
3 201～10 000	5	0	1
>10 000	8	0	1

5.2 外观质量、工艺质量检验抽样方案见表 5。

表 5 外观质量、工艺质量检验抽样方案

批量范围 N	样本大小 n	合格判定数 Ac	不合格判定数 Re
20～1 200	20	1	2
1 201～10 000	32	3	4
10 001～35 000	50	5	6
>35 000	80	10	11

5.3 检验样本从检验批中随机抽取，外包装应完整。

5.4 当样本大小 n 大于批量 N 时，实施全检，合格判定数 Ac 为 0。

5.5 抽样方案另有规定和合同协议的，按有关规定和合同协议执行。

6 试验方法

6.1 内在质量检测

6.1.1 填充物质量偏差率的测定

6.1.1.1 调温和试验用标准大气按 GB/T 6529 规定。

6.1.1.2 衡器：分度值 2 g。

6.1.1.3 将产品放置上述条件下平衡 24 h，称填充物的质量。

6.1.1.4 填充物质量偏差率按式(1)计算，计算结果按 GB/T 8170 修约至 1 位小数。

$$M=\frac{m_1-m_0}{m_0}\times 100\% \qquad \cdots\cdots(1)$$

式中：

M——填充物质量偏差率，%；

m_0——填充物质量明示值，单位为克(g)；

m_1——填充物质量实测值，单位为克(g)。

6.1.2 填充物含油率检测：化学纤维按 GB/T 14340 执行，天然蛋白质纤维按 GB/T 6977 执行，填充物取样按附录 C 中规定执行。

6.1.3 压缩回弹性能检测按附录 B 执行。

6.1.4 纤维含量检测按 GB/T 2910 和 GB/T 2911 执行，填充物取样按附录 C 中规定执行。

6.1.5 织物断裂强力检测按 GB/T 3923.1 执行。

6.1.6 起球性能检测按 GB/T 4802.2 执行。

6.1.7 面、里料水洗尺寸变化率检测按 GB/T 8628、GB/T 8629 和 GB/T 8630 执行，选用 5A 程序，干燥方法 A。

6.1.8 耐光色牢度检测按 GB/T 8427 方法 3 执行。

6.1.9 耐皂洗色牢度检测按 GB/T 3921 试验 C 执行。

6.1.10 耐干洗色牢度检测按 GB/T 5711 执行。

6.1.11 耐汗渍色牢度检测按 GB/T 3922 执行。

6.1.12 耐摩擦色牢度检测按 GB/T 3920 执行。

6.1.13 数值修约按 GB/T 8170 执行。

6.2 填充物品质、外观质量、工艺质量检验

6.2.1 在自然北光或日光灯下进行，检验台表面照度不低于 600 lx，且照度均匀，检验人员眼部距产品约 1 m 左右，检验人员以目光、手感进行检验。

6.2.2 规格尺寸偏差率的测定

6.2.2.1 工具：钢尺。

6.2.2.2 将产品平摊在检验台上，用手轻轻理平，使产品呈自然伸缩状态，用钢尺在整个产品长、宽方向的四分之一和四分之三处测量，精确到 1 mm。

6.2.2.3 规格尺寸偏差率按式(2)进行计算，计算结果按 GB/T 8170 修约至 1 位小数。

$$P=\frac{L_1-L_0}{L_0}\times 100\% \qquad \cdots\cdots(2)$$

式中：

P——规格尺寸偏差率，%；

L_0——产品规格尺寸明示值，单位为毫米(mm)；

L_1——产品规格尺寸实测值，单位为毫米(mm)。

6.2.3 纬斜检测按 GB/T 14801 执行。

6.2.4 色差、色花检测用 GB/T 250 评定变色用灰色样卡进行评定。

6.2.5 填充物均匀程度检测以检验人员双手用力触摸产品进行。

7 检验规则

7.1 单件产品内在质量、外观质量和工艺质量分别按表 1、表 2 和表 3 中最低一项评等，综合质量按内在质量、外观质量和工艺质量中的最低等评定。

7.2 内在质量批判定按表 4 执行，外观质量、工艺质量批判定按表 5 执行。不合格数小于或等于 Ac，则判检验批合格；不合格数大于或等于 Re，则判检验批不合格。

7.3 综合质量批判定按内在质量、外观质量和工艺质量抽样检查中最低等评定。

8 标志和包装

8.1 产品使用说明应符合 GB 5296.4 的要求。产品应标明规格尺寸、填充物质量。

8.2 每件产品应有包装，包装大小根据具体产品而定。包装材料应选择适当，应保证产品不散落、不破损、不沾污、不受潮。用户有特殊要求的，供需双方协商确定。

附 录 A
（资料性附录）
外观疵点及程度说明

A.1 线状疵点：沿经向或纬向延伸的，宽度不超过 0.2 cm 的所有各类疵点。

A.2 条块状疵点：沿经向或纬向延伸的，宽度超过 0.2 cm 的疵点，不包括色、污渍。

A.3 破损：相邻的纱、线断 2 根及以上的破洞，破边，0.3 cm 及以上的跳花。

A.4 疵点轻微、明显程度规定见表 A.1。

表 A.1

疵点			程 度 说 明
印染疵			参比 GB/T 250 评定变色用灰色样卡，3-4 级及以上为轻微，3-4 级以下为明显
纱、织疵	线状	轻微	粗度不大于纱支 3 倍的粗经，线状错经，稀 1～2 根纱的筘路，粗度不大于纱支 3 倍的粗纬，双纬，线状百脚，竹节纱等
		明显	粗度大于纱支 3 倍的粗经，锯齿状错经、断经、跳纱，稀 2 根纱以上的筘路，粗度大于纱支 3 倍的粗纬、竹节纱，脱纬，锯齿状百脚，一梭 3 根的多纱，色、油、污纱等
	条块状	轻微	杂物织入，条干不匀，经缩波纹，叠起来看不易发现的稀密路，折痕不起毛
		明显	并列跳纱，明显影响外观的杂物织入，条干不匀，叠起来看容易发现的稀密路，折痕起毛，经缩浪纹，宽 0.2 cm 以上的筘路、针路等

附 录 B
（规范性附录）
压缩回复率测试方法

B.1 原理

试样在一定时间、压强作用下，其厚度产生受压压缩和去掉负荷，回弹恢复，测定其不同压强时的厚度值，以计算试样的压缩和回复的性能。

B.2 设备和工具

B.2.1 砝码 A，质量 2 kg；砝码 B，质量 4 kg；天平。

B.2.2 单位质量为 0.5 g/cm^2 的材料制成的 20 cm×20 cm 的正方形测试压片，其工作面应平整、光洁，无任何毛刺或伤痕。

B.2.3 工作台，用于放置试样，面积不小于 20 cm×20 cm，工作面应平整、光洁，与调试压片工作面接触时吻合平行。

B.2.4 钢直尺（标尺或指示表，其分度值为 1 mm），用于测量指示测试压片的工作面与工作台工作面之间的垂直距离。

B.2.5 计时秒表、剪刀，用于清擦工作台、调试压片的柔软物品。

B.3 试验用标准大气与调湿

B.3.1 调湿和试验用标准大气按 GB/T 6529 规定。

B.3.2 样品如需预调湿，则预调湿应在相对湿度为 10%～25%，温度不超过 50 ℃的环境中进行。

B.3.3 试验前将样品暴露在试验用标准大气中调湿 24 h。

B.4 样品

B.4.1 样品应按本标准所规定的取样方法抽取或按有关方面商定的方法进行。

B.4.2 样品应具有代表性且不能有影响试验结果的疵点。

B.5 试样

B.5.1 试样应在距边 10 cm 以上处，沿经向（纵向）剪取数块，每块试样面积为 20 cm×20 cm。

B.5.2 将每块试样用天平称量，组成质量约为 60 g 的一组试样，共测试三组。

B.6 操作步骤

B.6.1 将每组试样分别整齐叠放在工作台上。

B.6.2 将测试压片放在试样上，然后再加上砝码 A，30 s 后取下砝码，放置 30 s，这样操作反复 3 次后，去掉砝码放置 30 s 后，测量试样从工作台到测试压片的四角高度，取其平均值为 h_0。

B.6.3 在测试压片上再加上砝码 B，30 s 后测量试样从工作台到测试压片的四角高度，取其平均值为 h_1。

B.6.4 取下砝码 B，放置 3 min 后，测定试样从工作台到测试压片的四角高度，取其平均值为 h_2。

B.7 结果计算

B.7.1 压缩率的计算按式（B.1）：

$$P_1 = \frac{h_0 - h_1}{h_0} \times 100\% \qquad \cdots\cdots(\text{B.1})$$

式中：

P_1——压缩率，%；

h_0——操作 B.6.2 后试样的高度，单位为毫米(mm)；

h_1——操作 B.6.3 加砝码 B 后试样的高度，单位为毫米(mm)。

B.7.2 回复率的计算按式(B.2)：

$$P_2 = \frac{h_2 - h_1}{h_0 - h_1} \times 100\% \qquad \cdots\cdots(\text{B.2})$$

式中：

P_2——回复率，%；

h_0——操作 B.6.2 后试样的高度，单位为毫米(mm)；

h_1——操作 B.6.3 加砝码 B 后试样的高度，单位为毫米(mm)；

h_2——操作 B.6.4 去掉砝码 B，3 min 后试样的高度，单位为毫米(mm)。

B.7.3 按式(B.1)、式(B.2)计算 3 组试样的算术平均值，计算结果按 GB/T 8170 修约至 1 位小数。

B.8 试验报告

试验报告应包括下列内容：

a) 写明试验是按本标准进行的；

b) 样品名称、编号、原料、规格；

c) 试验日期、试验室温湿度；

d) 试样 h_0、h_1、h_2、压缩率、回复率；

e) 必要的试验参数；

f) 任何偏离本标准的细节和试验中的不正常现象。

附　录　C
（规范性附录）
填充物试验样品取样方法

C.1　取样方法按图 C.1，在各取样处随机抽取约 10 g 样品，分别将每份样品充分混合均匀，组成第一组的 8 个混合样品。

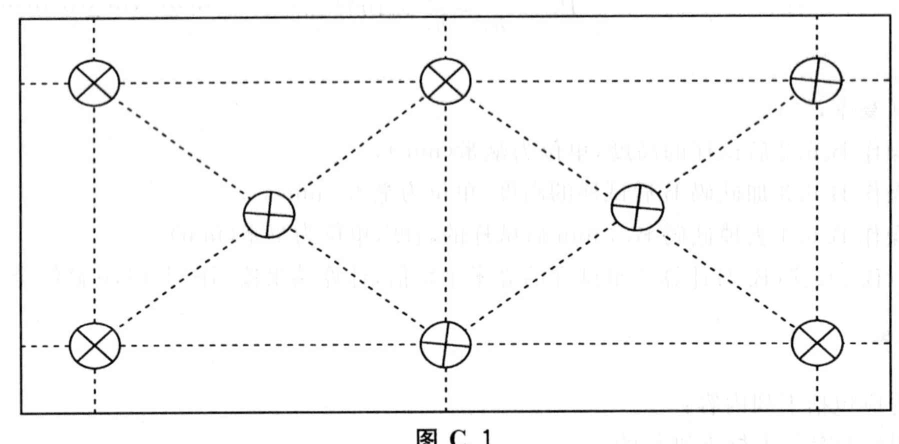

图 C.1

C.2　按图 C.2 所示，将第一组混合样品中的第一个样品与第 2 个样品合并混合，再分成两半，丢弃一半，保留一半；第 3 个样品与第 4 个样品合并混合，同样分成两半，丢弃一半，保留一半……第 7 个样品与第 8 个样品合并混合，再分成两半，丢弃一半，保留一半；组成第二组的 4 个混合样品。

C.3　将第二组混合样品中的第 1 个样品与第 2 个样品合并混合，再分成两半，丢弃一半，保留一半；第 3 个样品与第 4 个样品合并混合，再分成两半，丢弃一半，保留一半；组成第三组的 2 个混合样品。

C.4　将第三组的混合样品按第二组方法分样，最后得到一个约 10 g 的实验室试验样品，供填充物含油、纤维含量等检测用。

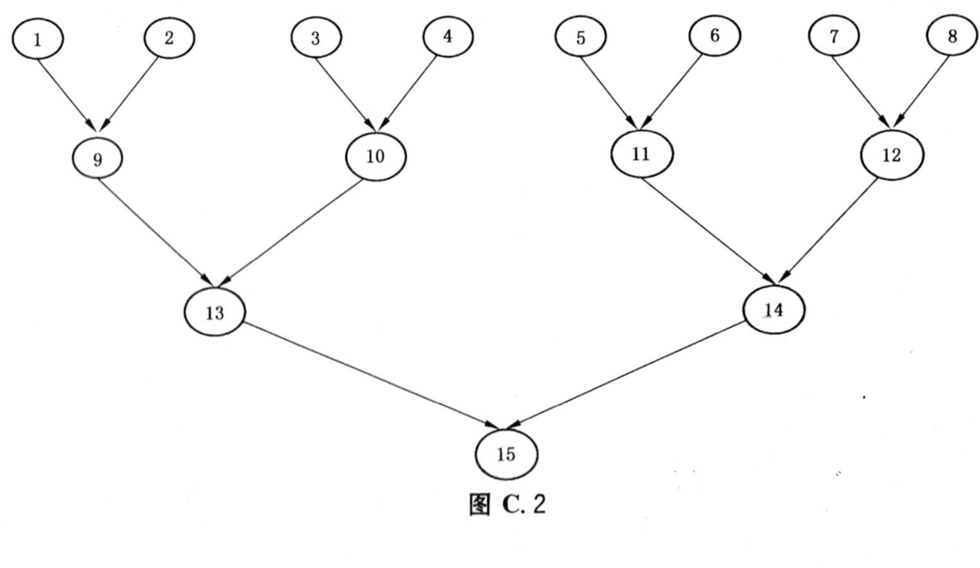

图 C.2

床　　单

1　范围

本标准规定了床单的要求、抽样、试验方法、检验规则、标志和包装。

本标准适用于各类机织床单产品。

2　规范性引用文件

下列文件中的条款通过本标准的引用而成为本标准的条款。凡是注日期的引用文件，其随后所有的修改单(不包括勘误的内容)或修订版均不适用于本标准，然而，鼓励根据本标准达成协议的各方研究是否可使用这些文件的最新版本。凡是不注日期的引用文件，其最新版本适用于本标准。

GB/T 250　纺织品　色牢度试验　评定变色用灰色样卡(GB/T 250—2008，ISO 105-A02:1993，IDT)

GB/T 2910　纺织品　二组分纤维混纺产品定量化学分析方法(GB/T 2910—1997，eqv ISO 1833:1977)

GB/T 2911　纺织品　三组分纤维混纺产品定量化学分析方法(GB/T 2911—1997，eqv ISO 5088:1976)

GB/T 3920　纺织品　色牢度试验　耐摩擦色牢度(GB/T 3920—2008，ISO 105-X12:2001，MOD)

GB/T 3921　纺织品　色牢度试验　耐皂洗色牢度(GB/T 3921—2008，ISO 105-C10:2006，MOD)

GB/T 3922　纺织品　耐汗渍色牢度(GB/T 3922—1995，eqv ISO 105-E04:1994)

GB/T 3923.1　纺织品　织物拉伸性能：断裂强力和断裂伸长率的测定　条样法

GB/T 4802.2　纺织品　织物起毛起球性能的测定　第2部分：改型马丁代尔法(GB/T 4802.2—2008，ISO 12945-2:2000，MOD)

GB 5296.4　消费品使用说明　纺织品和服装使用说明

GB/T 8170　数值修约规则与极限数值的表示和判定

GB/T 8427　纺织品　色牢度试验　耐人造光色牢度：氙弧(GB/T 8427—2008，ISO 105-B02:1994，MOD)

GB/T 8628　纺织品　测定尺寸变化的试验中织物试样和服装的准备、标记和测量(GB/T 8628—2001，eqv ISO 3759:1994)

GB/T 8629　纺织品　试验用家庭洗涤和干燥程序(GB/T 8629—2001，eqv ISO 6330:2000)

GB/T 8630　纺织品　洗涤和干燥后尺寸变化的测定(GB/T 8630—2002，ISO 5077:1984，MOD)

GB/T 14801　机织物与针织物纬斜和弓斜试验方法

GB 18401　国家纺织产品基本安全技术规范

FZ/T 01053　纺织品　纤维含量的标识

3　术语和定义

下列术语和定义适用于本标准。

3.1

床单　sheet

以纺织纤维为原料的铺于床或垫之上的大面积机织产品。

4　要求

4.1　产品的品等分为优等品、一等品和合格品。

4.2　产品的质量分为内在质量和外观质量。

4.3　内在质量包括断裂强力、水洗尺寸变化率、起球性能、纤维含量偏差和色牢度。内在质量要求见表1。

表1　内在质量要求

序号	考核项目			单位	优等品	一等品	合格品	备注
1	断裂强力　≥			N	250		220	
2	水洗尺寸变化率			%	±3.0	±4.0	±5.0	
3	起球性能　≥			级	4	3	—	
4	纤维含量偏差			%	按FZ/T 01053执行			
5	色牢度　≥	耐光	变色	级	4	4	3	
		耐皂洗	变色		4	3-4	3	试验温度按使用说明，但不低于40 ℃，或按本标准规定的温度
			沾色		4	3-4	3	
		耐汗渍	变色		4	3-4	3	
			沾色		4	3-4	3	
		耐摩擦	干摩		4	3-4	3	
			湿摩		3-4	3	2-3	

4.4　产品的外观质量包括规格尺寸偏差率、纬斜、花斜、色花、色差、外观疵点、图案质量、缝针质量、缝纫质量和刺绣质量。外观质量要求见表2。

表2　外观质量要求

考核项目		优等品	一等品	合格品
规格尺寸偏差率/%　≥		−1.0	−2.0	−2.5
纬斜、花斜/%　≤		2.0	3.0	4.0
色花、色差/级　≥		4-5	4	3-4
外观疵点	破损、针眼	不允许	不允许	破损不允许，针眼长度小于20 cm
	色、污渍	不允许	不允许	轻微允许3处/件
	线状疵点	不允许	轻微允许1处/件	明显允许1处/件
	条块状疵点	不允许	轻微允许1处/件	明显允许1处/件
	印花不良	不允许	轻微搭、沾、渗色，漏印，不影响外观	不影响整体外观

表 2（续）

考核项目	优等品	一等品	合格品
图案质量	图案整体位正不偏	图案整体位偏，大件不超过 3 cm，小件不超过 2 cm	不影响整体外观
缝针质量	无跳针、浮针、漏针、偏针，无脱线	无跳针、浮针、漏针，无脱线；偏针不超过 0.5 cm/20 cm	跳针、浮针、漏针、脱线不超过 1 针/处，每件产品不超过 3 处；偏针不超过 0.5 cm/20 cm
缝纫质量	轨迹匀、直、牢固，卷边拼缝平服齐直，宽狭一致，不露毛；接针套正，边口处应打回针；针迹均匀，针密度≥9 针/3 cm；不允许有散角		
刺绣质量	针码平服，绣面平整；图案花型变化自然，绣边轮廓齐整；针码均匀细薄、细密适当；行针流畅，掺色自然，富有立体感；绣面洁净无沾污。贴绣平服，无明显漏绣，喷绣色彩准确，过渡自然，不重叠、不错位		
注 1：最大尺寸（长方向或宽方向）＞100 cm 为大件，≤100 cm 为小件。 注 2：外观疵点及程度说明参见附录 A。			

4.5 产品应符合 GB 18401 的要求。

4.6 特殊要求按双方合同协议的约定执行。

5 抽样

5.1 内在质量检验抽样方案见表 3。

表 3 内在质量检验抽样方案

批量范围 N	样本大小 n	合格判定数 Ac	不合格判定数 Re
2～1 200	2	0	1
1 201～3 200	3	0	1
3 201～10 000	5	0	1
＞10 000	8	0	1

5.2 外观质量检验抽样方案见表 4。

表 4 外观质量检验抽样方案

批量范围 N	样本大小 n	合格判定数 Ac	不合格判定数 Re
20～1 200	20	1	2
1 201～10 000	32	3	4
10 001～35 000	50	5	6
＞35 000	80	10	11

5.3 检验样本应从检验批中随机抽取，外包装应完整。

5.4 当样本大小 n 大于批量 N 时，实施全检，合格判定数 Ac 为 0。

5.5 抽样方案另有规定和合同协议的，按有关规定和合同协议执行。

6 试验方法

6.1 内在质量检测

6.1.1 断裂强力检测按 GB/T 3923.1 执行。

6.1.2 水洗尺寸变化率检测按 GB/T 8628、GB/T 8629 和 GB/T 8630 执行，选用 5A 程序，干燥方法 A。

6.1.3 起球性能检测按 GB/T 4802.2 执行。

6.1.4 纤维含量检测按 GB/T 2910 和 GB/T 2911 执行。

6.1.5 耐光色牢度检测按 GB/T 8427 方法 3 执行。

6.1.6 耐皂洗色牢度检测按 GB/T 3921 试验 C 执行。

6.1.7 耐汗渍色牢度检测按 GB/T 3922 执行。

6.1.8 耐摩擦色牢度检测按 GB/T 3920 执行。

6.1.9 数值修约按 GB/T 8170 执行。

6.2 外观质量检验

6.2.1 外观质量检验以产品的正面为主，检验时产品表面照度不低于 600 lx，检验人员眼部距产品约 1 m 左右，检验人员以目光进行检验。

6.2.2 规格尺寸偏差率的测定

6.2.2.1 工具：钢尺。

6.2.2.2 将产品平摊在检验台上，用手轻轻理平，使产品呈自然伸缩状态，用钢尺在整个产品长、宽方向的四分之一和四分之三处测量，精确到 1 mm。

6.2.2.3 规格尺寸偏差率按式(1)进行计算，计算结果按 GB/T 8170 修约至 1 位小数。

$$P = \frac{L_1 - L_0}{L_0} \times 100\% \qquad \cdots\cdots(1)$$

式中：

P——规格尺寸偏差率，%；

L_0——产品规格尺寸明示值，单位为毫米(mm)；

L_1——产品规格尺寸实测值，单位为毫米(mm)。

6.2.3 色差、色花检测用 GB/T 250 评定变色用灰色样卡进行评定。

6.2.4 纬斜检测按 GB/T 14801 执行。

7 检验规则

7.1 单件产品内在质量、外观质量分别按表 1、表 2 中最低一项评等，综合质量按内在质量和外观质量中的最低等评定。

7.2 内在质量批判定按抽样检查表 3 执行，外观质量批判定按抽样检查表 4 执行。不合格数小于 Re，则判检验批合格；不合格数大于或等于 Re，则判检验批不合格。

7.3 综合质量批评定按内在质量抽样检查和外观质量抽样检查中最低等评定。

8 标志和包装

8.1 产品使用说明应符合 GB 5296.4 的要求。产品应标明规格尺寸。

8.2 每件产品应有包装，包装大小根据具体产品而定。包装材料应选择适当，应保证产品不散落、不破损、不沾污、不受潮。用户有特殊要求的，供需双方协商确定。

附　录　A
（资料性附录）
外观疵点及程度说明

A.1　线状疵点：沿经向或纬向延伸的，宽度不超过 0.2 cm 的所有各类疵点。

A.2　条块状疵点：沿经向或纬向延伸的，宽度超过 0.2 cm 的疵点，不包括色、污渍。

A.3　破损：相邻的纱、线断 2 根及以上的破洞，破边，0.3 cm 及以上的跳花。

A.4　疵点轻微、明显程度规定见表 A.1。

表 A.1

疵点	程度说明		
印染疵	参比 GB/T 250 评定变色用灰色样卡，3-4 级及以上为轻微，3-4 级以下为明显		
纱、织疵	线状	轻微	粗度不大于纱支 3 倍的粗经，线状错经，稀 1～2 根纱的筘路，粗度不大于纱支 3 倍的粗纬，双纬，线状百脚，竹节纱等
		明显	粗度大于纱支 3 倍的粗经，锯齿状错经、断经、跳纱，稀 2 根纱以上的筘路，粗度大于纱支 3 倍的粗纬、竹节纱，脱纬，锯齿状百脚，一梭 3 根的多纱，色、油、污纱等
	条块状	轻微	杂物织入，条干不匀，经缩波纹，叠起来看不易发现的稀密路，折痕不起毛
		明显	并列跳纱，明显影响外观的杂物织入，条干不匀，叠起来看容易发现的稀密路，折痕起毛，经缩浪纹，宽 0.2 cm 以上的筘路、针路等

枕、垫类产品

1 范围

本标准规定了枕、垫类产品的术语和定义、要求、抽样、试验方法、检验规则、标志、包装。

本标准适用于以纺织纤维为主要原料的各种枕、垫类产品。

2 规范性引用文件

下列文件中的条款通过本标准的引用而成为本标准的条款。凡是注日期的引用文件，其随后所有的修改单(不包括勘误的内容)或修订版均不适用于本标准，然而，鼓励根据本标准达成协议的各方研究是否可使用这些文件的最新版本。凡是不注日期的引用文件，其最新版本适用于本标准。

GB/T 250 纺织品 色牢度试验 评定变色用灰色样卡(GB/T 250—2008,ISO 105/A02:1993,IDT)

GB/T 2910 纺织品 二组分纤维混纺产品定量化学分析方法(GB/T 2910—1997,eqv ISO 1833:1977)

GB/T 2911 纺织品 三组分纤维混纺产品定量化学分析方法(GB/T 2911—1997,eqv ISO 5088:1976)

GB/T 3920 纺织品 色牢度试验 耐摩擦色牢度(GB/T 3920—2008,ISO 105/X12:2001,MOD)

GB/T 3921 纺织品 色牢度试验 耐皂洗色牢度(GB/T 3921—2008,ISO 105-C10:2006,MOD)

GB/T 3922 纺织品 色牢度试验 耐汗渍色牢度(GB/T 3922—1995,eqv ISO 105/E04:1994)

GB/T 3923.1 纺织品 织物拉伸性能 第1部分:断裂强力和断裂伸长率的测定 条样法

GB/T 4802.2 纺织品 织物起毛起球性能的测定 第2部分:改型马丁代尔法

GB 5296.4 消费品使用说明 纺织品和服装使用说明

GB/T 5711 纺织品 色牢度试验 耐干洗色牢度(GB/T 5711—1997,eqv ISO 105/D01:1993)

GB/T 8170 数值修约规则与极限数值的表示和判定

GB/T 8427 纺织品 色牢度试验 耐人造光色牢度 氙弧(GB/T 8427—2008,ISO 105-B02:1994,MOD)

GB/T 8628 纺织品 测定尺寸变化的试验中织物试样和服装的准备、标记及测量(GB/T 8628—2001,eqv ISO 3759:1994)

GB/T 8629 纺织品 试验用家庭洗涤和干燥程序(GB/T 8629—2001,eqv ISO 6330:2000)

GB/T 8630 纺织品 洗涤和干燥后尺寸变化的测定(GB/T 8630—2002,ISO 5077:1984,MOD)

GB/T 14801 机织物与针织物纬斜和弓斜试验方法

GB 18383 絮用纤维制品通用技术要求

GB 18401 国家纺织产品基本安全技术规范

FZ/T 01053 纺织品 纤维含量的标识

FZ/T 80007.3 使用粘合衬服装耐干洗测试方法

3 术语和定义

下列术语和定义适用于本标准。

3.1

枕(芯)　pillow

织物经缝制并装有填充物(如纺织纤维或发泡材料等)、用作枕在头下的物品,分为可直接使用的枕和需加套才可使用的枕芯。

3.2

垫(芯)　cushion

织物经缝制并装有填充物(如纺织纤维或发泡材料等),使用中起支撑或缓冲作用的物品,如靠垫、坐垫、床垫等,分为可直接使用的垫和需加套才可使用的垫芯。

3.3

填充物　filling

具有一定弹性的、填于两层织物中间起支撑作用的材料。

3.4

枕、垫套　pillowslip

枕、垫可脱卸的保护性外套,可进行干洗或水洗。

4　要求

4.1　产品的品等分为优等品、一等品和合格品。

4.2　产品的质量分为内在质量、外观质量、工艺质量等。

4.3　产品的内在质量包括纤维含量偏差、面料断裂强力、水洗尺寸变化率、干洗尺寸变化率、面料起球性能和色牢度,内在质量要求见表1。

表1　内在质量要求

<table>
<tr><th>序号</th><th colspan="3">考核项目</th><th>单位</th><th>优等品</th><th>一等品</th><th>合格品</th><th>备　注</th></tr>
<tr><td>1</td><td colspan="3">纤维含量偏差</td><td>%</td><td colspan="3">按 FZ/T 01053 执行</td><td></td></tr>
<tr><td>2</td><td colspan="3">面料断裂强力　≥</td><td>N</td><td colspan="2">250</td><td>220</td><td></td></tr>
<tr><td>3</td><td colspan="3">水洗尺寸变化率</td><td>%</td><td>±3.0</td><td>±4.0</td><td>±5.0</td><td>可水洗产品考核</td></tr>
<tr><td>4</td><td colspan="3">干洗尺寸变化率</td><td>%</td><td>±3.0</td><td>±4.0</td><td>±5.0</td><td>可干洗产品考核</td></tr>
<tr><td>5</td><td colspan="3">面料起球性能　≥</td><td>级</td><td>4</td><td>3</td><td>—</td><td></td></tr>
<tr><td rowspan="10">6</td><td rowspan="10">色牢度
≥</td><td>耐光</td><td>变色</td><td rowspan="10">级</td><td>4</td><td>4</td><td>3</td><td>丝绸面料一等品3级</td></tr>
<tr><td rowspan="2">耐皂洗</td><td>变色</td><td>4</td><td>3-4</td><td>3</td><td rowspan="2">可水洗产品考核,试验温度按使用说明但不低于40 ℃,或按本标准规定的温度</td></tr>
<tr><td>沾色</td><td>4</td><td>3-4</td><td>3</td></tr>
<tr><td rowspan="2">耐干洗</td><td>变色</td><td>4</td><td>3-4</td><td>3</td><td rowspan="2">可干洗产品考核</td></tr>
<tr><td>液沾色</td><td>4</td><td>3-4</td><td>3</td></tr>
<tr><td rowspan="2">耐汗渍</td><td>变色</td><td>4</td><td>3-4</td><td>3</td><td rowspan="4"></td></tr>
<tr><td>沾色</td><td>4</td><td>3-4</td><td>3</td></tr>
<tr><td rowspan="2">耐摩擦</td><td>干摩</td><td>4</td><td>3-4</td><td>3</td></tr>
<tr><td>湿摩</td><td>3-4</td><td>3</td><td>2-3</td></tr>
<tr><td colspan="9">注:枕芯、垫芯只考核第1项。</td></tr>
</table>

4.4　产品外观质量包括规格尺寸偏差率、纬(花)斜、色花(差)、外观疵点、图案质量、缝针质量、绗缝质

量和缝纫质量。外观质量要求见表 2。

表 2 外观质量要求

<table>
<tr><th>序号</th><th colspan="2">考核项目</th><th>优等品</th><th>一等品</th><th>合格品</th></tr>
<tr><td>1</td><td colspan="2">规格尺寸偏差率/%</td><td>±1.5</td><td>±2.5</td><td>±3.5</td></tr>
<tr><td>2</td><td colspan="2">纬斜、花斜/% ≤</td><td>2.0</td><td>3.0</td><td>4.0</td></tr>
<tr><td>3</td><td colspan="2">色花、色差/级 ≥</td><td>4-5</td><td>4</td><td>3-4</td></tr>
<tr><td rowspan="5">4</td><td rowspan="5">外观疵点</td><td>破损、针眼</td><td>不允许</td><td>不允许</td><td>破损不允许,针眼长度小于 20 cm</td></tr>
<tr><td>色、污渍</td><td>不允许</td><td>不允许</td><td>轻微允许 3 处/件</td></tr>
<tr><td>线状疵点</td><td>不允许</td><td>轻微允许 1 处/件</td><td>明显允许 1 处/件</td></tr>
<tr><td>条块状疵点</td><td>不允许</td><td>轻微允许 1 处/件</td><td>明显允许 1 处/件</td></tr>
<tr><td>印花不良</td><td>不允许</td><td>轻微搭、沾、渗色,漏印,不影响外观</td><td>不影响整体外观</td></tr>
<tr><td>5</td><td colspan="2">图案质量</td><td>图案整体位正不偏</td><td>图案整体位偏,大件不超过 3 cm,小件不超过 2 cm</td><td>不影响整体外观</td></tr>
<tr><td rowspan="2">6</td><td rowspan="2">缝针质量</td><td>缝纫针</td><td rowspan="2">无跳针、浮针、漏针、偏针、脱线</td><td>无跳针、浮针、漏针、脱线;偏针不超过 0.5 cm/20 cm</td><td>跳针、浮针、漏针、脱线 1 针/处,每件产品不超过 3 处;偏针不超过 0.5 cm/20 cm</td></tr>
<tr><td>绗缝针</td><td colspan="2">跳针、浮针、漏针、脱线每处不超过 1 cm,不允许超过 5 处/件</td></tr>
<tr><td>7</td><td colspan="2">绗缝质量</td><td colspan="3">缝迹流畅、平服,无折皱夹布;绗缝起止处应打回针,接针套正,无线头;同针迹整齐均匀</td></tr>
<tr><td>8</td><td colspan="2">缝纫质量</td><td colspan="3">缝迹匀、直、牢固,卷边拼缝平服齐直,宽狭一致,不露毛,面(里)料缝制错位小于 1 cm;接针套正,边口处应打回针。
针迹密度:平缝不小于 10 针/3 cm,包缝不小于 9 针/3 cm</td></tr>
<tr><td colspan="6">注 1:疵点轻微、明显程度参见附录 A。
注 2:枕套、垫套规格尺寸只考核负偏差。
注 3:最大尺寸(长方向或宽方向)大于 100 cm 为大件,不大于 100 cm 为小件。
注 4:绗缝针密不考核。</td></tr>
</table>

4.5 产品应符合 GB 18401 的要求。

4.6 填充物中絮用纤维应符合 GB 18383 的要求。

4.7 选用适合的缝线、钮扣、拉链等附件,且质量符合相关标准要求。

4.8 特殊要求按双方合同协议的约定执行。

5 抽样

5.1 内在质量检验抽样方案见表 3。

表 3　内在质量检验抽样方案

批量范围 N	样本大小 n	合格判定数 Ac	不合格判定数 Re
2～1 200	2	0	1
1 201～3 200	3	0	1
3 201～10 000	5	0	1
>10 000	8	0	1
注：内在质量抽样的样本由满足进行表 1 检验的样品组成。			

5.2　外观质量检验抽样方案见表 4。

表 4　外观质量检验抽样方案

批量范围 N	样本大小 n	合格判定数 Ac	不合格判定数 Re
20～1 200	20	1	2
1 201～10 000	32	3	4
10 001～35 000	50	5	6
>35 000	80	10	11

5.3　检验样本从检验批中随机抽取，外包装应完整。

5.4　实施抽样时，当样本大小 n 大于批量 N 时，实施全检，合格判定数 Ac 为 0。

5.5　抽样方案另有规定和合同协议的，按有关规定和合同协议执行。

6　试验方法

6.1　内在质量检验

6.1.1　纤维含量按 GB/T 2910 和 GB/T 2911 执行。填充物纤维含量取样方法按附录 B 执行。

6.1.2　断裂强力按 GB/T 3923.1 执行。

6.1.3　水洗尺寸变化率按 GB/T 8628，GB/T 8629，GB/T 8630 执行，选用 5A 程序，干燥方法 A。

6.1.4　干洗尺寸变化率按 FZ/T 80007.3 执行。

6.1.5　起球性能按 GB/T 4802.2 执行。

6.1.6　耐光色牢度按 GB/T 8427 方法 3 执行。

6.1.7　耐皂洗色牢度按 GB/T 3921 试验 C 执行。

6.1.8　耐干洗色牢度按 GB/T 5711 执行。

6.1.9　耐汗渍色牢度按 GB/T 3922 执行。

6.1.10　耐摩擦色牢度按 GB/T 3920 执行。

6.1.11　数值修约按 GB/T 8170 执行。

6.2　外观质量检验

6.2.1　外观质量检验时产品表面照度不低于 600 lx，检验人员眼部距产品约 1 m 左右，检验人员以目光进行检验。

6.2.2　规格尺寸偏差率的测定

6.2.2.1　工具：钢尺。

6.2.2.2　将产品平摊在检验台上，用手轻轻理平，使产品呈自然伸缩状态，用钢尺在整个产品长、宽方向的四分之一和四分之三处测量，精确到 1 mm，按式(1)进行计算，计算结果按 GB/T 8170 修约至 1 位小数。

$$P=\frac{L_1-L_0}{L_0}\times 100 \qquad \cdots\cdots (1)$$

式中：

P——规格尺寸偏差率，%；

L_0——产品规格尺寸明示值，单位为毫米(mm)；

L_1——产品规格尺寸实测值，单位为毫米(mm)。

6.2.3 纬斜、花斜按 GB/T 14801 执行。

6.2.4 色花、色差用 GB/T 250 评定变色用灰色样卡进行评定。

7 检验规则

7.1 单件产品内在质量、外观质量分别按表 1、表 2 中最低一项评等，综合质量按内在质量和外观质量中的最低等评定。

7.2 批判定时内在质量按抽样检查表 3 执行，外观质量按抽样检查表 4 执行。不合格数小于或等于 Ac，则判检验批合格；不合格数大于或等于 Re，则判检验批不合格。

7.3 综合质量批判定按内在质量抽样检查和外观质量抽样检查中最低等评定。

8 标志、包装

8.1 产品使用说明应符合 GB 5296.4 的要求。产品应标明规格尺寸。

8.2 每件产品应有包装，包装大小根据具体产品而定。包装材料应选择适当，应保证不散落、不破损、不沾污、不受潮。用户有特殊要求的，供需双方协商确定。

附　录　A
（资料性附录）
外观疵点及程度说明

A.1　线状疵点：沿经向或纬向延伸的，宽度不超过 0.2 cm 的所有各类疵点。

A.2　条块状疵点：沿经向或纬向延伸的，宽度超过 0.2 cm 的疵点，不包括色、污渍。

A.3　破损：相邻的纱、线断 2 根及以上的破洞，破边，0.3 cm 及以上的跳花。

A.4　疵点轻微、明显程度规定见表 A.1。

表 A.1　外观疵点及程度说明

印染疵		
参比 GB/T 250 评定变色用灰色样卡，3-4 级及以上为轻微，3-4 级以下为明显		
纱、织疵		
线状	轻微	粗度不大于纱支 3 倍的粗经，线状错经，稀 1 根～2 根纱的筘路；粗度不大于纱支 3 倍的粗纬，双纬，线状百脚，竹节纱等
	明显	粗度大于纱支 3 倍的粗经，锯齿状错经，断经，跳纱，稀 2 根纱以上的筘路；粗度大于纱支 3 倍的粗纬、竹节纱，脱纬，锯齿状百脚，一梭 3 根的多纱，色、油、污纱等
条块状	轻微	杂物织入，条干不匀，经缩波纹，叠起来看不易发现的稀密路，拆痕不起毛
	明显	并列跳纱，明显影响外观的杂物织入、条干不匀，叠起来看容易发现的稀密路，拆痕起毛，经缩浪纹，宽 0.2 cm 以上的筘路、针路等

附　录　B
（规范性附录）
填充物纤维含量取样方法

B.1　取样方法按图 B.1，在各取样处随机抽取约 10 g 样品，将每份样品自己充分混合均匀，组成第一组的 8 个混和样品。

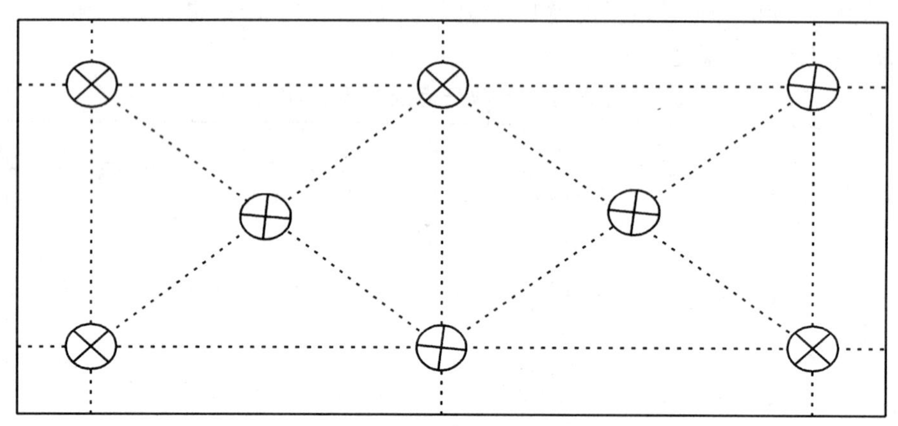

图 B.1　纤维含量取样图

B.2　按图 B.2 所示，将第一组混和样品中的第 1 个样品与第 2 个样品合并混和，再分成两半，丢弃一半，保留一半；第 3 个样品与第 4 个样品合并混和，同样分成两半，丢弃一半，保留一半……第 7 个样品与第 8 个样品合并混和，再分成两半，丢弃一半，保留一半；组成第二组的 4 个混和样品。

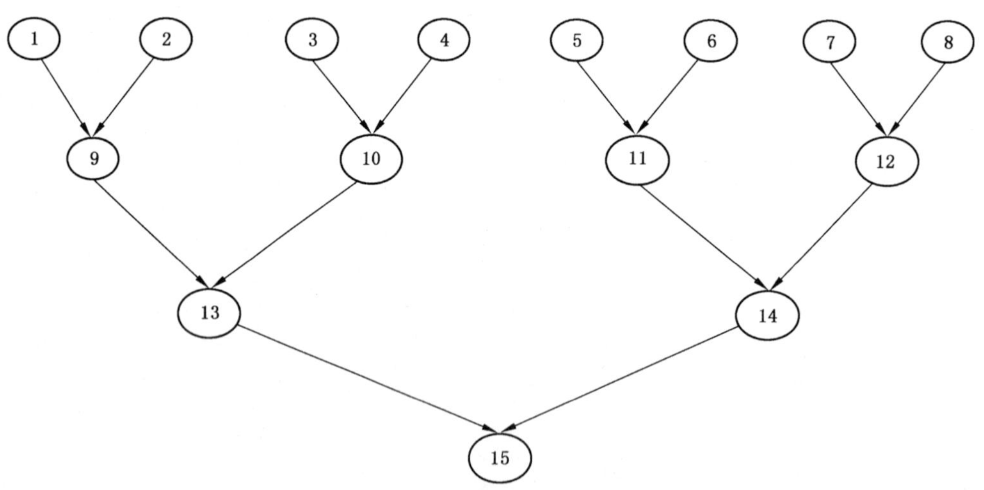

图 B.2　纤维含量样品混合图示

B.3　将第二组混和样品中的第 1 个样品与第 2 个样品合并混和，再分成两半，丢弃一半，保留一半；第 3 个样品与第 4 个样品合并混和，再分成两半，丢弃一半，保留一半；组成第三组的 2 个混和样品。

B.4　将第三组的混和样品按第二组方法分样，最后得到一个约 10 g 的实验室试验样品，供纤维含量测试用。

配套床上用品

1 范围

本标准规定了配套床上用品的质量要求、抽样、试验方法、标志、包装。

本标准适用于以纺织原料为主的配套床上用品。

2 规范性引用文件

下列文件中的条款通过本标准的引用而成为本标准的条款。凡是注日期的引用文件，其随后所有的修改单(不包括勘误的内容)或修订版均不适用于本标准，然而，鼓励根据本标准达成协议的各方研究是否可使用这些文件的最新版本。凡是不注日期的引用文件，其最新版本适用于本标准。

GB/T 250 纺织品 色牢度试验 评定变色用灰色样卡(GB/T 250—2008,ISO 105/A02:1993,IDT)

GB 5296.4 消费品使用说明 纺织品和服装使用说明

GB 18383 絮用纤维制品通用技术要求

GB 18401 国家纺织产品基本安全技术规范

GB/T 22796 被、被套

GB/T 22797 床单

GB/T 22843 枕、垫类产品

3 术语和定义

下列术语和定义适用于本标准。

3.1

被(芯) quilt

由两层织物与中间填充物以适当的方式缝制成，用于保暖的床上用品。分为可直接使用的被和需加被套才可使用的被(芯)。

3.2

填充物 filling

具有一定弹性的、填于两层织物中间起支撑作用的材料。

3.3

被套 quilt cover

被可脱卸的保护性外套。

3.4

枕(芯) pillow

织物经缝制并装有填充物(如纺织纤维或发泡材料等)、用作枕在头下的物品，分为可直接使用的枕和需加套才可使用的枕芯。

3.5

垫(芯) cushion

织物经缝制并装有填充物(如纺织纤维或发泡材料等)，使用中起支撑或缓冲作用的物品，如靠垫、坐垫、床垫等，分为可直接使用的垫和需加套才可使用的垫芯。

3.6

枕、垫套　pillowslip

枕、垫可脱卸的保护性外套，可进行干洗或水洗。

3.7

床单　sheet

以纺织纤维为原料的大面积机织产品，铺于床或垫之上的纺织品。

3.8

床罩　bedspread

以纺织纤维为原料的大面积机织物，铺于床或垫之上，可以是单层或多层复合的，常用作覆盖床的装饰品。

3.9

配套床上用品　matched bedding

以被、被套、枕、垫、枕垫套、床单、床罩中任意两种及以上的组合产品，并有统一的独立包装。

4　要求

4.1　配套床上用品的品等分为优等品、一等品和合格品。

4.2　配套床上用品的质量为各单件产品的质量。

4.3　多层复合床罩按 GB/T 22796 进行考核，其中内在质量只考核填充物含油率、纤维含量偏差和色牢度三项；单层床罩按 GB/T 22797 进行考核。

4.4　配套床上用品中各单件产品的等级宜相同，若不同则配套床上用品等级为各单件产品中最低等级。

4.5　配套床上用品中各单件之间的色差应优等品不小于 4-5 级；一等品、合格品不小于 4 级。

4.6　配套床上用品中，如能确定其面料或填充料为同一批，则内在质量相同考核项目可做一件。

4.7　配套床上用品应符合 GB 18401 规定的要求，填充物絮用纤维应符合 GB 18383 要求。

4.8　特殊要求按双方合同协议的约定执行。

5　抽样

5.1　内在质量检验抽样方案见表 1。

表 1　内在质量检验抽样方案

批量范围 N	样本大小 n	合格判定数 Ac	不合格判定数 Re
2～1 200	2	0	1
1 201～3 200	3	0	1
3 201～10 000	5	0	1
>10 000	8	0	1

5.2　外观质量检验抽样方案见表 5。

表 2　外观质量检验抽样方案

批量范围 N	样本大小 n	合格判定数 Ac	不合格判定数 Re
20～1 200	20	1	2
1 201～10 000	32	3	4
10 001～35 000	50	5	6
>35 000	80	10	11

5.3 检验样本应从检验批中随机抽取,外包装应完整。

5.4 实施抽样时,当样本大小 n 大于批量 N 时,实施全检,合格判定数 Ac 为 0。

5.5 抽样方案另有规定和合同协议的,按有关规定和合同协议执行。

6 试验方法

6.1 各单件之间的色差检测用 GB/T 250 评定变色用灰色样卡进行评定。

6.2 配套床上用品中各单件产品的检测分别按 GB/T 22796、GB/T 22797 和 GB/T 22843 执行。

7 检验规则

7.1 配套床上用品质量等级按各单件产品最低等级评定。

7.2 批判定时内在质量按抽样检查表 1 执行,外观质量按抽样检查表 2 执行。不合格数小于或等于 Ac,则判检验批合格;不合格数大于或等于 Re,则判检验批不合格。

7.3 批质量综合判定按内在质量抽样检查和外观质量抽样检查中最低评定。

8 标志、包装

8.1 产品使用说明应符合 GB 5296.4 规定的要求。

8.2 独立包装中的每件产品应按相应标准要求标注,床罩应标注规格尺寸和面(里)料、填充物的纤维名称及含量。

8.3 每件包装大小根据具体产品而定。包装材料应选择适当,应保证不散落、不破损、不沾污、不受潮。用户有特殊要求的,供需双方协商确定。

纺织品　4-氨基偶氮苯的测定

警告:使用本标准的人员应有正规实验室工作的实践经验。本标准并未指出所有可能的安全问题。使用者有责任采取适当的安全和健康措施,并保证符合国家有关法规规定的条件。

1　范围

本标准规定了采用气相色谱-质谱联用法(GC/MSD)和高效液相色谱法(HPLC/DAD)测定纺织产品中某些偶氮染料分解出的4-氨基偶氮苯的检测方法。

本标准适用于经印染加工的各种纺织产品。

2　规范性引用文件

下列文件中的条款通过本标准的引用而成为本标准的条款。凡是注日期的引用文件,其随后所有的修改单(不包括勘误的内容)或修订版均不适用于本标准,然而,鼓励根据本标准达成协议的各方研究是否可使用这些文件的最新版本。凡是不注日期的引用文件,其最新版本适用于本标准。

GB/T 6682　分析实验室用水规格和试验方法(GB/T 6682—2008,ISO 3696:1987,MOD)

GB/T 17592　纺织品　禁用偶氮染料的测定

3　原理

样品在碱性介质中用连二亚硫酸钠还原,用适当的液-液分配方法提取分解出的4-氨基偶氮苯,用配有质量选择检测器的气相色谱仪(GC/MSD)进行定性测定,必要时,选用高效液相色谱-二极管阵列检测器(HPLC/DAD)进行异构体确认。用气相色谱-质谱内标法或高效液相色谱外标法定量。

4　试剂

除另有规定外,所用试剂应均为分析纯,水为符合GB/T 6682规定的三级水。

4.1　氯化钠。

4.2　叔丁基甲醚(CAS号:1634-04-4)。

注:如无叔丁基甲醚,可使用新鲜乙醚代替。新鲜乙醚制备方法:取500 mL乙醚置于1 000 mL分液漏斗中,加入100 mL 5%硫酸亚铁溶液,剧烈振摇,弃去水层,置于全玻璃装置中蒸馏,收集33.5 ℃～34.5 ℃馏分。

4.3　乙腈(HPLC级)。

4.4　氢氧化钠溶液,20 g/L。

4.5　连二亚硫酸钠溶液(200 mg/mL):取连二亚硫酸钠($Na_2S_2O_4$ 含量≥85%),用水溶解,新鲜制备。

4.6　标准溶液

4.6.1　4-氨基偶氮苯(CAS号:60-09-3)标准储备液(1 000 mg/L):用叔丁基甲醚(4.2)或其他合适的溶剂配制。

注:此溶液保存在棕色瓶中,并可放入少量的无水亚硫酸钠,于低于－18 ℃下保存,保存期一个月。

4.6.2　蒽-d10(CAS号:1719-06-8)内标储备液(200 mg/L):用叔丁基甲醚(4.2)配制。

注:此溶液保存在棕色瓶中,置于冰箱冷冻室中,保存期一个月。

4.6.3　4-氨基偶氮苯标准工作溶液(2 mg/L):用叔丁基甲醚(4.2)或其他合适的溶剂配制,此溶液现配现用。

注:根据需要可配制成其他合适的浓度。

4.6.4 蒽-d10 内标工作液(2 mg/L):用叔丁基甲醚(4.2)配制,此溶液现配现用。

注:根据需要可配制成其他合适的浓度。

4.6.5 混合标准工作溶液:用叔丁基甲醚(4.2)配制,内含4-氨基偶氮苯和蒽-d10各2 mg/L,此溶液现配现用。

注:根据需要可配制成其他合适的浓度。

5 设备和仪器

5.1 反应器:管状,具密闭塞,约65 mL,由硬质玻璃制成。

5.2 恒温水浴:能控制温度(40±2)℃。

5.3 机械振荡器:振荡频率约150次/min。

5.4 气相色谱仪:配有质量选择检测器(GC/MSD)。

5.5 高效液相色谱仪:配有二极管阵列检测器(HPLC/DAD)。

6 分析步骤

6.1 试样的制备和还原处理

取有代表性样品,剪成约5 mm×5 mm的碎片,混匀。从混匀样中称取1.0 g,精确至0.01 g,置于反应器(5.1)中,加入9.0 mL氢氧化钠溶液(4.4),将反应器密闭,用力振摇,使所有试样浸于液体中。打开瓶盖,再加入1.0 mL连二亚硫酸钠溶液(4.5),将反应器密闭,用力振摇,使溶液充分混匀。置于恒温水浴(5.2)中,保温30 min。取出后1 min内冷却到室温。

注1:样液冷却至室温后应及时进行萃取处理,间隔时间不宜超过5 min。

注2:不同的试样前处理方法其试验结果没有可比性。附录A给出了先经萃取,然后再还原处理的方法供选择。如果选择附录A的方法,在试验报告中说明。

6.2 萃取

6.2.1 用于气相色谱分析

向上述反应器中准确加入10 mL蒽-d10内标工作液(4.6.4),再加入7 g氯化钠(4.1),将反应器密闭,用力振摇混匀后于机械振荡器中(5.3)振摇45 min,静置,待两相分层后,取上层清液进行GC/MSD分析。

注:如两相分层不好,可进行离心处理。此溶液应及时进行仪器分析,如果在24 h内不能完成进样,需低于−18 ℃保存。

6.2.2 用于高效液相色谱分析

向上述反应器中加入10 mL叔丁基甲醚(4.2),再加入7 g氯化钠(4.1),将反应器密闭,用力振摇混匀后于机械振荡器中(5.3)振摇45 min,静置,待两相分层后,取上层清液过0.45 μm有机滤膜后进行HPLC/DAD分析。

注:如两相分层不好,可进行离心处理。此溶液应及时进行仪器分析,如果在24 h内不能完成进样,需低于−18 ℃保存。

6.3 气相色谱-质谱分析方法

6.3.1 GC/MSD分析条件

由于测试结果取决于所使用的仪器,因此不可能给出色谱分析的普遍参数。采用下列操作条件已被证明对测试是合适的:

a) 毛细管色谱柱:DB-5MS 30 m×0.25 mm×0.25 μm,或相当者;

b) 进样口温度:250 ℃;

c) 柱温:50 ℃(0.5 min)$\xrightarrow{20\ ℃/\mathrm{min}}$260 ℃(5 min);

d) 质谱接口温度:280 ℃;

e) 质量扫描方式:定性分析使用全扫描(scan)方式;定量分析使用选择离子(sim)方式,监测离子为:4-氨基偶氮苯 197 u,蒽-d10 内标 188 u;

f) 进样方式:不分流进样;

g) 载气:氦气(≥99.999%),流量:1.0 mL/min;

h) 进样量:1 μL;

i) 电离方式:EI,70 eV。

6.3.2 定性和定量分析

混合标准工作溶液(4.6.5)和样品测试溶液(6.2.1)等体积穿插进样,按 6.3.1 条件用气相色谱仪(5.4)测试并分析。通过比较试样与标样的保留时间及组分的质谱图进行定性。必要时,选用高效液相色谱法对异构体进行确认。

确认样品中 4-氨基偶氮苯呈阳性后,根据混合标准工作溶液和样品测试溶液中的 4-氨基偶氮苯和蒽-d10 的峰面积值,用内标法计算定量。混合标准工作溶液和样品测试溶液中 4-氨基偶氮苯和内标物的响应值均应在仪器检测的线性范围内。

注:采用上述分析条件时,4-氨基偶氮苯标样和蒽-d10 内标物的 GC/MSD 总离子流图和质谱图参见附录 B。

6.4 高效液相色谱分析方法

6.4.1 HPLC/DAD 分析条件

由于测试结果取决于所使用的仪器,因此不可能给出色谱分析的普遍参数。采用下列操作条件已被证明对测试是合适的:

a) 色谱柱:TC-C_{18},5 μm,250 mm×4.6 mm,或相当者;

b) 流量:1.0 mL/min;

c) 柱温:40 ℃;

d) 进样量:20 μL;

e) 检测器:二极管阵列检测器(DAD);

f) 检测波长:240 nm,380 nm;

g) 流动相 A:乙腈;

h) 流动相 B:0.1%(体积分数)磷酸,1 mL 磷酸溶于 1 000 mL 二级水中;

i) 梯度:见表 1。

表 1 流动相梯度表

时间/min	流动相 A/%	流动相 B/%
0	10	90
3	10	90
30	90	10
35	90	10
40	10	90
50	10	90

6.4.2 定性和定量分析

4-氨基偶氮苯标准工作溶液(4.6.3)和样品测试溶液(6.2.2)等体积穿插进样,按 6.4.1 条件用高效液相色谱仪(5.5)测试并分析。通过比较试样与标样的保留时间及紫外光谱图进行定性。

确认样品中 4-氨基偶氮苯呈阳性后,根据标准工作溶液和样品测试溶液中的 4-氨基偶氮苯的峰面积值,用外标法计算定量。混合标准工作溶液和样品测试溶液中 4-氨基偶氮苯和内标物的响应值均应在仪器检测的线性范围内。

注:采用上述分析条件时,4-氨基偶氮苯标样的 HPLC/DAD 色谱图及光谱图参见附录 C。

7 结果计算和表示

7.1 外标法

$$X = \frac{A \times c \times V}{A_S \times m} \quad \cdots\cdots(1)$$

式中：

X——试样中分解出4-氨基偶氮苯的含量，单位为毫克每千克(mg/kg)；

A——样品测试溶液中4-氨基偶氮苯的峰面积；

A_S——标准工作溶液中4-氨基偶氮苯的峰面积；

c——标准工作溶液中4-氨基偶氮苯的浓度，单位为毫克每升(mg/L)；

V——样液最终体积，单位为毫升(mL)；

m——试样质量，单位为克(g)。

7.2 内标法

$$X = \frac{A \times c \times V \times A_{isc}}{A_{is} \times m \times A_{iss}} \quad \cdots\cdots(2)$$

式中：

X——试样中分解出4-氨基偶氮苯的含量，单位为毫克每千克(mg/kg)；

A——样品测试溶液中4-氨基偶氮苯的峰面积；

c——标准工作溶液中4-氨基偶氮苯的浓度，单位为毫克每升(mg/L)；

V——样品测试溶液最终体积，单位为毫升(mL)；

A_{isc}——标准工作溶液中内标物的峰面积；

A_{is}——标准工作溶液中4-氨基偶氮苯的峰面积；

m——试样质量，单位为克(g)；

A_{iss}——样品测试溶液中内标物的峰面积。

7.3 结果表示

试验结果以4-氨基偶氮苯的浓度(mg/kg)表示，计算结果表示到个位数。

8 测定低限、回收率和精密度

8.1 测定低限

本方法的测定低限为5 mg/kg。

8.2 回收率

参见附录D。

8.3 精密度

在同一实验室，由同一操作者使用相同设备，按相同的测试方法，并在短时间内对同一被测对象相互独立进行的测试，获得的两次独立测试结果的绝对差值均不大于这两个测定值的算术平均值的10%，以大于这两个测定值的算术平均值的10%情况不超过5%为前提。

9 试验报告

试验报告至少应给出下述内容：

a) 使用的标准；

b) 样品来源及描述；

c) 采用的试样前处理方法；

d） 采用的定量方法；

e） 测试结果；

f） 任何偏离本标准的细节；

g） 试验日期。

附 录 A
（资料性附录）
试样萃取后还原处理的方法

A.1 试剂

A.1.1 氯苯，分析纯。

A.1.2 二甲苯（异构体混合物），分析纯。

A.1.3 甲醇。

A.2 仪器与设备

A.2.1 萃取装置：采用 GB/T 17592 规定的萃取装置。

A.2.2 真空旋转蒸发器。

A.2.3 超声波浴：频率 40 kHz。

A.3 样品前处理

A.3.1 样品的预处理

取有代表性样品，剪成 40 mm×5 mm 或其他合适大小的条状小片，混合。从混合样中称取 1.0 g（精确至 0.01 g），用无色纱线扎紧，置于萃取装置（A.2.1）中，使冷凝溶剂能从样品上流过。

A.3.2 抽提

加入 25 mL 氯苯（A.1.1），加热使氯苯微沸后抽提 30 min，或者用二甲苯（A.1.2）抽提 45 min。将抽提液冷却到室温，在真空旋转蒸发器（A.2.2）上驱除溶剂，残余物用 7 mL 甲醇（A.1.3）转移到反应器（5.1）中。

注：将萃取液转移至旋转蒸发器浓缩（建议在 45 ℃～60 ℃）至近干，用 7 mL 甲醇分数次将残留物定量转移至反应瓶中，可用超声波浴辅助溶解。

A.3.3 还原裂解

向反应器中加入 9.0 mL 氢氧化钠溶液（4.4），将反应器密闭，用力振摇。打开瓶盖，再加入 1.0 mL 连二亚硫酸钠溶液（4.5），将反应器密闭，轻微振摇，使溶液混合均匀。置于恒温水浴（5.2）中，保温 30 min。取出后 1 min 内冷却到室温。

注：样液冷却至室温后应及时进行萃取处理，间隔时间不宜超过 5 min。

附 录 B
（资料性附录）
气相色谱-质谱分析图例

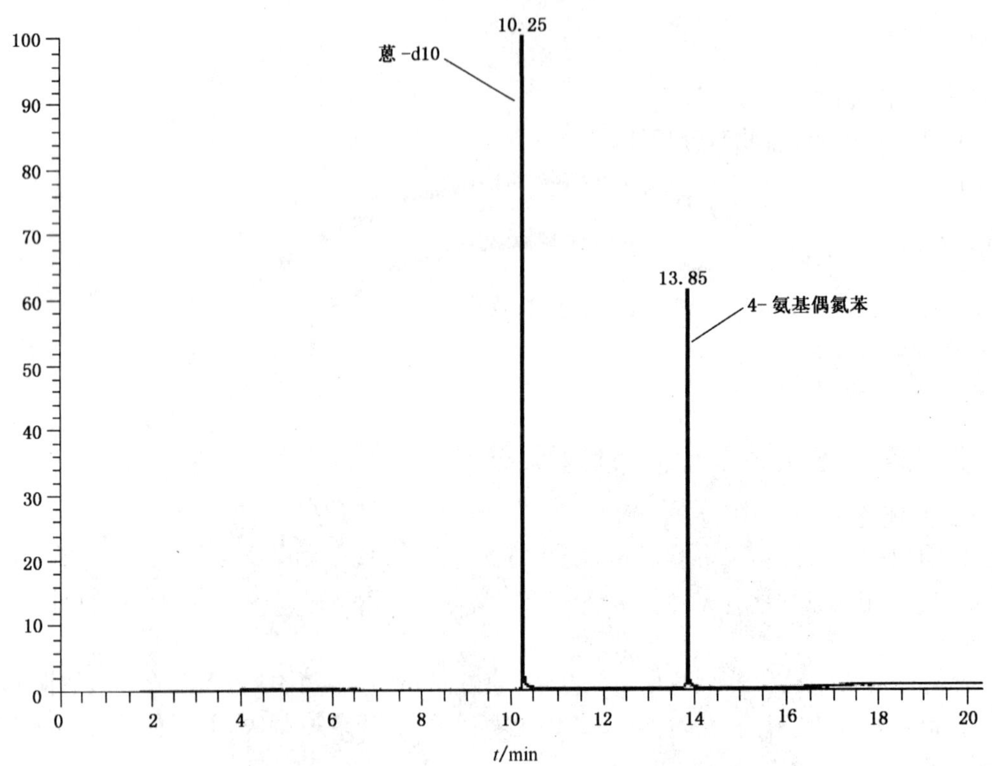

图 B.1 4-氨基偶氮苯和蒽-d10内标物的气相色谱-质谱总离子流图

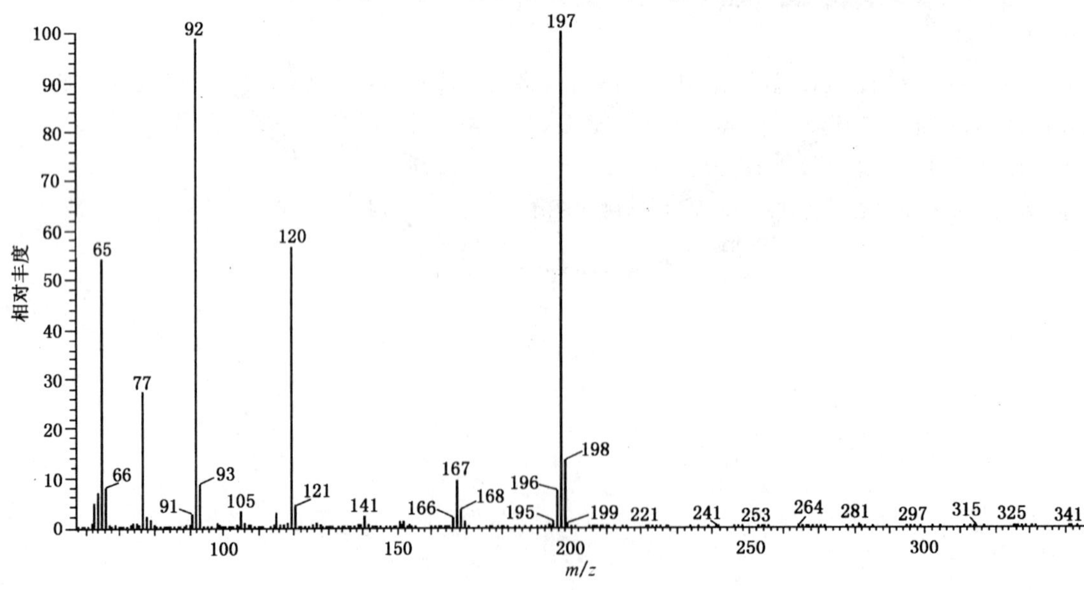

图 B.2 4-氨基偶氮苯的气相色谱-质谱图

附 录 C
（资料性附录）
高效液相色谱分析图例

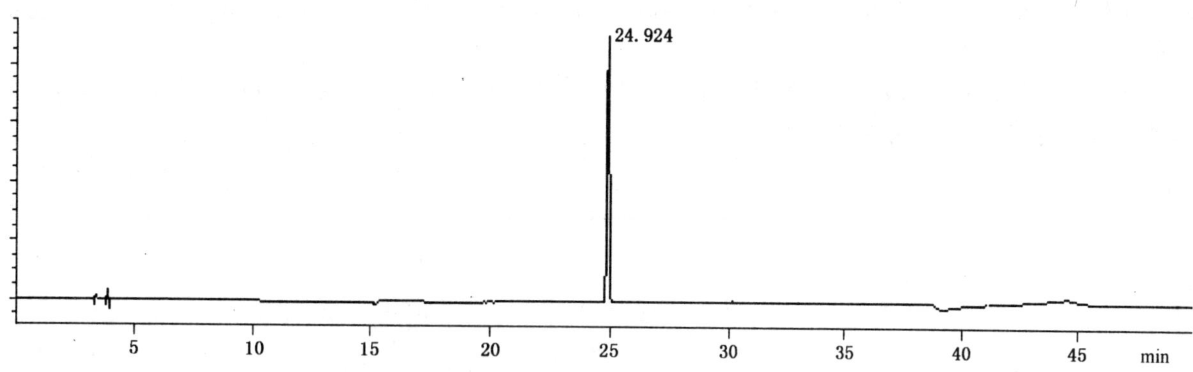

图 C.1 4-氨基偶氮苯的高效液相色谱图(380 nm)

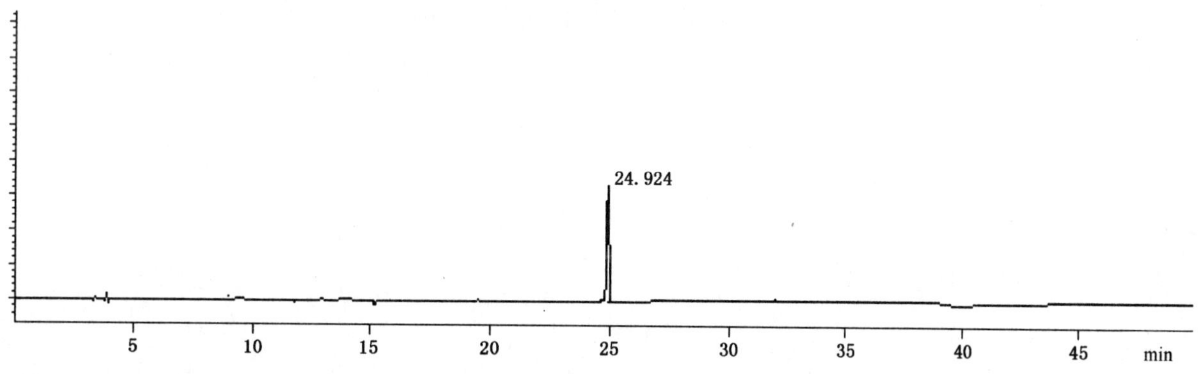

图 C.2 4-氨基偶氮苯的高效液相色谱图(240 nm)

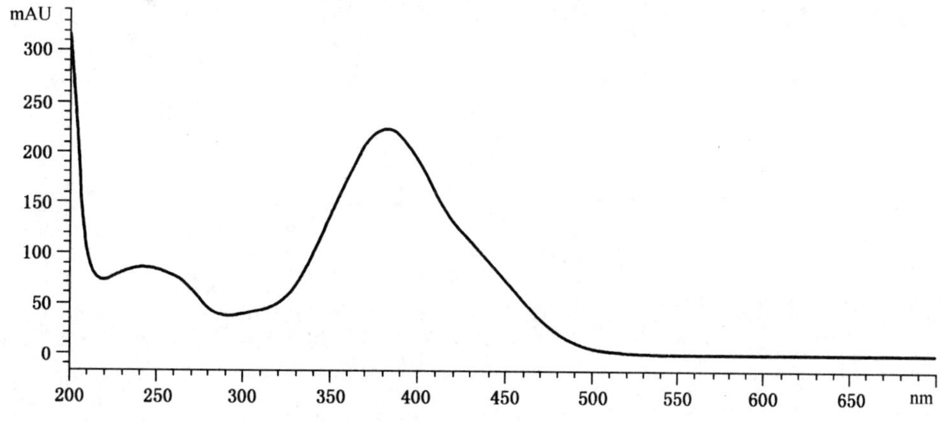

图 C.3 4-氨基偶氮苯高效液相色谱分析 DAD 光谱图

附　录　D
（资料性附录）
回　收　率

试样直接还原处理(按6.1)时，在样品中添加5 mg/kg～100 mg/kg水平的4-氨基偶氮苯，方法的回收率为60％～80％。

试样萃取染料后还原处理(按附录A)时，在萃取的染料中添加5 mg/kg～100 mg/kg水平的4-氨基偶氮苯，方法的回收率为90％～100％。

纺织染整助剂产品中
邻苯二甲酸酯的测定

警告——使用本标准的人员应有正规实验室工作的实践经验。本标准并未指出所有可能的安全问题。使用者有责任采取适当的安全和健康措施,并保证符合国家有关法规规定的条件。

1 范围

本标准规定了纺织染整助剂产品中邻苯二甲酸二丁酯(DBP)、邻苯二甲酸丁苄酯(BBP)、邻苯二甲酸二(2-乙基己基)酯(DEHP)、邻苯二甲酸二辛酯(DNOP)、邻苯二甲酸二异壬酯(DINP)、邻苯二甲酸二异癸酯(DIDP)的测定方法。

本标准适用于采用气相色谱-质谱法(GC-MS)对纺织染整助剂产品中上述六种邻苯二甲酸酯的测定。

2 规范性引用文件

下列文件中的条款通过本标准的引用而成为本标准的条款。凡是注日期的引用文件,其随后所有的修改单(不包括勘误的内容)或修订版均不适用于本标准,然而,鼓励根据本标准达成协议的各方研究是否可使用这些文件的最新版本。凡是不注日期的引用文件,其最新版本适用于本标准。

GB/T 6682—2008 分析实验室用水规格和试验方法(ISO 3696:1987,MOD)

GB/T 8170—2008 数值修约规则与极限数值的表示和判定

3 原理

用三氯甲烷或其他适宜的溶剂在超声波浴中萃取试样中的邻苯二甲酸二丁酯、邻苯二甲酸丁苄酯、邻苯二甲酸二(2-乙基己基)酯、邻苯二甲酸二辛酯、邻苯二甲酸二异壬酯、邻苯二甲酸二异癸酯,而后用气相色谱-质量选择检测器(GC-MSD)对萃取物进行测定,特征离子外标法定量。

4 测定方法

4.1 一般规定

除非另有规定,仅使用确认为分析纯的试剂和 GB/T 6682—2008 中规定的三级水。检验结果的判定按 GB/T 8170—2008 中的 4.3.3 修约值比较法进行。

4.2 试剂和材料

a) 三氯甲烷或其他适宜的溶剂;
b) 邻苯二甲酸二丁酯标准品:纯度(质量分数)≥98%;
c) 邻苯二甲酸丁苄酯标准品,纯度(质量分数)≥98%;
d) 邻苯二甲酸二(2-乙基己基)酯标准品:纯度(质量分数)≥98%;
e) 邻苯二甲酸二辛酯标准品:纯度(质量分数)≥98%;
f) 邻苯二甲酸二异壬酯标准品:纯度(质量分数)≥98%;
g) 邻苯二甲酸二异癸酯标准品:纯度(质量分数)≥98%;
h) 标准储备溶液:分别称取适量附录 A 中六种邻苯二甲酸酯标准品,用三氯甲烷溶解并配制成约 10 mg/mL 的标准储备溶液;
i) 单一标准工作溶液:根据需要用三氯甲烷稀释每种标准储备溶液成适当浓度的标准工作溶液;

j) 混合标准工作溶液：根据需要吸取适量的邻苯二甲酸二丁酯、邻苯二甲酸丁苄酯、邻苯二甲酸二(2-乙基己基)酯、邻苯二甲酸二辛酯四种标准储备溶液，用三氯甲烷稀释成适当浓度的混合标准工作溶液。

注：标准储备溶液密封并保存于0 ℃～4 ℃冰箱中，有效期2年；标准工作溶液密封并保存于0 ℃～4 ℃冰箱中，有效期6个月。

4.3 仪器

a) 气相色谱仪：配有质量选择检测器(MSD)；
b) 超声波发生器：工作频率40 kHz；
c) 微量注射器：10 μL；
d) 提取器：由硬质玻璃制成，管状，具有磨口和瓶塞，50 mL；
e) 0.45 μm聚四氟乙烯薄膜过滤头；
f) 磨口具塞离心管：10 mL；
g) 离心机：4 000 r/min。

4.4 测定步骤

4.4.1 提取

称取1 g样品，精确至0.1 mg，置于提取器中。往提取器中准确加入10.0 mL三氯甲烷或其他适宜的萃取剂，摇匀，置于超声波浴中萃取20 min保证萃取完全。用0.45 μm聚四氟乙烯薄膜过滤头将萃取液注射过滤至2 mL的小样品瓶中，供色谱分析。如样品为水溶性，必要时可先在样品中加入2 mL水，振荡均匀后再加入10.0 mL三氯甲烷或其他适宜的萃取剂；如样品经超声波萃取后混浊，可使用离心设备离心至分层后取上层清液进行分析。

4.4.2 气相色谱分析条件

由于测试结果取决于所使用的仪器，因此不可能给出色谱分析的普遍参数。采用下列参数(见表1)已被证明对测试是合适的。

表1 气相色谱-质谱仪器操作条件

控制参数	操作条件		
柱温	升温速度/(℃/min)	温度/℃	保持时间/min
	—	180	2
	10	280	10
色谱柱[a]	毛细管柱		
进样口温度	320 ℃		
载气	氦气(99.999%)		
流量	1 mL/min		
进样体积	1.0 μL		
进样方式	无分流进样		
离子源温度	230 ℃		
四极杆温度	150 ℃		
扫描范围	20 amu～550 amu		
离子源电压	70 eV		

a 5%苯基甲基聚硅氧烷固定相，如：DB-5MS，30 m×0.25 mm×0.25 μm或相当者。

4.4.3 测定

4.4.3.1 单个目标化合物测定

如待测样品中已知含有六种邻苯二甲酸酯中的一种，需要测定其含量，按以下方法进行：

根据试样中各种邻苯二甲酸酯含量的情况，分别选取浓度相近的单一标准工作溶液进行测定。按上述色谱分析条件分别取 1.0 μL 试样溶液和需要测定的邻苯二甲酸酯单一标准工作溶液进样测定，所得的气相色谱-质谱总离子流图见附录 B.1～B.6，通过特征离子（见附录 A）峰面积外标法定量。

4.4.3.2 多个目标化合物测定

如待测样品中已知含有六种邻苯二甲酸酯中的几种或者不能确定其含有邻苯二甲酸酯的种类和数量，需要测定其含量，按以下方法进行：

分别吸取 1.0 μL 试样溶液、混合标准工作溶液、邻苯二甲酸二异壬酯单一标准工作溶液和邻苯二甲酸二异癸酯单一标准工作溶液进样测定。所得的气相色谱-质谱总离子流图见附录 B.5～B.7，先通过保留时间和特征离子（见附录 A）对目标化合物进行定性，然后通过特征离子峰面积外标法定量。

4.4.4 结果计算

试样中邻苯二甲酸酯含量以质量分数 w_i 计，数值用（mg/kg）表示，按式（1）计算：

$$w_i = \frac{A_i \rho_i V}{A_s m} \qquad \cdots\cdots (1)$$

式中：

A_i——试样溶液中各种邻苯二甲酸酯目标离子的峰面积的数值；

A_s——标准溶液中各种邻苯二甲酸酯目标离子的峰面积的数值；

ρ_i——标准溶液中各种邻苯二甲酸酯相当的浓度的数值，单位为微克每毫升（μg/mL）；

V——试样溶液最终定容体积的数值，单位为毫升（mL）；

m——试样质量的数值，单位为克（g）。

计算结果表示到小数点后两位。

5 测定低限、回收率和精密度

5.1 测定低限

本方法的测定低限为 10 mg/kg。

5.2 回收率

采用标准加入法，将 1 mL 的邻苯二甲酸酯标准溶液加入到 1 g 经本标准方法测定确定不含有邻苯二甲酸酯的纺织染整助剂产品中，按本标准的第 4 章操作，测得的每种邻苯二甲酸酯回收率应在 80%～120%之间。

5.3 精密度

在同一实验室，由同一操作者使用相同设备，按相同的测试方法，并在短时间内对同一被测对象相互独立进行的测试获得的两次独立测试结果的绝对差值不大于这两个测定值的算术平均值的 20%。

6 试验报告

试验报告至少应给出以下内容：

a) 试样描述；

b) 使用的标准；

c) 试验结果；

d) 偏离标准的差异；

e) 试验日期。

附 录 A
(规范性附录)
邻苯二甲酸酯CAS号及特征离子表

表 A.1 邻苯二甲酸酯CAS号及特征离子

名称	化学文摘编号 CAS RN	分子式	定量离子/amu	定性离子/amu
邻苯二甲酸二丁酯	84-74-2	$C_{16}H_{22}O_4$	149	150,205
邻苯二甲酸丁苄酯	85-68-7	$C_{19}H_{20}O_4$	149	150,206
邻苯二甲酸二(2-乙基己基)酯	117-81-7	$C_{24}H_{38}O_4$	149	150,167
邻苯二甲酸二辛酯	117-84-0	$C_{24}H_{38}O_4$	279	390,261
邻苯二甲酸二异壬酯	28553-12-0	$C_{26}H_{42}O_4$	293	418,347
邻苯二甲酸二异癸酯	26761-40-0	$C_{28}H_{45}O_4$	307	446,321

附 录 B
（资料性附录）
邻苯二甲酸酯气相色谱-质谱总离子流图

邻苯二甲酸酯标样图见图 B.1～图 B.7。

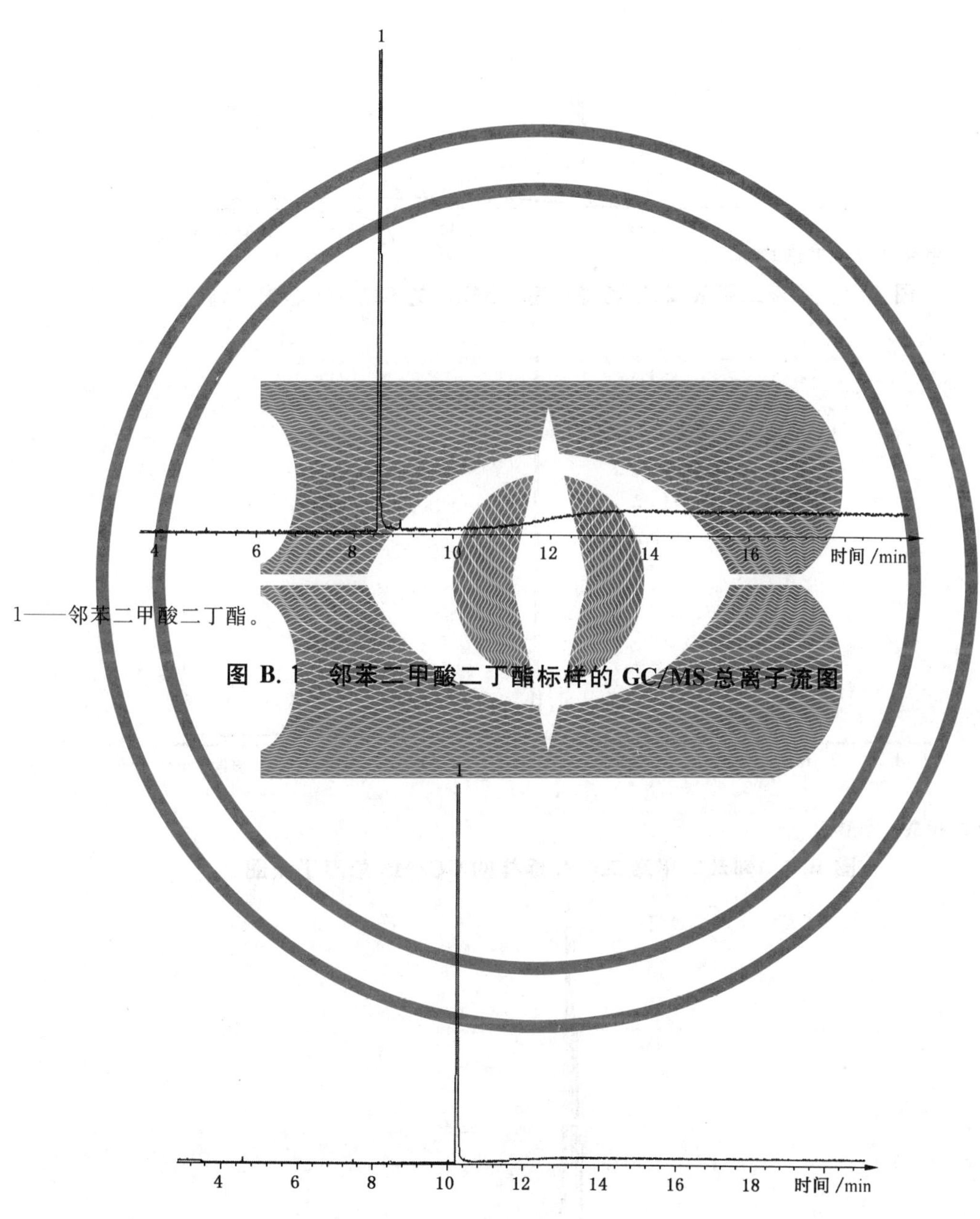

1——邻苯二甲酸二丁酯。

图 B.1　邻苯二甲酸二丁酯标样的 GC/MS 总离子流图

1——邻苯二甲酸丁苄酯。

图 B.2　邻苯二甲酸丁苄酯标样的 GC/MS 总离子流图

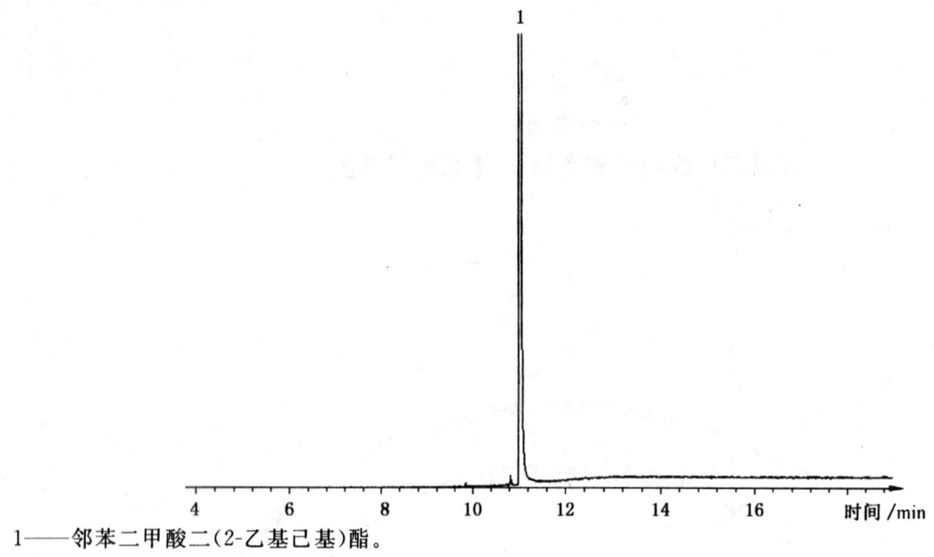

1——邻苯二甲酸二(2-乙基己基)酯。

图 B.3 邻苯二甲酸二(2-乙基己基)酯标样的 GC/MS 总离子流图

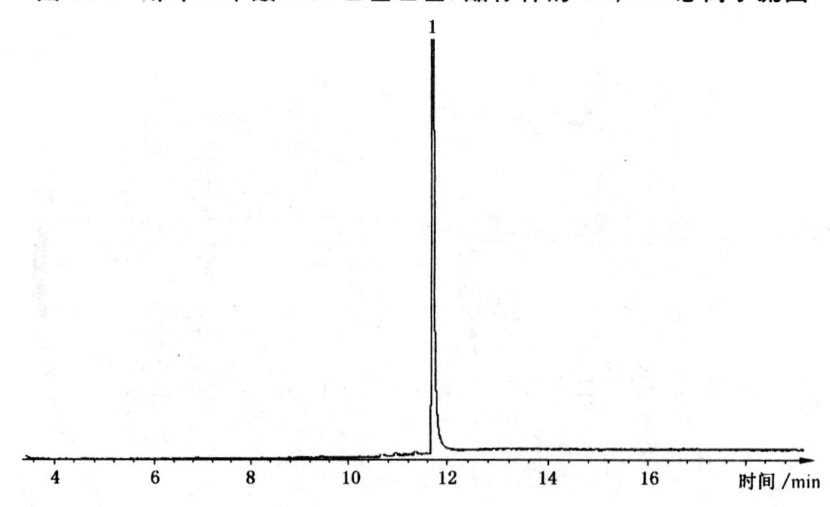

1——邻苯二甲酸二辛酯。

图 B.4 邻苯二甲酸二辛酯标样的 GC/MS 总离子流图

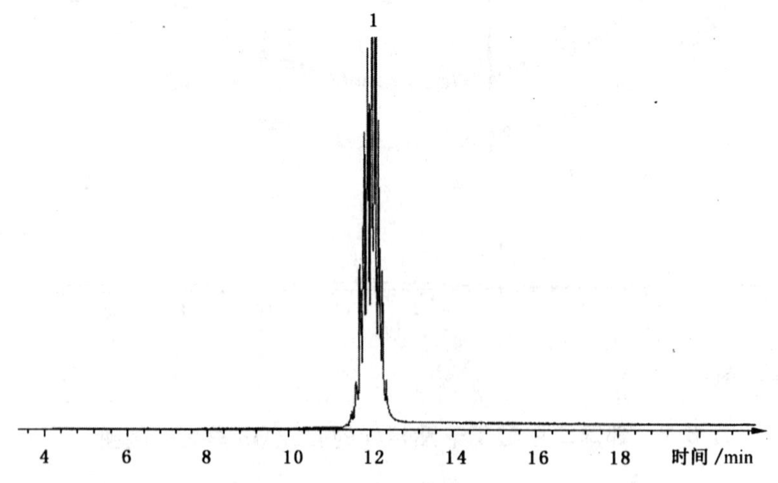

1——邻苯二甲酸二异壬酯。

图 B.5 邻苯二甲酸二异壬酯标样的 GC/MS 总离子流图

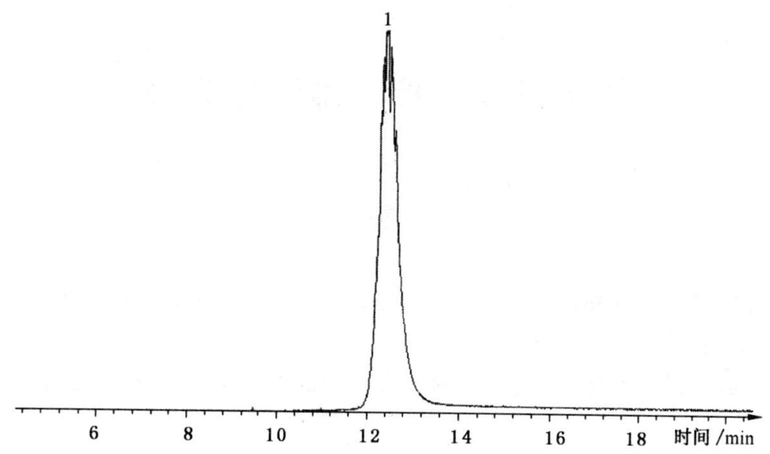

1——邻苯二甲酸二异癸酯。

图 B.6 邻苯二甲酸二异癸酯标样的 GC/MS 总离子流图

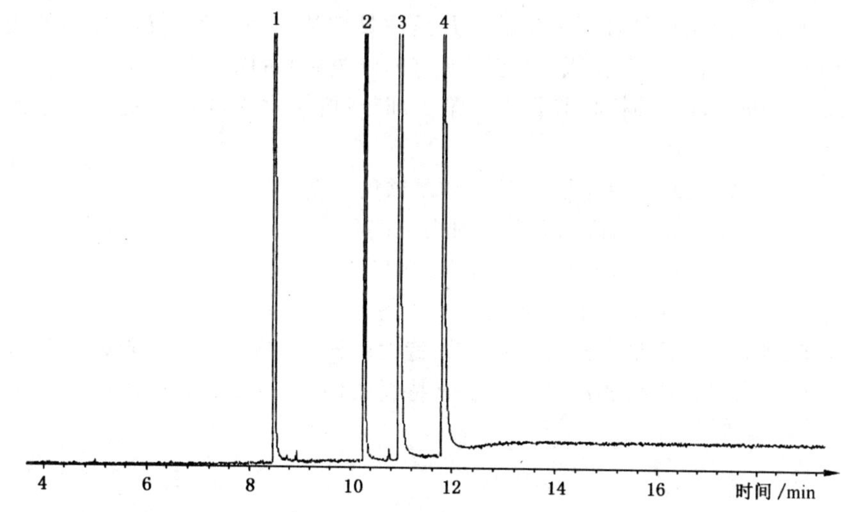

1——邻苯二甲酸二丁酯；

2——邻苯二甲酸丁苄酯；

3——邻苯二甲酸二(2-乙基己基)酯；

4——邻苯二甲酸二辛酯。

图 B.7 混合标准工作溶液的 GC/MS 总离子流图

软体家具　棕纤维弹性床垫

1　范围

本标准规定了棕纤维弹性床垫的术语和定义、代号、产品分类、要求、试验方法、检验规则及标志、使用说明、包装、贮存、运输。

本标准适用于家庭、宾馆、酒店、医院等室内场合使用的棕纤维弹性床垫，其他天然植物纤维床垫可参照执行。

2　规范性引用文件

下列文件对于本文件的应用是必不可少的。凡是注日期的引用文件，仅注日期的版本适用于本文件。凡是不注日期的引用文件，其最新版本(包括所有的修改单)适用于本文件。

GB/T 2828.1—2003　计数抽样检验程序　第1部分：按接收质量限(AQL)检索的逐批检验抽样计划

GB/T 3920—2008　纺织品　色牢度试验　耐摩擦色牢度

GB 5296.6—2004　消费品使用说明　第6部分：家具

GB/T 6343—2009　泡沫塑料及橡胶　表观密度的测定

GB 15979　一次性使用卫生用品卫生标准

GB 17927.1　软体家具　床垫和沙发　抗引燃特性的评定　第1部分：阴燃的香烟

GB 17927.2　软体家具　床垫和沙发　抗引燃特性的评定　第2部分：模拟火柴火焰

3　术语和定义、代号

3.1　术语和定义

下列术语和定义适用于本文件。

3.1.1

棕纤维弹性材料　palm fiber elastic material

以天然棕纤维为主体材料，采用胶粘剂使之相互粘连或其他连接方式形成的多孔结构的弹性材料。

3.1.2

芯料　core material

以棕纤维弹性材料制成的床垫内芯。

3.1.3

棕纤维弹性床垫(以下简称"床垫")　palm fiber elastic mattress

以棕纤维弹性材料为床垫芯料，表面包覆有面料或其他材料制成的床垫。

3.1.4

山棕纤维弹性床垫　trachycarpus fortunei fiber elastic mattress

芯料采用山棕树的棕片或棕板中抽取的纤维丝制作的棕纤维弹性床垫。

3.1.5

椰棕纤维弹性床垫　coconut palm fiber elastic mattress

芯料采用椰壳中抽取的纤维丝制作的棕纤维弹性床垫。

3.1.6

油棕纤维弹性床垫　oil palm fiber elastic mattress

芯料采用油棕树叶柄或果串中抽取的纤维丝制作的棕纤维弹性床垫。

3.1.7

面料　fabric

包覆床垫外表面的织物材料。

3.1.8

复合面料　composite fabric

面料与泡沫塑料、絮用纤维、非织造布等材料通过绗缝或粘结等方式连接在一起的复合体。

3.1.9

围边　border

床垫的周边部分。

3.1.10

缝边　tap edge

床垫表面的面料与围边面料、拉链之间缝合在一起呈线状的边条。

3.2　代号

表1中代号适用于本标准。

表1

代　号	名　称	代　号	名　称
L	床垫长度	W	床垫宽度
H	床垫高度	H_d	垫面高度
ρ	芯料密度		
注1：代号上方加一横(如 $\overline{H}$)，表示该代号数量均值。 注2：L、W、H 代号右下角加一位数值(如 L_1)，表示在某位置测得的数值；无下标，表示初始值。 注3：$\overline{H_d}$ 代号右下角加一位数值如($\overline{H_{d_n}}$)，表示耐久性试验某阶段的数量均值。			

4　产品分类

4.1　按产品规格尺寸分类见表2。

表2

单位为毫米

产品分类	主要规格尺寸			
	长度 L	宽度 W	高度 H	
			厚垫	薄垫
单人	1 900,1 950,2 000,2 100	800,900,1 000,1 100,1 200	≥60	<60
双人		1 350,1 500,1 800,2 000		
注：当有特殊要求或合同要求时，各类产品的主要设计尺寸由供需双方在合同中明示，不受此限。				

4.2 按芯料材料分类分为：

a） 山棕纤维弹性床垫；

b） 椰棕纤维弹性床垫；

c） 油棕纤维弹性床垫；

d） 其他棕纤维或混合棕纤维弹性床垫。

5 要求

产品性能应符合表 3 的规定。

表 3

检验项目	序号	要求	项目分类	
			基本	一般
面料外观	1	无破损	√	
	2	无污渍		√
	3	无明显色差		√
	4	床垫表面无刺触感，无明显软硬不均感	√	
缝纫	5	面料绗缝松紧基本一致		√
	6	单处浮线长度≤15 mm，累计浮线长度≤50 mm	√	
	7	无断线		√
	8	跳单针≤10 处		√
	9	跳双针≤5 处		√
	10	不允许连跳 3 针及以上		√
缝边	11	缝边应顺直		√
	12	四周圆弧均匀对称		√
	13	无露毛边	√	
	14	无断线	√	
	15	跳针≤5 处		√
	16	浮线累计长度≤50 mm	√	
尺寸偏差/mm	17	长度 L：(−10，+10)		√
	18	宽度 W：(−10，+10)		√
	19	高度 H：(−5，+15)		√
	20	对角线差：单人≤15　双人≤20		√
面料及复合面料物理性能	21	面料克重/(g/m^2)：≥60		√
	22	复合面料中的泡沫塑料密度/(kg/m^3)：≥15		√
	23	耐摩擦色牢度：干摩≥3 级	√	
芯料外观(质量)	24	表面应平整，硬鼓包高度≤10 mm，凹坑深度≤10 mm(工艺孔除外)		√
	25	表面应无杂物，无长度≥60 mm、直径≥6 mm 的棕梗或未分解开的棕绳		√
	26	芯料表面应无面积大于 50 mm×50 mm 的胶粘剂凝结后形成的结皮		√
	27	芯料应保持整体无错位现象	√	

表 3（续）

检验项目	序号	要求	项目分类	
			基本	一般
芯料物理性能	28	密度/(kg/m³)：180≥ρ≥60		√
	29	含水率：≤15%	√	
	30	压缩永久变形率：≤12%	√	
安全卫生要求	31	不应检出蚤、蜱、臭虫等虫类及虫卵，不应检出蟑螂卵夹，不应有虫蛀现象	√	
	32	不应检出绿脓杆菌、金黄色葡萄球菌和溶血性链球菌等致病菌[a]	√	
	33	芯料不应使用废旧材料，不应夹杂塑料编织材料、秸秆、刨花、纸屑、泥砂或金属等杂物	√	
	34	芯料无腐朽、霉变或霉烂现象	√	
	35	所用絮用纤维不应漂白	√	
	36	面料及复合面料等材料不应使用医用纤维性废弃物、废旧纤维制品及其他类似受污染的材料	√	
	37	面料及复合面料等材料不应发霉变质	√	
	38	床垫的有害物质限量应符合相关标准要求	√	
阻燃性要求	39	家庭用床垫应通过 GB 17927.1 的抗香烟引燃试验 公共场所用床垫应通过 GB 17927.2 的模拟火柴火焰试验	√	
耐久性要求	40	试验次数：30 000 次 试验后芯料应无撕裂、错位现象；内芯棕纤维无明显破碎和碎屑产生；面料完好，无棕纤维刺出	√	
	41	耐久性试验结束后的床垫垫面高度应不小于床垫初始垫面高度的 90% 即 $\overline{H_{d_2}} \geq 90\% \overline{H_{d_0}}$	√	
产品标志、使用说明	42	产品应具有规范的产品标志，见 8.1	√	
	43	产品应具有使用说明书，见 8.2	√	
包装	44	产品应具有合适的包装		√
[a] 该要求仅适用于仲裁检验。				

6 试验方法

6.1 尺寸偏差检验

6.1.1 测量器具

测量器具的精确度应不低于 1 mm。

6.1.2 测量装置

6.1.2.1 平板

用于测量床垫外形尺寸，其平面度误差小于 3 mm。

6.1.2.2 矩形垫块

测量平面为矩形的刚性长方体，该平面尺寸为：长(110±0.5)mm，宽(45±0.5)mm。

6.1.2.3 铝合金方管

截面尺寸为 40 mm×40 mm×2 mm，长约 3 m，质量为 2.5 kg±12.5 g。

6.1.3 长度和宽度检验

把床垫水平放置在平板上，沿床垫的长度或宽度方向，在对应围边的一组测量位置(见图 1)，通过矩形垫块沿水平方向施加 2 N 的力使矩形垫块紧贴在围边的该规定位置上，此时测得两矩形垫块中心距离即为床垫在该测量位置的长度和宽度，读数单位为毫米。实测 3 个规定位置的长度和 4 个规定位置的宽度，其相应的算术平均值 $\overline{L}$、$\overline{W}$ 即为床垫的长度和宽度。$\overline{L}$ 与标识长度的差值即为长度偏差，$\overline{W}$ 与标识宽度的差值即为宽度偏差。

若图 1 中规定的测量位置是缝边或拉链，则此时应以该测量位置与平板垂直连线的中央处为测量点，测量床垫的长度和宽度。

单位为毫米

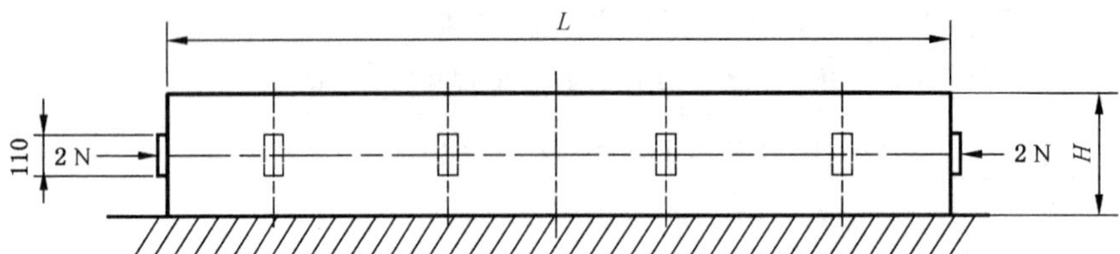

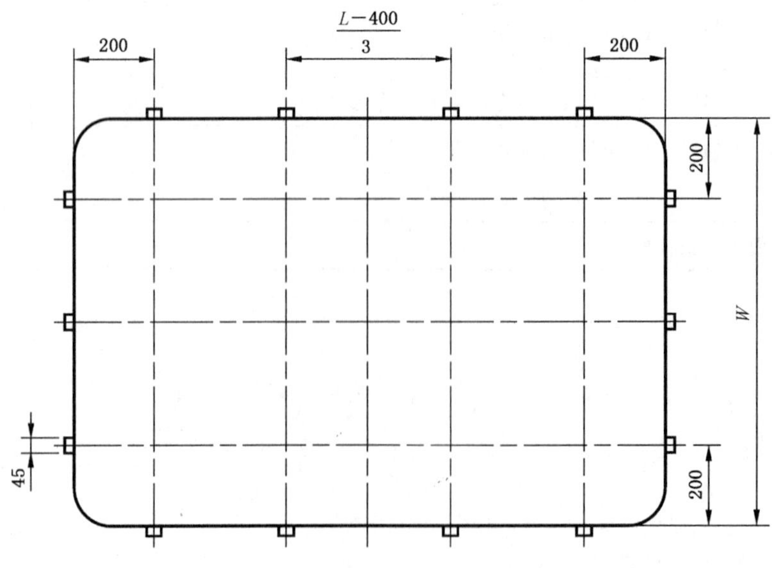

图 1

6.1.4 高度检验

将床垫放在平板上，把铝合金管放在床垫的对角线上，使管子的中心与床垫的几何中心重合。在床垫的两个角测量铝合金管与平板间的距离。在另一条对角线上重复以上测量。读数单位为毫米。实测的 4 个测量值的平均值为床垫高度 $\overline{H}$。$\overline{H}$ 与标识高度的差值即为高度偏差。

6.1.5 对角线差检验

测量垫面对角线长度，测量点在对角线与缝边的交点上，读数为毫米，测得两对角线长度之差即为床垫的对角线差。

6.2 外观检验

表 3 中序号 1～16、24～27、31、33～37、42～44 共 29 项为外观检验项目。至少由 3 人共同进行，应在自然光或光照度 300 lx～600 lx 范围内的近似自然光下，视距为 700 mm～1 000 mm，以多数相同结论为评定值。其中测量器具的精确度应符合 6.1.1 的规定。

6.3 面料及复合面料物理性能检验

6.3.1 试验装置

天平：感量不大于 0.02 g。

6.3.2 面料克重

在床垫上取 200 mm×200 mm 面料一块，放在天平上称重，以其质量除以实际面积，即为面料克重。

6.3.3 复合面料中泡沫塑料密度测定

试样尺寸为 50 mm×50 mm，按 GB/T 6343—2009 的规定进行。

6.3.4 耐摩擦色牢度（干摩）试验

按 GB/T 3920—2008 进行。

6.4 芯料物理性能试验

6.4.1 试验装置

6.4.1.1 空气对流干燥箱

恒温灵敏度±1 ℃，温度范围 40 ℃～200 ℃。

6.4.1.2 压缩器

由两块钻有透气孔的平板组成，平板应具有调距和夹持功能。两板保持互相平行，两板间的距离可调节到变形所需要的厚度。

6.4.1.3 圆形垫块

测量表面为平整、光滑的刚性圆柱体，其尺寸见图 2。

单位为毫米

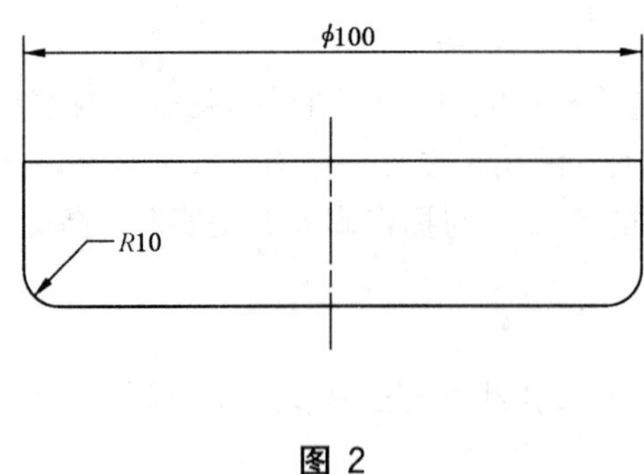

图 2

6.4.2 芯料密度测定

从芯料上割取3块长宽各为100 mm、厚度为芯料实际厚度的试样，读数单位为毫米，放置在环境温度为(23±2)℃，相对湿度为55%±5%的室内，静置24 h后，分别用天平对试样进行称重，各试样质量与试样体积之比的平均值就是芯料密度。

6.4.3 芯料含水率测定

将完成密度测量后的3块试样放入空气对流干燥箱中进行烘干，箱内温度控制在(103±2)℃，烘90 min后开始对各试样进行第一次称重，然后每隔10 min称重1次，直到恒重(两次称量之差≤0.02 g)为止，含水率S按式(1)计算：

$$S=\frac{m_0-m_1}{m_0}\times 100 \qquad \cdots\cdots(1)$$

式中：

S ——试样含水率，%；

m_0——试样放入空气对流箱前的质量，即芯料密度测定时的称重，单位为克(g)；

m_1——试样干燥后的恒重，单位为克(g)。

芯料含水率为3块试样含水率的算术平均值。

6.4.4 压缩永久变形试验

取样部位应距离样品边缘和耐久性试验加载部位至少100 mm，试样尺寸为300 mm×300 mm。

把试样放置在平板上，通过圆形垫块在试样中心，以(100±20)mm/min的速度，垂直向下施加4 N的力，此时圆形垫块测量表面(下表面)与平板距离为床垫的高度H_0。

将样品放置在压缩器的两板间，将其压缩高度的30%，样品保持压缩状态，在常温下静置22 h后解除受力，自然放置3 h后施加4 N的力，测量与平板距离高度H_1，压缩永久变形率CS按式(2)计算：

$$CS=\frac{H_0-H_1}{H_0}\times 100 \qquad \cdots\cdots(2)$$

式中：

CS——试样的压缩永久变形率，%；

H_0——试样的初始高度，单位为毫米(mm)；

H_1——试样压缩后的高度，单位为毫米(mm)。

6.5 安全卫生要求的测定

6.5.1 致病菌

绿脓杆菌、金黄色葡萄球菌和溶血性链球菌等致病菌按GB 15979进行。

6.5.2 床垫的有害物质限量

按相关标准的规定进行。

6.6 阻燃性试验

家庭用床垫按 GB 17927.1 进行。
公共场所用床垫按 GB 17927.2 进行。

6.7 耐久性试验

按附录 A 进行。

7 检验规则

7.1 检验分类

产品检验分为出厂检验和型式检验。

7.2 检验项目分类

检验项目分为基本项目和一般项目。

7.3 出厂检验

7.3.1 检验项目

出厂检验是产品出厂或产品交货时进行的检验，表 3 中序号 1～20、42～44 共 23 项是出厂检验项目。

7.3.2 抽样规则

相同材料、相同工艺、同一时期生产的产品可作为一批产品。

抽样检验程序执行 GB/T 2828.1—2003 中规定，采用正常检验一次抽样，检验水平为一般检验水平Ⅱ，接收质量限(AQL)为 6.5，其抽样方案(批量、样本量、接收数及拒收数)按表 4 进行。

表 4

单位为件

批　量	样本量	接收数(Ac)	拒收数(Re)
2～15	2	0	1
16～50	8	1	2
51～90	13	2	3
91～150	20	3	4
151～280	32	5	6
281～500	50	7	8
501～1 200	80	10	11
1 201～3 200	125	14	15

7.3.3 结果评定

出厂检验应在产品型式检验合格的有效期内，由企业质量检验部门进行检验。

产品经检验后，基本项目全部合格且一般项目不合格项不超过4项，评定为合格品。否则为不合格品。

7.4 型式检验

型式检验是对产品质量进行全面考核，表3中所列项目除第32项外，全部属于型式检验项目。

7.4.1 有下列情况之一时，应进行型式检验：

a) 产品试制定型鉴定；

b) 产品结构、材料、工艺有较大改变，可能影响产品性能时；

c) 正常生产时，定期或积累一定产量后，应周期性进行一次检验，周期检验一般为一年；

d) 出厂检验结果与上次型式检验有较大差异时；

e) 产品长期停产后，恢复生产时；

f) 国家质量监督机构提出型式检验要求时。

7.4.2 抽样规则

抽样时应在近期内生产的产品中随机抽取2件，1件送检，1件封存备用。

7.4.3 样品检验程序

先做外观、尺寸检验，再做力学检验，然后做床垫有害物质限量试验和阻燃性试验，最后做材料性能检验，检验程序应遵循尽量不影响余下检验项目正确性的原则。

7.4.4 检验结果评定

产品经检验后，基本项目全部合格且一般项目不合格项不超过4项，评定为合格品。否则为不合格品。

7.4.5 复验规则

产品经型式检验为不合格的，可进行复验。复验应从封存的备用样品中抽样进行检验，复验应对前次不合格的项目及前次因试件损坏而未能检验的项目进行检验，复验结果按表4进行评定，并在检验结果中注明“复验”。

8 标志、使用说明、包装、贮存、运输

8.1 标志

产品标志至少应包括以下内容：

a) 产品名称；

b) 产品型号规格；

c) 产品执行标准编号；

d) 生产日期；

e) 出厂检验合格证明；

f) 中文生产者名称和地址。

8.2 使用说明

产品使用说明的主要内容编制应符合GB 5296.6—2004的规定，内容至少应包括：

a) 产品名称、型号规格、执行标准编号；

b) 主要原辅材料(如面料、复合面料等)的名称、特性、等级；

c) 主要技术性能(耐久性能等)参数;

d) 安全卫生性能(床垫有害物质释放量、阻燃性能等);

e) 产品使用方法、注意事项。

8.3 包装

产品应加以包装,防止污染和损坏。

8.4 贮存

8.4.1 产品贮存地点要求干燥通风、清洁卫生。

8.4.2 产品贮存期应防止污染、虫蚀、受潮、曝晒。

8.4.3 产品贮存期防止重压变形。

8.5 运输

产品在运输过程中,应加遮盖物和进行必要防护,防止局部重压和雨淋。

附 录 A
（规范性附录）
床垫耐久性试验方法

A.1 试验原理

采用一个滚动式加载模块（图 A.1）置于水平放置的床垫的加载部位（图 A.2）上，以一定频率滚动，对床垫进行往复加载，以检验床垫对长期重复性滚动载荷的承受能力。

A.2 试验装置

A.2.1 滚压耐久性试验机

耐久性试验机主要由辊筒和驱动装置两部分组成，辊筒可在床垫表面做相对水平运动，辊筒的形状及尺寸公差如图 A.1 所示。辊筒表面应坚硬、光滑，无刮痕及其他表面缺陷，其旋转惯性矩应为（0.5±0.05）$kg \cdot m^2$。耐久性试验机应在静态下可通过辊筒对床垫表面施加（1 400±7）N 的力，辊筒可绕其中心轴自由转动并保持平衡。在转动过程中辊筒贴合在床垫表面上，在规定的区域循环滚动加载施力，并能在床垫表面随床垫的滚压变形上下浮动，其加载频率应为（16±2）次/min。辊筒尺寸见图 A.1。

单位为毫米

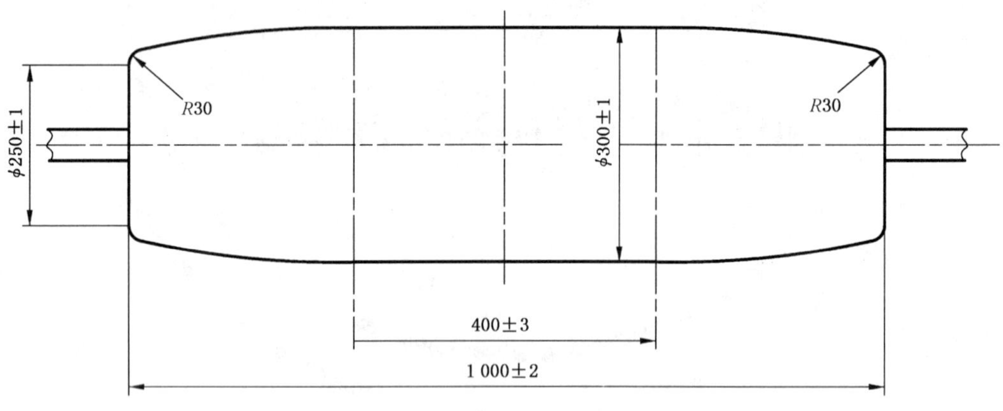

图 A.1

A.2.2 测量装置

力的测量装置精确度应不低于 1%，尺寸的测量装置精确度应不低于 1 mm，加载模块的位置偏差应为±5 mm。

A.3 预处理

试验前，试样应在常温下至少停放 24 h。在停放期间，床垫应保持水平放置且无负载。

A.4 加载试验

A.4.1 加载位置

见图 A.2。

单位为毫米

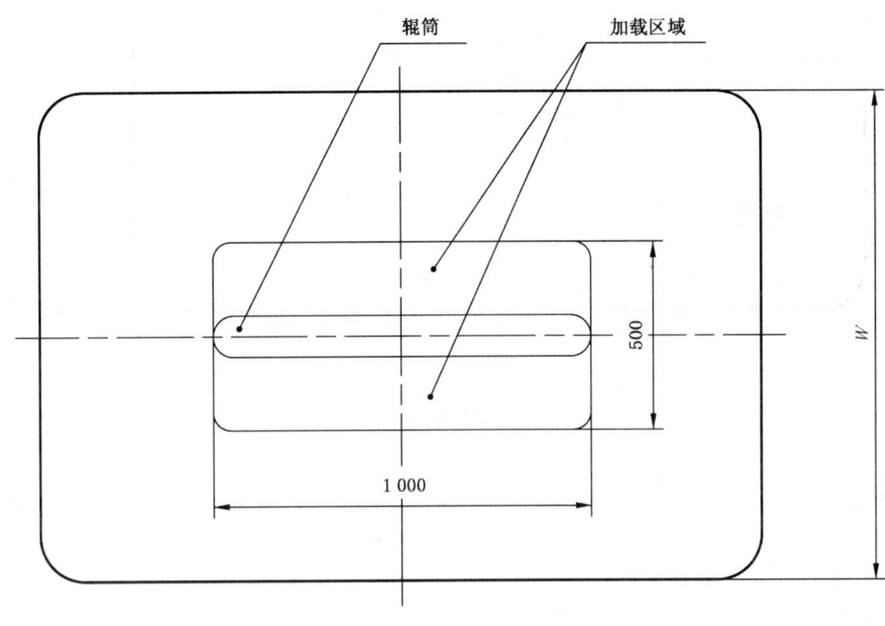

图 A.2

A.4.2 加载试验

采用滚压耐久性试验机进行试验，试验前调整辊筒装置处于加载区域的中心线，驱动装置沿水平方向施加力量，辊筒在距床垫中心线 250 mm 的两侧区域内沿中心轴的垂直方向做往复运动，每次加载包括往复各一次。在试验期间应采用适当的方法对床垫进行固定，防止床垫移动。

按下列程序开展试验，高度测量按 A.4.3 进行：

a) 常温下静置停放 24 h；

b) 测量试样的初始垫面高度 $\overline{H_{d_0}}$；

c) 进行耐久性试验，循环加载 100 次；

d) 停放 30 min；

e) 测量试样的垫面高度 $\overline{H_{d_1}}$；

f) 进行耐久性试验，循环加载 29 900 次；

g) 停放 3 h；

h) 测量试样的垫面高度 $\overline{H_{d_2}}$，并与加载 100 次对比高度损失。

A.4.3 床垫高度测量

把床垫水平放置在平板上，通过圆形垫块(6.4.1.3)在测量位置(见图 A.3)，以(100±20)mm/min 的速度，垂直向下施加 4 N 的力，此时圆形垫块测量表面(下表面)与平板距离为床垫的垫面高度 H_d。

在图 A.3 中加载区域的 3 个测量位置上分别测量垫面高度 H_d，计算算术平均值即为床垫垫面高度 $\overline{H_d}$。

单位为毫米

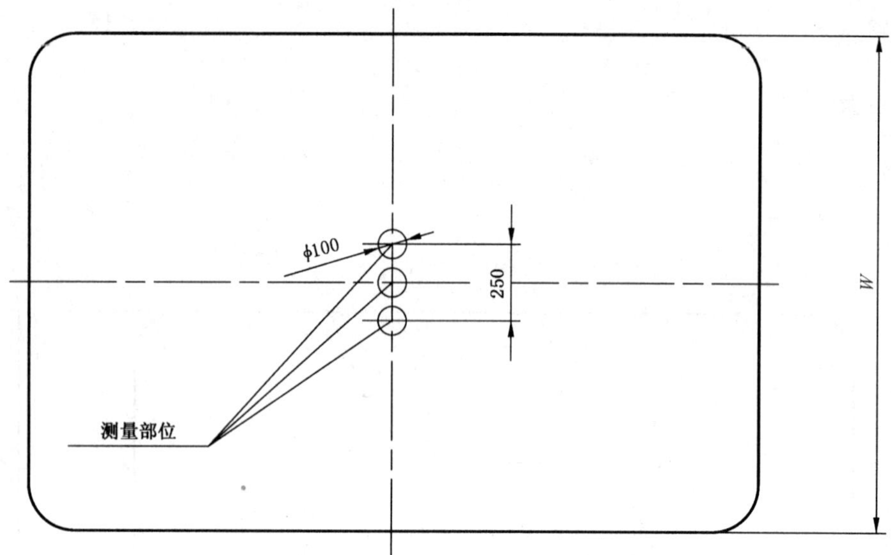

图 A.3

A.5 试验记录

试验记录应包含以下内容：

a) 加载频率；

b) 加载次数；

c) 初始垫面高度$\overline{H_{d_0}}$；

d) 循环加载 100 次后的垫面高度$\overline{H_{d_1}}$；

e) 循环加载 29 900 次后的垫面高度$\overline{H_{d_2}}$；

f) 试验结果。

纺织品　纤维含量的标识

1　范围

本标准规定了纺织产品纤维含量的标签要求、标注原则、表示方法、允许偏差以及标识符合性的判定，并给出了纺织纤维含量的表示示例。

本标准适用于在国内销售的纺织产品。附录 A 中列举的产品不属于本标准的范畴，国家另有规定的除外。

2　规范性引用文件

下列文件中的条款通过本标准的引用而成为本标准的条款。凡是注日期的引用文件，其随后所有的修改单(不包括勘误的内容)或修订版均不适用于本标准，然而，鼓励根据本标准达成协议的各方研究是否可使用这些文件的最新版本。凡是不注日期的引用文件，其最新版本适用于本标准。

GB/T 4146　纺织名词术语(化纤部分)

GB/T 11951　纺织品　天然纤维　术语

GB/T 17685　羽绒羽毛

ISO 2076:1999　纺织品——人造纤维——属名

3　术语和定义

下列术语和定义适用于本标准。

3.1

纺织产品　textile products

以天然纤维和化学纤维为主要原料，经纺、织、染等加工工艺或再经缝制、复合等工艺而制成的产品，如纱线、织物及其制成品。

3.2

耐久性标签　permanent label

一直附着在产品本身上，并能承受该产品使用说明中的维护程序，保持字迹清晰易读的标签。

4　纤维含量标签要求

4.1　每件产品应附着纤维含量标签，标明产品中所含各组分纤维的名称及其含量。

4.2　每件制成品应附纤维含量的耐久性标签。

4.3　对采用耐久性标签影响产品的使用或不适宜附着耐久性标签的产品(例如，面料、绒线、缝纫线、袜子等)，可以采用吊牌等其他形式的标签。

4.4　整盒或整袋出售且不适宜采用耐久性标签的产品，当每件产品的纤维成分相同时，可以以销售单元为单位提供纤维含量标签。

4.5　当被包装的产品销售时，如果不能清楚地看到纺织产品(符合 4.4 产品除外)上的纤维含量信息，则需在包装上或产品说明上标明产品的纤维含量。

4.6　含有 2 个或 2 个以上且纤维含量不同的单元制品组成的成套产品；或纤维含量相同，但每个单元作为一单独产品销售的成套产品，则每个产品上应有各自独立的纤维含量标签。

4.7　纤维含量相同的成套产品，并且成套交付给最终消费者时，可将纤维含量的信息仅标注在产品中的一个单元上。

4.8 如果不是用于卖给最终消费者的产品，其纤维含量标签的内容以商业文件替代。

4.9 耐久性纤维含量标签的材料应对人体无刺激；应附着在产品合适的位置，并保证标签上的信息不被遮盖或隐藏。

4.10 纤维含量标签上的文字应清晰、醒目，应使用国家规定的规范汉字，也可同时使用其他语言的文字表示。

4.11 纤维含量可与使用说明的其他内容标注在同一标签上。当纺织产品上有不同形式的纤维含量标签时应保持其纤维含量的一致性。

5 纤维含量和纤维名称标注原则

5.1 纤维含量以该纤维占产品或产品某部分的纤维总量的百分率表示，宜标注至整数位。

5.2 纤维含量一般采用净干质量结合公定回潮率计算的公定质量百分率表示。

注：对棉型和麻型产品可以采用净干质量百分率表示纤维含量，但需明示为净干含量；采用显微镜方法的纤维含量以方法标准的结果表示；未知公定回潮率的纤维采用同类纤维回潮率或标准回潮率。

5.3 纤维名称应使用规范名称，并符合有关国家标准或行业标准的规定。天然纤维名称采用GB/T 11951中规定的名称，羽绒羽毛名称采用 GB/T 17685 中规定的名称，化学纤维和其他纤维名称采用 GB/T 4146 和 ISO 2076 中规定的名称。化学纤维有简称的宜采用简称。为便于使用，附录 B 给出了 ISO 2076：1999 的译文。

5.4 对国家标准或行业标准中没有统一名称的纤维，可标为“新型(天然、再生、合成)纤维”，部分新型纤维的名称可参照附录 C。

注：必要时，相关方需提供“新型××纤维”的证明或验证方法。

5.5 在纤维名称的前面或后面可以添加如实描述纤维形态特点的术语，例如，涤纶(七孔)、丝光棉。

注：必要时，相关方需提供描述纤维形态特点的证明或验证方法。

6 纤维含量表示方法及示例

6.1 仅有一种纤维成分的产品，在纤维名称的前面或后面加“100%”、“纯”或“全”表示(见示例 1)。

示例 1：

6.2 2 种及 2 种以上纤维组分的产品，一般按纤维含量递减顺序列出每一种纤维的名称，并在名称的前面或后面列出该纤维含量的百分比(见示例 2)。当产品的各种纤维含量相同时，纤维名称的顺序可任意排列(见示例 3)。

示例 2：

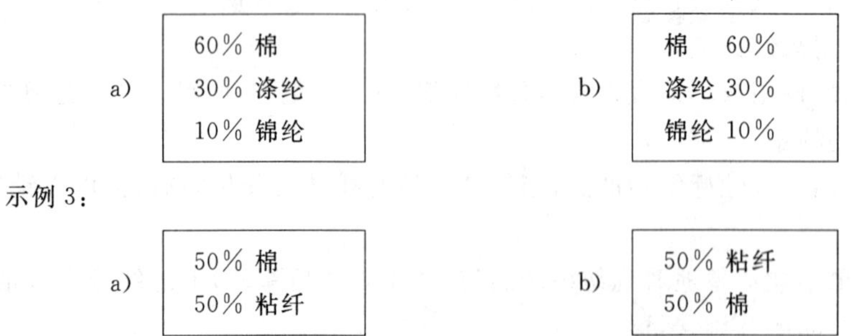

6.3 如果采用提前印好的非耐久性标签，标签上的纤维名称按一定顺序列出，且留有空白处用于填写纤维含量百分比，这种情况不需按含量优先的顺序排列。

6.4 含量≤5%的纤维，可列出该纤维的具体名称，也可用“其他纤维”来表示(见示例 4)；当产品中有 2 种及以上含量各≤5%的纤维且总量≤15%时，可集中标为“其他纤维”(见示例 5)。

示例 4：

a)

60% 棉
36% 涤纶
4% 粘纤

b)

60% 棉
36% 涤纶
4% 其他纤维

示例 5：

90% 棉
10% 其他纤维

6.5 含有 2 种及以上化学性质相似且难以定量分析的纤维，列出每种纤维的名称，也可列出其大类纤维名称，合并表示其总的含量(见示例 6 和示例 7)。

示例 6：

70% 棉
30% 莱赛尔纤维＋粘纤

示例 7：

再生纤维素纤维 100%
(莫代尔纤维＋粘纤)

6.6 带有里料的产品应分别标明面料和里料的纤维名称及其含量(见示例 8)。如果面料和里料采用同一种织物可合并标注。

示例 8：

面料:80%羊毛/20%涤纶
里料:100%涤纶

6.7 含有填充物的产品应分别标明外套和填充物的纤维名称及其含量(见示例 9)。羽绒填充物应标明羽绒类别和含绒量(见示例 10)。

示例 9：

外　套:65%棉/35%涤纶
填充物:100%桑蚕丝

示例 10：

面料:80%棉/20%锦纶
里料:100%涤纶
填充物:灰鸭绒(含绒量 80%)
充绒量:150 g

6.8 由 2 种及 2 种以上不同织物构成的产品应分别标明每种织物的纤维名称及其含量(见示例 11～示例 14)。面积不超过产品表面积 15%的织物可不标。

示例 11：

前片:65%羊毛/35%腈纶
其余:100%羊毛

示例 12：

身:100% 棉
袖:100% 涤纶

示例 13：

方格:70%羊毛/30%涤纶
条形:60%涤纶/40%粘纤

示例 14：

红色:100% 羊绒
黑色:100% 羊毛

6.9 含有2种及2种以上明显可分的纱线系统、图案或结构的产品，可分别标明各系统纱线或图案的纤维成分含量；也可作为一个整体，标明每一种纤维含量（见示例15和示例16）。对纱线系统、图案或结构变化较多的产品可仅标注较大面积部分的含量。

示例15：

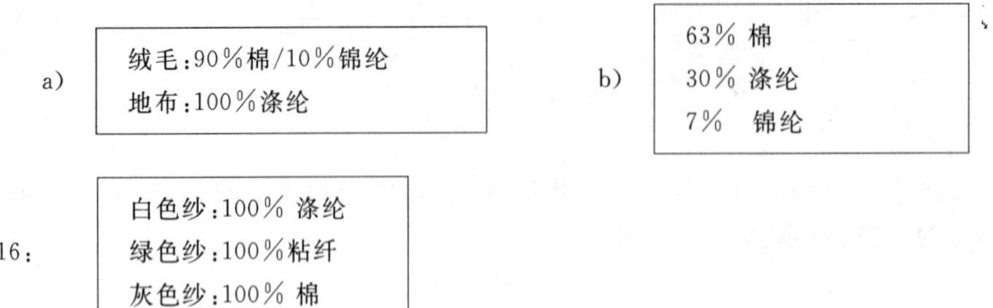
a)
绒毛：90%棉/10%锦纶
地布：100%涤纶

b)
63% 棉
30% 涤纶
7% 锦纶

示例16：
白色纱：100% 涤纶
绿色纱：100%粘纤
灰色纱：100% 棉

6.10 由2层及2层以上材料构成的产品，可以分别标明各层的纤维含量；也可作为一个整体，标明每一种纤维含量（见示例17）。

示例17：

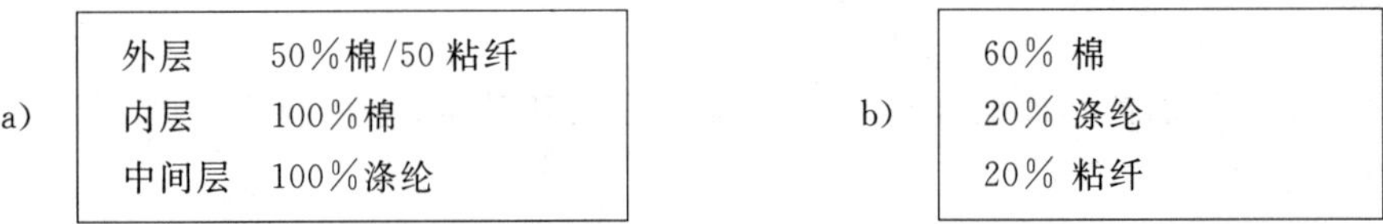
a)
外层 50%棉/50粘纤
内层 100%棉
中间层 100%涤纶

b)
60% 棉
20% 涤纶
20% 粘纤

6.11 当产品的某个部位上添加有起加固或其他作用的纤维但比例较小时，则应标出主要纤维的名称及其含量，并说明包含添加纤维的部位，以及添加的纤维名称（见示例18）。

示例18：
55%棉/45%粘纤
脚趾和脚跟部位的锦纶除外

6.12 在产品中存在易于识别的花纹或图案的装饰纤维或装饰纱线（若拆除装饰纤维或纱线会破坏产品的结构），当其纤维含量≤5%时，可表示为“装饰部分除外”，也可单独将装饰线的纤维含量标出（见示例19）。如果需要，可以表明装饰线的纤维成分及其占总量的百分比（见示例20）。

示例19：

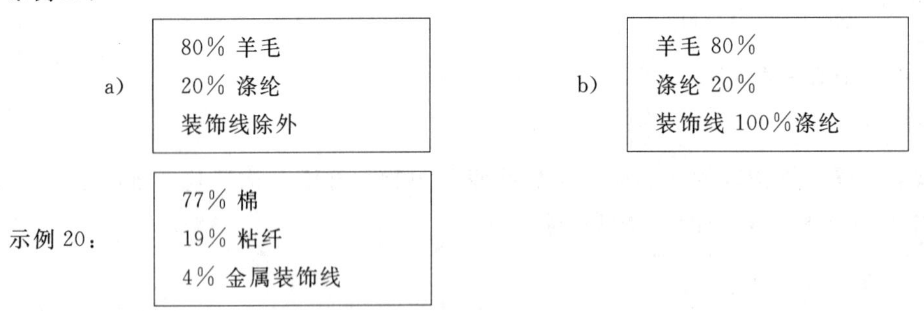
a)
80% 羊毛
20% 涤纶
装饰线除外

b)
羊毛 80%
涤纶 20%
装饰线 100%涤纶

示例20：
77% 棉
19% 粘纤
4% 金属装饰线

6.13 在产品中起装饰作用的部分或不构成产品主体的部分，例如：花边、褶边、滚边、贴边、腰带、饰带、衣领、袖口、下摆罗口、松紧口、衬布、衬垫、口袋、内胆布、商标、局部绣花、贴花等，其纤维含量可以不标。若单个部件的面积或同种织物多个部件的总面积超过产品表面积的15%时，则应标注该部件的纤维含量。

6.14 含有涂层、粘着剂等难以去除的非纤维物质的产品，可仅标明产品中每种纤维的名称。

6.15 结构复杂的产品（例如：文胸、腹带等）可仅标注主要部分或贴身部分的纤维含量，对于因不完整或不规则花型等造成的纤维含量变化较多的织物，可仅标注纤维名称（见示例21和示例22）。

示例21：
烂花：涤纶/棉
底布：100% 涤纶

示例 22(文胸):

里料:棉 100% 侧翼:锦纶/涤纶/氨纶

7 纤维含量允差

7.1 产品或产品的某一部分完全由一种纤维组成时,用“100%”、“纯”或“全”表示纤维含量,纤维含量允差为 0。标明含微量其他纤维的产品见 7.5。

注:由于山羊绒纤维的形态变异,山羊绒会出现“疑似羊毛”的现象。山羊绒含量达 95%及以上、“疑似羊毛”≤5%的产品可表示为“100%山羊绒”、“纯山羊绒”或“全山羊绒”。

7.2 产品或产品的某一部分中含有能够判断为是装饰纤维或特性纤维(例如,弹性纤维、导电纤维等),且这些纤维的总含量≤5%(纯毛粗纺产品≤7%)时,可使用“100%”、“纯”或“全”表示纤维含量,并说明“××纤维除外”(见示例 23 和示例 24),标明的纤维含量允差为 0。

示例 23:

100%羊毛 弹性纤维除外

示例 24:

纯棉 装饰纤维除外

7.3 产品或产品的某一部分含有 2 种及以上的纤维时,除了许可不标注的纤维外,在标签上标明的每一种纤维含量允许偏差为 5%,填充物的允许偏差为 10%。

例如标签含量为:40%棉 / 40%涤纶 / 20%锦纶,则允许含量为:35%~45%棉 / 35%~45%涤纶 / 15%~25%锦纶。

7.4 当标签上的某种纤维含量≤15%时(填充物≤30%),纤维含量允许偏差为标称值的 30%。

7.5 当产品中某种纤维含量≤0.5%时,可不计入总量,标为“含微量××”(见示例 25 和示例 26)。

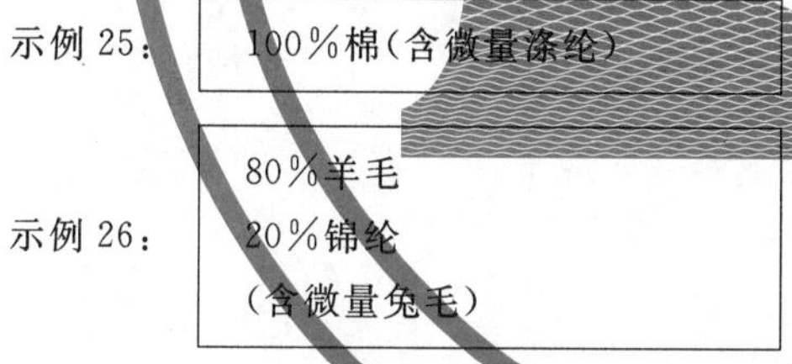

示例 25:

100%棉(含微量涤纶)

示例 26:

80%羊毛 20%锦纶 (含微量兔毛)

8 纤维含量标识符合性的判定

如有下列款项之一存在(本标准规定的特例除外),则判定为纤维含量标识不符合:

a) 没有提供纤维含量标签;

b) 没有提供纤维含量耐久性标签;

c) 没有采用纤维的标准名称;

d) 没有标明产品中应标识的各纤维的具体含量;

e) 纤维名称与产品中所含的纤维不符;

f) 纤维含量偏差超出规定允差范围;

g) 产品某些主要部分的纤维含量没有标注;

h) 同件产品的不同形式标签上纤维含量不一致。

附 录 A
（规范性附录）
不属于本标准范围的纺织产品

含有纺织纤维的以下制品不属于本标准范围：纺织产品仅作为产品的部分或附件；没有必要表明纺织纤维含量的产品。例如：

——一次性使用的制品；
——座椅、沙发、床垫等软垫家具用填充物和包布；
——鞋、鞋垫；
——装饰画、装饰挂布；
——工艺品等小件装饰物；
——雨伞、遮阳伞；
——箱包、包装布和包装绳带；
——裤子的吊带、臂章、吊袜带；
——尿布衬垫；
——婴儿床护栏和婴儿车；
——玩具；
——绷带、手术服等医用纺织制品；
——宠物用品；
——清洁布；
——墙布、屏风等；
——旗帜；
——人造花；
——产业用纺织品。

附　录　B
（资料性附录）
ISO 2076：1999《纺织品——人造纤维——属名》（译文[1)]）

B.1　范围

本国际标准列出目前已经工业化生产的、供纺织及其他用途的各种人造纤维的属名及其区别特性。术语“人造纤维”用于表示这些采用制造工艺得到的纤维，与天然纤维的材料明显不同。

B.2　通则

表B.1中的条目包括以下四项主要内容。

B.2.1　属名（例如，醋酯纤维）

表B.1中所列出的属名应用于“区别特性”栏中所描述的纤维。属名的使用应限定于那些成纤添加物的含量不超过15%（质量分数）的纤维（对于非成纤添加物比例未作出限定）。属名可以用英文也可用法文表示，不应使用大写字母。属名也可用于描述由人造纤维制成的纺织产品（纱线、织物等），这种情况下，可认为生产过程可能改变了纤维的区别特性。

B.2.2　编码（例如，CA）

使用2至4个字母，以便于在销售和技术等资料中的人造纤维命名。在某些情况下，用于纺织纤维的编码体系与塑料的编码体系不同。

B.2.3　区别特性

一种纤维具有与其他所有纤维不同的特性。化学性质的不同常导致纤维性能的不同，这是本国际标准分类的主要依据；当有必要时，根据纤维的其他特性区分相似的人造纤维。这些区别特性不一定是用来鉴别纤维或命名化学分子，也不必适用于分析纤维混合物。

注：在以下描述中，概念“基团”、“键”、“单元”已按照以下方式被使用：

——“基团”用来表示例如醋酯纤维中的羟基；

——“键”用来表示化学键；

——“单元”用来表示重复单位。

B.2.4　化学分子式示例

用于指出纤维的化学结构。这些示例不构成本国际标准的必须元素，在某种情况下，相同的化学分子式可以表示一种以上类型的纤维，例如，铜氨、莱赛尔、莫代尔和粘胶纤维共用纤维素Ⅱ表示。

B.3　属名

表 B.1

条号	属　名	编码	区别特性	化学分子式示例
B.3.1	铜氨纤维[a] cupro	CUP	由铜氨工艺得到的纤维素纤维。	纤维素Ⅱ： 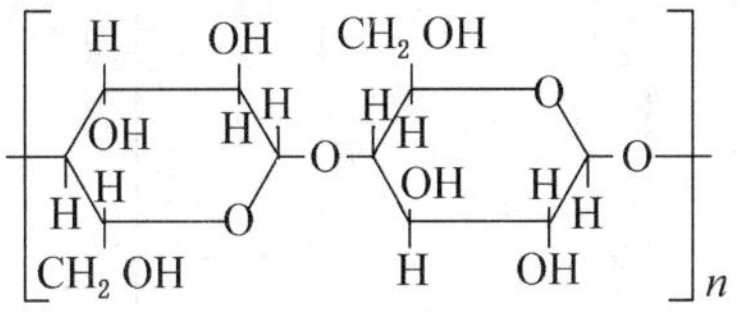

1）本译文在国际标准相应条款编号之前增加代表本附录顺序的编号“B.”。

表 B.1（续）

条号	属　名	编码	区别特性	化学分子式示例
B.3.2	莱赛尔纤维 lyocell	GLY	由有机溶剂纺丝工艺得到的纤维素纤维。可理解为： 1）“有机溶剂”本质上指有机化学物与水的混合物； 2）“溶剂纺丝”是指无衍生物形成的溶解和纺丝。	纤维素Ⅱ： 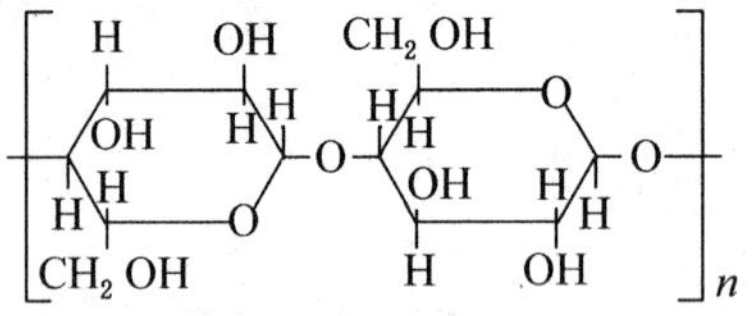
B.3.3	莫代尔纤维[a] modal	CMD	具有高断裂强力和高湿模量的纤维素纤维。在调湿状态下的断裂强力 B_c 和在湿态下5%伸长时的力 B_w 满足： $B_c \geqslant 1.3\sqrt{LD}+2\,LD$ $B_w \geqslant 0.5\sqrt{LD}$ 式中：LD 是平均线密度，单位为分特；B_c 和 B_w 单位为厘牛。	纤维素Ⅱ： 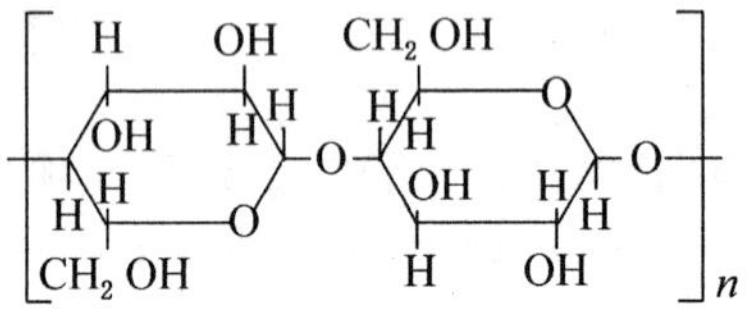
B.3.4	粘胶纤维[a] viscose	CV	由粘胶工艺得到的纤维素纤维。	纤维素Ⅱ： 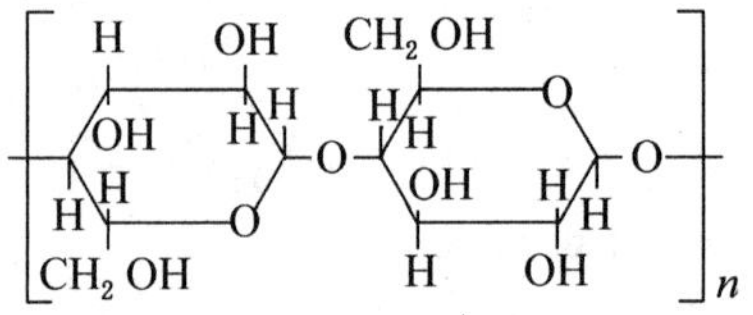
B.3.5	醋酯纤维 acetate	CA	纤维素醋酯纤维，其中不到92%但至少74%的羟基被乙酰化。	纤维素二醋酯： $\left[C_6H_7O_2(OX)_3\right]_n$ 其中：X=H或CH_3CO，酯化度为2.22～2.76。
B.3.6	三醋酯纤维 triacetate	CTA	纤维素醋酯纤维，其中至少92%的羟基被乙酰化。	纤维素三醋酯： $\left[C_6H_7O_2(OX)_3\right]_n$ 其中：X=H或CH_3CO，酯化度为2.76～3。
B.3.7	海藻纤维 alginate	ALG	从褐藻酸的金属盐中得到的纤维。	藻酸钙： 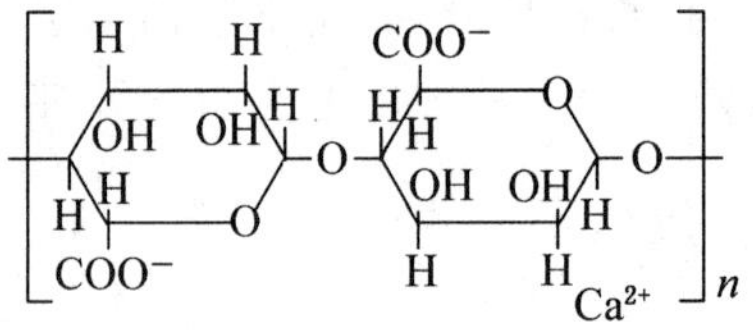
B.3.8	聚丙烯腈纤维（腈纶） acrylic	PAN	由分子链中至少有85%（以质量计）的丙烯腈重复单元的线型大分子组成的纤维。	聚丙烯腈： 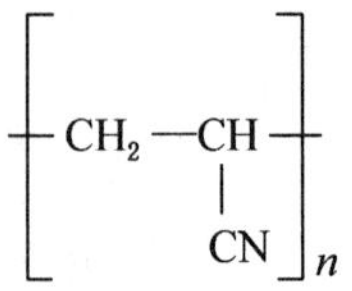 $\left[-CH_2-CH(CN)-\right]_n$ 及丙烯腈共聚物： 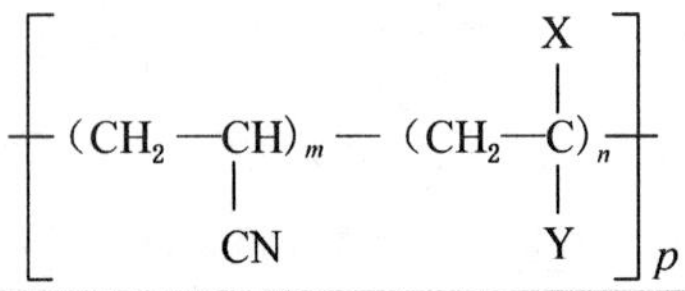 $\left[-(CH_2-CH(CN))_m-(CH_2-CXY)_n-\right]_p$

表 B.1（续）

条号	属　名	编码	区别特性	化学分子式示例
B.3.9	芳纶 aramid	AR	由酰胺或亚酰胺键连接芳香族基团所构成的线型大分子组成的纤维，至少有85%的酰胺或亚酰胺键直接与两个芳环相联结，且当亚酰胺键存在时，其数值不超过酰胺键数。	例1：$-[OC-\underline{Ar}-CO-NH-\underline{Ar}-NH]_n-$ 例2：$-[OC-C_6H_3(CO)_2N-\underline{Ar}-NH]_n-$ 注：例1中的芳香族基团可以相同或不同。 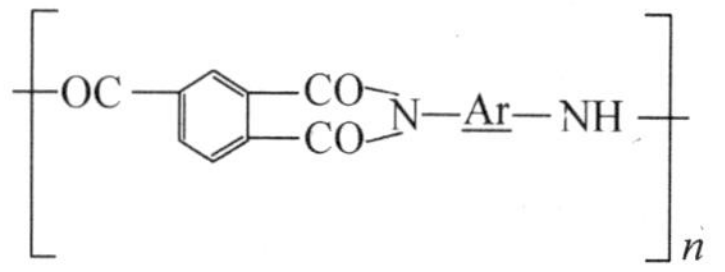
B.3.10	含氯纤维 chlorofibre	CLF	由分子链中含有50%以上(以质量计)的氯乙烯或偏氯乙烯链节(当分子链的其余部分为丙烯腈时，应有65%以上，以排除改性聚丙烯腈纤维)的线型大分子组成的纤维。	聚氯乙烯：$-[CH_2-CHCl]_n-$ 及聚偏氯乙烯：$-[CH_2-CCl_2]_n-$
B.3.11	弹性纤维[b] elastane	EL	由至少85%(质量)的聚氨基甲酸酯链段构成的纤维。这种纤维被拉伸至原长的三倍后再去除张力时，可迅速地基本上回复到原长。	具有重复的基团，弹性和刚性链段相交替的大分子。 $-O-CO-NH-$
B.3.12	二烯类弹性纤维[b,c] elastodiene	ED	由天然或合成的聚异戊二烯或由一种以上二烯类聚合物构成的纤维，其中二烯类聚合物可带有一种以上乙烯基单体，也可不带。这种纤维被拉伸至原长的三倍后再去除张力时，可迅速地基本上回复到原长。	从巴西三叶橡胶浆中提取的天然聚异戊二烯(已硫化)： 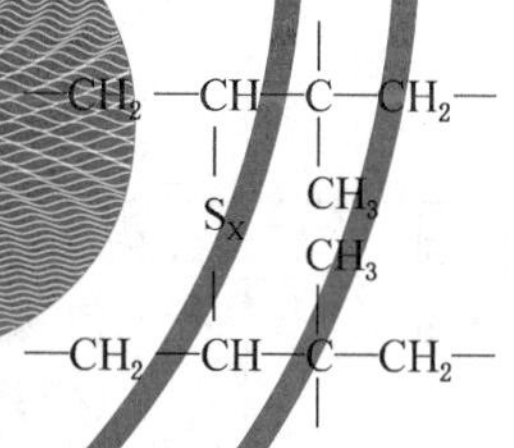 $-CH_2-CH(S_x)-C(CH_3)-CH_2-$ / $-CH_2-CH(S_x)-C(CH_3)-CH_2-$
B.3.13	含氟纤维 fluorofibre	PTFE	由脂肪族碳氟化合物单体的线型大分子构成的纤维。	聚四氟乙烯：$-[CF_2-CF_2]_n-$
B.3.14	改性聚丙烯腈纤维(改性腈纶) modacrylic	MAC	由分子链中至少含有50%但不到85%(质量)的丙烯腈的线型大分子构成的纤维。	丙烯腈共聚物： 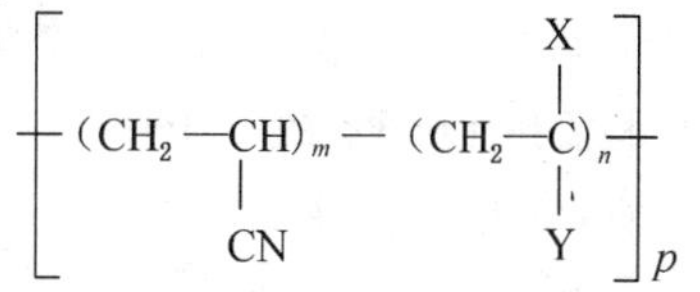 $-[(CH_2-CH(CN))_m-(CH_2-CXY)_n]_p-$
B.3.15	聚酰胺纤维[d] (锦纶) polyamide 或尼龙 nylon	PA	由重复的酰胺键的线型大分子构成的纤维，其中至少有85%的酰胺键与脂族的或脂环族的单元相连接。	聚己二酰己二胺(聚酰胺66) $-[NH-(CH_2)_6-NH-CO-(CH_2)_4-CO]_n-$ 聚己内酰胺(聚酰胺6) $-[NH-(CH_2)_5-CO]_n-$
B.3.16	聚酯纤维 (涤纶) polyester	PES[e]	由分子链中至少含有85%(质量)的二醇与对苯二酸酯的线型大分子构成的纤维。	聚对苯二甲酸乙二醇酯 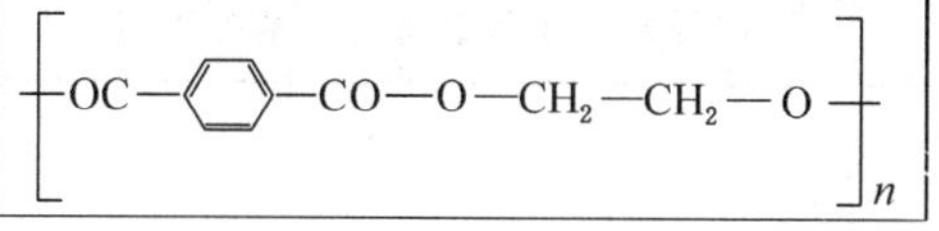 $-[OC-C_6H_4-CO-O-CH_2-CH_2-O]_n-$

表 B.1(续)

条号	属 名	编码	区别特性	化学分子式示例
B.3.17	聚乙烯纤维[f] (乙纶) polyethylene	PE	由未被取代的饱和脂肪族烃的线型大分子构成的纤维。	聚乙烯 $-\!\!\left[CH_2-CH_2\right]\!\!-_n$
B.3.18	聚酰亚胺纤维 Polyimide	PI	由分子链中含有重复的酰亚胺单元的合成线型大分子的纤维。	聚酰亚胺:
B.3.19	聚丙烯纤维[f] (丙纶) Polypropylene	PP	由饱和脂肪族烃的线型大分子构成的纤维,其中每两个碳原子中有一个带有一个甲侧基,一般是等规配置,且未被进一步取代的。	聚丙烯: $\left[-CH_2-\underset{CH_3}{\underset{\vert}{CH}}-\right]_n$
B.3.20	玻璃纤维[g] glass	GF	通过牵伸熔融的玻璃得到的纤维。	
B.3.21	聚乙烯醇纤维(维纶) Vinylal	PVAL	缩醛化程度不同的聚乙烯醇线型大分子。	缩醛化的聚乙烯醇: $\left[-(CH_2-\underset{OH}{\underset{\vert}{CH}})_m-(CH_2-\underset{O-R-O}{CH-CH_2-CH})_n-\right]_p$
B.3.22	碳纤维 carbon	CF	通过对有机纤维母体的热碳化得到的含碳量至少 90%(质量)的纤维。	
B.3.23	金属纤维[h] metal fibre	MTF	由金属得到的纤维。	

a 本国际标准中没有采用“rayon”(法语为 rayonne),因为这个词在各地的含义不同,尽管在某些国家通常代表纤维素纤维。每一个成员国宜自行确定其对这一问题的观点,必要时在其国家标准中规定。

b 构成弹性纤维类的一部分。

c 有时采用术语“橡胶”。

d 本国际标准的聚酰胺(polyamide)的定义仅涉及该纤维在技术和商业上的应用(例如 nylon 尼龙),未包含所有的聚酰胺化合物(在聚酰胺化合物中的芳族聚酰胺只代表其中的一种,它仅仅是作为区别于脂肪族的芳族聚酰胺纤维在尚未产生时而确定纤维命名时的一个延续)。

e 该编码在 ISO 1043(塑料)中用于聚醚砜。

f 构成聚烯烃类的一部分。

g 某些欧洲国家也称其长丝为“sillionne”,短纤维为“veranne”。

h 在纤维外涂覆金属这种情况下,应称为金属镀膜纤维(metallized fibers),而不是金属纤维(metal fibers)。

附 录 C
（资料性附录）
补充纤维名称

本附录所列纤维名称为市场上已经出现的，但在国家标准和行业标准中未规定的纤维，其名称仅供参考。

C.1 竹（原）纤维（bamboo fiber）：从竹子植物的茎部取得的一种天然纤维，与竹浆粘胶纤维不同。

C.2 甲壳素纤维（chitoin fiber）：以从天然甲壳素中提取的壳聚糖为原料制成的一种人造纤维。

C.3 聚乳酸纤维（polylactic acid fiber，PLA）：由85%及以上（以质量计）的、从玉米等谷物产生的糖中得到的乳酸酯单元组成的一种化学纤维。

C.4 聚对苯二甲酸丙二醇酯纤维（polytrimethylene terephthalate fiber，PTT）：以对苯二甲酸和1，3丙二醇作为单体制成的一种化学纤维。

C.5 包括2种或2种以上聚合物组分的纤维，用以下方法标明纤维名称，按含量的优先顺序列出每一种组分的名称＋复合纤维，组分之间用“/”分开。

示例1：

100% 丙纶/涤纶复合纤维

示例2：

50% 棉 50% 锦纶/涤纶复合纤维

C.6 主链上联有接枝组分的纤维，用以下方法标明纤维名称：接枝组分的名称＋改性＋主链的名称。

示例3：

100% 牛奶蛋白改性聚乙烯醇纤维

示例4：

70% 羊毛 30% 牛奶蛋白改性聚丙烯腈纤维

纺织纤维鉴别试验方法
第2部分:燃烧法

1 范围

FZ/T 01057的本部分规定了一种纺织纤维鉴别试验方法——燃烧法。

本方法适用于各种纺织纤维的初步鉴别,但对于经过阻燃整理的纤维不适用。

2 规范性引用文件

下列文件中的条款通过FZ/T 01057的本部分的引用而成为本部分的条款。凡是注日期的引用文件,其随后所有的修改单(不包括勘误的内容)或修订版均不适用于本部分,然而,鼓励根据本部分达成协议的各方研究是否可使用这些文件的最新版本。凡是不注日期的引用文件,其最新版本适用于本部分。

FZ/T 01057.1 纺织纤维鉴别试验方法 第1部分:通用说明

3 原理

根据纤维靠近火焰、接触火焰和离开火焰时的状态及燃烧时产生的气味和燃烧后残留物特征来辨别纤维类别。

4 仪器与工具

酒精灯、镊子、剪刀、放大镜等。

5 试样

试样的抽取和准备按FZ/T 01057.1的规定执行。

6 程序

6.1 从样品上取试样少许,用镊子夹住,缓慢靠近火焰,观察纤维对热的反应(如熔融、收缩)情况并作记录。

6.2 将试样移入火焰中,使其充分燃烧,观察纤维在火焰中的燃烧情况并作记录。

6.3 将试样撤离火焰,观察纤维离火后的燃烧状态并作记录。

6.4 当试样火焰熄灭时,嗅闻其气味并作记录。

6.5 待试样冷却后观察残留物的状态,用手轻捻残留物并作记录。

6.6 重复6.1~6.5,直至分辨出纤维基本类别。各种纤维燃烧状态参见附录A。

7 试验报告

试验报告包括下列内容:

a) 说明试验是按照本部分进行的;

b) 试样的信息;

c) 与规定程序的偏离;

d) 试样在各个试验阶段的观察记录;

e) 试样的纤维种类。

附　录　A
（资料性附录）
各种纤维燃烧状态的描述

表 A.1

纤维种类	燃烧状态			燃烧时的气味	残留物特征
	靠近火焰时	接触火焰时	离开火焰时		
棉	不熔不缩	立即燃烧	迅速燃烧	纸燃味	呈细而软的灰黑絮状
麻	不熔不缩	立即燃烧	迅速燃烧	纸燃味	呈细而软的灰白絮状
蚕丝	熔融卷曲	卷曲、熔融、燃烧	略带闪光燃烧有时自灭	烧毛发味	呈松而脆的黑色颗粒
动物毛绒	熔融卷曲	卷曲、熔融、燃烧	燃烧缓慢有时自灭	烧毛发味	呈松而脆的黑色焦炭状
竹纤维	不熔不缩	立即燃烧	迅速燃烧	纸燃味	呈细而软的灰黑絮状
粘纤、铜氨纤维	不熔不缩	立即燃烧	迅速燃烧	纸燃味	呈少许灰白色灰烬
莱赛尔纤维、莫代尔纤维	不熔不缩	立即燃烧	迅速燃烧	纸燃味	呈细而软的灰黑絮状
醋纤	熔缩	熔融燃烧	熔融燃烧	醋味	呈硬而脆不规则黑块
大豆蛋白纤维	熔缩	缓慢燃烧	继续燃烧	特异气味	呈黑色焦炭状硬块
牛奶蛋白改性聚丙烯腈纤维	熔缩	缓慢燃烧	继续燃烧有时自灭	烧毛发味	呈黑色焦炭状，易碎
聚乳酸纤维	熔缩	熔融缓慢燃烧	继续燃烧	特异气味	呈硬而黑的圆珠状
涤纶	熔缩	熔融燃烧冒黑烟	继续燃烧有时自灭	有甜味	呈硬而黑的圆珠状
腈纶	熔缩	熔融燃烧	继续燃烧冒黑烟	辛辣味	呈黑色不规则小珠，易碎
锦纶	熔缩	熔融燃烧	自灭	氨基味	呈硬淡棕色透明圆珠状
维纶	熔缩	收缩燃烧	继续燃烧冒黑烟	特有香味	呈不规则焦茶色硬块
氯纶	熔缩	熔融燃烧冒黑烟	自灭	刺鼻气味	呈深棕色硬块
偏氯纶	熔缩	熔融燃烧冒烟	自灭	刺鼻药味	呈松而脆的黑色焦炭状
氨纶	熔缩	熔融燃烧	开始燃烧后自灭	特异气味	呈白色胶状
芳纶 1414	不熔不缩	燃烧冒黑烟	自灭	特异气味	呈黑色絮状
乙纶	熔缩	熔融燃烧	熔融燃烧液态下落	石蜡味	呈灰白色蜡片状
丙纶	熔缩	熔融燃烧	熔融燃烧液态下落	石蜡味	呈灰白色蜡片状
聚苯乙烯纤维	熔缩	收缩燃烧	继续燃烧冒黑烟	略有芳香味	呈黑而硬的小球状
碳纤维	不熔不缩	象烧铁丝一样发红	不燃烧	略有辛辣味	呈原有状态
金属纤维	不熔不缩	在火焰中燃烧并发光	自灭	无味	呈硬块状

表 A.1（续）

纤维种类	燃烧状态			燃烧时的气味	残留物特征
	靠近火焰时	接触火焰时	离开火焰时		
石棉	不熔不缩	在火焰中发光，不燃烧	不燃烧，不变形	无味	不变形，纤维略变深
玻璃纤维	不熔不缩	变软，发红光	变硬，不燃烧	无味	变形，呈硬珠状
酚醛纤维	不熔不缩	象烧铁丝一样发红	不燃烧	稍有刺激性焦味	呈黑色絮状
聚砜酰胺纤维	不熔不缩	卷曲燃烧	自灭	带有浆料味	呈不规则硬而脆的粒状

座 椅 用 毛 织 品

1 范围

本标准规定了各类座椅用机织纯毛、毛混纺织品和毛交织产品的技术要求、试验方法、检验规则和包装标志等技术特征。

本标准适用于鉴定各类座椅用机织纯毛和毛混纺织品的品质。毛型化纤类产品可参照执行。

2 规范性引用文件

下列文件对于本文件的应用是必不可少的。凡是注日期的引用文件，仅注日期的版本适用于本文件。凡是不注日期的引用文件，其最新版本(包括所有的修改单)适用于本文件。

GB/T 250 纺织品 色牢度试验 评定变色用灰色样卡

GB/T 2910—2009(所有部分) 纺织品 定量化学分析

GB/T 3920 纺织品 色牢度试验 耐摩擦色牢度

GB/T 3922 纺织品耐汗渍色牢度试验方法

GB/T 3923.1 纺织品 织物拉伸性能 第1部分:断裂强力和断裂伸长率的测定 条样法

GB/T 4666 纺织品 织物长度和幅宽的测定

GB/T 4802.1 纺织品 织物起毛起球性能的测定 第1部分:圆轨迹法

GB/T 5455 纺织品 燃烧性能试验 垂直法

GB/T 5711 纺织品 色牢度试验 耐干洗色牢度

GB/T 5713 纺织品 色牢度试验 耐水色牢度

GB/T 8427—2008 纺织品 色牢度试验 耐人造光色牢度:氙弧

GB 9994 纺织材料公定回潮率

GB/T 12490—2007 纺织品 色牢度试验 耐家庭和商业洗涤色牢度

GB 18401 国家纺织产品基本安全技术规范

GB/T 21196.2 纺织品 马丁代尔法织物耐磨性的测定 第2部分:试样破损的测定

FZ/T 01026 纺织品 定量化学分析 四组分纤维混合物

FZ/T 01053 纺织品 纤维含量的标识

FZ/T 20008 毛织物单位面积质量的测定

FZ/T 20009 毛织物尺寸变化的测定 静态浸水法

FZ/T 20019 毛机织物脱缝程度试验方法

3 技术要求

技术要求包括安全性要求、实物质量、内在质量和外观质量。座椅用毛织品安全性应符合相关国家强制性标准要求;实物质量包括呢面、手感和光泽三项;内在质量包括幅宽偏差、平方米重量允差、静态尺寸变化率、纤维含量、起球、断裂强力、阻燃性能和染色牢度等项指标;外观质量包括局部性疵点和散布性疵点两项。

3.1 安全性要求

座椅用毛织品的基本安全技术要求应符合 GB 18401 的规定。

3.2 分等规定

3.2.1 座椅用毛织品的质量等级分为一等品、二等品，低于二等品的降为等外品。

3.2.2 座椅用毛织品的品等以匹为单位。按实物质量、内在质量和外观质量三项检验结果评定，并以其中最低一项定等。三项中最低品等有两项及以上同时降为二等品的，则直接降为等外品。

3.3 实物质量评等

3.3.1 实物质量系指织品的呢面、手感和光泽。凡正式投产的不同规格产品，应以一等品封样。供需双方建立封样，并经双方确认，检验时逐匹比照封样评等。

3.3.2 符合一等品封样则为一等品。

3.3.3 明显差于一等品封样则为二等品。

3.3.4 严重差于一等品封样则为等外品。

3.4 内在质量评等

3.4.1 内在质量的评等由物理指标和染色牢度综合评定，并以其中最低一项定等。

3.4.2 物理指标按表 1 规定评等。

表 1 物理指标要求

<table>
<tr><th colspan="2" rowspan="3">项目</th><th colspan="6">考核指标</th><th rowspan="3">备注</th></tr>
<tr><th colspan="2">航空航海类</th><th colspan="2">列车汽车、商用类</th><th colspan="2">家用类</th></tr>
<tr><th>一等品</th><th>二等品</th><th>一等品</th><th>二等品</th><th>一等品</th><th>二等品</th></tr>
<tr><td colspan="2">幅宽偏差/cm ≥</td><td>−3.0</td><td>−5.0</td><td>−3.0</td><td>−5.0</td><td>−3.0</td><td>−5.0</td><td></td></tr>
<tr><td colspan="2">平方米重量允差/%</td><td>−5.0～+7.0</td><td>−14.0～+10.0</td><td>−5.0～+7.0</td><td>−14.0～+10.0</td><td>−5.0～+7.0</td><td>−14.0～+10.0</td><td></td></tr>
<tr><td colspan="2">静态尺寸变化率/% ≥</td><td>−2.0</td><td>−2.5</td><td>−2.0</td><td>−2.5</td><td>−2.5</td><td>−3.0</td><td>纯毛产品允许放宽绝对值 0.5 个百分点、粘胶纤维含量超过 50% 的产品可按合约</td></tr>
<tr><td colspan="2">起球/级 ≥</td><td>3-4</td><td>3</td><td>3-4</td><td>3</td><td>3</td><td>2-3</td><td></td></tr>
<tr><td rowspan="2">断裂强力/N ≥</td><td>经向</td><td>600</td><td>500</td><td>600</td><td>500</td><td>400</td><td>350</td><td rowspan="2"></td></tr>
<tr><td>纬向</td><td>500</td><td>400</td><td>500</td><td>400</td><td>350</td><td>300</td></tr>
<tr><td colspan="2">耐磨/次 ≥</td><td>40 000</td><td>30 000</td><td>40 000</td><td>30 000</td><td>30 000</td><td>20 000</td><td></td></tr>
<tr><td colspan="2">脱缝程度/mm ≤</td><td>6</td><td>9</td><td>6</td><td>9</td><td>8</td><td>10</td><td></td></tr>
</table>

表 1 物理指标要求(续)

项目		考核指标						备注
		航空航海类		列车汽车、商用类		家用类		
		一等品	二等品	一等品	二等品	一等品	二等品	
阻燃性能 ≤	续燃时间/s	10		15		—		
	损毁长度/mm	150		200		—		
纤维含量/%		按 FZ/T 01053 执行						

3.4.3 染色牢度的评等按表 2 规定。

表 2 染色牢度指标要求

单位为级

项 目		考核指标					
		航空航海类		列车汽车、商用类		家用类	
		一等品	二等品	一等品	二等品	一等品	二等品
耐光色牢度 ≥	≤1/12 标准深度(浅色)	3	3	3	3	3	3
	>1/12 标准深度(深色)	4	3	4	3	4	3
耐水色牢度 ≥	变色	4	3-4	3-4	3	3-4	3
	沾色	4	3-4	3-4	3	3-4	3
耐汗渍色牢度 ≥	变色	4	3-4	3-4	3	3-4	3
	沾色	4	3-4	3-4	3	3-4	3
耐摩擦色牢度 ≥	干摩擦	4	3-4	3-4	3	3-4	3
	湿摩擦	3-4	3	3	2-3	3	2-3
耐洗色牢度 ≥	变色	4	3-4	3-4	3	3-4	3
	沾色	4	3-4	3-4	3	3-4	3
耐干洗色牢度 ≥	色泽变化	4	4	4	3-4	4	3-4
	溶剂变化	4	4	4	3-4	4	3-4

注 1:使用 1/12 深度卡判断面料的"浅色"或"深色"。
注 2:"只可干洗"类产品可不考核耐洗色牢度。
注 3:"手洗"和"可机洗"类产品可不考核耐干洗色牢度。
注 4:未注明"小心手洗"和"可机洗"类的产品耐洗色牢度按"可机洗"类执行。

3.5 外观质量评等

3.5.1 外观疵点按其对使用的影响程度与出现状态不同,分局部性外观疵点和散布性外观疵点两种,分别予以结辫和评等。

3.5.2 精梳座椅用毛织品外观疵点结辫、评等规定见表 3。

表 3 精梳座椅用毛织品外观疵点结辫、评等要求

<table>
<tr><th colspan="2">疵点名称</th><th>疵点程度</th><th>局部性结辫</th><th>散布性降等</th><th>备 注</th></tr>
<tr><td rowspan="8">经向</td><td>(1) 粗纱、细纱、双纱、松纱、紧纱、错纱、呢面局部狭窄</td><td>明显 10 cm～100 cm
大于 100 cm，每 100 cm
明显散布全匹
严重散布全匹</td><td>1
1</td><td>

二等
等外</td><td></td></tr>
<tr><td>(2) 油纱、污纱、异色纱、磨白纱、边撑痕、剪毛痕</td><td>明显 5 cm～50 cm
大于 50 cm，每 50 cm
散布全匹
明显散布全匹</td><td>1
1</td><td>

二等
等外</td><td></td></tr>
<tr><td>(3) 缺经、死折痕</td><td>明显经向 5 cm～20 cm
大于 20 cm，每 20 cm
明显散布全匹</td><td>1
1</td><td>

等外</td><td></td></tr>
<tr><td>(4) 经档(包括绞经档)、折痕(包括横折痕)、条痕水印(水花)、经向换纱印、边深浅、呢匹两端深浅</td><td>明显经向 40 cm～100 cm
大于 100 cm，每 100 cm
明显散布全匹
严重散布全匹</td><td>1
1</td><td>

二等
等外</td><td>边深浅色差 4 级为二等品，3-4 级及以下为等外品</td></tr>
<tr><td>(5) 条花、色花</td><td>明显经向 20 cm～100 cm
大于 100 cm，每 100 cm
明显散布全匹
严重散布全匹</td><td>1
1</td><td>

二等
等外</td><td></td></tr>
<tr><td>(6) 刺毛痕</td><td>明显经向 20 cm 及以内
大于 20 cm，每 20 cm
明显散布全匹</td><td>1
1</td><td>

等外</td><td></td></tr>
<tr><td>(7) 边上破洞、破边</td><td>2 cm～100 cm
大于 100 cm，每 100 cm
明显散布全匹
严重散布全匹</td><td>1
1</td><td>

二等
等外</td><td>不到结辫起点的边上破洞、破边 1 cm 以内累计超过 5 cm 者仍结辫一只</td></tr>
<tr><td>(8) 刺毛边、边上磨损、边字发毛、边字残缺、边字严重沾色、漂白织品的边上针锈、自边缘深入 1.5 cm 以上的针眼、针锈、荷叶边、边上稀密</td><td>明显 20 cm～100 cm
大于 100 cm，每 100 cm
散布全匹</td><td>1
1</td><td>

二等</td><td></td></tr>
<tr><td rowspan="2">纬向</td><td>(9) 粗纱、细纱、双纱、紧纱、错纱、换纱印</td><td>明显 10 cm 到全幅
明显散布全匹
严重散布全匹</td><td>1</td><td>
二等
等外</td><td></td></tr>
<tr><td>(10) 缺纱、油纱、污纱、异色纱、小辫子纱、稀缝</td><td>明显 5 cm 到全幅
散布全匹
明显散布全匹</td><td>1</td><td>
二等
等外</td><td></td></tr>
</table>

表 3　精梳座椅用毛织品外观疵点结辫、评等要求（续）

疵点名称		疵点程度	局部性结辫	散布性降等	备　注
经纬向	(11) 厚段、纬影、严重搭头印、严重电压印、条干不匀	明显经向 20 cm 以内	1		
		大于 20 cm，每 20 cm	1		
		明显散布全匹		二等	
		严重散布全匹		等外	
	(12) 薄段、纬档、织纹错误、蛛网、织稀、斑疵、补洞痕、轧梭痕、大肚纱、吊经条	明显经向 10 cm 以内	1		大肚纱 1 cm 为起点；0.5 cm 以内的小斑疵按注 2 规定
		大于 10 cm，每 10 cm	1		
		明显散布全匹		等外	
	(13) 破洞、严重磨损	2 cm 以内（包括 2 cm）	1		
		散布全匹		等外	
	(14) 毛粒、小粗节、草屑、死毛、小跳花、稀隙	明显散布全匹		二等	
		严重散布全匹		等外	
	(15) 呢面歪斜	素色织物 4 cm 起，格子织物 2.5 cm 起，40 cm～100 cm	1		
		大于 100 cm，每 100 cm	1		
		素色织物：			
		4 cm～6 cm 散布全匹		二等	
		大于 6 cm 散布全匹		等外	
		格子织物：			
		2.5 cm～5 cm 散布全匹		二等	
		大于 5 cm 散布全匹		等外	

注 1：自边缘起 1.5 cm 以内的疵点（有边线的指边线内缘深入布面 0.5 cm 以内的边上疵点）在鉴别品等时不予考核，但边上破洞、破边、边上刺毛、边上磨损、漂白织物的针锈及边字疵点都应考核。若疵点长度延伸到边内时，应连边内部分一起量计。

注 2：严重小跳花和不到结辫起点的小缺纱、小弓纱（包括纬停弓纱）、小辫子纱、小粗节、稀缝、接头洞和 0.5 cm 以内的小斑疵明显影响外观者，在经向 20 cm 范围内综合达 4 只，结辫一只。小缺纱、小弓纱、接头洞严重散布全匹降为等外品。

注 3：外观疵点中，如遇超出上述各项疵点规定的特殊情况，可按其对使用的影响程度参考类似疵点的结辫评等规定酌情处理。

注 4：散布性外观疵点中，特别严重影响使用性能者，按质论价。

注 5：边深浅评级按 GB/T 250 执行。

注 6：一等品不得有 1 cm 及以上的破洞、蛛网、轧梭，不得有严重纬档。

3.5.3　粗梳座椅用毛织品外观疵点结辫、评等规定见表 4。

表 4　粗梳座椅用毛织品外观疵点结辨、评等要求

	疵点名称	疵点程度	局部性结辨	散布性降等	备　注
经向	(1) 纱疵、经档、条痕、局部狭窄、破边、错纹、边字残缺、针锈、荷叶边	明显 10 cm～100 cm 大于 100 cm,每 100 cm 明显散布全匹 严重散布全匹	1 1	二等 等外	严重的油纱、色纱 5 cm 为起点
经向	(2) 缺经	明显 5 cm～100 cm 大于 100 cm,每 100 cm 明显散布全匹	1 1	等外	
经向	(3) 色花、两边两端深浅	明显 10 cm～100 cm 大于 100 cm,每 100 cm 明显散布全匹	1 1	等外	色花特别严重散布全匹等外品;边深浅 4 级为二等品,3-4 级及以下为等外品
经向	(4) 折痕、剪毛痕、跳花	明显 50 cm 及以内 大于 50 cm,每 50 cm 明显散布全匹	1 1	等外	跳花每 50 cm 范围内 4 只以上(包括 4 只),折痕不到结辫程度,但散布全匹降为二等品
纬向	(5) 纱疵、缺纬	明显 10 cm 到全幅 明显散布全匹 严重散布全匹	1	二等 等外	缺纬和严重油纱、色纱 5 cm 为起点;明显缺纬散布全匹降等外品
经纬向	(6) 纬档、厚薄段、轧梭、补洞痕、斑疵、磨损、大肚纱、稀缝、蛛网、钳损、条干不匀	明显 10 cm 及以内 大于 10 cm,每 10 cm 明显散布全匹	1 1	等外	条干不匀,明显散布全匹为二等品;严重散布全匹为等外品
经纬向	(7) 破洞	2 cm 及以内 散布全匹	1	等外	
经纬向	(8) 草屑、死毛、色毛、毛粒、夹花	明显散布全匹 严重散布全匹		二等 等外	
经纬向	(9) 呢面歪斜	素色织物 4 cm 起,格子织物 2.5 cm 起,100 cm 以内 大于 100 cm,每 100 cm 素色织物: 4 cm～7 cm 散布全匹 大于 7 cm 散布全匹 格子织物: 2.5 cm～5 cm 散布全匹 大于 5 cm 散布全匹	1 1	二等 等外 二等 等外	

表 4 粗梳座椅用毛织品外观疵点结辫、评等要求（续）

疵点名称	疵点程度	局部性结辫	散布性降等	备注
注 1：自边缘起 1.5 cm 以内的疵点（有边线的指边线内缘深入布面 0.5 cm 以内的边上疵点）在鉴别品等时不予考核，但破边、边字残缺、明显的针锈仍应考核。 注 2：缺纱、油纱、色纱、跳花虽不到结辫起点，但在经向 20 cm 内综合达 4 只，影响外观者结辫一只，如散布全匹，降为等外品。 注 3：外观疵点中，如遇超出上述各项疵点规定的特殊情况，可按其对服用的影响程度参考类似疵点的结辫评等规定酌情处理。 注 4：散布性外观疵点中，特别严重影响服用性能者，按质论价。 注 5：边深浅评级按 GB/T 250 执行。				

3.5.4 座椅用毛织品，以每匹平均 10 m 结辫一只为限（不足 10 m 按 10 m 计），每辫放尺 10 cm。

3.5.5 座椅用毛织品，每匹允许有一个拼段，但最短一段不短于 5 m，拼段时应品等相同，拼接两段色差不低于 4 级。

注：拼接两段色差按 GB/T 250 执行。

4 试验方法

4.1 物理试验采样

4.1.1 在同一品种、原料、织纹组织和工艺生产的总匹数中按表 5 规定随机取出相应的匹数。凡采样在两匹以上者，各项物理性能的试验结果，以算术平均数，作为该批的评等依据。

表 5 采样数量

一批或一次交货的匹数	批量样品的采样匹数
9 及以下	1
10～49	2
50～300	3
300 以上	总匹数的 1%

4.1.2 试样应在距大匹两端 5 m 以上部位（或 5 m 以上开匹处）裁取。裁取时不应歪斜，不应有分等规定中所列举的严重表面疵点。

4.1.3 色牢度试样以同一原料、品种，同一加工过程、染色工艺配方及色号为一批，或按每一品种每一万米抽一次（包括全部色号），不到一万米也抽一次，每份试样裁取 0.2 m 全幅。

4.2 各单项试验方法

4.2.1 幅宽试验按 GB/T 4666 执行（织物的幅宽也可由工厂在检验机上直接测量，但是在仲裁试验时，应按 GB/T 4666 执行）。幅宽偏差按附录 A 计算。

4.2.2 平方米重量允差试验按 FZ/T 20008 执行。

4.2.3 静态尺寸变化率试验按 FZ/T 20009 执行。

4.2.4 起球试验按 GB/T 4802.1 执行，并按精梳毛织品（光面）起球、精梳毛织品（绒面）起球或粗梳毛织品起球样照评级。

4.2.5 断裂强力试验按 GB/T 3923.1 执行。

4.2.6 耐磨试验按 GB/T 21196.2 执行。

4.2.7 脱缝程度试验按 FZ/T 20019 执行。

4.2.8 阻燃性能试验按 GB/T 5455 执行。

4.2.9 纤维含量试验按 GB/T 2910—2009、FZ/T 01026 执行，折合公定回潮率计算含量，公定回潮率按 GB 9994 执行。

4.2.10 耐光色牢度试验按 GB/T 8427—2008 方法 3 执行。

4.2.11 耐水色牢度试验按 GB/T 5713 执行。

4.2.12 耐汗渍色牢度试验按 GB/T 3922 执行。

4.2.13 耐摩擦色牢度试验按 GB/T 3920 执行。

4.2.14 耐洗色牢度试验"手洗"类产品按 GB/T 12490—2007（试验条件 A1S，不加钢珠）执行，"可机洗"类产品按 GB/T 12490—2007（试验条件 B1S，不加钢珠）执行。

4.2.15 耐干洗色牢度试验按 GB/T 5711 执行。

5 检验规则

5.1 检验织品外观疵点时，应将其正面放在与垂直线成 15°角的检验机台面上。在北光下，检验者在检验机的前方进行检验，织品应穿过检验机的下导辊，以保证检验幅面和角度。在检验机上应逐匹量计幅宽，每匹不得少于三处，每台检验机上检验员为两人。

注：检验织品外观疵点也可在 600 lx 及以上的等效光源下进行。

5.2 检验机规格如下：

——车速：14 m/min～18 m/min；

——大滚筒轴心至地面的距离：210 cm；

——斜面板长度：150 cm；

——斜面板磨砂玻璃宽度：40 cm；

——磨砂玻璃内装日光灯：40 W×（2 管～4 管）。

5.3 如因检验光线影响外观疵点的程度而发生争议时，以白昼正常北光下，在检验机前方检验为准。

5.4 收方按本标准进行验收。

5.5 物理指标复试规定：

原则上不复试，但有下列情况之一者，可进行复试：

3 匹平均合格，其中有 2 匹不合格，或 3 匹平均不合格，其中有 2 匹合格，可复试一次。

复试结果，3 匹平均合格，其中 2 匹不合格，或其中 2 匹合格，3 匹平均不合格，为不合格。

5.6 实物质量、外观疵点的抽验按同品种交货匹数的 4%进行检验，但不少于 3 匹。批量在 300 匹以上时，每增加 50 匹，加抽 1 匹（不足 50 匹的按 50 匹计）。抽验数量中，如发现实物质量、散布性外观疵点有 30%等级不符，外观质量判定为不合格；局部性外观疵点百米漏辫超过 2 只时，每个漏辫放尺 20 cm。

6 包装和标志

6.1 包装

6.1.1 包装方法和使用材料，以坚固和适于运输为原则。

6.1.2 每匹织品应正面向里对折成双幅或平幅，卷在纸板或纸管上加防蛀剂，用防潮材料或牛皮纸包好，纸外用绳扎紧。每匹一包。每包用布包装，缝头处加盖布，刷唛头。

6.1.3 因长途运输而采用木箱时，木板厚度不得低于1.5 cm，木箱应干燥，箱内应衬防潮材料。

6.2 标志

6.2.1 织品出厂时每包均应有工厂标志，并包括以下内容：制造厂名、品名、品号、原料成分、长度、等级、色号、出厂年月等（形式可由工厂自定）。

6.2.2 织品出厂时应标记商标。

7 其他

标准中的某些项目，如供需双方另有要求可按合约规定执行。

附　录　A
（规范性附录）
幅宽偏差计算方法

幅宽偏差按式(A.1)计算：

$$L = L_1 - L_2 \qquad \cdots\cdots(A.1)$$

式中：

L ——幅宽偏差，单位为厘米(cm)；

L_1——实际测量的幅宽值，单位为厘米(cm)；

L_2——幅宽设定值，单位为厘米(cm)。

家用纺织品防霉性能测试方法

警告:使用本标准微生物检验的人员应有微生物知识和正规实验室工作的实践经验。本标准并未指出所有可能的安全问题。使用者有责任采取适当的安全和健康措施,并保证符合国家有关法规规定的条件。

1 范围

本标准规定了采用浸渍法测定家用纺织品防霉性能的试验方法和效果评价。

本标准适用于洗浴用品、厨房用品、床上用品和装饰用品等家用纺织品。

本标准不涉及防霉剂的安全性评价,有关评价应按国家有关法规进行。

2 规范性引用文件

下列文件中的条款通过本标准的引用而成为本标准的条款。凡是注日期的引用文件,其随后所有的修改单(不包括勘误的内容)或修订版均不适用于本标准,然而,鼓励根据本标准达成协议的各方研究是否可使用这些文件的最新版本。凡是不注日期的引用文件,其最新版本适用于本标准。

GB/T 6682 分析实验室用水规格和试验方法

3 术语和定义

下列术语和定义适用于本标准。

3.1

防霉性能 anti-mould activity

样品具有的抑制霉菌孢子及菌丝体在纺织品上面生长繁殖的能力。

4 原理

在琼脂平板上的试样和对照样,接种适量的混合霉菌孢子液,置于合适的温度和湿度下培养一定时间后,观察霉菌在试样和对照样上的生长情况,评估试样的防霉性能。

5 仪器

5.1 高压灭菌锅:温度可保持在121 ℃,压力可保持在103 kPa。

5.2 天平:精确度0.01 g。

5.3 恒温恒湿培养箱:温度能保持在(28±1)℃,相对湿度能保持在95%以上。

5.4 二级生物安全柜或医用超净工作台。

5.5 冰箱:温度能保持在2 ℃~10 ℃。

5.6 培养皿:直径9 cm。

5.7 接种环。

5.8 移液管:10 mL、5 mL、1 mL,计量误差应小于1%。

5.9 血球计数板。

5.10 药棉或纱布(过滤用)。

5.11 试管、烧瓶、玻璃漏斗、酒精灯等实验室常用器具。

6 试验菌株

试验使用的霉菌菌株应由经认可的菌种保藏机构提供。根据需要,也可使用其他霉菌菌株进行试验，同时选配相应的培养基。

——黑曲霉 *Aspergillus niger*（CGMCC 3.5487 或 ATCC 16404）；

——绳状青霉 *Penicillium funiculosum*（CGMCC 3.3875 或 ATCC 10509）；

——球毛壳霉 *Chaetomium globosum*（CGMCC 3.4254或 ATCC 6205）。

注 1：ATCC，美国标准菌种中心。

注 2：CGMCC，中国微生物菌种保藏管理委员会普通微生物中心。

7 试剂及培养基

7.1 试验所用试剂应为分析纯或适用于微生物试验用的制剂。水为 GB/T 6682 中规定的三级水，即用于一般化学分析试验的蒸馏水或离子交换等方法制取的水。培养基配制溶解后，可按需要小瓶分装并高压蒸汽灭菌（121 ℃，103 kPa，15 min），冷却后，置 2 ℃～10 ℃保存，若超过一个月应废弃。

7.2 沙氏琼脂培养基

蛋白胨	10.0 g
葡萄糖	40.0 g
琼脂粉	20.0 g
水	1 000 mL
pH	5.6±0.2

加热溶解，调节 pH 后，分装、灭菌，少量倾注平板或斜面。

7.3 矿物盐琼脂培养基

硝酸铵（NH_4NO_3）	3.0 g
磷酸二氢钾（KH_2PO_4）	2.5 g
磷酸氢二钾（K_2HPO_4）	2.0 g
七水硫酸镁（$MgSO_4 \cdot 7H_2O$）	0.2 g
七水硫酸亚铁（$FeSO_4 \cdot 7H_2O$）	0.1 g
琼脂粉	20 g
水	1 000 mL

加热溶解，分装、灭菌，冷却至约 55 ℃时，倾注平板。

7.4 润湿液

吐温 80	0.1 mL～0.5 mL（事先做试验，不可影响霉菌的正常生长）
水	1 000 mL

搅拌溶解后，分装，灭菌，2 ℃～10 ℃保存备用。

7.5 滤纸片

将滤纸裁剪成长约 8.0 cm、宽约 1.5 cm 的长条状，以能平铺放入试管为宜，或剪成直径约为（3.8±0.5）cm 的圆形或边长约为（3.8±0.5）cm 的正方形后，置于加盖容器中，（71±3）℃，干热灭菌 1 h。取出，置于洁净工作室保存、备用。若超过一个月应重新灭菌。

8 样品准备

将试样和对照样裁剪成直径约为（3.8±0.5）cm 的圆形或边长约为（3.8±0.5）cm 的正方形。3 份试样，3 份对照样（没有对照样可用滤纸片代替），最好另取经防霉处理的滤纸片 1 份作阳性对照样。将样品置于加盖容器中，高压蒸汽灭菌（121 ℃，103 kPa，15 min），备用。

9 试验用混合孢子液的制备

9.1 菌种的培养

在无菌条件下，将预先干热处理的滤纸片（7.5）用润湿液（7.4）润湿后，置于沙氏琼脂培养基（7.2）的平板或试管斜面上，用接种环分别刮取各霉菌孢子，分别划线接种。在（28±1）℃、相对湿度≥95％条件下培养 7 d～21 d，以获得生长良好的霉菌孢子。

9.2 孢子原液的制备

分别制备各种霉菌孢子原液。用接种环刮取琼脂表面的各霉菌生长物，分别放入装有适量玻璃珠(直径 4 mm～5 mm)及适量无菌水的 50 mL 三角烧瓶中。振荡三角烧瓶，充分分散霉菌孢子后经灭菌药棉或八层纱布过滤，去除菌丝碎片和琼脂块，获得各霉菌孢子原液。

9.3 试验用混合孢子液的制备

先用血球计数板测定各霉菌孢子原液中的孢子浓度，再分别稀释使其浓度均为 1×10^6 个孢子/mL～5×10^6 个孢子/mL，即得各霉菌孢子试液。然后将各霉菌孢子试液以等体积混合，得到试验用混合孢子液。

10 试验操作步骤

取矿物盐琼脂平板(7.3)7 个，分别移取试验用混合孢子液(9.3)(1.0±0.1) mL 于各平板，轻晃平板，使其均匀分布于琼脂表面。再将预先经润湿液(7.4)润湿的 3 片试样、3 片对照样以及 1 片阳性对照样(第 8 章)，分别贴于 7 个矿物盐琼脂平板，然后在每片样品上均匀滴加试验用混合孢子液(9.3)(0.2±0.01) mL。将 7 个平板置于(28±1)℃、相对湿度≥95%的培养箱内培养一定时间后，观察样品上霉菌的生长情况。

11 结果评估与报告

当 3 片对照样上霉菌生长面积达到 70%以上时(一般 7 d～21 d)，试样可作结果判定。若 3 片试样长霉程度差异较大时，以长霉程度最严重者报告等级。若对照样霉菌生长很少(小于目测面积的 70%)，则应查找原因，重做试验。试样的防霉性能定性评价见表 1。

表 1 试样的防霉试验结果判定

等级	长霉程度	试样上的霉菌生长情况
0 级	无生长	未见霉菌生长(可能周围有抑菌区域)
1 级	微量生长	霉菌生长繁殖稀少，生长范围小于总面积 10%
2 级	轻微生长	霉菌轻微生长或松散分布，占总面积 10%～30%
3 级	中量生长	霉菌中度生长和繁殖，占总面积 30%～70%
4 级	严重生长	霉菌大量生长繁殖，占总面积 70%以上

12 试验报告

报告至少应给出以下内容：

a) 试验是按本标准进行的；

b) 样品和对照样的描述；

c) 试验霉菌名称、编号及接种浓度；

d) 抗霉菌效果评定，描述霉菌生长情况，有条件可放入试样及对照样的照片；

e) 试验人员和试验日期；

f) 任何偏离本标准的情况。

枕、垫类产品

1 范围

本标准规定了枕、垫类产品的要求、抽样、试验方法、检验规则、标志和包装。

本标准适用于以纺织纤维为主要原料的各种枕、垫类产品。

2 规范性引用文件

下列文件中的条款通过本标准的引用而成为本标准的条款。凡是注日期的引用文件，其随后所有的修改单(不包括勘误的内容)或修订版均不适用于本标准，然而，鼓励根据本标准达成协议的各方研究是否可使用这些文件的最新版本。凡是不注日期的引用文件，其最新版本适用于本标准。

GB 250 评定变色用灰色样卡[idt ISO 105/A02]

GB/T 2828—1987 逐批检查计数抽样程序及抽样表(适用于连续批的检查)

GB/T 2910 纺织品 二组分纤维混纺产品定量化学分析方法[eqv ISO 1833]

GB/T 2911 纺织品 三组分纤维混纺产品定量化学分析方法[eqv ISO 5088]

GB/T 3920 纺织品 色牢度试验 耐摩擦色牢度[eqv ISO 105/X12]

GB/T 3921.3 纺织品 色牢度试验 耐洗色牢度:试验 3[eqv ISO 105/C03]

GB/T 3922 纺织品耐汗渍色牢度试验方法[eqv ISO 105/E04]

GB/T 3923.1 纺织品 织物拉伸性能:断裂强力和断裂伸长率的测定 条样法

GB/T 4802.2 纺织品 织物起球试验 马丁代尔法

GB 5296.4 消费品使用说明 纺织品和服装使用说明

GB/T 5711 纺织品 色牢度试验 耐干洗色牢度[eqv ISO 105/D01]

GB/T 8170 数值修约规则

GB/T 8427—1998 纺织品 色牢度试验 耐人造光色牢度:氙弧

GB/T 8628 纺织品 测定尺寸变化的试验中织物试样和服装的准备、标记及测量

GB/T 8629 纺织品 试验用家庭洗涤和干燥程序

GB/T 8630 纺织品 洗涤和干燥后尺寸变化的测定

GB/T 14801 机织物与针织物纬斜和弓斜试验方法

GB/T 15239—1994 孤立批计数抽样检验程序及抽样表

GB 18401 纺织品 甲醛含量的限定

3 术语和定义

下列术语和定义适用于本标准。

3.1

枕(芯) pillow

由织物经缝制并装有填充物(如纺织纤维或发泡材料等)，用作躺时枕在头下的物品。分为可直接使用洗涤的枕和不可洗涤需加套才可使用的枕芯。

3.2

垫(芯) cushion

由织物经缝制并装有填充物(如纺织纤维或发泡材料等)，用作休息时作支撑或缓冲的物品，如靠垫、坐垫、床垫等。分为可直接使用洗涤的垫和不可洗涤需加套才可使用的垫芯。

3.3

填充物　filling

具有一定弹性的、填于两层织物中间起支撑作用的材料。

3.4

枕、垫套　sheath

可脱卸的保护性外套，可进行干洗或水洗。

4　要求

4.1　枕、垫类产品的质量分内在质量和外观质量。内在质量包括填充物质量偏差率、纤维含量偏差、面料断裂强力、水洗尺寸变化率、面料起球性能和色牢度；外观质量包括规格尺寸偏差率、纬斜、色花、色差、外观疵点、图案质量、缝针质量、绗缝质量和缝纫质量。

4.2　分等规定

4.2.1　枕、垫类产品的品等分为优等品、一等品和合格品。

4.2.2　枕、垫类产品的等级由内在质量和外观质量结合评定，以其中的最低等评定。

4.2.3　枕、垫类产品的内在质量按批(同一批号、同一规格的产品)评等，外观质量按件评等。

4.3　枕、垫类产品的内在质量指标见表1。

表1

序号	考核项目			计量单位	优等品	一等品	合格品	备注
1	填充物质量偏差率			%	−3.0	−5.0	−7.0	
2	纤维含量偏差	面料		%	按FZ/T 01053执行			
		填充物			±10.0			
3	面料断裂强力　≥			N	250			考核经纬向
4	水洗尺寸变化率			%	+2.0～−3.0	+2.0～−4.0	+2.0～−5.0	考核经纬向；水洗产品考核
5	面料起球性能　≥			级	4	—	—	
6	色牢度≥	耐光	变色	级	4	4	3	
		耐洗	变色		3—4	3—4	3	水洗产品考核
			沾色		3—4	3—4	3	
		耐干洗	变色		4	3—4	3	干洗产品考核
			液沾色		4	3—4	3	
		耐汗渍	变色		4	3—4	3	
			沾色		4	3—4	3	
		耐摩擦	干摩		4	3—4	3	
			湿摩		3—4	3	2—3	

注1：枕芯、垫芯考核1、2项。

注2：枕套、垫套考核2、3、4、5、6项。

注3：枕、垫全项考核。

4.4　枕、垫类产品的外观质量要求见表2。

表 2

<table>
<tr><td colspan="2">考核项目</td><td>优等品</td><td>一等品</td><td>合格品</td></tr>
<tr><td colspan="2">规格尺寸偏差率/(%)</td><td>±1.5</td><td>±2.5</td><td>±3.5</td></tr>
<tr><td colspan="2">纬斜、花斜/(%) ≤</td><td>3.0</td><td colspan="2">4.0</td></tr>
<tr><td colspan="2">色花、色差/级 ≥</td><td>4—5</td><td>4</td><td>3</td></tr>
<tr><td rowspan="5">外观疵点</td><td>破损、针眼</td><td>不允许</td><td>不允许</td><td>破损不允许，针眼长度小于20 cm</td></tr>
<tr><td>色、污渍</td><td>不允许</td><td>不允许</td><td>轻微允许 3 处/件</td></tr>
<tr><td>线状疵点</td><td>不允许</td><td>轻微允许 1 处/件</td><td>明显允许 1 处/件</td></tr>
<tr><td>条块状疵点</td><td>不允许</td><td>轻微允许 1 处/件</td><td>明显允许 1 处/件</td></tr>
<tr><td>印花不良</td><td>不允许</td><td>轻微搭、沾、渗色，漏印，不影响外观</td><td>不影响整体外观</td></tr>
<tr><td colspan="2">图案质量</td><td>图案整体位正不偏</td><td>图案整体位偏，大件不超过3 cm，小件不超过 2 cm</td><td>不影响整体外观</td></tr>
<tr><td rowspan="2">缝针质量</td><td>缝纫针</td><td rowspan="2">无跳针、浮针、漏针、偏针、脱线</td><td>无跳针、浮针、漏针、脱线；偏针不超过 0.5 cm/20 cm</td><td>跳针、浮针、漏针、脱线 1 针/处，每件产品不超过 3 处；偏针不超过 0.5 cm/20 cm</td></tr>
<tr><td>绗缝针</td><td colspan="2">跳针、浮针、漏针、脱线每处不超过 1 cm，不允许超过5 处/件</td></tr>
<tr><td colspan="2">绗缝质量</td><td colspan="3">轨迹流畅、平服，无折皱夹布；绗缝起止处必须打回针，接针套正，无线头；同针迹整齐均匀</td></tr>
<tr><td colspan="2">缝纫质量</td><td colspan="3">轨迹匀、直、牢固，卷边拼缝平服齐直，宽狭一致，不露毛，面/里料缝制错位小于 1 cm；接针套正，边口处必须打回针。
针迹密度：平缝≥10 针/3 cm；包缝≥9 针/3 cm</td></tr>
<tr><td colspan="5">注 1：疵点轻微、明显程度见附录 A。
注 2：枕套、垫套规格尺寸只考核负偏差。
注 3：最大尺寸(长方向或宽方向)>100 cm 为大件，≤100 cm 为小件。
注 4：绗缝针密不考核。</td></tr>
</table>

4.5 应选用适合所用面料的钮扣、拉链等附件，附件经洗涤后应不变形、不变色。

4.6 产品应符合国家有关纺织品强制标准的要求。

4.7 特殊要求按双方合同协议的约定执行。

5 抽样

5.1 内在质量检验抽样数量按照 GB/T 2828—1987 正常检查一次抽样方案，特殊检查水平 S-1，合格质量水平 AQL=1.5，具体方案见表 3。

表 3

批量范围 N	样本大小 n	合格判定数 A_c	不合格判定数 R_e
1～50	2	0	1
51～500	3	0	1
501～35 000	5	0	1
>35 000	8	0	1

5.2 内在质量检验样品从检验批中随机抽取。

5.3 外观质量检验抽样数量按 GB/T 15239—1994 模式 B，一次性抽样方案，检查水平Ⅰ，质量水平 LQ＝20.0，具体方案见表 4。

表 4

批量范围 N	样本大小 n	合格判定数 A_c	不合格判定数 R_e
1～500	20	1	2
501～1 200	32	3	4
1 201～3 200	50	5	6
＞3 200	80	10	11

5.4 外观质量检验样本应从检验批中随机抽取，外包装应完整无缺。

5.5 实施抽样时，当样本大小 n 大于批量 N 时，实施全检，合格判定数 A_c 为 0。

5.6 监督抽样、质量仲裁、合同协议等对抽样方案另有规定，按有关规定执行。

6 试验方法

6.1 内在质量检测

6.1.1 填充物质量偏差率的测定：

6.1.1.1 测试、平衡条件为温度 20℃±2℃，相对湿度 65%±3%的标准大气。

6.1.1.2 仪器：精度为±2 g 的衡器。

6.1.1.3 首先将产品放置上述条件下平衡 24 h，称其去掉外包装的整体质量，精确到 2 g。

6.1.1.4 填充物质量偏差率按式(1)计算：

$$M(\%) = \frac{m_1 - m_0}{m_0} \times 100 \qquad \cdots\cdots(1)$$

式中：

M ——填充物质量偏差率，%；

m_0——填充物质量工艺设计值，单位为克(g)；

m_1——填充物质量实测值，单位为克(g)。

6.1.2 纤维含量按 GB/T 2910 和 GB/T 2911 执行。含毛产品结合公定回潮率计算结果。填充物纤维含量取样方法按附录 B 执行。

6.1.3 断裂强力按 GB/T 3923.1 执行。

6.1.4 水洗尺寸变化率按 GB/T 8628，GB/T 8629，GB/T 8630 标准执行，选用 5A 程序，干燥方法 A。

6.1.5 起球性能按 GB/T 4802.2 执行，用 TWC-W1 SM50 精纺面料(光面)样照评级。

6.1.6 耐光色牢度按 GB/T 8427—1998 方法 3 执行。

6.1.7 耐洗色牢度按 GB/T 3921.3 执行。

6.1.8 耐汗渍色牢度按 GB/T 3922 执行。

6.1.9 耐摩擦色牢度按 GB/T 3920 执行。

6.1.10 耐干洗色牢度按 GB/T 5711 执行。

6.1.11 数值修约按 GB/T 8170 执行。

6.2 外观质量检验

6.2.1 外观质量检验时产品表面照度不低于 600 lx，检验人员眼部距产品约 1 m 左右，检验人员以目光进行检验。

6.2.2 规格尺寸偏差率的测定

6.2.2.1 工具：钢卷尺。

6.2.2.2 将产品平摊在检验台上，用手轻轻理平，使产品呈自然伸缩状态，用钢卷尺在整个产品长、宽方向的四角处测量(有边产品测量实际外围尺寸)，精确到毫米(mm)。

6.2.2.3 规格尺寸偏差率按式(2)计算：

$$P(\%)=\frac{L_1-L_0}{L_0}\times 100 \qquad \cdots\cdots(2)$$

式中：

P ——规格尺寸偏差率，%；

L_0——产品规格尺寸明示值，单位为毫米(mm)；

L_1——产品规格尺寸实测值，单位为毫米(mm)。

6.2.3 纬斜、花斜按 GB/T 14801 执行。

6.2.4 色差、色花用 GB 250 评定变色用灰色样卡进行评定。

7 检验规则

7.1 单件产品内在质量、外观质量分别按表 1、表 2 中最低一项评等，综合质量按内在质量和外观质量中的最低等评定。

7.2 批判定时内在质量按表 3 执行，外观质量批判定按表 4 执行。不合格数小于或等于 A_c，则判检验批合格；不合格数大于或等于 R_e，则判检验批不合格。

7.3 综合质量批判定按内在质量抽样检查和外观质量抽样检查中最低等评定。

8 标志、包装

8.1 产品使用说明应符合 GB 5296.4 的要求。

8.2 产品应标明规格尺寸、填充物质量、面料及填充物纤维名称及含量。

8.3 每件产品应有包装，包装大小根据具体产品而定。包装材料应选择适当，应保证不散落、不破损、不沾污、不受潮。

8.4 用户有特殊要求的，供需双方协商确定。

附　录　A
（资料性附录）
外观疵点及程度说明

A.1　线状疵点：沿经向或纬向延伸的，宽度不超过 0.2 cm 的所有各类疵点。

A.2　条块状疵点：沿经向或纬向延伸的，宽度超过 0.2 cm 的疵点，不包括色、污渍。

A.3　破损：相邻的纱、线断 2 根及以上的破洞，破边，0.3 cm 及以上的跳花。

A.4　疵点轻微、明显程度规定见表 A.1。

表 A.1

<table>
<tr><th>疵点</th><th colspan="3">程度说明</th></tr>
<tr><td>印染疵</td><td colspan="3">参比 GB 250 评定变色用灰色样卡，3—4 级及以上为轻微，3—4 级以下为明显</td></tr>
<tr><td rowspan="4">纱、织疵</td><td rowspan="2">线状</td><td>轻微</td><td>粗度不大于纱支 3 倍的粗经，线状错经，稀 1～2 根纱的筘路，粗度不大于纱支 3 倍的粗纬，双纬，线状百脚，竹节纱等</td></tr>
<tr><td>明显</td><td>粗度大于纱支 3 倍的粗经，锯齿状错经，断经，跳纱，稀 2 根纱以上的筘路，粗度大于纱支 3 倍的粗纬、竹节纱，脱纬，锯齿状百脚，一梭 3 根的多纱，色、油、污纱等</td></tr>
<tr><td rowspan="2">条块状</td><td>轻微</td><td>杂物织入，条干不匀，经缩波纹，叠起来看不易发现的稀密路，折痕不起毛</td></tr>
<tr><td>明显</td><td>并列跳纱，明显影响外观的杂物织入、条干不匀，叠起来看容易发现的稀密路，折痕起毛，经缩浪纹，宽 0.2 cm 以上的筘路、针路等</td></tr>
</table>

附　录　B
（规范性附录）
填充物纤维含量取样方法

B.1　填充物纤维含量取样方法按图 B.1，在各取样处随机抽取约 10 g 样品，将每份样品自己充分混合均匀，组成第一组的 8 个混合样品。

B.2　按图 B.2 所示，将第一组混合样品中的第 1 个样品与第 2 个样品合并混合，再分成两半，丢弃一半，保留一半；第 3 个样品与第 4 个样品合并混合，同样分成两半，丢弃一半，保留一半……第 7 个样品与第 8 个样品合并混合，再分成两半，丢弃一半，保留一半。组成第二组的 4 个混合样品。

B.3　将第二组混合样品中的第 1 个样品与第 2 个样品合并混合，再分成两半，丢弃一半，保留一半；第 3 个样品与第 4 个样品合并混合，再分成两半，丢弃一半，保留一半；组成第三组的 2 个混合样品。

B.4　将第三组的混合样品按第二组方法分样，最后得到一个约 10 g 的试验室试验样品，供纤维含量测试用。

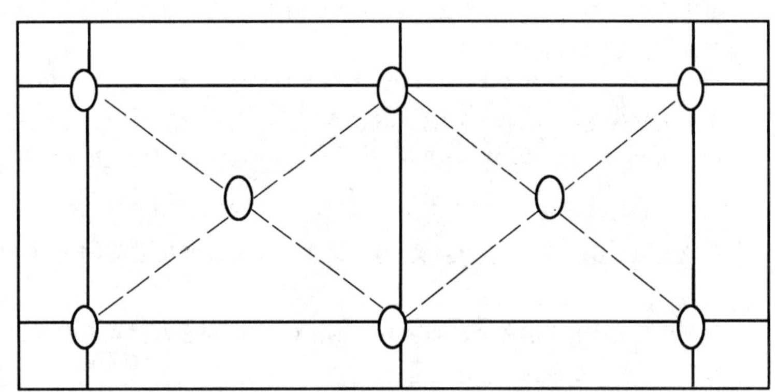

图 B.1

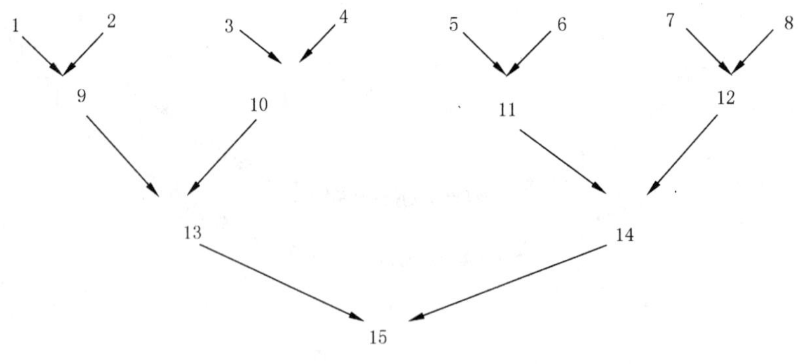

图 B.2

布艺类产品　第3部分:家具用纺织品

1　范围

FZ/T 62011的本部分规定了布艺类产品——家具用纺织品的术语和定义、要求、抽样、试验方法、检验规则和包装。

本部分适用于以纺织纤维为原料的机织家具用纺织品。

2　规范性引用文件

下列文件中的条款通过FZ/T 62011的本部分的引用而成为本部分的条款。凡是注日期的引用文件,其随后所有的修改单(不包括勘误的内容)或修订版均不适用于本部分,然而,鼓励根据本部分达成协议的各方研究是否可使用这些文件的最新版本。凡是不注日期的引用文件,其最新版本适用于本部分。

GB 250　评定变色用灰色样卡(GB 250—1995,idt ISO 105-A02:1993)

GB/T 3917.2　纺织品　织物撕破性能　第2部分:舌形试样撕破强力的测定

GB/T 3920　纺织品　色牢度试验　耐摩擦色牢度(GB/T 3920—1997,eqv ISO 105-X12:1993)

GB/T 3921.3　纺织品　色牢度试验　耐洗色牢度　试验3(GB/T 3921.3—1997,eqv ISO 105-C03:1989)

GB/T 3923.1　纺织品　织物拉伸性能　第1部分:断裂强力和断裂伸长率的测定　条样法

GB/T 5711　纺织品　色牢度试验　耐干洗色牢度(GB/T 5711—1997,eqv ISO 105-D01:1993)

GB/T 8427　纺织品　色牢度试验　耐人造光色牢度:氙弧(GB/T 8427—1998,eqv ISO 105-B02:1994)

GB/T 8629　纺织品　试验用家庭洗涤和干燥程序(GB/T 8629—2001,eqv ISO 6330:2000)

GB/T 8630　纺织品　洗涤和干燥后尺寸变化的测定(GB/T 8630—2002,ISO 5077:1984,MOD)

GB/T 13772.1　机织物中纱线抗滑移性测定方法　缝合法

FZ/T 80007.3　使用粘合衬服装耐干洗测试方法

3　术语和定义

下列术语和定义适用于FZ/T 62011的本部分。

3.1

布艺类产品　indoor ornamental textiles

主要部分由纺织原料制成,用于室内,具有装饰和/或实用功能的纺织制品。主要分为帷幔、餐用纺织品、家具用纺织品、室内装饰物。

3.2

家具用纺织品　slipcover

主要以纺织品为原料制成的家具和可以脱卸的家具中的纺织制品,如:布艺沙发、家具铺盖物、家具套等。

4　要求

4.1　家具用纺织品产品的质量包括内在质量和外观质量,质量等级分为优等品、一等品和合格品。

4.2　家具用纺织品产品的内在质量包括强力、纱线滑移、水洗尺寸变化率、干洗尺寸变化率和色牢度,指标内容见表1。

表 1　家具用纺织品产品内在质量要求

序号	考核项目		计量单位	优等品	一等品	合格品	备　　注
1	强力　　≥	断裂强力	N	250	220		
		撕破强力		20	13		
2	纱线滑移　　≤		mm	4	6	7	
3	水洗尺寸变化率		%	±2.5	±3.0		适用于可水洗产品
4	干洗尺寸变化率		%	±2.5	±3.0		适用于可干洗产品
5	耐洗色牢度　≥	变色	级	4	3—4	3	适用于可水洗产品
		沾色		4	3—4	3	
	耐干洗色牢度　≥	变色		4	3—4	3	适用于可干洗产品
		液沾色		4	3—4	3	
	耐摩擦色牢度　≥	干摩擦		4	3—4	3	
		湿摩擦		3—4	3	2—3	
	耐光色牢度　≥	变色		5	4	3	

4.3 家具用纺织品产品的外观质量包括色差、外观疵点、工艺要求、缝制质量，要求见表 2。

表 2　家具用纺织品产品外观质量要求

序号	考核项目		优等品	一等品	合格品	备注
1	色差/级　　≥		4—5	4	3—4	适用于同件产品
2	外观疵点	破洞	不允许			
		针眼	不允许	不明显，长度小于 20 cm		
		色、污渍	不允许	3—4 级沾污		累计不允许超过 1 处/件
		线状疵点	不允许	轻微允许		累计不允许超过 2 处/件
		条块状疵点	不允许	轻微允许		
		印花不良	不允许	轻微搭、沾、渗色，漏印，不影响整体外观	不影响外观	
3	工艺要求	图案质量	图案整体位正不偏		不影响外观	
		造型质量	整体造型美观、形象自然、布局合理		不影响外观	
4	缝制质量	缝针质量	无跳、浮、漏、偏针和脱线	无跳、浮、漏针和脱线；偏针不超过 0.5 cm/20 cm		
		绗缝质量	轨迹流畅、平服，无折皱夹布；绗缝起止处应打回针，接针套正，无线头；同针迹整齐均匀			适用于绗缝产品
		缝纫质量	轨迹均、直、牢固，卷边拼缝平服齐直，宽狭一致，不露毛，面/里料缝制错位小于 1 cm；接针套正，边口处应打回针。针迹密度：平缝≥8 针/3 cm；包缝≥9 针/3 cm；三角针≥8 针/3 cm；包梗针≥23 针/3 cm			
注：外观疵点及程度说明参见附录 A。						

4.4 特殊要求按双方合同、协议的约定执行。

5 抽样

5.1 家具用纺织品产品内在质量检验抽样数量及方案见表3。

表3 家具用纺织品产品质量检验抽样数量方案

批量范围 N	样本大小 n	合格判定数 Ac	不合格判定数 Re
1～500	1	0	1
501～35 000	2	0	1
>35 000	3	0	1

5.2 家具用纺织品产品的外观质量检验抽样数量及方案见表4。

表4 家具用纺织品产品外观质量检验抽样数量方案

批量范围 N	样本大小 n	合格判定数 Ac	不合格判定数 Re
1～500	20	1	2
501～1 200	32	3	4
1 201～3 200	50	5	6
>3 200	80	10	11

5.3 当样本大小 n 大于批量 N 时，实施全检，合格判定数 Ac 为0。

5.4 家具用纺织品质量检验样品应从检验批中随机抽取，外包装应完整无损。

5.5 监督抽查、质量仲裁、合同协议等，对抽样方案另有规定的，按相关规定执行。

6 试验方法

6.1 内在质量检验

6.1.1 断裂强力按 GB/T 3923.1 执行。

6.1.2 撕破强力按 GB/T 3917.2 执行，试验采用单舌法。

6.1.3 纱线滑移按 GB/T 13772.1 执行，试验采用方法 B，定负荷 180 N。

6.1.4 水洗尺寸变化率按 GB/T 8630 执行，试验采用 GB/T 8629 中 5A 程序，干燥方法 F。

6.1.5 干洗尺寸变化率按 FZ/T 80007.3 执行。

6.1.6 耐洗色牢度按 GB/T 3921.3 执行。

6.1.7 耐干洗色牢度按 GB/T 5711 执行。

6.1.8 耐摩擦色牢度按 GB/T 3920 执行。

6.1.9 耐光色牢度按 GB/T 8427 执行，试验采用方法3。

6.2 外观质量检验

6.2.1 工具：色卡、钢尺。

6.2.2 检验时产品表面照度不低于 600 lx，检验人员眼部距产品约 1 m 左右，检验人员用钢尺测量，以目光、手感等进行检验。

6.2.3 色差用 GB 250 评定变色用灰色样卡进行评定。

7 检验规则

7.1 单件家具用纺织品质量按表1和表2中最低一项评等。

7.2 家具用纺织品质量批判定按抽样检查表3和表4执行。

7.3 抽样检验后，不合格数小于或等于 Ac，则判检验批合格；不合格数大于或等于 Re，则判检验批不合格。

8 包装

产品应分类包装，每件产品包装大小根据具体的产品而定。包装材料应选择适当，确保产品不散落、不破损、不沾污、不潮湿。用户有特殊要求的，按供需双方协商确定。

附 录 A
（资料性附录）
外观疵点及程度说明

A.1 线状疵点：沿经向或纬向延伸的，宽度不超过 0.2 cm 的所有各类疵点。

A.2 条块状疵点：沿经向或纬向延伸的，宽度超过 0.2 cm 的疵点，不包括色、污渍。

A.3 破损：相邻的纱、线断 2 根及以上的破洞，破边，0.3 cm 及以上的跳花。

A.4 疵点轻微、明显程度规定见表 A.1。

表 A.1 疵点程度

<table>
<tr><td>印染疵</td><td colspan="3">对比 GB 250 评定变色用灰色样卡，3—4 级及以上为轻微，3—4 级以下为明显</td></tr>
<tr><td rowspan="4">纱、织疵</td><td rowspan="2">线状</td><td>轻微</td><td>粗度不大于纱支 3 倍的粗经，线状错经，稀 1 根～2 根纱的筘路，粗度不大于纱支 3 倍的粗纬，双纬，线状百脚，竹节纱等</td></tr>
<tr><td>明显</td><td>粗度大于纱支 3 倍的粗经，锯齿状错经，断经，跳纱，稀 2 根纱以上的筘路，粗度大于纱支 3 倍的粗纬、竹节纱，脱纬，锯齿状百脚，一梭 3 根的多纱，色、油、污纱等</td></tr>
<tr><td rowspan="2">条块状</td><td>轻微</td><td>杂物织入，条干不匀，叠起来看不易发现的稀密路，折痕不起毛，经缩波纹</td></tr>
<tr><td>明显</td><td>并列跳纱，明显影响外观的杂物织入、条干不匀，叠起来看容易发现的稀密路，折痕起毛，经缩浪纹，宽 0.2 cm 以上的筘路、针路等</td></tr>
</table>

羊 绒 针 织 品

1 范围

本标准规定了羊绒针织品的技术要求、试验方法、检验及验收规则和包装标志。

本标准适用于鉴定精、粗梳纯羊绒针织品和含羊绒30%及以上的羊绒混纺针织品的品质。

2 规范性引用文件

下列文件中的条款通过本标准的引用而成为本标准的条款。凡是注日期的引用文件，其随后所有的修改单(不包括勘误的内容)或修订版均不适用于本标准，然而，鼓励根据本标准达成协议的各方研究是否可使用这些文件的最新版本。凡是不注日期的引用文件，其最新版本适用于本标准。

GB/T 250 纺织品 色牢度试验 评定变色用灰色样卡(GB/T 250—2008,ISO 105-A02:1993,IDT)

GB/T 2828.1—2003 计数抽样检验程序 第1部分:按接收质量限(AQL)检索的逐批检验抽样计划(ISO 2859-1:1999,IDT)

GB/T 2910(所有部分) 纺织品 定量化学分析

GB/T 3920 纺织品 色牢度试验 耐摩擦色牢度(GB/T 3920—2008,ISO 105-X12:2001,MOD)

GB/T 3922 纺织品 耐汗渍色牢度试验方法(GB/T 3922—1995,eqv ISO 105-E04:1994)

GB/T 4802.3 纺织品 织物起毛起球性能的测定 第3部分:起球箱法

GB/T 4856 针棉织品包装

GB 5296.4 消费品使用说明 纺织品和服装使用说明

GB/T 5711 纺织品 色牢度试验 耐干洗色牢度(GB/T 5711—1997,eqv ISO 105-D01:1993)

GB/T 5713 纺织品 色牢度试验 耐水色牢度(GB/T 5713—1997,eqv ISO 105-E01:1994)

GB/T 7742.1 纺织品 织物胀破性能 第1部分:胀破强力和胀破扩张度的测定 液压法(GB/T 7742.1—2005,ISO 13938-1:1999,MOD)

GB/T 8427—2008 纺织品 色牢度试验 耐人造光色牢度:氙弧(ISO 105-B02:1994,MOD)

GB 9994 纺织材料公定回潮率

GB/T 9995 纺织材料含水率和回潮率的测定 烘箱干燥法

GB/T 10685 羊毛纤维直径试验方法 投影显微镜法(GB/T 10685—2007,ISO 137:1975,MOD)

GB/T 12490—2007 纺织品 色牢度试验 耐家庭和商业洗涤色牢度(ISO 105-C06:1994,MOD)

GB/T 16988 特种动物纤维与绵羊毛混合物含量的测定

GB 18401 国家纺织产品基本安全技术规范

FZ/T 01026 四组分纤维混纺产品定量化学分析方法

FZ/T 01048 蚕丝/羊绒混纺产品混纺比的测定

FZ/T 01053 纺织品 纤维含量的标识

FZ/T 01101 纺织品 纤维含量的测定 物理法

FZ/T 20011 毛针织成衣扭斜角试验方法

FZ/T 20018 毛纺织品中二氯甲烷可溶性物质的测定(FZ/T 20018—2000,eqv ISO 3074:1975)

FZ/T 70008 毛针织物编织密度系数试验方法

FZ/T 70009 毛纺织产品经机洗后的松弛及毡化收缩试验方法

3 技术要求

3.1 安全性要求

羊绒针织品的基本安全技术要求应符合 GB 18401 的规定。

3.2 分等规定

羊绒针织品的品等以件为单位，按内在质量和外观质量的检验结果中最低一项定等，分为优等品、一等品和二等品，低于二等品者为等外品。

3.3 内在质量的评等

3.3.1 内在质量的评等按物理指标和染色牢度的检验结果中最低一项定等。

3.3.2 物理指标按表 1 规定评等。

表 1 物理指标评等

项目		单位	限度	优等品	一等品	二等品	备注
纤维含量允差		%	—	按 FZ/T 01053 标准执行			—
羊绒纤维平均细度		μm	≤	15.5	—		只考核纯羊绒产品
顶破强度	精梳	kPa (kgf/cm²)	≥	196(2.0)[a] 225(2.3)[b]			—
	粗梳			196(2.0)			
编织密度系数		mm·tex	≥	1.0		—	只考核粗梳平针产品
起球		级	≥	3-4	3	2-3	—
二氯甲烷可溶性物质		%	≤	1.5	1.7	—	—
松弛尺寸变化率	长度	%	—	±5		—	只考核平针产品
	宽度			±5		—	
单件重量偏差率		%	—	按供需双方合约规定			—

a 线密度＜20.8 tex(＞48 Nm)的考核指标。

b 线密度≥20.8 tex(≤48 Nm)的考核指标。

3.3.3 染色牢度按表 2 规定评等。

表 2 染色牢度评等

项目		单位	限度	优等品	一等品、二等品
耐光	＞1/12 标准深度(深色)	级	≥	4	4
	≤1/12 标准深度(浅色)			3	3
耐洗	色泽变化	级	≥	3-4	3
	毛布沾色			4	3
	其他贴衬沾色			3-4	3
耐汗渍(酸性)	色泽变化	级	≥	3-4	3
	毛布沾色			4	3
	其他贴衬沾色			3-4	3
耐汗渍(碱性)	色泽变化	级	≥	3-4	3
	毛布沾色			4	3
	其他贴衬沾色			3-4	3

表 2（续）

项　　目		单位	限度	优等品	一等品、二等品
耐水浸	色泽变化	级	≥	3-4	3
	毛布沾色			4	3
	其他贴衬沾色			3-4	3
耐摩擦	干摩擦	级	≥	4	3-4(深色 3)
	湿摩擦			3	3
耐干洗	色泽变化	级	≥	4	3-4
	溶剂沾色			3-4	3

3.4　外观质量的评等

外观质量的评等以件为单位，包括外观实物质量、规格尺寸允许偏差、缝迹伸长率、领圈拉开尺寸、扭斜角及外观疵点。

3.4.1　外观实物质量的评等

外观实物质量系指款式、花型、表面外观、色泽、手感、做工等。符合优等品封样者为优等品；符合一等品封样者为一等品；较明显差于一等品封样者为二等品；明显差于一等品封样者为等外品。

3.4.2　主要规格尺寸允许偏差

长度方向：±2.0 cm；

宽度方向：±1.5 cm；

对称性偏差：≤1.0 cm。

注 1：主要规格尺寸偏差指上衣的衣长、胸阔(1/2 胸围)、袖长；裤子的裤长、直裆、横裆；裙子的裙长、臀围；围巾的宽、1/2 长等实际尺寸与设计尺寸或标注尺寸的差异。

注 2：对称性偏差指同件产品的对称性差异，如上衣的两边袖长，裤子的两边裤长的差异。

3.4.3　缝迹伸长率

平缝不小于 10%；包缝不小于 20%；链缝不小于 30%(包括手缝)。

3.4.4　领圈拉开尺寸

成人：≥30 cm；中童：≥28 cm；小童：≥26 cm。

3.4.5　成衣扭斜角

成衣扭斜角≤5°(只考核平针产品)。

3.4.6　外观疵点评等

按表 3 规定。

表 3　外观疵点评等

类别	疵点名称	优等品	一等品	二等品	备注
原料疵点	1. 条干不匀	不低于封样	不低于封样	较明显低于封样	比照封样
	2. 粗细节、松紧捻纱	不低于封样	不低于封样	较明显低于封样	比照封样
	3. 厚薄档	不低于封样	不低于封样	较明显低于封样	比照封样
	4. 色花	不低于封样	不低于封样	较明显低于封样	比照封样
	5. 色档	不低于封样	不低于封样	较明显低于封样	比照封样
	6. 纱线接头	≤2 个	≤4 个	≤7 个	正面不允许
	7. 草屑、毛粒、毛片	不低于封样	不低于封样	较明显低于封样	比照封样

表 3(续)

类别	疵点名称	优等品	一等品	二等品	备注
编织疵点	8. 毛针	不低于封样	不低于封样	较明显低于封样	比照封样
	9. 单毛	≤2 个	≤3 个	≤5 个	
	10. 花针、瘪针、三角针	不允许	次要部位允许	允许	
	11. 针圈不匀	不低于封样	不低于封样	较明显低于封样	比照封样
	12. 里纱露面、混色不匀	不低于封样	不低于封样	较明显低于封样	比照封样
	13. 花纹错乱	不允许	次要部位允许	允许	
	14. 漏针、脱散、破洞	不允许	不允许	不允许	
裁缝整理疵点	15. 拷缝及绣缝不良	不允许	不明显	较明显	
	16. 锁眼钉扣不良	不允许	不明显	较明显	
	17. 修补痕	不允许	不明显	较明显	
	18. 斑疵	不允许	不明显	较明显	
	19. 色差	4-5 级	4 级	3-4 级	对照 GB/T 250
	20. 染色不良	不允许	不明显	较明显	
	21. 烫焦痕	不允许	不允许	不允许	

注 1:表中所述封样均指一等品封样。

注 2:次要部位指疵点所在部位对服用效果影响不大的部位,具体如上衣:大身边缝和袖底缝左右各 1/6;裤子:在裤腰下裤长的 1/5 和内侧裤缝左右各 1/6。

注 3:表中未列的外观疵点可参照类似的疵点评等。

4 试验方法

4.1 内在质量检验

4.1.1 纤维含量试验

按 GB/T 2910、GB/T 16988、FZ/T 01026、FZ/T 01048、FZ/T 01101 执行。

4.1.2 纤维平均细度试验

按 GB/T 10685 执行。

4.1.3 顶破强度试验

按 GB/T 7742.1 执行。

4.1.4 编织密度系数试验

按 FZ/T 70008 执行。

4.1.5 起球试验

按 GB/T 4802.3 执行,精梳产品翻动 10 800 r,粗梳产品翻动 7 200 r。

4.1.6 二氯甲烷可溶性物质试验

按 FZ/T 20018 执行。

4.1.7 松弛尺寸变化率试验

按 FZ/T 70009 执行,洗涤程序采用 1×7 A。

4.1.8 单件重量偏差率试验

4.1.8.1 将抽取的若干件样品平铺在温度 20 ℃±2 ℃、相对湿度 65%±4%条件下吸湿平衡 24 h 后,逐件称重,精确至 0.5 g,并计算其平均值,得到单件成品初重量(m_1)。

4.1.8.2 从其中一件试样上裁取回潮率试样两份，每份重量不少于10 g，按GB/T 9995测得试样的实际回潮率。

4.1.8.3 按式(1)计算单件成品公定重量，精确至0.1 g(公定回潮率按GB 9994执行)。

$$m_0 = \frac{m_1 \times (1 + R_0)}{1 + R_1} \qquad \cdots\cdots(1)$$

式中：

m_0——单件成品公定重量，单位为克(g)；

m_1——单件成品初重量，单位为克(g)；

R_0——公定回潮率，%；

R_1——实际回潮率，%。

4.1.8.4 按式(2)计算单件成品重量偏差率，精确至0.1%。

$$D_G = \frac{m_0 - m}{m} \times 100 \qquad \cdots\cdots(2)$$

式中：

D_G——单件成品重量偏差率，%；

m_0——单件成品公定重量，单位为克(g)；

m——单件成品规定重量，单位为克(g)。

4.1.9 耐光色牢度试验

按GB/T 8427—2008中方法3执行。

4.1.10 耐洗色牢度试验

按GB/T 12490—2007中A1S条件执行。

4.1.11 耐汗渍色牢度试验

按GB/T 3922执行。

4.1.12 耐水色牢度试验

按GB/T 5713执行。

4.1.13 耐摩擦色牢度试验

按GB/T 3920执行。

4.1.14 耐干洗色牢度试验

按GB/T 5711执行。

4.2 外观质量检验

4.2.1 外观质量检验条件

4.2.1.1 一般采用灯光检验，用40 W日光灯两支，上面加灯罩，灯管与检验台面中心距离80 cm±5 cm。如利用自然光源，应以天然北光为准。

4.2.1.2 检验时应将成品平摊在台面上，检验人员正视成品，目光与产品中心距离约为45 cm。

4.2.1.3 检验规格尺寸使用钢卷尺度量。

4.2.2 规格尺寸检验方法

4.2.2.1 上衣类

a) 衣长：领肩缝交接处量至下摆底边(连肩的由肩宽中间量到底边)；

b) 胸阔：挂肩下1.5 cm处横量；

c) 袖长：平肩式由挂肩缝外端量至袖口边，插肩式由后领中间量至袖口边。

4.2.2.2 裤类

a) 裤长：后腰宽的1/4处向下直量至裤口边；

b) 直裆：裤身相对折，从裤边口向下斜量到裆角处；

c) 横裆:裤身相对折,从裆角处横量。

4.2.2.3 **裙类**

a) 裙长:后腰宽的1/4处向下直量至裙底边;

b) 臀围:裙腰下20 cm处横量。

4.2.2.4 **围巾类**

a) 围巾1/2长:围巾长度方向对折取中直量(不包括穗长);

b) 围巾宽:围巾取中横量。

4.2.3 **缝迹伸长率检验及计算方法**

将产品摊平,在大身摆缝(或袖缝)中段量取10 cm,作好标记,用力拉足并量取缝迹伸长尺寸,按式(3)计算缝迹伸长率:

$$缝迹伸长率(\%)=\frac{缝迹伸长尺寸(cm)-10(cm)}{10(cm)}\times 100 \qquad \cdots\cdots(3)$$

4.2.4 **领圈拉开尺寸检验方法**

领内口撑直拉足,测量两端距离,即为领圈拉开尺寸。

4.2.5 **扭斜角检验方法**

按FZ/T 20011执行。

5 检验规则

5.1 抽样

5.1.1 以同一原料、品种和品等的产品为一检验批。

5.1.2 内在质量和外观质量的样本应从检验批中随机抽取。

5.1.3 物理指标检验用的样本按批次抽取,其用量应满足各项物理指标试验需要。

5.1.4 染色牢度检验用的样本抽取应包括该批的全部色号。

5.1.5 单件重量偏差率试验的样本,按批抽取3%(最低不少于10件)。

5.1.6 外观质量检验用的样本抽取数量,按GB/T 2828.1—2003中正常检验一次抽样方案、一般检验水平Ⅱ、接收质量限AQL=2.5,具体方案见表4。

表4 外观质量检验抽样方案

批量 N	样本量 n	合格判定数 Ac	不合格判定数 Re
2~8	5	0	1
9~15	5	0	1
16~25	5	0	1
26~50	5	0	1
51~90	20	1	2
91~150	20	1	2
151~280	32	2	3
281~500	50	3	4
501~1 200	80	5	6
1 201~3 200	125	7	8
>3 200	200	10	11

5.2 判定

5.2.1 内在质量的判定

按3.3.2和3.3.3对批样样本进行内在质量的检验，符合对应品等要求的，为内在质量合格，否则为不合格。如果所有样本的内在质量合格，则该批产品内在质量合格，否则为该批产品内在质量不合格。

5.2.2 外观质量的判定

按3.4对批样样本进行外观质量的检验，符合对应品等要求的，为外观质量合格，否则为不合格。如果所有样本的外观质量合格，或不合格样本数不超过表4的合格判定数Ac，则该批产品外观质量合格；如果不合格样本数达到表4的不合格判定数Re，则该批产品外观质量不合格。

5.2.3 综合判定

5.2.3.1 各品等产品如不符合GB 18401标准的要求，均判定为不合格。

5.2.3.2 按标注品等，内在质量和外观质量均合格，则该批产品合格；内在质量和外观质量有一项不合格，则该批产品不合格。

6 验收规则

供需双方因批量检验结果发生争议时，可复验一次，复验检验规则按首次检验执行，以复验结果为准。

7 包装、标志

7.1 包装

7.1.1 羊绒针织品的包装按GB/T 4856执行。

7.1.2 羊绒针织品的包装应注意防蛀。

7.2 标志

7.2.1 每一单件羊绒针织品的标志按GB 5296.4执行。

7.2.2 规格尺寸的标注规定

7.2.2.1 普通羊绒针织成衣以厘米表示主要规格尺寸。上衣标注胸围；裤子标注裤长；裙子标注臀围。也可采用号型制标注成衣主要规格尺寸。

7.2.2.2 紧身或时装款羊绒针织成衣标注适穿范围。如上衣标注95～105，表示适穿范围为95 cm～105 cm。

7.2.2.3 围巾类标注长×宽，以厘米表示。

7.2.2.4 其他产品按相应的产品标准规定标注规格尺寸。

8 其他

供需双方另有要求，可按合约规定执行。

附 录 A
（规范性附录）
几项补充规定

A.1 外观实物质量封样及疵点封样

指生产部门自定的生产封样或供需双方共同确认的产品封样。

A.2 外观疵点说明

A.2.1 条干不匀：因纱线条干短片段粗细不匀，致使成品呈现深浅不一的云斑。

A.2.2 粗细节：纱线粗细不匀，在成品上形成针圈大而凸出的横条为粗节，形成针圈小而凹进的横条为细节。

A.2.3 厚薄档：纱线条干长片段不匀，粗细差异过大，使成品出现明显的厚薄片段。

A.2.4 色花：因原料染色时吸色不匀，使成品上呈现颜色深浅不一的差异。

A.2.5 色档：在衣片上，由于颜色深浅不一，形成界限者。

A.2.6 草屑、毛粒、毛片：纱线上附有草屑、毛粒、毛片等杂质，影响产品外观者。

A.2.7 毛针：因针舌或针舌轴等损坏或有毛刺，在编织过程使部分线圈起毛。

A.2.8 单毛：编织中，一个线圈内部分纱线(少于1/2)脱钩者。

A.2.9 花针：因设备原因，成品上出现较大而稍凸出的线圈；

三角针（蝴蝶针）：在一个针眼内，两个针圈重叠，在成品上形成三角形的小孔；

瘪针：成品上花纹不突出，如胖花不胖、鱼鳞不起等。

A.2.10 针圈不匀：因编织不良使成品出现针圈大小和松紧不一的针圈横档、紧针、稀路或密路状等。

A.2.11 里纱露面：交织品种，里纱露出反映在面上者；

混色不匀：不同颜色纤维混合不匀。

A.2.12 花纹错乱：板花、拨花、提花等花型错误或花位不正。

A.2.13 漏针（掉套）、脱散：编织过程中针圈没有套上，形成小洞，或多针脱散成较大的洞；

破洞：编织过程中由于接头松开或纱线断开而形成的小洞。

A.2.14 拷缝及绣缝不良：针迹过稀、缝线松紧不一、漏缝、开缝针洞等，绣花走样、花位歪斜、颜色和花距不对等。

A.2.15 锁眼钉扣不良：扣眼间距不一，明显歪斜，针迹不齐或扣眼开错；扣位与扣眼不符，缝结不牢等。

A.2.16 修补痕：织物经修补后留下的痕迹。

A.2.17 斑疵：织物表面局部沾有污渍，包括锈斑、水渍、油污渍等。

A.2.18 色差：成品表面色泽有差异。

A.2.19 染色不良：成衫染色造成的染色不匀、染色斑点、接缝处染料渗透不良等。

A.2.20 烫焦痕：成品熨烫定型不当，使纤维损伤致变质、发黄、焦化者。

毛 针 织 品

1 范围

本标准规定了毛针织品的分类、技术要求、试验方法、检验及验收规则和包装、标志。

本标准适用于鉴定精、粗梳纯羊毛针织品和含羊毛30%及以上的毛混纺针织品的品质。其他动物毛纤维亦可参照执行。

2 规范性引用文件

下列文件对于本文件的应用是必不可少的。凡是注日期的引用文件,仅注日期的版本适用于本文件。凡是不注日期的引用文件,其最新版本(包括所有的修改单)适用于本文件。

GB/T 250 纺织品 色牢度试验 评定变色用灰色样卡

GB/T 1335 (所有部分)服装号型

GB/T 2828.1—2003 计数抽样检验程序 第1部分:按接收质量限(AQL)检索的逐批检验抽样计划

GB/T 2910 (所有部分)纺织品 定量化学分析

GB/T 3920 纺织品 色牢度试验 耐摩擦色牢度

GB/T 3922 纺织品耐汗渍色牢度试验方法

GB/T 4802.3 纺织品 织物起毛起球性能的测定 第3部分:起球箱法

GB/T 4841.3 染料染色标准深度色卡 2/1、1/3、1/6、1/12、1/25

GB/T 4856 针棉织品包装

GB 5296.4 消费品使用说明 第4部分:纺织品和服装

GB/T 5711 纺织品 色牢度试验 耐干洗色牢度

GB/T 5713 纺织品 色牢度试验 耐水色牢度

GB/T 7742.1—2005 纺织品 织物胀破性能 第1部分:胀破强力和胀破扩张度的测定 液压法

GB/T 8427—2008 纺织品 色牢度试验 耐人造光色牢度:氙弧

GB 9994 纺织材料公定回潮率

GB/T 9995 纺织材料含水率和回潮率的测定 烘箱干燥法

GB/T 12490—2007 纺织品 色牢度试验 耐家庭和商业洗涤色牢度

GB/T 16988 特种动物纤维与绵羊毛混合物含量的测定

GB 18401 国家纺织产品基本安全技术规范

FZ/T 01026 纺织品 定量化学分析 四组分纤维混合物

FZ/T 01053 纺织品 纤维含量的标识

FZ/T 01057(所有部分) 纺织纤维鉴别试验方法

FZ/T 01095 纺织品 氨纶产品纤维含量的试验方法

FZ/T 01101 纺织品 纤维含量的测定 物理法

FZ/T 20011—2006 毛针织成衣扭斜角试验方法

FZ/T 20018 毛纺织品中二氯甲烷可溶性物质的测定

FZ/T 30003　麻棉混纺产品定量分析方法　显微投影法
FZ/T 70008　毛针织物编织密度系数试验方法
FZ/T 70009　毛纺织产品经洗涤后松弛尺寸变化率和毡化尺寸变化率试验方法

3　分类

毛针织品可按下列方式进行分类：

a）按品种划分，可分为：
   1）开衫、套衫、背心类；
   2）裤子、裙子类；
   3）内衣类；
   4）袜子类；
   5）小件服饰类（包括帽子、围巾、手套等）。

b）按洗涤方式划分，可分为：
   1）干洗类；
   2）小心手洗类；
   3）可机洗类。

4　技术要求

4.1　安全性要求

毛针织品的基本安全技术要求应符合 GB 18401 的规定。

4.2　分等规定

毛针织品的品等以件为单位，按内在质量和外观质量的检验结果中最低一项定等，分为优等品、一等品和二等品，低于二等品者为等外品。

4.3　内在质量的评等

4.3.1　内在质量的评等按物理指标和染色牢度的检验结果中最低一项定等。

4.3.2　物理指标按表 1 和表 2 规定评等。

表 1

项　目			单位	限度	优等品	一等品	二等品	备注
纤维含量			%	—	按 FZ/T 01053 执行			—
顶破强度	精梳	纱线线密度≤31.2tex(≥32 Nm)	kPa	≥	245			只考核平针部位面积占 30% 及以上的产品；背心和小件服饰类不考核
		纱线线密度＞31.2tex(＜32 Nm)			323			
	粗梳	纱线线密度≤71.4tex(≥14 Nm)			196			
		纱线线密度＞71.4tex(＜14 Nm)			225			

表 1(续)

项　目	单位	限度	优等品	一等品	二等品	备注
编织密度系数	—	≥	1.0			只考核粗梳平针、罗纹和双罗纹产品
起球	级	≥	3-4	3	2-3	—
扭斜角	(°)	≤	5			只考核平针产品
二氯甲烷可溶性物质	%	≤	1.5	1.7	2.5	只考核粗梳产品
单件质量偏差率	%	—	按供需双方合约规定			—
注：顶破强度中纱线线密度指编织所用纱线的总体线密度。						

表 2

分类	项目		单位	要求				
				开衫、套衫、背心类	裤子、裙子类	内衣类	袜子类	小件服饰类
小心手洗类	松弛尺寸变化率	长度	%	−10	—	−10	—	—
		宽度		+5，−8	—	+5	—	—
		洗涤程序		1×7A	1×7A	1×7A	1×7A	1×7A
	毡化尺寸变化率	长度	%	—	—	—	−10	—
		面积		−8	—	−8	—	−8
		洗涤程序		1×7A	1×7A	1×5A	1×5A	1×7A
	总尺寸变化率	长度	%	−5	−5	—	—	—
		宽度		−5	+5	—	—	—
		面积		−8	—	—	—	—
可机洗类	松弛尺寸变化率	长度	%	−10	—	−10	—	—
		宽度		+5，−8	—	+5	—	—
		洗涤程序		1×7A	1×7A	1×7A	1×7A	1×7A
	毡化尺寸变化率	长度	%	—	—	—	−10	—
		面积		−8	—	−8	—	−8
		洗涤程序		2×5A	3×5A	5×5A	5×5A	2×5A
	总尺寸变化率	长度	%	—	−5	—	—	—
		宽度		—	+5	—	—	—

注 1：小心手洗类和可机洗类产品考核水洗尺寸变化率指标，只可干洗类产品不考核。

注 2：小心手洗类和可机洗类对非平针产品松弛尺寸变化率是否符合要求不作判定。

注 3：小心手洗类中开衫、套衫、背心类非缩绒产品对其松弛尺寸变化率和毡化尺寸变化率按要求进行判定；缩绒产品对其总尺寸变化率按要求进行判定。

4.3.3 染色牢度按表3规定评等。印花部位、吊染产品色牢度一等品指标要求耐汗渍色牢度色泽变化和贴衬沾色应达到3级；耐干摩擦色牢度应达到3级，耐湿摩擦色牢度应达到2-3级。

表 3

项目		单位	限度	优等品	一等品	二等品
耐光	＞1/12标准深度(深色)	级	≥	4	4	4
	≤1/12标准深度(浅色)			3	3	3
耐洗	色泽变化	级	≥	3-4	3-4	3
	毛布沾色			4	3	3
	其他贴衬沾色			3-4	3	3
耐汗渍（酸性、碱性）	色泽变化	级	≥	3-4	3-4	3
	毛布沾色			4	3	3
	其他贴衬沾色			3-4	3	3
耐水	色泽变化	级	≥	3-4	3-4	3
	毛布沾色			4	3	3
	其他贴衬沾色			3-4	3	3
耐摩擦	干摩擦	级	≥	4	3-4(深色3)	3
	湿摩擦			3	2-3	2-3
耐干洗	色泽变化	级	≥	4	3-4	3-4
	溶剂沾色			3-4	3	3

注1：内衣类产品不考核耐光色牢度。

注2：耐干洗色牢度为可干洗类产品考核指标。

注3：只可干洗类产品不考核耐洗、耐湿摩擦色牢度。

注4：根据GB/T 4841.3，＞1/12标准深度为深色，≤1/12标准深度为浅色。

4.4 外观质量的评等

4.4.1 总则

外观质量的评等以件为单位，包括主要规格尺寸允许偏差、缝迹伸长率、领圈拉开尺寸及外观疵点评等。

4.4.2 主要规格尺寸允许偏差

长度方向：80 cm及以上 ±2.0 cm，80 cm以下 ±1.5 cm；

宽度方向：55 cm及以上 ±1.5 cm，55 cm以下 ±1.0 cm；

对称性偏差：≤1.0 cm。

注1：主要规格尺寸偏差指毛衫的衣长、胸阔(1/2胸围)、袖长，毛裤的裤长、直裆、横裆，裙子的裙长、臀宽(1/2臀围)，围巾的宽、1/2长等实际尺寸与设计尺寸或标注尺寸的差异。

注2：对称性偏差指同件产品的对称性差异，如毛衫的两边袖长、毛裤的两边裤长的差异。

4.4.3 缝迹伸长率

平缝不小于10%，包缝不小于20%，链缝不小于30%(包括手缝)。

4.4.4 领圈拉开尺寸

成人：≥30 cm；中童：≥28 cm；小童：≥26 cm。

4.4.5 外观疵点评等

外观疵点评等按表4规定。

表4

类别	疵点名称	优等品	一等品	二等品	备注
原料疵点	条干不匀	不允许	不明显	明显	—
	粗细节、松紧捻纱	不允许	不明显	明显	—
	厚薄档	不允许	不明显	明显	—
	色花	不允许	不明显	明显	—
	色档	不允许	不明显	明显	—
	纱线接头	≤2个	≤4个	≤7个	外表面不允许
	草屑、毛粒、毛片	不允许	不明显	明显	—
编织疵点	毛针	不允许	不明显	明显	—
	单毛	≤2个	≤3个	≤5个	—
	花针、瘪针、三角针	不允许	次要部位允许	允许	—
	针圈不匀	不允许	不明显	明显	—
	里纱露面、混色不匀	不允许	不明显	明显	—
	花纹错乱	不允许	次要部位允许	允许	—
	漏针、脱散、破洞	不允许	不允许	不允许	—
	露线头	≤2个	≤3个	≤4个	外表面不允许
裁缝整理疵点	拷缝及绣缝不良	不允许	不明显	明显	—
	锁眼钉扣不良	不允许	不明显	明显	—
	修补痕	不允许	不明显	明显	—
	斑疵	不允许	不明显	明显	—
	色差	≥4-5级	≥4级	≥3-4级	按GB/T 250执行
	染色不良	不允许	不明显	明显	—
	烫焦痕	不允许	不允许	不允许	—

注1：外观疵点说明、外观疵点程度说明见附录A。

注2：次要部位指疵点所在部位对服用效果影响不大的部位，如上衣大身边缝和袖底缝左右各1/6处、裤子在裤腰下裤长的1/5和内侧裤缝左右各1/6处。

注3：表中未列的外观疵点可参照类似的疵点评等。

5 试验方法

5.1 安全性要求检验

按 GB 18401 规定的项目和试验方法执行。

5.2 内在质量检验

5.2.1 纤维含量试验

按 GB/T 2910、GB/T 16988、FZ/T 01026、FZ/T 01057、FZ/T 01095、FZ/T 01101 和 FZ/T 30003 执行。

5.2.2 顶破强度试验

按 GB/T 7742.1—2005 执行，试验面积采用 7.3 cm^2（直径 30.5 mm）。

5.2.3 编织密度系数试验

按 FZ/T 70008 执行。

5.2.4 起球试验

按 GB/T 4802.3 执行，精梳产品翻动 14 400 r，粗梳产品翻动 7 200 r。

5.2.5 扭斜角试验

按 FZ/T 20011—2006 执行，洗涤程序采用 1×7A。

5.2.6 二氯甲烷可溶性物质试验

按 FZ/T 20018 执行。

5.2.7 单件质量偏差率试验

5.2.7.1 将抽取的若干件样品（见 6.1.5）平铺在温度 20 ℃±2 ℃、相对湿度 65%±4%条件下吸湿平衡 24 h 后，逐件称量，精确至 0.5 g，并计算其平均值，得到单件成品初质量（m_1）。

5.2.7.2 从其中一件试样上裁取回潮率试样两份，每份质量不少于 10 g，按 GB/T 9995 测得试样的实际回潮率。

5.2.7.3 按式(1)计算单件成品公定回潮质量，精确至 0.1 g（公定回潮率按 GB 9994 执行）。

$$m_0 = \frac{m_1 \times (1 + R_0)}{1 + R_1} \qquad \cdots\cdots(1)$$

式中：

m_0——单件成品公定回潮质量，单位为克(g)；

m_1——单件成品初质量，单位为克(g)；

R_0——公定回潮率，%；

R_1——实际回潮率，%。

5.2.7.4 按式(2)计算单件成品质量偏差率，精确至 0.1%。

$$D_G = \frac{m_0 - m}{m} \times 100\% \quad \cdots\cdots(2)$$

式中：

D_G——单件成品质量偏差率，%；

m_0——单件成品公定回潮质量，单位为克(g)；

m——单件成品规定质量，单位为克(g)。

5.2.8 水洗尺寸变化率试验

按 FZ/T 70009 执行。

5.2.9 耐光色牢度试验

按 GB/T 8427—2008 中方法 3 执行。

5.2.10 耐洗色牢度试验

按 GB/T 12490—2007 执行，小心手洗类产品执行 A1S 条件，可机洗类产品执行 B2S 条件。

5.2.11 耐汗渍色牢度试验

按 GB/T 3922 执行。

5.2.12 耐水色牢度试验

按 GB/T 5713 执行。

5.2.13 耐摩擦色牢度试验

按 GB/T 3920 执行。

5.2.14 耐干洗色牢度试验

按 GB/T 5711 执行。

5.3 外观质量检验

5.3.1 外观质量检验条件

5.3.1.1 一般采用灯光检验，用 40 W 日光灯两支，上面加灯罩，灯管与检验台面中心距离为 80 cm±5 cm。如利用自然光源，应以天然北光为准。

5.3.1.2 检验时应将成品平摊在台面上，检验人员正视产品，目光与产品中心距离约为 45 cm。

5.3.1.3 检验规格尺寸使用钢卷尺度量。

5.3.2 规格尺寸检验方法

成品主要部位规格尺寸测量方法按表 5 和图 1 规定。

表 5

类别		名称	测量方法
上衣类		衣长	肩最高处向下直量至下摆底边
		胸阔	腋下 1.5 cm 处横量
		袖长	平肩式由挂肩缝外端量至袖口边，插肩式由后领中间量至袖口边
裤类		裤长	后腰宽的 1/4 处向下直量至裤口边
		直裆	裤身相对折，从腰边口向下斜量至裆角处
		横裆	裤身相对折，从裆角处横量
裙类	半裙	裙长	后腰宽的 1/4 处向下直量至裙底边
		臀宽	裙腰下 20 cm 处横量（只考核直筒裙）
	连衣裙	裙长	肩最高处向下直量至裙底边
		胸阔	腋下 1.5 cm 处横量
		袖长	平肩式由挂肩缝外端量至袖口边，插肩式由后领中间量至袖口边
		臀宽	裙腰下 20 cm 处横量（只考核直筒裙）
围巾类		1/2 长	围巾长度方向对折取中直量（不包括穗长）
		宽	围巾取中横量

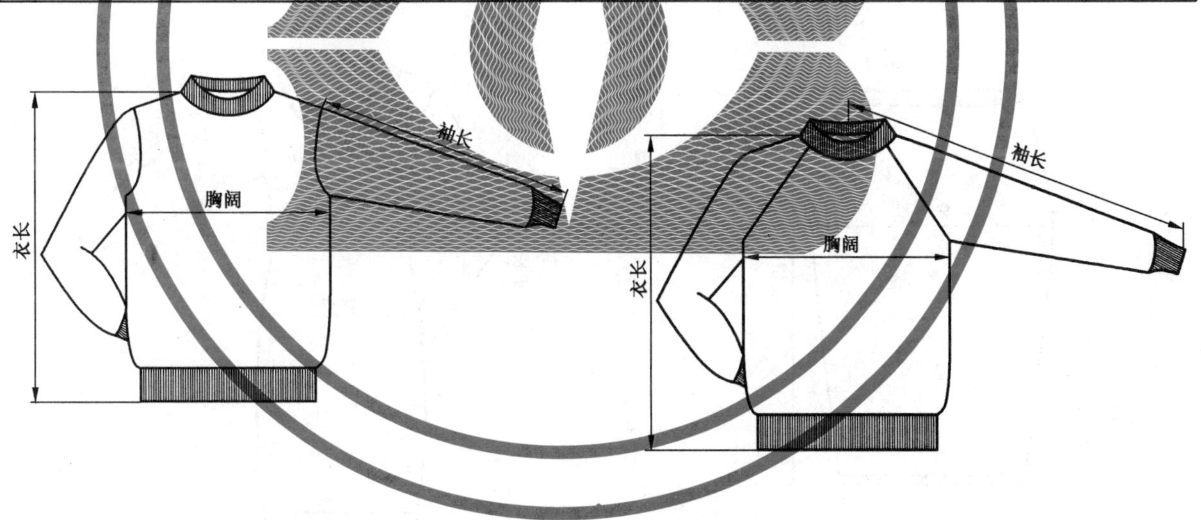

a） 上衣（平肩）　　b） 上衣（插肩）

图 1

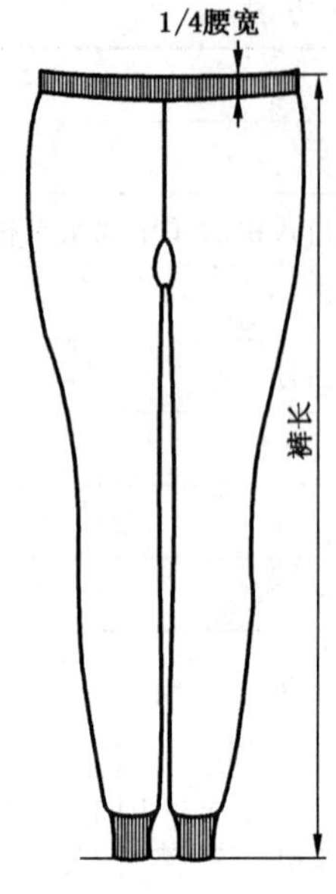

c） 裤子（正面）

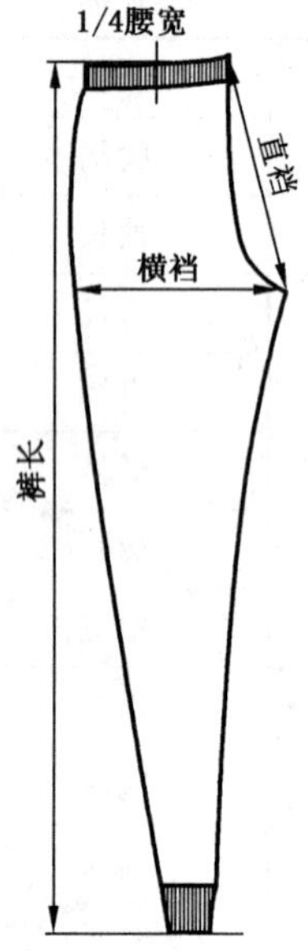

d） 裤子（侧面）

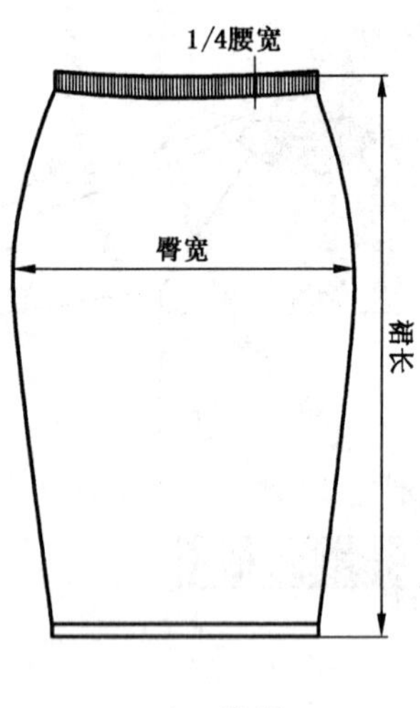

e） 半裙

f） 连衣裙

图 1（续）

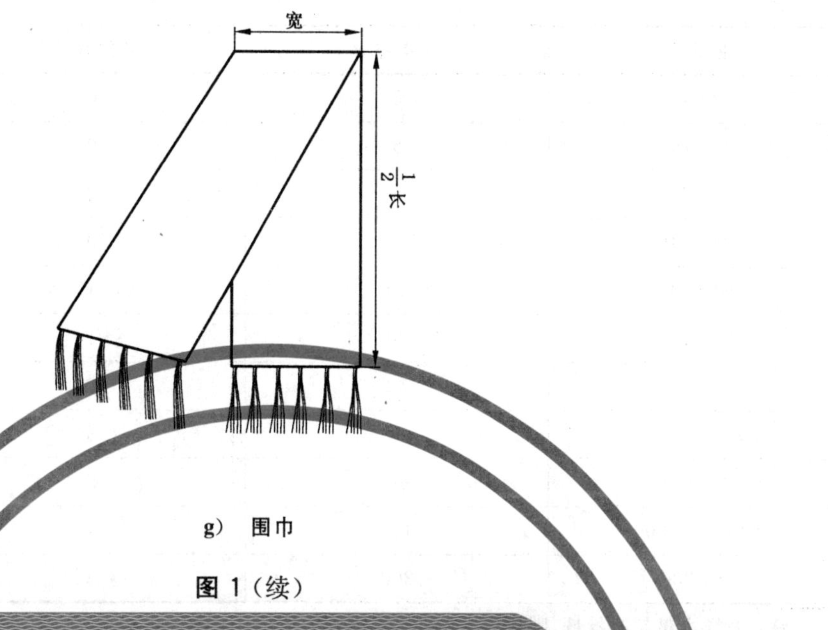

g） 围巾

图 1（续）

5.3.3 缝迹伸长率检验及计算方法

将产品摊平，在大身摆缝（或袖缝）中段沿缝迹量取 10 cm，作好标记，用力拉足并量取缝迹伸长尺寸，按式（3）计算缝迹伸长率：

$$缝迹伸长率=\frac{缝迹伸长尺寸(cm)-10(cm)}{10(cm)}\times 100\% \quad\cdots\cdots(3)$$

5.3.4 领圈拉开尺寸检验方法

领内口撑直拉足，测量两端距离，即为领圈拉开尺寸。

6 检验规则

6.1 抽样

6.1.1 以同一原料、品种和品等的产品为一检验批。

6.1.2 内在质量和外观质量检验用样本应从检验批中随机抽取。

6.1.3 物理指标检验用样本按批次抽取，其用量应满足各项物理指标试验需要。

6.1.4 染色牢度检验用样本的抽取应包括该批的全部色号。

6.1.5 单件质量偏差率检验用样本，按批抽取 3%（最低不少于 10 件）。当批量小于 10 件时，执行全检。

6.1.6 外观质量检验用样本的抽取数量，按 GB/T 2828.1—2003 中正常检验一次抽样方案、一般检验水平Ⅱ、接收质量限 AQL=2.5，具体方案见表 6。

表 6

批量 N	样本量 n	接收数 Ac	拒收数 Re
2～8	5	0	1
9～15	5	0	1
16～25	5	0	1
26～50	5	0	1
51～90	20	1	2
91～150	20	1	2
151～280	32	2	3
281～500	50	3	4
501～1 200	80	5	6
1 201～3 200	125	7	8
＞3 200	200	10	11
注：若样本量超过批量，则执行全检。			

6.2 判定

6.2.1 内在质量的判定

按 4.3 对批样样本进行内在质量的检验，符合对应品等要求的，为内在质量合格，否则为不合格。如果所有样本的内在质量合格，则该批产品内在质量合格，否则为该批产品内在质量不合格。

6.2.2 外观质量的判定

按 4.4 对批样样本进行外观质量的检验，符合对应品等要求的，为外观质量合格，否则为不合格。如果所有样本的外观质量合格，或不合格样本数不超过表 6 的接收数 Ac，则该批产品外观质量合格；如果不合格样本数达到或超过表 6 的拒收数 Re，则该批产品外观质量不合格。

6.2.3 综合判定

6.2.3.1 各品等产品如不符合 GB 18401 的要求，均判定为不合格。

6.2.3.2 按标注品等，内在质量和外观质量均合格，则该批产品合格；内在质量和外观质量有一项不合格，则该批产品不合格。

7 验收规则

供需双方因批量检验结果发生争议时，可复验一次，复验检验规则按首次检验执行，以复验结果为准。

8 包装、标志

8.1 包装

毛针织品的包装按 GB/T 4856 执行。

8.2 标志

8.2.1 每一单件毛针织品的标志

按 GB 5296.4 和 GB 18401 执行。

8.2.2 规格尺寸或号型的标注规定

8.2.2.1 普通毛针织成衣标注主要规格，以厘米表示。上衣标注胸围，裤子标注裤长，裙子标注臀围。也可按 GB/T 1335.1～1335.3 标注成衣号型。

8.2.2.2 紧身或时装款毛针织成衣标注适穿范围，以厘米表示。如上衣标注 95 cm～105 cm，表示适穿范围为 95 cm～105 cm。也可按 GB/T 1335.1～1335.3 标注成衣适穿号型。

8.2.2.3 围巾类标注长×宽，以厘米表示。

8.2.2.4 其他产品标注主要部位规格尺寸。

9 其他

供需双方另有要求，可按合约规定执行。

附 录 A
（规范性附录）
几项补充规定

A.1 外观疵点说明

A.1.1 条干不匀：因纱线条干短片段粗细不匀，致使成品呈现深浅不一的云斑。

A.1.2 粗细节：纱线粗细不匀，在成品上形成针圈大而突出的横条为粗节，形成针圈小而凹进的横条为细节。

A.1.3 厚薄档：纱线条干长片段不匀，粗细差异过大，使成品出现明显的厚薄片段。

A.1.4 色花：因原料染色时吸色不匀，使成品上呈现颜色深浅不一的差异。

A.1.5 色档：在衣片上，由于颜色深浅不一，形成界限者。

A.1.6 草屑、毛粒、毛片：纱线上附有草屑、毛粒、毛片等杂质，影响产品外观者。

A.1.7 毛针：因针舌或针舌轴等损坏或有毛刺，在编织过程中使部分线圈起毛。

A.1.8 单毛：编织中，一个线圈内部分纱线（少于1/2）脱钩者。

A.1.9 花针：因设备原因，成品上出现较大而稍突出的线圈；

三角针（蝴蝶针）：在一个针眼内，两个针圈重叠，在成品上形成三角形的小孔；

瘪针：成品上花纹不突出，如胖花不胖、鱼鳞不起等。

A.1.10 针圈不匀：因编织不良使成品出现针圈大小和松紧不一的针圈横档、紧针、稀路或密路状等。

A.1.11 里纱露面：交织品种，里纱露出反映在面上者；

混色不匀：不同颜色纤维混合不匀。

A.1.12 花纹错乱：板花、拨花、提花等花型错误或花位不正。

A.1.13 漏针（掉套）、脱散：编织过程中针圈没有套上，形成小洞，或多针脱散成较大的洞；

破洞：编织过程中由于接头松开或纱线断开而形成的小洞。

A.1.14 露线头：在编织、套口、手缝、修补等工序中产生的露于产品表面的纱线线头，长度超过1 cm者。

A.1.15 拷缝及绣缝不良：针迹过稀、缝线松紧不一、漏缝、开缝针洞等，绣花走样、花位歪斜、颜色和花距不对等。

A.1.16 锁眼钉扣不良：扣眼针距不一，明显歪斜，针迹不齐或扣眼开错；扣位与扣眼不符，缝结不牢等。

A.1.17 修补痕：织物经修补后留下的痕迹。

A.1.18 斑疵：织物表面局部沾有污渍，包括锈斑、水渍、油污渍等。

A.1.19 色差：成品表面色泽有差异。

A.1.20 染色不良：成衫染色造成的染色不匀、染色斑点、接缝处染料渗透不良等。

A.1.21 烫焦痕：成品熨烫定型不当，使纤维损伤致变质、发黄、焦化者。

A.2 外观疵点程度说明

A.2.1 不明显：指疵点比较模糊，检验员能隐约看到，一般消费者不易发现者。

A.2.2 明显：指疵点本身有比较明显的界限，能直接看到者。

纺织品中富马酸二甲酯的测定 气相色谱-质谱法

1 范围

本标准规定了纺织品中富马酸二甲酯的气相色谱-质谱检测方法。

本标准适用于纺织品中富马酸二甲酯的测定。

2 原理

采用脱水乙酸乙酯对试样中的富马酸二甲酯(英文名称 dimethyl fumarate,简称 DMF,CAS 登记号:624-49-7)进行超声提取,提取液经浓缩、定容和过滤后,用气相色谱-质谱联用仪(GC-MSD)测定和确证,外标法定量。

3 试剂和材料

除非另有规定,仅使用分析纯试剂。

3.1 乙酸乙酯:经 5 Å 分子筛脱水处理。

3.2 DMF 标准物质:纯度≥98%。

3.3 DMF 标准贮备溶液的配制:准确称取 0.1 g(精确至 0.1 mg)DMF 标准品(3.2),用乙酸乙酯(3.1)溶解并定容至 100 mL 容量瓶中,混匀。该溶液的浓度为 1 mg/mL,放置 4 ℃冰箱中备用。

3.4 DMF 标准工作溶液的配制:移取浓度为 1 mg/mL 的 DMF 标准贮备溶液(3.3)适量体积,用乙酸乙酯(3.1)逐级稀释,配制成浓度分别为 0.1 mg/L、0.5 mg/L、1.0 mg/L、5.0 mg/L、10 mg/L、20 mg/L、50 mg/L 的标准工作溶液,现用现配。

4 仪器和设备

4.1 气相色谱-质谱联用仪(GC-MSD):带 EI 源。

4.2 分析天平:感量 0.1 mg。

4.3 超声波提取器。

4.4 旋转蒸发仪。

4.5 容量瓶:5 mL。

4.6 具塞锥形瓶:100 mL。

4.7 圆底烧瓶:250 mL。

4.8 针式过滤头(尼龙):0.45 μm。

5 分析步骤

5.1 试样的制备和处理

选取代表性样品,剪成约 5 mm×5 mm 小片,从中称取约 5 g(精确至 0.01 g)样品,置于具塞锥形瓶(4.6)中,加入 50 mL 乙酸乙酯(3.1),于常温下在超声波提取器(4.3)中萃取 30 min,将萃取液转移至圆底烧瓶(4.7);再用 40 mL 乙酸乙酯(3.1)对锥形瓶中样品进行二次提取,合并两次萃取液,然后用 20 mL 乙酸乙酯(3.1)洗涤残渣,并入萃取液中。在旋转蒸发仪上(4.4)于 65 ℃(±2 ℃)浓缩至约 3 mL,转移至容量瓶中(4.5),用少量乙酸乙酯(3.1)淋洗圆底烧瓶,洗液并入容量瓶中(4.5),最后用乙酸乙酯(3.1)定容至5.0 mL。溶液经针式过滤头(4.8)过滤后，进行气相色谱-质谱分析。

5.2 气相色谱-质谱测定(GC-MSD)

5.2.1 气相色谱-质谱条件

由于测试结果取决于所使用仪器，因此不可能给出气相色谱-质谱分析的通用参数。设定的参数应保证色谱测定时被测组分与其他组分能够得到有效的分离，下列给出的参数证明是可行的。

a) 色谱柱：DB-WAX 柱，30 m×0.25 mm(内径)×0.25 μm，或相当者；

b) 进样口温度：130 ℃；

c) 色谱-质谱接口温度：240 ℃；

d) 进样方式：不分流进样，1 min 后开阀；

e) 载气：氦气，纯度≥99.999%；控制方式：恒流，流速：1.0 mL/min；

f) 柱温：50 ℃(1 min) $\xrightarrow{10\ ℃/\text{min}}$ 150 ℃(3 min) $\xrightarrow{20\ ℃/\text{min}}$ 220 ℃(2.5 min)；

g) 进样量：1 μL；

h) 离子源：EI 源；

i) 电离能量：70 eV；

j) 质量扫描范围：10 amu～200 amu；

k) 扫描方式：全扫描(Scan)和选择离子扫描(SIM)同时进行；

l) 四极杆温度：150 ℃；

m) 离子源温度：230 ℃；

n) 溶剂延迟时间：6 min。

5.2.2 气相色谱-质谱分析及阳性结果确证

标准溶液(3.4)和样液等体积穿插进样，根据选择离子色谱峰面积用外标法定量。如果样液与标准溶液的总离子流图中，在相同保留时间有色谱峰出现，则根据表1中定性离子对其确证。

表1 DMF 特征目标检测离子

化合物名称	特征碎片离子/amu	
	定性离子	定量离子
DMF	113 85 59 (丰度比 100∶60∶30)	113

按上述分析条件(5.2.1)对标准溶液进行分析，其总离子流色谱图、选择离子色谱图和质谱图参见附录A。

5.3 空白实验

除不加试样外，按上述5.1～5.2测定步骤进行。

6 结果计算

按式(1)计算 DMF 的含量：

$$X_i = \frac{(A_i - A_0) \times c_s \times V}{A_s \times m} \qquad \cdots\cdots(1)$$

式中：

X_i——试样中 DMF 含量，单位为毫克每千克(mg/kg)；

A_i——样液中 DMF 的峰面积；

A_0——空白样中 DMF 的峰面积；

c_s——标准工作液中 DMF 的质量浓度，单位为毫克每升(mg/L)；

V——样液最终定容体积，单位为毫升(mL)；

A_s——标准工作液中 DMF 的峰面积；

m——试样质量，单位为克(g)。

7 报告

取两次测定结果的平均值，结果保留至小数点后 1 位。

8 方法的线性范围和检测下限

在本方法所确定的实验条件下，对 DMF 标准溶液在 0.1 mg/L～50 mg/L 浓度范围内测定，其浓度与响应值有良好的线性关系。方法检测下限为 0.1 mg/kg。

附 录 A
（资料性附录）
DMF标准溶液的总离子流色谱图、选择离子色谱图和质谱图

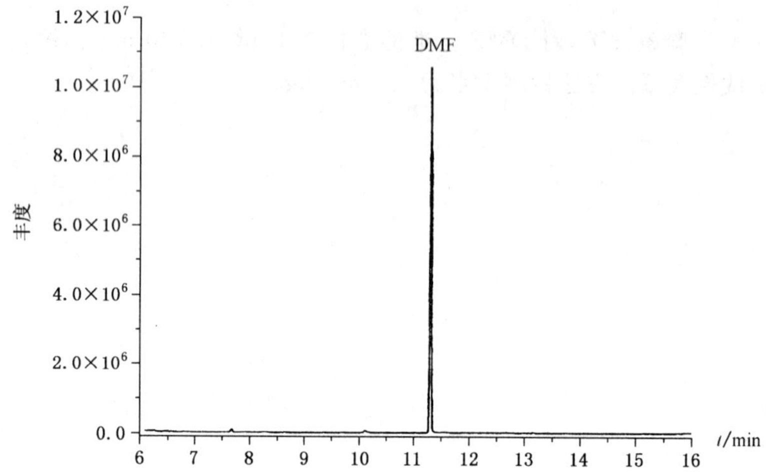

图 A.1 DMF标准溶液的总离子流色谱图

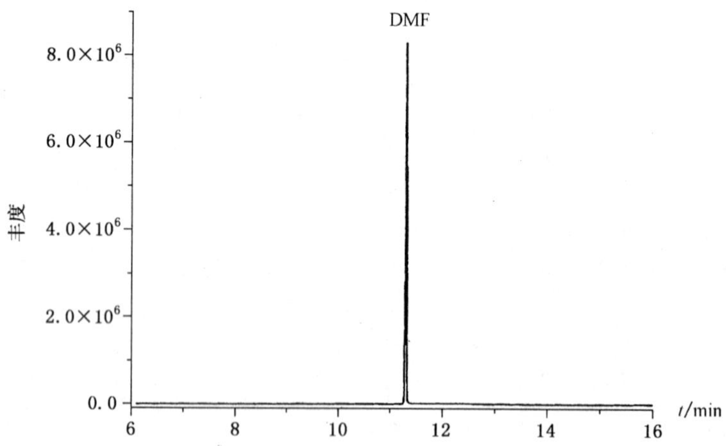

图 A.2 DMF标准溶液的选择离子色谱图

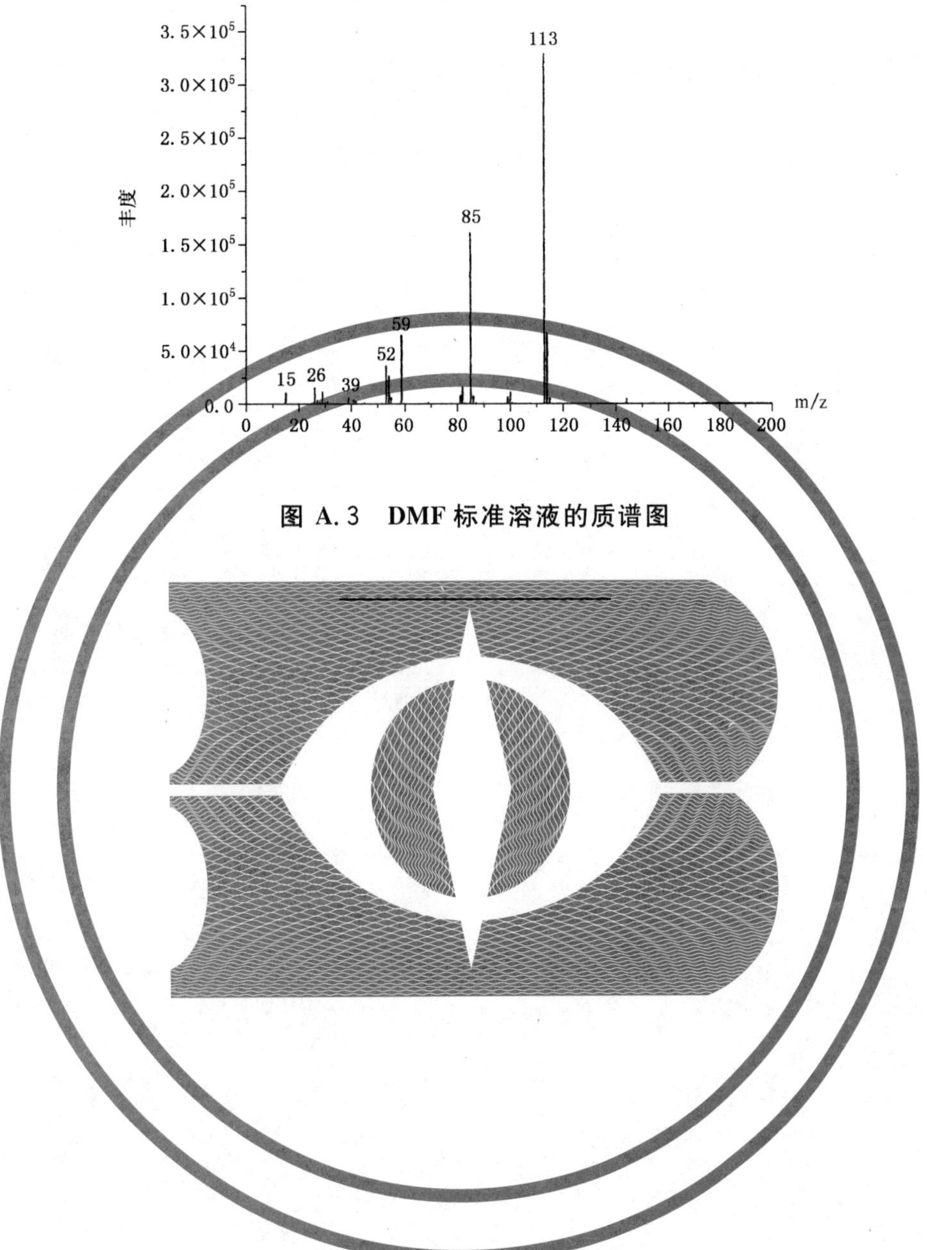

图 A.3 DMF 标准溶液的质谱图

附录　纺织相关国内标准和国际标准目录

附表 1　国内标准

序号	标　准　名　称
1	GB/T 420—2009　纺织品　色牢度试验　颜料印染纺织品耐刷洗色牢度
2	GB/T 2912.1—2009　纺织品　甲醛的测定　第 1 部分:游离和水解的甲醛(水萃取法)
3	GB/T 2912.2—2009　纺织品　甲醛的测定　第 2 部分:释放的甲醛(蒸汽吸收法)
4	GB/T 3916—2013　纺织品　卷装纱　单根纱线断裂强力和断裂伸长率的测定(CRE 法)
5	GB/T 3917.2—2009　纺织品　织物撕破性能　第 2 部分:裤形试样(单缝)撕破强力的测定
6	GB/T 3917.3—2009　纺织品　织物撕破性能　第 3 部分:梯形试样撕破强力的测定
7	GB/T 3917.5—2009　纺织品　织物撕破性能　第 5 部分:翼形试样(单缝)撕破强力的测定
8	GB/T 3920—2008　纺织品　色牢度试验　耐摩擦色牢度
9	GB/T 3922—2013　纺织品　色牢度试验　耐汗渍色牢度
10	GB/T 3923.1—2013　纺织品　织物拉伸性能　第 1 部分:断裂强力和断裂伸长率的测定(条样法)
11	GB/T 3923.2—2013　纺织品　织物拉伸性能　第 2 部分:断裂强力的测定(抓样法)
12	GB/T 4744—2013　纺织品　防水性能的检测和评价　静水压法
13	GB/T 4802.2—2008　纺织品　织物起毛起球性能的测定　第 2 部分:改型马丁代尔法
14	GB/T 5456—2009　纺织品　燃烧性能　垂直方向试样火焰蔓延性能的测定
15	GB/T 5713—2013　纺织品　色牢度试验　耐水色牢度
16	GB/T 5715—2013　纺织品　色牢度试验　耐酸斑色牢度
17	GB/T 5716—2013　纺织品　色牢度试验　耐碱斑色牢度
18	GB/T 5717—2013　纺织品　色牢度试验　耐水斑色牢度
19	GB/T 7573—2009　纺织品　水萃取液 pH 值的测定
20	GB/T 7742.1—2005　纺织品织物胀破性能　第 1 部分:胀破强力和胀破扩张度的测定　液压法
21	GB 8410—2006　汽车内饰材料的燃烧特性
22	GB/T 8434—2013　纺织品　色牢度试验　耐缩呢色牢度:碱性缩呢
23	GB/T 8630—2013　纺织品　洗涤和干燥后尺寸变化的测定
24	GB/T 8745—2001　纺织品　燃烧性能　织物表面燃烧时间的测定
25	GB/T 8746—2009　纺织品　燃烧性能　垂直方向试样易点燃性的测定
26	GB/T 12705.1—2009　纺织品　织物防钻绒性试验方法　第 1 部分:摩擦法
27	GB/T 13772.1—2008　纺织品　机织物接缝处纱线抗滑移的测定　第 1 部分:定滑移量法
28	GB/T 14575—2009　纺织品　色牢度试验　综合色牢度
29	GB/T 14576—2009　纺织品　色牢度试验　耐光、汗复合色牢度

附表 1（续）

序号	标　准　名　称
30	GB/T 17592—2011　纺织品　禁用偶氮染料的测定
31	GB/T 17593.3—2006　纺织品　重金属的测定　第 3 部分:六价铬　分光光度法
32	GB/T 18414.1—2006　纺织品含氯苯酚的测定　第 1 部分:气象色谱-质谱法
33	GB 18414.2—2006　纺织品　含氯苯酚的测定　第 2 部分:气相色谱法
34	GB/T 18830—2002　纺织品　防紫外线性能的评定
35	GB/T 20384—2006　纺织品　氯化苯和氯化甲苯残留量的测定
36	GB/T 20385—2006　纺织品　有机锡化合物的测定
37	GB/T 20386—2006　纺织品　邻苯基苯酚的测定
38	GB/T 20387—2006　纺织品　多氯联苯的测定
39	GB/T 20388—2006　纺织品　邻苯二甲酸酯的测定
40	GB/T 21196.1—2007　纺织品　马丁代尔法织物耐磨性的测定　第 1 部分:马丁代尔耐磨试验仪
41	GB/T 23322—2009　纺织品　表面活性剂的测定　烷基酚聚氧乙烯醚
42	GB/T 23344—2009　纺织品　4-氨基偶氮苯的测定
43	GB/T 24168—2009　纺织染整助剂产品中邻苯二甲酸酯的测定
44	GB/T 28189—2011　纺织品　多环芳烃的测定
45	GB/T 24279—2009　纺织品　禁/限用阻燃剂的测定
46	GB/T 29493.6—2013　纺织染整助剂中有害物质的测定　第 6 部分:聚氨酯预聚物中异氰酸酯基含量的测定
47	GB/T 29493.7—2013　纺织染整助剂中有害物质的测定　第 7 部分:聚氨酯涂层整理剂中二异氰酸酯单体的测定
48	GB/T 29493.8—2013　纺织染整助剂中有害物质的测定　第 8 部分:聚丙烯酸酯类产品中残留单体的测定
49	GB/T 29493.9—2014　纺织染整助剂中有害物质的测定　第 9 部分:丙烯酰胺的测定
50	GB/T 29778—2013　纺织品　色牢度试验　潜在酚黄变的评估
51	GB/T 29862—2013　纺织品　纤维含量的标识
52	GB/T 29865—2013　纺织品　色牢度试验　耐摩擦色牢度　小面积法
53	GB/T 29866—2013　纺织品　吸湿发热性能试验方法
54	GB/T 30126—2013　纺织品　防蚊性能的检测和评价
55	GB/T 30127—2013　纺织品　远红外性能的检测和评价
56	GB/T 30157—2013　纺织品　总铅和总镉含量的测定
57	GB/T 30158—2013　纺织制品附件镍释放量的测定
58	GB/T 30166—2013　纺织品　丙烯酰胺的测定
59	GB/T 30167.2—2013　纺织机械　织机边撑　第 2 部分:全幅边撑
60	FZ/T 01053—2007　纺织品　纤维含量的标识
61	FZ/T 01057.2—2007　纺织纤维鉴别试验方法　第 2 部分:燃烧法
62	FZ/T 01057.8—2012　纺织纤维鉴别试验方法　第 8 部分:红外光谱法

附表 1（续）

序号	标准名称
63	FZ/T 01120—2014　纺织品　定量化学分析　聚烯烃弹性纤维与其他纤维的混合物
64	FZ/T 01121—2014　纺织品　耐磨性能试验　平磨法
65	FZ/T 01122—2014　纺织品　耐磨性能试验　曲磨法
66	FZ/T 01123—2014　纺织品　耐磨性能试验　折边磨法
67	FZ/T 60030—2009　家用纺织品防霉性能测试方法
68	FZ/T 62023—2012　家用纺织品　枕垫类产品荞麦皮填充物质量要求
69	SN/T 2450—2010　纺织品中富马酸二甲酯的测定　气相色谱-质谱法

附表 2　国外标准

序号	标准名称
1	EN 14465—2003　Textiles—Upholstery fabrics-Specification and methods of test
2	ISO 105-C10:2006　Textiles—Tests for colour fastness—Part C10:Colour fastness to washing with soap or soap and soda
3	ISO 105-X12—2001　Textiles—Tests for colour fastness—Part X12:Colour fastness to rubbing
4	ISO 105-E04—2013　Textiles Tests for colour fastness Part E04:Colour fastness to perspiration
5	ISO 105-E07—2010　Textiles Tests for colour fastness Part E07:Colour fastness to spotting:Water
6	ISO 13934-1—1999　Textiles—Tensile properties of fabrics—Part 1:Determination of maximum force and elongation at maximum force using the strip method
7	ISO 13934-2—2014　Textiles—Tensile properties of fabrics—Part 2:Determination of maximum force using the grab method
8	ISO 13937-1—2000　Textiles—Tear properties of fabrics—Part 1:Determination of tear force using ballistic pendulum method(Elmendorf)
9	BS EN ISO 12945-1—2001　Textiles—Determination of fabric propensity to surface fuzzing and to pilling—Part 1:Pilling box method
10	BS EN ISO 12945-2—2000　Textiles—Determination of fabric propensity to surface fuzzing and to pilling—Part 2:Modified Martindale method
11	ES ISO 12947-1—2013　Textiles—Determination of the abrasion resistance of fabrics by the Martindale method—Part 1:Martindale abrasion testing apparatus
12	EN ISO 12947-3—2007　Textiles—Determination of abrasion resistance of fabrics by the Martindale method—Part 3:Determination of mass loss
13	BS EN ISO 12947-4—1999　Textiles—Determination of abrasion resistance of fabrics by the Martindale method—Part 4:Assessment of appearance change
14	ISO 3071—2005　Textiles—Determination of pH of aqueous extract
15	ISO 14184-1—2011　Textiles—Determination of formaldehyde Part 1:Free and hydrolysed formaldehyde (water extraction method)

附表 2（续）

序号	标　准　名　称
16	PREN 14362-1—2010　Textiles—Methods for determination of certain aromatic amines derived from azo colorants—Part 1：Detection of the use of certain azo colorants accessible with and without extracting the fibers
17	ASTM D 4113—2002　Standard Performance Specification for Woven Slipcover Fabrics
18	ASTM D 3691—2002　Standard Performance Specification for Woven，Lace，and Knit Household Curtain and Drapery Fabrics
19	ASTM D 4771—2002　Standard Performance Specification for Knitted Upholstery Fabrics for Indoor Furniture
20	ASTM D 4037—2002　Standard Performance Specification for Woven，Knitted，or Flocked Bedspread Fabrics
21	ASTM D 3597—2002　Standard Performance Specification for Woven Upholstery Fabrics Plain，Tufted，or Flocked
22	AATCC 8—2007　Colorfastness to Crocking：AATCC Crockmeter Method
23	AATCC 15—2009　Colorfastness to Perspiration
24	AATCC 81—2012　pH of the Water-Extract from Wet Processed Textiles
25	AATCC 112—2008　Formaldehyde Release from Fabric，Determination of：Sealed Jar Method
26	AATCC 132—2009　Colorfastness to Drycleaning
27	ASTM D 2261—2002　Standard Test Method for Tearing Strength of Fabrics by the Tongue（Single Rip）Procedure（Constant-Rate-of-Extension Tensile Testing Machine）
28	ASTM D 1424—2009　Standard Test Method for Tearing Strength of Fabrics by Falling-Pendulum（Elmendorf-Type）Apparatus
29	ASTM D 3512—2007　Standard Test Method for Pilling Resistance and Other Related Surface Changes of Textile Fabrics：Random Tumble Pilling Tester
30	ASTM D 4970—2007　Standard Test Method for Pilling Resistance and Other Related Surface Changes of Textile Fabrics：Martindale Tester
31	ISO 13935-1—2014　Textiles—Seam tensile properties of fabrics and made-up textile articles—Part 1：Determination of maximum force to seam rupture using the strip method
32	ISO 13935-2—2014　Textiles—Seam tensile properties of fabrics and made-up textile articles—Part 2：Determination of maximum force to seam rupture using the grab method
33	ISO 24362-1—2014　Textiles—Methods for determination of certain aromatic amines derived from azo colorants—Part 1：Detection of the use of certain azo colorants accessible with and without extracting the fibres
34	ISO 24362-3—2014　Textiles—Methods for determination of certain aromatic amines derived from azo colorants—Part 3：Detection of the use of certain azo colorants，which may release 4-aminoazobenzene
35	ISO 2076—2013　Textiles—Man-made fibres—Generic names
36	ISO 1833-25—2013　Textiles—Quantitative chemical analysis—Part 25：Mixtures of polyester and certain other fibres（method using trichloroacetic acid and chloroform）
37	ISO 20743—2013　Textiles—Determination of antibacterial activity of textile products
38	ISO 13934-1—2013　Textiles—Tensile properties of fabr—Part 1：Determination of maximum force and elongation at maximum force using the strip method
39	ISO 105-E04—2013　Textiles—Tests for colour fastness—Part E04：Colour fastness to perspiration

附表 2（续）

序号	标　准　名　称
40	ISO 105-E02—2013　Textiles—Tests for colour fastness—Part E02:Colour fastness to sea water
41	ISO 105-E01—2013　Textiles—Tests for colour fastness—Part E01:Colour fastness to water
42	ISO 1833-26—2013　Textiles—Quantitative chemical analysis—Part 26:Mixtures of melamine and cotton or aramide fibres(method using hot formic acid)
43	ISO 105-A11—2012　Textiles—Tests for colour fastness—Part A11:Determination of colour fastness grades by digital imaging techniques First Edition
44	ISO/TR 11827—2012　Textiles—Composition testing—Identification of fibres
45	ISO 105-B10—2011　Textiles—Tests for colour fastness—Part B10:Artificial weathering—Exposure to filtered xenon-arc radiation
46	ISO 14184-2—2011　Textiles—Determination of formaldehyde—Part 2:Released formaldehyde(vapour absorption method)
47	ISO 14184-1—2011　Textiles—Determination of formaldehyde—Part 1:Free and hydrolysed formaldehyde (water extraction method)
48	ISO 12952-1—2010　Textiles—Assessment of the ignitability of bedding items—Part 1: Ignition source: smouldering cigarette
49	ISO 12952-2—2010　Textiles—Assessment of the ignitability of bedding items—Part 2: Ignition source: match-flame equivalent
50	ISO 105-E05—2010　Textiles—Tests for colour fastness—Part E05:Colour fastness to spotting:Acid
51	ISO 105-D01—2010　Textiles—Tests for colour fastness—Part D01:Colour fastness to drycleaning using perchloroethylene solvent
52	ASTM D2257—1998(2012)　Standard Test Method for Extractable Matter in Textiles
53	ASTM D1776—2008e1　Standard Practice for Conditioning and Testing Textiles
54	ASTM D3787—2007(2011)　Standard Test Method for Bursting Strength of Textiles-Constant-Rate-of-Traverse(CRT)Ball Burst Test
55	ASTM D4848—1998(2012)　Standard Terminology Related to Force,Deformation and Related Properties of Textiles
56	ASTM D276—2012　Standard Test Methods for Identification of Fibers in Textiles
57	ASTM D76/D76M—2011　Standard Specification for Tensile Testing Machines for Textiles
58	ASTM D3181—2010　Standard Guide for Conducting Wear Tests on Textiles
59	ASTM D629—2008　Standard Test Methods for Quantitative Analysis of Textiles